Erddrucktheorien

Von

Dr.-techn. Árpád Kézdi

Professor an der Technischen Universität
Budapest

Mit 275 Abbildungen

Springer-Verlag

Berlin/Göttingen/Heidelberg

1962

ISBN-13:978-3-642-92839-0   e-ISBN-13:978-3-642-92838-3
DOI: 10.1007/978-3-642-92838-3

Meiner Frau gewidmet

Vorwort

Die Bedeutung der Erddrucktheorie, die vor zwei Jahrhunderten aus der Kriegswissenschaft des Festungsbaues herauswuchs, wurde im Laufe der technischen Entwicklung immer größer. Es stellte sich heraus, daß sie, weit über die Bemessung der Stützmauer, beim Entwurf jeder Tiefbaukonstruktion, bei jeder Gründung, bei jedem Tragfähigkeitsproblem usw. eine wesentliche und wichtige Rolle spielt. Das brachte mit sich, daß diese Theorien sich bedeutend entwickelten und verzweigten. Auf der heutigen Stufe der Wissenschaft erwies es sich daher als wünschenswert, die Theorien, welchen der Ingenieur heute begegnet, kritisch zusammenzufassen und ihre theoretischen Grundlagen darzulegen.

Bei der Abfassung dieses Buches habe ich dieses Ziel vor Augen gehalten. Aus der außerordentlich reichen Literatur der Erddrucktheorien konnten aber selbstredend nur jene Ergebnisse behandelt werden, die sowohl in theoretischer wie auch praktischer Hinsicht gleichfalls hervorzuheben sind. Vollständigkeit habe ich nicht angestrebt — ich wollte dies auch nicht tun. Das Problem des Erddruckes auf biegsame Spundwände habe ich zum Beispiel nicht erwähnt, zumal die neueste deutsche Fachliteratur auf diesem Gebiet besonders reichhaltig ist. Der Leser wird im Buch alte und neue Erddrucktheorien und -methoden vorfinden, die ich mit fachlicher Hingabe, mit viel Kopfzerbrechen, aber auch mit wahrer Freude beschrieben habe; ich trachtete danach, die Ansätze, die theoretischen Grundlagen in einfacher und übersichtlicher Form zu bringen und den Anwendungsbereich überall klar abzugrenzen. An einigen Stellen wurde bisher unveröffentlichtes Material wiedergegeben, In vielen Fällen beabsichtigte ich auch, die praktische Arbeit mit Hilfe von Tabellen und Diagrammen zu erleichtern.

Es ist mir ein besonderes Bedürfnis, an dieser Stelle den Herren Professoren Dr. E. SCHULTZE, Aachen, und Dr. R. JELINEK, München, aufrichtig zu danken. Sie haben die Thematik mit Kritik durchgesehen und mich zur Abfassung des Manuskriptes ermutigt. Herr Professor SCHULTZE hat meine Arbeit mit Ratschlägen tatkräftig gefördert, einen Teil des Manuskriptes selbst durchgesehen und auch bei der Beschaffung einiger Literaturquellen wertvolle Hilfe gegeben. Herr Professor JELINEK hat mir seine Dissertation liebenswürdigerweise zur Verfügung gestellt. Mein besonderer Dank gebührt dem Herrn Kollegen Dr. STEINFELD, Hamburg, der mir mit Rat und Tat zur Seite stand.

Schließlich möchte ich meinen Dank dem Springer-Verlag für den ehrenden Auftrag und für die Mühe und Sorgfalt aussprechen, die er auf die Herausgabe des Buches und insbesondere auf die Überbrückung der sprachlichen Schwierigkeiten verwandt hat.

Budapest, im Herbst 1961   **Árpád Kézdi**

Inhaltsverzeichnis

Inhaltsverzeichnis   VII

0. Einführung

0.1 Besondere Merkmale des Erddruckproblems

Als *Erddruck* — im weitesten Sinne des Wortes — werden Kräfte und Spannungen bezeichnet, die entweder in der Grenzfläche zwischen Boden und Baukonstruktion oder aber im Innern der körnigen Masse infolge des Eigengewichtes und der äußeren Belastung auftreten. Seine Größe wird durch die physikalischen Eigenschaften des Bodens, durch die physikalischen Wechselwirkungen in der Grenzfläche, durch die Größe und den Charakter der entstehenden absoluten und relativen Verschiebungen, beziehungsweise Verformungen bestimmt. Sein Wert ist, infolge physikalischer und chemischer Einflüsse, zeitlichen Veränderungen unterworfen.

Auf Grund der obigen, ganz allgemein gehaltenen Definition, ist das Erddruckproblem als eines der grundlegenden und zentralen Probleme der Tiefbaustatik zu betrachten. Die Bemessungen der *Stützmauern*, der *Baugrubenaussteifungen*, der *Spundwände*, die Bestimmung der *Bruchbelastung* des Bodens unter Gründungskörpern der Flach- und Tiefgründung, der Bodendruck und Seitendruck in *Silos*, die Berechnung des *Gebirgsdruckes*, ja gewissermaßen jede Stabilitätsuntersuchung von gestützten oder ungestützten Erdmassen, fordern die Lösung einer bestimmten Erddruckaufgabe. In den verschiedensten Fällen der Erddruckerscheinungen ist die verläßliche Kenntnis der Größe, der Verteilung und der Änderungen des Erddruckes éine wichtige Vorbedingung der wirtschaftlichen Bemessung und Planung.

Das Erddruckproblem nimmt im System der Ingenieurwissenschaften eine eigentümliche Stellung ein. Seit Jahrhunderten beschäftigt es die Forscher. Hervorragende Geister der theoretischen Physik und Mechanik werden davon gefesselt; seine streng theoretische Untersuchung geht beispielsweise der Gestaltung des Bemessungsverfahrens von auf Biegung beanspruchten Trägern beträchtlich voran und hat immer eine Anziehungskraft auf Mathematiker und Physiker ausgeübt. Auch heute noch vergeht selten ein Jahr ohne die Veröffentlichung einer neuen Erddruckberechnung. Die Lösungsmethoden, die Art und Weise der Annäherung des Erddruckproblems waren wohl im Laufe der Zeit beträchtlichen Wandlungen unterworfen, die grundlegende Frage ist aber heute wie früher dieselbe: *Welcher Zusammenhang besteht zwischen den Bewegungen einer teilweisen oder völlig eingebetteten Konstruktion und den dadurch in den Grenzflächen hervorgerufenen Kräften und Spannungen?* Dieses große Interesse ist durch die zentrale Stellung des Erddruckproblems im Tiefbau völlig begründet.

1   Kézdi, Erddrucktheorien

Ein weiterer Grund, der die theoretische Behandlung der Erddruckfrage immer wieder veranlaßt, besteht gewiß darin, daß die *experimentelle Untersuchung* des Erddruckes auf recht erhebliche, in gewissem Sinne sogar auf grundsätzliche *Schwierigkeiten* stößt. Die grundsätzliche Schwierigkeit — genau wie in der modernen Atomphysik (s. z. B. HEISENBERG, 1955)[1] — liegt darin, daß *die Messung selbst die zu bestimmende Größe beeinträchtigt*: die Messung selbst ist ein Eingriff in die Spannungsverhältnisse, so daß diese gänzlich verändert werden. Bei der Mehrzahl der üblichen Apparate, die zur Bestimmung von Kräften und Spannungen besonders in der letzten Zeit konstruiert wurden, ist Voraussetzung der Messung, daß gewisse Verschiebungen oder Verformungen in der Konstruktion und im Boden auftreten, die aber dann das gewünschte Spannungsbild verfälschen. Diese Schwierigkeiten haben sicherlich dazu beigetragen, daß die Theorie auf dem Gebiete des Erddruckes sich mehr oder weniger frei entfalten konnte und die unbarmherzig zwingende Kraft der Versuchsergebnisse die freie Entwicklung von Theorien nicht beschränkte.

Die Erddrucktheorien setzen größtenteils auch heute noch ein weitgehend *idealisiertes Medium* voraus; ein große Anzahl der Forscher fixiert nur einige grundlegende bodenphysikalische Kennwerte — und diese werden als echte Konstanten angenommen — und beschäftigt sich nicht mit vielen tatsächlichen, die Größe des Erddruckes bestimmenden Eigenschaften des Bodens. Dieser Mangel wurde erst durch die Entwicklung der Bodenmechanik in den letzten Jahrzehnten beseitigt; es besteht aber leider auch heute noch eine ziemlich breite „klaffende Fuge" zwischen den Ergebnissen der bodenphysikalischen Forschung und deren Nutzbarmachung auf dem Gebiete der Erddrucktheorien. Der Grund dafür ist wahrscheinlich, daß die allgemein gültigen Gesetze zwischen Spannungen und Verformungen, also die Spannungsdehnungsgesetze der Böden, noch unbekannt sind. Zwar ist der Fall bei den anderen Baumaterialien ähnlich, doch konnten Hypothesen aufgestellt werden, die innerhalb eines gewissen Geltungsbereiches verläßliche und als genau anzusehende Ergebnisse liefern.

Eine weitere Eigenart der Erddrucktheorien besteht darin, daß sie schon von altersher die Untersuchung und zahlenmäßige Behandlung des *Grenzgleichgewichtes* bezweckten. Dadurch gingen sie einigermaßen der Lösung der verschiedensten statischen und Festigkeitsfragen voran: auf dem Gebiete der Stahl- und Stahlbetonkonstruktionen beispielsweise wurden Bemessungsmethoden auf Grund der Bestimmung der Grenztrag-

---

[1] Im Text des Buches werden die Quellen der Literatur nur durch den Namen des Verfassers und das Erscheinungsjahr des zitierten Werkes angegeben. Ausführliche bibliographische Angaben sind im Literaturverzeichnis (S. 313 ff.) zu finden.

fähigkeit erst in der letzten Zeit entwickelt. Das soll aber keineswegs heißen, daß die Erddrucktheorien den anderen Theorien der angewandten Mechanik überlegen sind; vielmehr ist diese Tatsache eine Folge des fehlenden allgemeinen Festigkeits- und Verformungsgesetzes. Unter diesen Umständen läßt sich der Grenzzustand relativ einfacher definieren und die Frage versuchstechnisch leichter behandeln; auf Grund des Bruchzustandes wurden daher die verschiedenen Theorien aufgebaut.

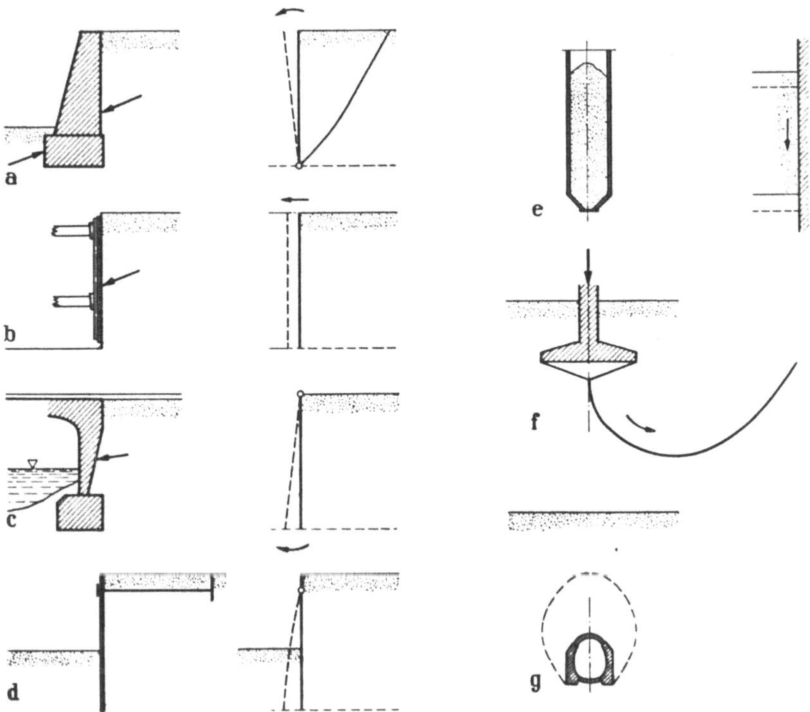

Abb. 0.1 a—g. Die Ausbildung des Erddruckes als Funktion der Wandbewegung
a) Stützmauer; Drehung um den unteren Eckpunkt; b) Baugrubenaussteifung; die Streben drücken sich zusammen: waagerechte Verschiebung;   c) Widerlager einer Rahmenbrücke; Drehung um den oberen Eckpunkt;   d) Verankerte Spundwand; Durchbiegung;   e) Silo; senkrechte Verschiebung; f) Streifenfundament; Grundbruch, Ausbildung einer Gleitfläche;   g) Tunnel; Auflockerung der umgebenden Erdmasse

Die verschiedenen Fälle des Erddruckes im Zusammenhang mit den Ingenieurkonstruktionen werden in Abb. 0.1 a—g durch einige Beispiele veranschaulicht. Der entscheidende Unterschied zwischen diesen Fällen läßt sich dadurch kennzeichnen, daß *die absoluten und relativen Bewegungen* des Bodens und der stützenden bzw. gestützten Konstruktion, und folglich die Ausbildung der Erddruckspannungen, immer anders ausfallen. Das stützende Element, eine vertikale Wand, kann beispielsweise in den einfachsten Fällen eine *Drehung* um den unteren oder oberen Endpunkt ausführen oder sie erleidet eine horizontale *Verschiebung*, bleibt also immer parallel mit sich selbst. Weiter kann eine relative *vertikale Bewegung* zwischen Wand und Boden stattfinden — beispielsweise eine Stützmauer setzt sich gleichmäßig oder die untere Öffnung eines Silos wird freigemacht. Der Erddruck auf *sich durchbiegende*, relativ biegsame Spundwände ist eine Funktion der Art und Weise der Ausführung; unter belasteten Grundbauwerken treten auf gewissen Flächen im Erdinnern infolge der allmählichen Einsenkung *Erdwiderstände* auf. Oder wenn wir in einem rolligen Boden einen Stollen bauen, lockert sich ein Teil des umgebenden Bodens auf und die provisorisch oder endgültig eingebauten Elemente der Sicherung erhalten einen *First-* und *Ulmendruck*. All diese Kraftwirkungen und Verformungen werden vorwiegend durch das *Eigengewicht* des Bodens hervorgerufen. Da die Art und Abstützung der Konstruktion einen gewissen *Zwang* schafft, ist der Erddruck das Ergebnis der Wechselwirkung dieser beiden Faktoren. Der Umstand, daß die wichtigsten auftretenden Kräfte *Massenkräfte* sind, macht die Gleichungen des Gleichgewichtes *inhomogen* und dadurch schwer lösbar.

Infolgedessen ist das Problem des Erddruckes *statisch vielfach unbestimmt*; das Spannungsbild wird durch den *Charakter und die Größe der Verformungen und Verschiebungen* bestimmt. Als Folge der anwachsenden äußeren Kräfte bzw. Verschiebungen tritt schließlich ein *Bruchzustand*, also ein *Grenzzustand des Gleichgewichtes* auf. Wie erwähnt, wird die Größe des Erddruckes bei den meisten Theorien unter Voraussetzung dieses Grenzzustandes untersucht.

Die statische Unbestimmtheit besteht aber auch in einem anderen Sinn. Der Druck wird durch ein *körniges Material* erzeugt, und die Kräfte, die *zwischen den Einzelkörnern* auftreten, können nicht bestimmt werden, sie bleiben immer unbekannt. Und hier können wir wieder eine Ähnlichkeit mit der modernen Physik entdecken. So wie die Grundgesetze der Atomphysik — obwohl sie sich in mathematische Form kleiden lassen —, im wesentlichen statistische, stochastische Gesetze sind, welche die im kleinen unregelmäßigen und völlig zufälligen Bewegungen der Bausteine der Atome und die sich auch in unvorstellbar kleinen Bruchteilen einer Sekunde verändernden Kraftwirkungen in Formeln mit statistischer Gültigkeit ausdrücken, so sind die Makro-Gesetzmäßigkeiten des Spannungsbildes, die durch die Kraftwirkungen zwischen den individuellen Teilchen entstehen, feststellbar; die Aufgabe läßt sich, wenigstens den Ansprüchen des Ingenieurbaues entsprechend, brauchbar lösen.

Diese Eigenart der Erddruckprobleme zeigt Abb. 0.2a u. b. Die üblichen Baumaterialien können, wenn wir die molekulare Struktur außer acht lassen, vom Standpunkt der makroskopischen Festigkeitsuntersuchung als homogen angesehen werden, der Begriff des differentialen Elementes läßt sich in der üblichen Weise anwenden.

Die Böden sind dagegen *disperse Systeme*. Kraftwirkungen können nur in den Berührungspunkten der Körner auftreten. Wird also ein beliebiger Schnitt gelegt, so wird die Spannungsverteilung nie stetig. In den Berührungspunkten treten große Spannungen auf; den Poren sind sie dagegen Null (Abb. 0.2a). Die Kraftübertragung folgt in Sanden und Kiesen sogar gewissen Linien: die sich berührenden Körner in diesen Linien erhalten große Spannungen, die Körner außerhalb dieser Linien

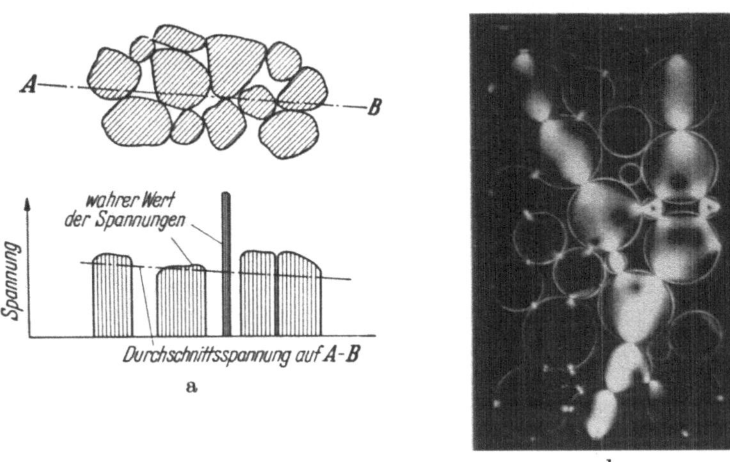

Abb. 0.2 a u. b

a) Spannungen im Innern körniger Massen; b) Kraftübertragungslinien, sichtbar gemacht durch kreispolarisiertes Licht (Laboratorium voor Grondmechanica, Delft, 1960)

bleiben dagegen spannungsfrei. Die Kraftübertragungslinien — eigentlich die Richtungen der Hauptspannungen — konnten durch eine geschickte Versuchstechnik sichtbar gemacht werden (Abb. 0.2b; LMG, Mededelingen, 1960).

In Anbetracht dieser Spannungsverteilung durfen wir also im Boden nur in einer hinreichend großen Schnittfläche einen *Mittelwert* der Spannungen berechnen, der diese Spannungsspitzen ausgleicht und sich zur Untersuchung des Körnerhaufens eignet. Sprechen wird daher von Spannungen im Boden, dann verstehen wir darunter den statistischen Mittelwert von Spannungen über eine gewisse Entfernung auch in dem Falle, wenn wir zu ihrer Berechnung die Infinitesimalrechnung heranziehen.

Die Porenräume zwischen den Einzelkörnern sind im allgemeinen mit *Wasser* und *Gas* gefüllt. Wollen wir also den Begriff der Spannung auf den Boden anwenden, dann müssen wir zwischen zwei Arten von

Spannungen scharf unterscheiden: es können Spannungen zwischen den Körnern und Spannungen im Medium, welches die Poren ausfüllt, auftreten. Befindet sich das Wasser in den Poren in *Ruhe*, dann lassen sich die Probleme des Gleichgewichtes und der Verformungen auf Grund der obigen Erwägungen mit den üblichen Methoden der Mechanik der festen Körper lösen. Ist dagegen das Wasser in den Poren *in Bewegung*, dann müssen wir vorerst dessen Spannungszustand kennen, der unter Anwendung der Gesetze der *Hydraulik* untersucht werden kann. Auch die im allgemeinen nicht überschaubare Rolle der *Zeit* wird in den Erddruckproblemen durch die Wechselwirkungen der verschiedenen Phasen einen wichtigen Platz einnehmen. Die Änderungen in den die festen Körner umgebenden Adsorptionshüllen, die Spannungen im Porenwasser, die Bewegung des Wassers usw. verursachen, daß der Spannungszustand auch bei gleichbleibender äußerer Belastung *eine Funktion der Zeit* ist. Dadurch treten manchmal *kritische Zeitpunkte* ein, in denen sich die Konstruktion besonders gefährdet ist. Auch die Faktoren, die die Festigkeit des Bodens beeinflussen, sind meistens zeitbedingt.

Zu den Schwierigkeiten der Erddruckfrage zählt noch der Umstand, daß die Charakterisierung der physikalischen Beschaffenheit der Böden eine große Anzahl von *Kennziffern* erfordert. Wollten wir die Lösung der verschiedenen Probleme der Stabilität und Deformation mit Berücksichtigung all dieser Kennzahlen auf Grund der wahren Bodeneigenschaften angeben, dann würden wir sehr verwickelte und schwierige Verfahren festlegen und anwenden müssen; der benötigte Arbeitsaufwand stünde aber nicht im Einklang mit der erreichten Genauigkeit. Der Boden ist ja *inhomogen* und *anisotrop*, und die durch Versuche bestimmten bodenphysikalische Kennziffern sind nur *statistische Mittelwerte*; dabei sind die *Modellgesetze* der bodenmechanischen Laborversuche nur teilweise bekannt.

Einer der wichtigsten Grundsätze der Bodenmechanik und der Erdbaustatik ist daher die *Klarheit* und *Einfachheit* der theoretischen Methoden geworden. Die verwickelten Vorgänge der Natur können nur mit Hilfe mechanischer Modelle unter vereinfachenden Annahmen behandelt werden; so sind die Theorien der Bodenmechanik vom Gesichtspunkt der Praxis von demselben beschränkten Wert wie die Arbeitshypothesen in den anderen Zweigen der Ingenieurwissenschaften: sie sind *Hilfsmittel* beim Planen und *Wegweiser* bei der Beobachtung der in Bau stehenden oder fertigen Bauwerke und bei der Deutung und Auswertung der Erfahrungen. Die Richtigkeit dieser Arbeitshypothesen soll laufend durch Messungen und Beobachtungen im Felde kontrolliert werden, man muß die Ansätze und Annahmen nötigenfalls *unterwegs* modifizieren. Die Theorien aber, die auf richtigen und den Umständen des untersuchten Falles entsprechenden Annahmen beruhen, sind in ihren

Ergebnissen nicht blind als bare Münze zu nehmen; sie müssen vielmehr kontrolliert und dem Urteil des gesunden Menschenverstandes unterworfen werden. Daneben erweitern die durch Versuche bestätigten und die Erfahrungen berücksichtigenden Theorien den Kreis unserer Kenntnisse, sie weisen auf Zusammenhänge, innere Gesetzmäßigkeiten oder Widersprüche hin, die der unmittelbaren Erfahrung unzugänglich sind und durch Versuche nur sehr kostspielig oder sogar irreführend untersucht werden können. Die Theorien erleichtern die Untersuchung und den Überblick über die Einflüsse der bodenphysikalischen Konstanten und die Veränderungen derselben. Auch die Weiterentwicklung der Bodenmechanik ist ohne die Anwendung der Theorien unvorstellbar: die verläßlichen Theorien können nur im Probefeuer der Praxis, der Erfahrungen ausgewählt werden; nur so können wir die Ausarbeitung besserer Näherungen vorbereiten.

0.2 Klassifizierung der Erddruckprobleme

Die Erddruckprobleme werden in *drei Hauptgruppen* eingeteilt.

In die *erste Gruppe* reiht man die Fälle ein, wo sich die Erdmasse, deren Eigengewicht die Drücke hervorruft, im *Ruhezustand* befindet; es treten weder Verschiebungen noch Verformungen auf, die zur Mobilisierung der Scherspannungen führen würden. Diese Bedingung ist streng genommen nur im unendlichen, bewegungslosen Halbraum erfüllt; die grundlegende Aufgabe ist also die Untersuchung dieses Spannungszustandes (Abb. 0.3). Diese Frage ist vornehmlich von theoretischem Interesse und bildet einen *Ausgangspunkt* zur Lösung der weiteren, mit Verformungen verknüpften Probleme. In einigen Fällen sind aber auch praktische Anwendungen möglich.

Bei den Fällen der *zweiten Gruppe* ist die *waagerechte Kraftwirkung* in der Erdmasse vorwiegend und wesentlich. Hierher zählen wir die Erddrücke auf Stützmauern, Spundwände, Baugrubenaussteifungen, Silos usw. Die stützende Konstruktion führt in diesen Fällen immer *Bewegungen* aus; infolge dieser Bewegungen treten im allgemeinen *Volumenänderungen* im Boden auf. Je nachdem, ob diese Volumenänderungen eine *Expansion* oder aber eine *Kompression* verursachen, bezeichnen wir die Kraftwirkung als *Erddruck* bzw. als *Erdwiderstand*. Das bekannteste Beispiel für beide Fälle bildet die sich um ihren unteren Eckpunkt drehende starre Stützwand. Solange die Wand sich im

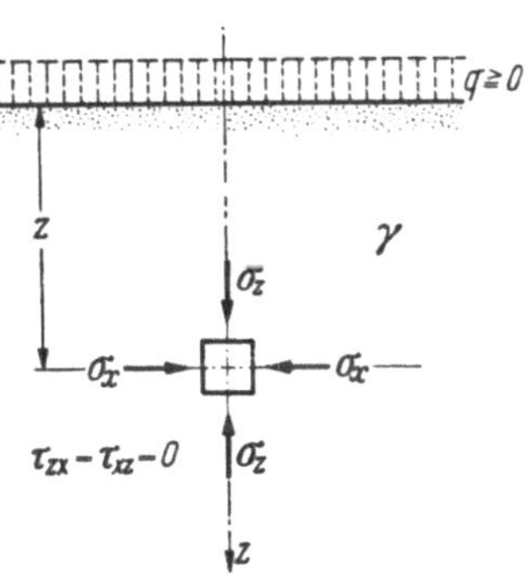

Abb. 0.3. Spannungszustand im unendlichen Halbraum; der Boden befindet sich im Ruhezustand

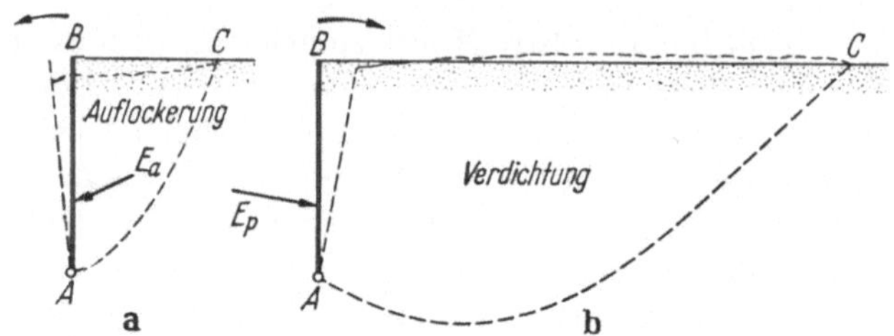

Abb. 0.4a u. b. Beispiel für die Ausbildung des Erddruckes und des Erdwiderstandes
a) die Stützmauer kippt nach außen, der Boden lockert sich auf und die Mauer erhält einen Erddruck;
b) die Stützmauer wird gegen den Boden gedrückt; dieser wird verdichtet und übt einen Erdwiderstand aus

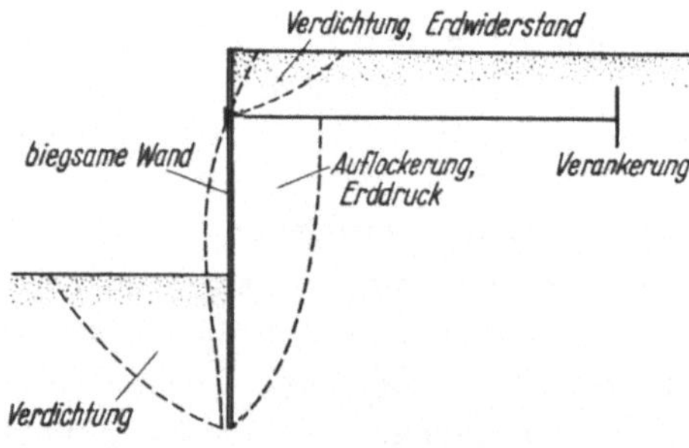

Abb. 0.5. Zusammengesetztes Erddruckproblem. Der ge-
stützte Boden erfährt teils eine Auflockerung, teils eine
Verdichtung; an der einen Stelle tritt Erddruck, an der
anderen Erdwiderstand auf

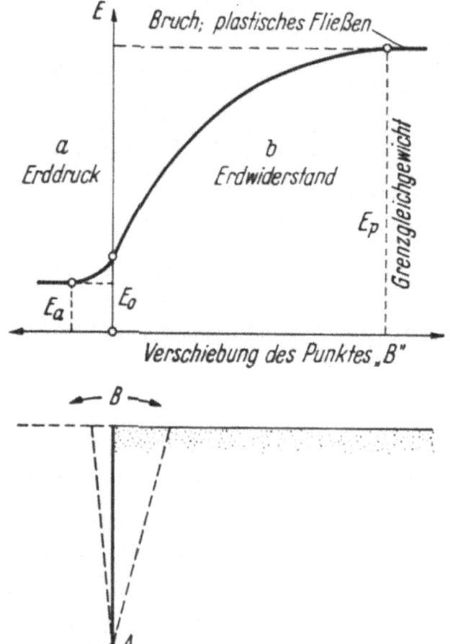

Abb. 0.6. Zusammenhang zwischen Wandverschiebung
und Erddruck

Ruhezustand befindet, haben wir den Fall des Ruhedruckes; bei einer Drehung um den Punkt A (Abb. 0.4a u. b) tritt im Boden eine Verformung auf. Kippt die Wand nach außen, dann entsteht in der gestützten Erdmasse eine *Auflockerung*, auf die Wand wirkt der *Erddruck*. Wird dagegen die Wand durch eine äußere Kraft gegen den Boden gedrückt, dann wird der Boden zusammengedrückt, und es entsteht ein *Erdwiderstand (passiver Erddruck)*.

Es gibt Fälle, wo eine *Expansion* in einem Teil des Bodens auftritt und gleichzeitig eine *Zusammendrükkung* an anderen Stellen erfolgt. Die wirkende Kraft ist also teils ein Erddruck, teils ein Erdwiderstand. Es handelt sich hier um einen zusammengesetzten Fall. Ein Beispiel dafür ist in Abb. 0.5 dargestellt: der untere Teil einer verankerten Spundwand bewegt sich infolge der ungenügenden Einspannung nach außen, hier tritt also Expansion und dadurch Erddruck auf. Ist die Verankerung vollkommen fest, so muß sich der obere Teil der Wand wegen seiner Biegsamkeit gegen den Boden bewegen. Dort tritt also eine Verdichtung auf, und auf die entsprechende Länge der Wand wirkt ein Erdwiderstand. Die Größe der Kraft ist in jedem Falle bis zum Erreichen eines Grenzzustandes die Funktion der erfolgten Verschiebung. Nach dem Eintritt dieses Grenzzustandes erfolgt ein *Bruch*, ein *plastischer Grenzzustand*. Der Zusammenhang zwischen der Größe der Verschiebung und der Resultierenden der entstehenden Kräfte ist für die Beispiele der Abb. 0.4a u. b in Abb. 0.6 dargestellt. Es ist also wichtig, festzuhalten, daß *infolge einer Auflockerung ein Erddruck, infolge einer Verdichtung ein Erdwiderstand entsteht*.

In die *dritte Gruppe* der Erddruckprobleme gehören die Fälle mit überwiegend senkrechter Kraftwirkung: hierher gehören die Probleme der *Gründung*, die Untersuchung der Spannungen, Verformungen, des Grenzgleichgewichtes und der Bruchbelastung des Bodens, der auf einer waagerechten Fläche durch senkrechte Kräfte beansprucht wird. Weitere Probleme dieser Gruppe sind der Bodendruck in *Silos*, die Bestimmung der Kräfte auf einer sich bewegenden Bodenplatte und die Untersuchung der Kräfte, die auf *eingebettete Bauwerke* wirken. Auch in dieser Gruppe können wir den aktiven und den passiven Fall unterscheiden, je nachdem, ob eine Auflockerung oder eine Zusammendrückung des Bodens auftritt; es kann aber auch der zusammengesetzte Fall vorkommen. Auf die Größe, Richtung und Verteilung des Erddruckes übt selbstverständlich die Größe und der Charakter der Belastung auf der freien Oberfläche des Bodens einen Einfluß aus. Diese Belastung kann die Ausbildung der Auflockerung, wie auch die der Zusammendrückung, begünstigen.

Neben dem Eigengewicht des Bodens kann sich als weitere Massenkraft in jedem Falle der *Strömungsdruck* des sich bewegenden *Grundwassers* superponieren. Er kann die Richtung der Massenkraft ablenken. Die Wasserströmung kann im Boden ohne Volumenänderung erfolgen, so daß wir es auf Grund der üblichen Annahmen mit einer *Potentialströmung* zu tun haben; diese Wasserbewegung kann aber auch von einer Auflockerung oder Zusammendrückung begleitet sein oder tritt gerade infolge einer solchen Volumenänderung auf.

Die Spannungen, die durch diese Wasserbewegung hervorgerufen werden, müssen wir in jedem Falle gesondert berücksichtigen und ihre Wechselwirkung mit dem Erddruck untersuchen.

Wir unterscheiden endlich *ein-, zwei-* und *dreidimensionale Erddruckprobleme*. Ist der Spannungszustand in parallelen Linien gleich, dann haben wir ein eindimensionales Problem; zweidimensional ist das Problem, wenn diese Gleichheit in parallelen Ebenen besteht. In einem dreidimensionalen Problem gibt es keine bevorzugte Richtung. Einen besonderen Platz in der letzten Gruppe nehmen die *achsensymmetrischen Probleme* ein.

0.3 Methoden zur Bestimmung des Erddruckes

Im Laufe der geschichtlichen Entwicklung versuchte die Forschung von vielen Seiten und mit verschiedenen Methoden der Lösung des Erddruckproblemes näherzukommen. Abgesehen von den Verfahren, die nicht weiterentwickelt wurden, können wir heute die üblichen theoretischen Methoden in *vier Gruppen* einteilen.

1. Der Idealfall wäre ein Verfahren, wodurch die Spannungen, Verformungen und Verschiebungen in sämtlichen Punkten des Bodens auf Grund eines allgemein gültigen Spannungsdehnungsgesetzes und unter Berücksichtigung der gegebenen Randbedingungen bestimmt werden könnten. Da aber ein solches Gesetz, wie oben erwähnt, noch unbekannt ist, verfügen wir über ein solches Verfahren nicht. Jedoch müssen wir die Verfahren der *Elastizitätslehre* hier einordnen, da sie grundsätzlich auf die obigen Fragen eine eindeutige Antwort geben. Die beiden Gleichgewichtsbedingungen des Volumenelementes im Falle des ebenen Problems und die *Verträglichkeitsbedingung* — die die Gültigkeit des HOOKEschen Gesetzes voraussetzt — genügen zur Bestimmung der drei unbekannten Spannungskomponenten und der Verschiebungen. Dieses Verfahren ist im Prinzip vollkommen einwandfrei. Da aber der Boden besonders in der Nähe des plastischen Zustandes dem HOOKEschen Gesetz nicht einmal annähernd folgt, ist die Anwendung dieser im allgemeinen sehr verwickelten und exakt nur für wenige spezielle Fälle ausgearbeiteten Verfahren auch vom theoretischen Standpunkt aus nicht begründet. Die Lösung wird meistens durch willkürliche Ansätze und radikale Vereinfachungen ermöglicht. Ein weiterer Nachteil dieses Verfahrens ist, daß die Lösung keine Angabe über die Sicherheit gegen Bruch enthält.

2. Die Theorien der *Plastizitätslehre* bestimmen die Spannungen im Innern des Bodens auf Grund des Ansatzes, daß *die Bedingung des plastischen Bruches* entweder im ganzen Boden oder innerhalb eines gewissen Bereiches in sämtlichen Punkten erfüllt ist. Innerhalb dieser Bereiche herrscht also ein *Bruchzustand*. Zur Bestimmung der drei Spannungskomponenten des ebenen Spannungszustandes verfügen wir auch hier über drei unabhängige Gleichungen, nämlich die beiden Gleichgewichtsgleichungen und die Bruchbedingung. Dieses System von Differentialgleichungen läßt sich auf eine einzige Differentialgleichung reduzieren, deren Charakteristiken stetige und differenzierbare Kurvenscharen, die sog. *Gleitflächen*, sind. Diese Methode dient auch zur Unter-

suchung des Spannungszustandes des unendlichen plastischen Halbraumes.

3. Die *dritte Methode* gibt die Analyse der Spannungen am Volumenelement auf und bestimmt die unbekannten Kräfte auf Grenzflächen durch Untersuchung des Gleichgewichtes *endlicher* Bodenbereiche. Im Boden bilden sich Flächen aus, die durch stetige und wenigstens streckenweise differenzierbare Funktionen angegeben werden können, in deren sämtlichen Punkten die Bruchbedingung erfüllt ist. Diese Fläche teilt den Boden in mehrere Bereiche auf. Eine weitere Bedingung ergibt sich daraus, daß die Gleitfläche *geometrisch* und *kinematisch* möglich sein soll, d. h. sie muß gezeichnet werden können, und es muß wenigstens das „Sich in Bewegung setzen" der Erdmassen möglich sein. Die statische Möglichkeit kann durch das Erfüllen der erwähnten Gleichgewichtsbedingung gesichert werden; auf Grund dieser Bedingungen können einige Angaben über die auf der Grenzfläche der stützenden oder der gestützten Konstruktion auftretenden Kräfte gemacht werden. Infolge der Untersuchung endlich ausgedehnter Bodenbereiche bleibt die Verteilung der Erddruckspannungen unbekannt.

4. In die *vierte Gruppe* lassen sich die Variationsmethoden einreichen. Ein Teil des Bodens hinter der Wand wird abgetrennt, und es wird angenommen, daß die Scherfestigkeit des Bodens auf dieser Trennfläche vollkommen ausgenützt ist — da sich sonst der Boden oberhalb dieser Fläche wie ein *starrer Körper* bewegt. Nur eine der Gleichgewichtsbedingungen wird ausgenützt. Die zur Bestimmung des unbekannten Erddruckes fehlenden weiteren Gleichungen werden dadurch erhalten, daß die Trennfläche auf Grund einer *Extremwertbestimmung* ausgewählt wird: die Größe des Erddruckes soll ein Extremwert sein. Die Aufgabe besteht also eigentlich darin, eine Gleitfläche zu finden, die außer den unter 3. erwähnten Bedingungen auch noch eine *Extremalbedingung* erfüllt. Die Lösung kann entweder auf *graphischem* oder *analytischem* Wege erfolgen; im letzteren Fall liefert die mathematische Extremalbedingung so viele Gleichungen wie die Anzahl der Parameter der Gleitfläche. Diese Gleichungen, zusammen mit der Gleichgewichtsbedingung, bestimmen nun den Erddruck, vorausgesetzt, daß die Kraftrichtung und der Angriffspunkt als bekannt angenommen werden. Wesentlich ist es, daß die unbekannten Spannungen auf der Gleitfläche nicht in die Rechnung eingehen. In diese Gruppe gehören beispielsweise die weit verbreitete COULOMBsche Erddrucktheorie mit ebener Gleitfläche, ihre verschiedenen Verallgemeinerungen und die Methoden von RENDULIĆ, FELLENIUS mit der Anwendung von Kreis und logarithmischer Spirale als Gleitflächen.

In diesem Buch werden die Erddrucktheorien folgendermaßen behandelt. Wir beginnen — nach der Schilderung des Charakters und der

Berechnung der Spannungen im Boden (Kap. 1) — mit der Untersuchung des Halbraumes im Ruhezustand (Kap. 2). Weiter sollen die Fragen der Scherfestigkeit des Bodens erörtert werden (Kap. 3). Dann führen wir die allgemeinen Grundgleichungen des Gleichgewichtes und der Plastizitätstheorie ein und behandeln die grundlegenden Fragen des Zusammenhanges zwischen Wandbewegung und Erddruck (Kap. 4).

Kap. 5 und 6 sind den exakt lösbaren Fällen der allgemeinen Gleichungen gewidmet; im Kap. 5 wird das Grenzgleichgewicht des schwerelosen, im Kap. 6 das des reibungsfreien Körpers behandelt. Kap. 7 erläutert die Gesetzmäßigkeiten der plastischen Grenzzustände im unendlichen Halbraum. Im Kap. 8 werden die Variationsmethoden behandelt. Kap. 9 bringt allgemeine Plastizitätstheorien, Kap. 10 behandelt die Gleichgewichtsmethoden. Kap. 11 ist einigen speziellen Fragen und den räumlichen Erddruckproblemen vorbehalten. Auf die Annahmen und Voraussetzungen der einzelnen Theorien und auf die praktischen Anwendungen wird jeweils hingewiesen.

Literatur

WINKLER, E.: Neue Theorie des Erddruckes nebst einer Geschichte der Theorie des Erddruckes und der hierüber angestellten Versuche, Wien: R. v. Waldheim 1872.

MÜLLER-BRESLAU, H. Erddruck auf Stützmauern, Stuttgart u. Leipzig: Kröner 1906 u. 1947.

KREY, H.: Erddruck, Erdwiderstand und Tragfähigkeit des Baugrundes, Berlin: W. Ernst & Sohn 1936.

KÖTTER, F.: Die Entwicklung der Lehre vom Erddruck. Jahresbericht der Deutschen Mathematiker-Vereinigung, 1893.

FELD, J.: History of the Development of Lateral Earth Pressure Theories. Proceedings of the Brooklyn engineers' club (Jan. 1928) pp. 61—104.

BRINCH HANSEN, J.: Earth Pressure Calculation, Copenhagen: The Institution of Danish Civil Engineers 1953.

KÉZDI, A.: Soil Mechanics. Applied Mechanics Reviews 8 (1955) No. 9.

1. Spannungszustand im Boden

1.1 Wirksame und neutrale Spannungen

Der Boden ist ein *disperses System*, bestehend aus festen Körnern, Wasser und Luft. Die festen Körner sind Bruchstücke von Festgesteinen oder die individuellen Kristalle verschiedener Mineralien. Diese Körner, wie auch das Porenwasser und noch mehr das auf der Oberfläche der Körner absorbierte Wasser, sind bei Spannungen, die in der Praxis vorkommen, praktisch *unzusammendrückbar*. Der Boden läßt sich also nur durch das Auspressen des Porenwassers und durch die Kompression der Luft zusammendrücken. Bei einem Boden mit nur *zwei Phasen* — Festteilchen und Wasser — wird durch eine Belastung immer eine *Wasserströmung* hervorgerufen, es entstehen also *Überdrücke* im Wasser. Im Porenwasser herrschen auch vor der Einwirkung der äußeren Belastung und unabhängig davon hydrostatische Spannungen, deren Größe durch die piezometrische Druckhöhe — den geodätischen Höhenunterschied zwischen der Lage des untersuchten Punktes und der des freien Wasserspiegels — gekennzeichnet werden kann. Dieser Höhenunterschied, multipliziert mit dem spezifischen Gewicht des Wassers, gibt die Größe der hydrostatischen Spannung an ($u = z\gamma_w$).

Die *totale Normalspannung* auf einem Schnitt durch eine wassergesättigte Bodenschicht läßt sich also im allgemeinen aus *zwei Teilen* zusammensetzen: einer *wirksamen Spannung*, die im Korngerüst des Bodens zur Geltung kommt ($\bar{p}$), und einer *neutralen Spannung* des Wassers. Daher ist:

$$\boxed{p = \bar{p} + u}\qquad\qquad(1.1)$$

Die Scherfestigkeit des Wassers ist praktisch Null, es kann also durch die neutrale Spannung *keine Scherfestigkeit* durch innere Reibung zustande kommen. Die für die Scherfestigkeit wirksame Spannung läßt sich daher berechnen, indem man die Größe der neutralen Spannung, den piezometrischen Druck, von dem Wert der totalen Spannung abzieht. Die neutrale Spannung ist hydrostatisch, sie ist eine lineare Funktion der Druckhöhe.

Neutrale Spannungen können im Boden verschiedenartig entstehen. Sie werden durch den hydrostatischen Druck des ruhenden Wassers, durch eine Zusammendrückung, durch die Oberflächenspannung des Wassers, die Auflockerung oder Verdichtung infolge der Scherdeformationen und endlich durch den Strömungsdruck des Wassers hervorgerufen. Ihr Wert kann entweder positiv oder negativ[1] sein; eine negative neutrale Spannung herrscht beispielsweise im Kapillarwasser. Für die verschiedenen Fälle zeigt Abb. 1.1 a—d Beispiele. Im Falle a) ist die neutrale Spannung im Punkte P, da die Bodenschicht wassergesättigt ist, dem hydrostatischen Drucke im Wasser gleich: $u = (h + z)\,\gamma_w$. Im Falle b) wurde eine wassergesättigte Bodenschicht, die sich zwischen wasserdurchlässigen Schichten befindet, mit einer gleichmäßig verteilten Last q belastet. Im ersten Augenblick, wo noch keine Zusammendrückung erfolgt, kommt die volle Spannung als Porenwasserüberdruck zur Geltung; dann, mit dem gleichzeitigen Auspressen des Wassers, drückt

---

[1] In der Bodenmechanik, von der üblichen Vorzeichenregel der Festigkeitslehre abweichend, werden immer *die Druckspannungen positiv* angenommen.

sich das Korngerüst zusammen, die neutrale Spannung nimmt ab, und
die wirksame Spannung nimmt zu; die Größe der neutralen Spannung
erreicht endlich den ursprünglichen Wert. In diesem Fall ist die neutrale
Spannung eine Funktion des Ortes und der Zeit, der Prozeß ist die bekannte *Konsolidation* (s. z. B. TERZAGHI-JELINEK, Kap. XIII, S. 268).

Im Falle c) steigt das Wasser über die Oberfläche des freien, unter der
Einwirkung der Gravitation stehenden Grundwassers. Ist die kapillare
Steighöhe h_k größer als $h_a = p_a/\gamma_w$, wo p_a den atmosphärischen Druck
bedeutet, dann hängt sich das Wasser oberhalb der Höhe h_a auf, und es

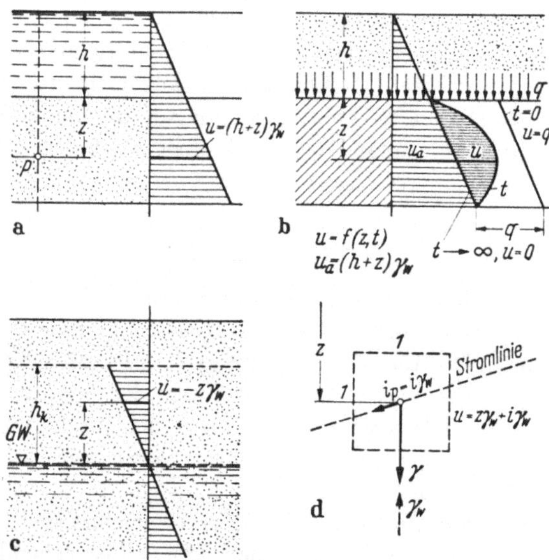

Abb. 1.1 a−d. Verschiedene Fälle der Ausbildung neutraler Spannungen
a) hydrostatischer Druck; b) Porenwasserüberdruck infolge einer gleichmäßigen Belastung; c) Kapillarspannungen; d) Auftreten von Strömungsdruck

entsteht eine *negative neutrale Spannung* von der Größe $u = -z\gamma_w$.
Das Bodenelement der Abb. 1.1 d steht unter dem Einfluß dreier Massenkräfte: des *Eigengewichts*, des *Auftriebs* und des *Strömungsdruckes des
Wassers*. Die durch die beiden letzteren Kräfte hervorgerufenen Spannungen sind *neutral*, die anderen sind *total*. Der Strömungsdruck wird
durch die Reibungswiderstände des Wassers auf den Bodenteilchen erzeugt und ist von der Größe der Wassergeschwindigkeit, also des Durch-
lässigkeitsbeiwertes, unabhängig. Der auf die Einheit der Masse wirkende Strömungsdruck läßt sich mit Hilfe der Formel $i_p = i\gamma_w$ berechnen.

Verformungen werden im Boden nur durch *wirksame* Spannungen
hervorgerufen und, wie erwähnt, auch *Reibungskräfte* erst durch diese

erzeugt. Dieses engen Zusammenhanges wegen ist es in der Lösung der erdstatischen Probleme unerläßlich, die Größe der neutralen und wirksamen Spannungen zu bestimmen.

Untersuchen wir zuerst den Fall, wo ein aus drei Phasen bestehender Boden einen *hydrostatischen Druck* erfährt und die Probe vollständig *geschlossen* ist (Abb. 1.2). So kann weder Luft noch Wasser entweichen. Da die Luft aber erheblich *zusammendrückbar* ist, nimmt das Volumen der Bodenprobe ab. Nehmen wir an, daß die Temperatur sich während der Kompression nicht ändert — isotherme Zustandsänderung —, dann läßt sich das Gesetz für ideale Gase von Boyle-Mariotte anwenden,

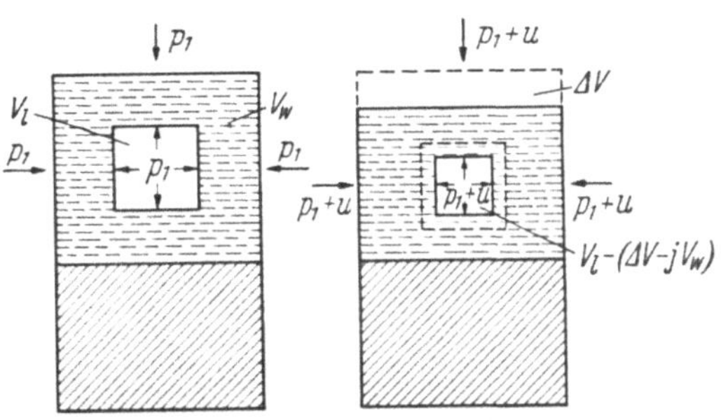

Abb. 1.2. Spannungen in einem aus drei Phasen zusammengesetzten Boden infolge eines hydrostatischen Druckes

wonach das Produkt des Druckes und des Volumens konstant ist. Es muß aber berücksichtigt werden, daß die Luft sich infolge des Druckes im Wasser teilweise löst; die Menge der gelösten Luft ist dem Drucke proportional.

Es sei das Volumen der Luft in der Bodenprobe in Abb. 1.2 V_l, das Volumen des Wassers V_w. Infolge der Belastung nimmt das Volumen um ΔV ab. Auf Grund der Beziehung $p_1 V_1 = p_0 V_0$ können wir schreiben:

$$p_1 V_l = (p_1 + u)\,[V_l - (\Delta V - j V_w)], \tag{1.2}$$

wenn p_1 den Anfangsdruck der eingeschlossenen Luft und j die Zahl von Henry für die Lösung der Luft im Wasser (bei $t = 20\,^\circ\text{C}$, $j = 0{,}02$) bedeuten. Aus Gl. (1.2) folgt

$$u = \frac{p_1 \Delta V}{V_l + j V_w - \Delta V} \cdot \tag{1.3}$$

Der Wert von p_1 weicht vom atmosphärischen Druck nur sehr wenig ab.

Die obige Beziehung gelangt zur praktischen Anwendung, wenn das Wasser aus einem verdichteten Kohäsionsboden nicht entweichen kann. Als Wirkung des Eigengewichtes und der Verdichtung entstehen also *Porenwasserüberdrücke*, die bei der Stabilitätsuntersuchung berücksichtigt werden müssen.

Wir wollen nun beispielsweise die *volle* Spannung bestimmen, die als hydrostatischer Druck nötig ist, um eine ungesättigte Bodenprobe ohne die Möglichkeit der Entwässerung in dem Maße zusammenzudrücken, wie es in einem Versuch mit Entwässerung geschieht. Die Kompressionskurve a in Abb. 1.3 wird in einem dreiaxialen Druckversuch gewonnen, bei dem das überschüssige Wasser sich während des ganzen Versuches entfernen kann. Die Konsolidation wird also immer abgewartet. Die Endwerte der Zusammendrückung sind in der Abbildung eingetragen.

Die Werte der Volumenänderung sind damit bekannt, und mit Hilfe der Porenziffer und des Wassergehaltes der unbelasteten Probe lassen sich auch V_l und V_w bestimmen. Gleichung (1.3) gibt dann die neutrale Spannung an. Da wir dieselbe Zusammendrückung erreichen wollen, die im Versuche mit Entwässerung eintritt, muß der Wert der wirksamen Spannung in beiden Fällen übereinstimmen und die volle Spannung nach (1.1) $p = \bar{p} + u$ betragen. Wird nun die Verdichtungslinie als Funktion der totalen Spannung aufgetragen, so erhält man die Kurve b in Abb. 1.3.

Das untere Diagramm der Abb. 1.3 zeigt die Aufteilung der vollen Spannung in eine wirksame und eine neutrale Spannung; es stellt sich heraus, daß die wirksame Spannung $\bar{p}$ in guter Annäherung als lineare Funktion der totalen Spannung angesehen werden kann; man kann also in diesem Fall die Gleichung $\bar{p} = Bp$ benutzen.

Für den allgemeinen Fall, bei dem sich jede Hauptspannung ändert, hat SKEMPTON (1954) eine Funktion zur Berechnung der neutralen Spannung angegeben. Nehmen wir an, daß eine Bodenprobe unter hydrostatischem Druck steht und vollständig konsolidiert ist; die neutrale Spannung ist dann gleich Null. Die beiden Hauptspannungen wachsen nun um den Wert $\Delta\sigma_1$ und $\Delta\sigma_3$. Die Änderung des Spannungszustandes wollen wir *in zwei Stufen* ausführen (Abb. 1.4). Zuerst steigern wir die Größe des hydrostatischen Druckes um $\Delta\sigma_3$ —

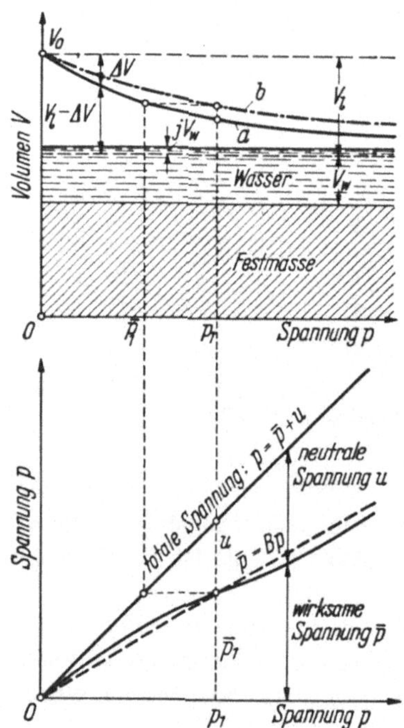

Abb. 1.3. Kompressionskurve; aufgetragen als Funktion der wirksamen (a) und der totalen Spannung (b). Unten: wirksame Spannung als Funktion der totalen Spannung

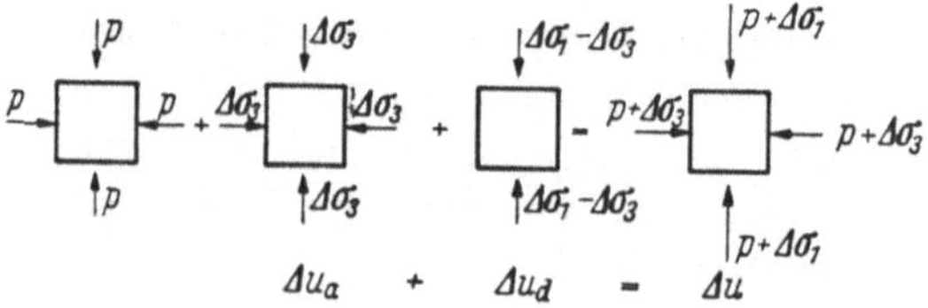

Abb. 1.4. Die Änderung des Porenwasserüberdruckes infolge der Änderung des Spannungszustandes; Aufbau eines allgemeinen Spannungszustandes

es entstehen dann in der Bodenprobe neutrale Spannungen, gegeben durch die Gl. (1.3). Dann steigern wir die erste Hauptspannung um $(\Delta\sigma_1 - \Delta\sigma_3)$. Jeder Spannungswechsel bewirkt neutrale Spannungen, ihre Summe ergibt den gesuchten Wert Δu; d. h.

$$\Delta u = \Delta u_a + \Delta u_d.$$

Die wirksame Spannung erhöht sich nach dem Aufbringen der hydrostatischen Spannung $\Delta\sigma_3$ um den Betrag $\Delta\bar\sigma = \Delta\sigma_3 - \Delta u_a$. Wird der räumliche Kompressionsbeiwert des Korngerüstes mit m_v bezeichnet, dann beträgt die Volumenänderung der Probe:

$$\Delta V_v = - m_v V (\Delta\sigma_3 - \Delta u_a),$$

wobei V das Ausgangsvolumen der Probe bedeutet. Wird der räumliche Kompressionsbeiwert der Flüssigkeit (Wasser und Luft) mit m_f bezeichnet, das Porenvolumen mit n, dann ist die Volumenänderung der Poren infolge der neutralen Spannung

$$\Delta V_f = - m_f n V \Delta u_a.$$

Da der Rauminhalt der festen Körner als unveränderlich angenommmen werden kann und das Wasser und die Luft nicht entweichen können, müssen die beiden Werte ΔV_v und ΔV_f einander gleich sein, woraus sich mit $\Delta\sigma_1 - \Delta\sigma_3 = 0$,

$$\frac{\Delta u_a}{\Delta\sigma_3} = B = \frac{1}{1 + \dfrac{n\,m_f}{m_v}},$$

und

$$\Delta u_a = B \Delta\sigma_3$$

ergibt. Ist der Boden *wassergesättigt* ($S = 1$), dann ist $m_f/m_v \approx 0$, also $B = 1$. Wenn wir also den hydrostatischen Druck, der auf eine *wassergesättigte* Probe wirkt, um den Wert $\Delta\sigma_3$ erhöhen, erhöht sich die neutrale Spannung um denselben Betrag. Diese Feststellung wurde von TAYLOR (1944) und BISHOP-GAMAL ELDIN (1950) durch Versuche bestätigt. Bei einem trockenen Boden ist dagegen m_f/m_v sehr groß, da die Zusammendrückbarkeit des Korngerüstes im Vergleich zur Luft vernachlässigt werden kann. In trockenem Boden ist also $B = 0$, in teilweise gesättigtem Boden $0 < B < 1$. B ist daher eine Funktion des Sättigungsgrades; sein Wert läßt sich bei $0 < S < 1$ durch Versuche bestimmen. Ein solcher Zusammenhang wurde für einen Mehlsand in Abb. 1.5a u. b dargestellt.

In einem zweiten Schritt wird dem hydrostatischen Druck ein einaxialer Spannungszustand — eine Deviatorspannung — superponiert. Die Größe dieser Spannung sei $(\Delta\sigma_1 - \Delta\sigma_3)$, dann beträgt die Zunahme der neutralen Spannung Δu_d. Die Änderung der wirksamen Hauptspannungen beträgt

$$\Delta\bar{\sigma}_1 = (\Delta\sigma_1 - \Delta\sigma_3) - \Delta u_d,$$

$$\Delta\bar{\sigma}_3 = -\Delta u_d.$$

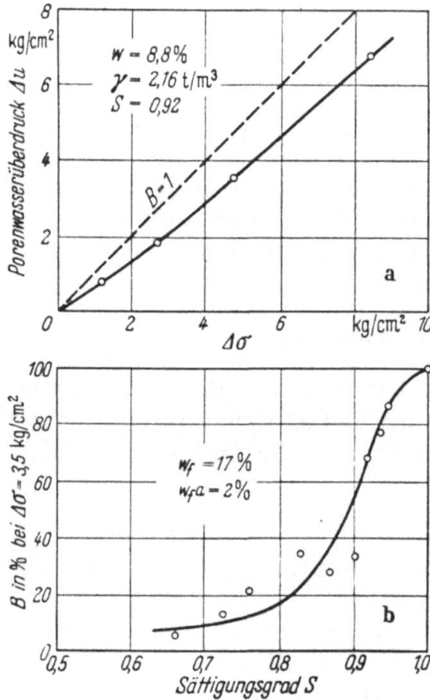

Abb. 1.5 a u. b. Porenwasserüberdruck in einem ungesättigten Boden als Folge eines hydrostatischen Druckes; gemessen in einem dreiaxialen Druckgerät

a) Porenwasserüberdruck als Funktion der Druckspannung; b) als Funktion des Sättigungsgrades, bei einer Druckspannung von $\Delta\sigma = 3{,}5\,\text{kg/cm}^2$

Nehmen wir für einen Augenblick an, daß der Boden *elastisch* ist, dann läßt sich die Volumenänderung mit Hilfe der Elastizitätslehre berechnen:

$$\Delta V_v = -m_v V \frac{1}{3}(\Delta\bar{\sigma}_1 + 2\Delta\bar{\sigma}_3) =$$
$$= -m_v V \frac{1}{3}[(\Delta\sigma_1 - \Delta\sigma_3) - 3\Delta u_d)].$$

Die Abnahme des Porenvolumens ist

$$\Delta V_f = m_f\, n\, V\, \Delta u_d.$$

Die beiden Volumenänderungen müssen einander gleich sein, d.h. es ist

$$\Delta u_d = \frac{1}{1 + \dfrac{n\,m_f}{m_v}} \cdot \frac{1}{3}(\Delta\sigma_1 - \Delta\sigma_3) =$$
$$= B \frac{1}{3}(\Delta\sigma_1 - \Delta\sigma_3).$$

Der Boden ist aber nicht voll elastisch; an Stelle des Beiwertes 1/3 müssen wir darum den allgemeinen Faktor A einführen, d. h. es ist

$$\Delta u_d = BA(\Delta\sigma_1 - \Delta\sigma_3).$$

Die volle Zunahme der neutralen Spannung beträgt damit:

$$\boxed{\Delta u = B[\Delta\sigma_3 + A(\Delta\sigma_1 - \Delta\sigma_3)]}. \qquad (1.4)$$

Die Größen A und B sind die sogenannten *Porenwasserdruckbeiwerte*. A ist eine Funktion der Spannung und der Deformation. Ist der Stoff vollkommen elastisch, dann ist $A = 1/3$; d. h. der Porenwasserüberdruck hängt nur noch vom Wert der mittleren Hauptspannung — der ersten Invarianten des Spannungszustandes — ab; in Böden aber, wo $A \neq 1/3$ ist, wird der Porenwasserüberdruck auch von der Scherspannung stark beeinflußt.

1.2 Berechnung des Spannungszustandes

Im folgenden werden die Gleichungen und Funktionen, die zur Berechnung von Bodenspannungen nötig sind und die in den weiteren Abschnitten häufig gebraucht werden, kurz zusammengefaßt. Wir nehmen zuerst die Richtung der Koordinatenachsen parallel zu den Richtungen der größten und der kleinsten Hauptspannung an (Abb.1.6) und bestimmen die Spannungen, die auf einer Ebene a—a, mit beliebiger Neigung α auftreten. Wir schneiden aus dem Körper ein kleines dreikantiges Prisma aus; eine der Seitenflächen liege in der Ebene a—a, die beiden anderen seien zu den Hauptspannungen parallel. Der Neigungswinkel α der schiefen Ebene wird in entgegengesetztem Uhrzeigersinn von der Ebene der größten Hauptspannung aus aufgetragen. Die Druckspannungen sind positiv. Die Gleichgewichtsbedingungen erfordern, daß die Projektionen der Kräfte verschwinden, d. h. daß

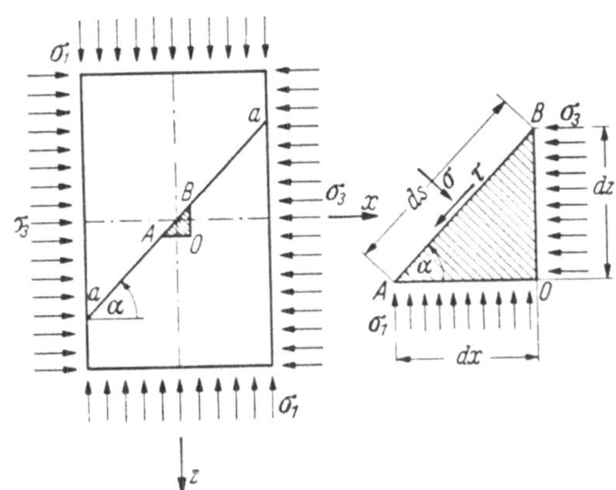

Abb. 1.6. Berechnung der Spannungen im ebenen Deformationszustand

$$\sigma_3 \sin \alpha \, ds - \sigma \sin \alpha \, ds + \tau \cos \alpha \, ds = 0;$$
$$\sigma_1 \cos \alpha \, ds - \sigma \cos \alpha \, ds - \tau \sin \alpha \, ds = 0$$

ist. Die Werte von σ und τ lassen sich wie folgt ausdrücken:

$$\left. \begin{array}{l} \sigma = \dfrac{1}{2}(\sigma_1 + \sigma_3) + \dfrac{1}{2}(\sigma_1 - \sigma_3) \cos 2\alpha; \\[2mm] \tau = \dfrac{1}{2}(\sigma_1 - \sigma_3) \sin 2\alpha. \end{array} \right\} \qquad (1.5)$$

2*

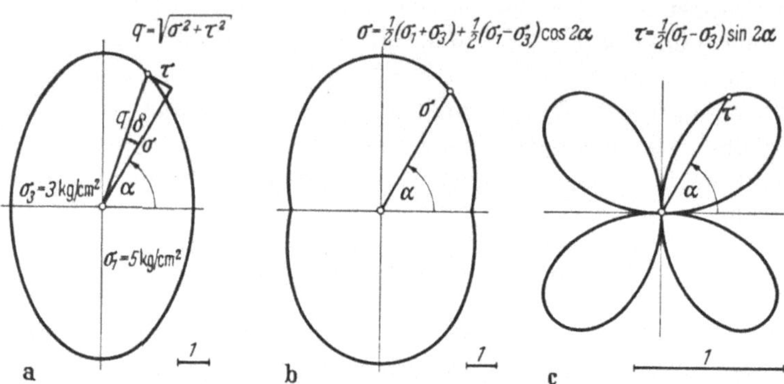

Abb. 1.7a—c. Die Spannungsellipse (a), die Normal- (b) und die Schubspannungen (c) als Funktionen von α in Polarkoordinaten

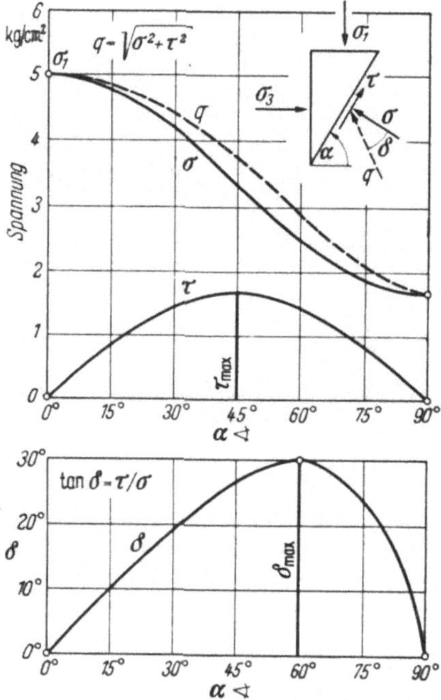

Abb. 1.8. Normal- und Schubspannungen als Funktionen der Neigung des Flächenelementes

Wird der Winkel α als veränderlich angenommen und trägt man die den einzelnen Flächenrichtungen zugeordneten resultierenden Spannungen von einem Punkt aus als Vektoren auf, so liegen die Endpunkte dieser Vektoren auf einer Ellipse, der sogenannten *Spannungsellipse*. Die Hauptspannungen sind ihre Hauptachsen (Abb. 1.7a—c).

Mit Hilfe der Spannungsellipse können wir die Größe und die Richtung der resultierenden Spannung auf einem beliebigen Flächenelement gemäß Abb. 1.7 bestimmen, oder umgekehrt läßt sich der zu einer gegebenen Spannungsrichtung δ gehörende Winkel α konstruieren. Die Spannungen σ und τ sind in Abb. 1.8 als Funktion des Winkels α dargestellt. Die größte Scherspannung tritt also in demjenigen Flächenelement auf, das mit den Hauptspannungsrichtungen den Winkel $\alpha = 45°$ einschließt. Abb. 1.7 veranschaulicht ergänzend die Spannungen σ und τ im Polarkoordinaten-System.

In Abb. 1.6 und 1.7 ist der Winkel α kleiner als 90°. Dann ist τ positiv, und die Richtung der resultierenden Spannung auf AB weicht von der Richtung der Flächennormalen im Uhrzeigersinn ab. Dieser Sinn des Winkels δ wird als positiv angenommen.

Obwohl nicht so anschaulich wie die Spannungsellipse, ist die graphische Darstellung der Spannungen nach MOHR praktisch viel brauchbarer (MOHR, 1882). Es läßt sich einfach nachweisen, daß bei gegebenen Werten von σ_1 und σ_3 die Werte von σ und τ, aufgetragen im Koordinatensystem (σ, τ), einen *Kreis* ergeben, dessen Mittelpunkt auf der σ-Achse im Punkt mit der Abszisse $(\sigma_1+\sigma_3)/2$ liegt und dessen Radius $(\sigma_1-\sigma_3)/2$ ist. Setzt man den positiven Sinn der Koordinatenachsen nach Abb. 1.9 fest, dann ergeben die positiven Werte von δ Punkte oberhalb der waagerechten Achse. Die Scherspannung und Normalspannung zu einem gegebenen Richtungswinkel werden erhalten, indem der Spannungskreis wie angegeben konstruiert und im Mittelpunkt der Winkel 2α in der entsprechenden Richtung aufgetragen wird. Wie die Abbildung zeigt, ergeben die Koordinaten des

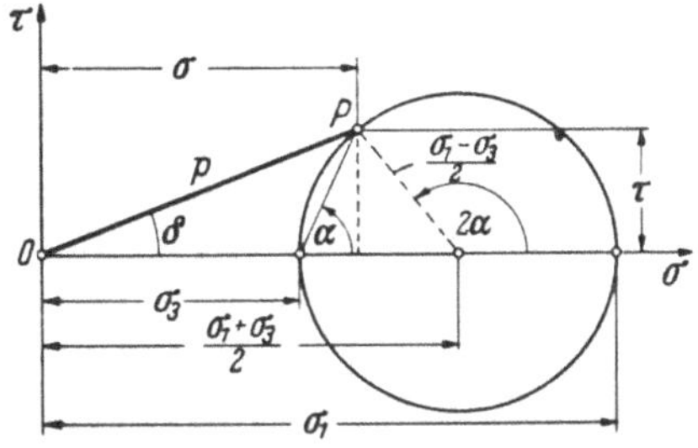

Abb. 1.9. Die MOHRsche Darstellung des Spannungszustandes

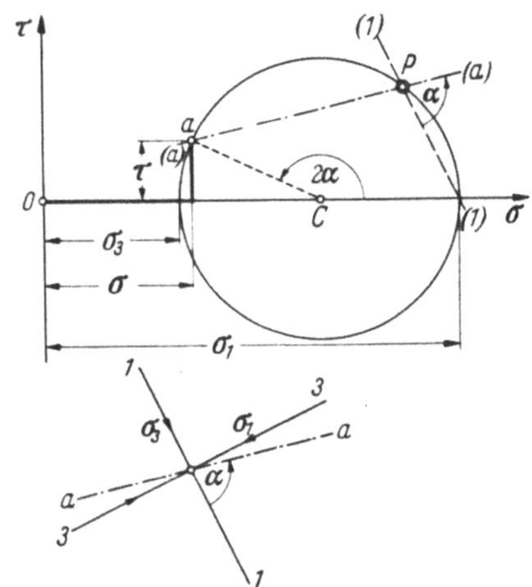

Abb. 1.10. Die Bestimmung von Spannungen zu einer gegebenen Richtung mit Hilfe des Poles

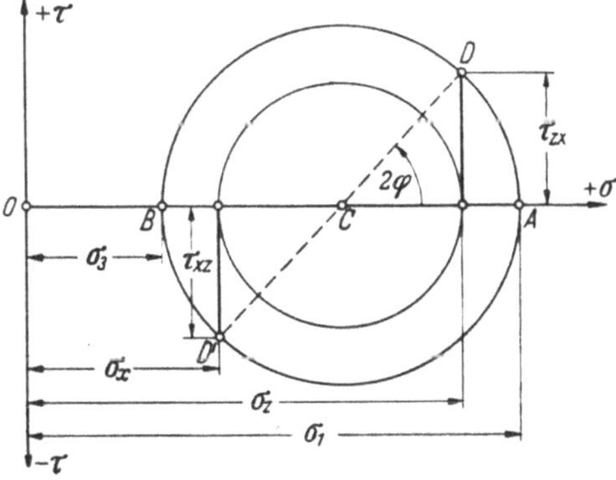

Abb. 1.11. Die Bestimmung der Hauptspannungen mit Hilfe des MOHRschen Kreises

Schnittpunktes mit dem Kreise die Werte von σ und τ auf dem Flächenelement mit Richtung α. Da $p^2 = \sigma^2 + \tau^2$ ist, so ist die Strecke $\overline{OP}$ die resultierende Spannung.

Ist der Hauptspannungskreis bekannt, dann lassen sich die Spannungen σ und τ zur gegebenen Richtung $a—a$ mit Hilfe des sog. *Poles* leicht bestimmen. Die Konstruktion ist in Abb. 1.10 dargestellt. Es sei $1—1$ die Ebene, auf der die größte, und $3—3$ die Ebene, auf der die kleinste Hauptspannung wirkt. Wir konstruieren den Hauptspannungskreis. Durch den Endpunkt der Spannung σ_1 ziehen wir eine Parallele mit der Richtung von $1—1$; diese Gerade schneidet den Kreis im Pole P. Wir zeichnen nun durch den Pol eine Parallele zu der gegebenen Richtung $a—a$; die beiden Geraden schneiden sich unter dem Winkel α. Der Winkel zwischen der Waagerechten und der Geraden aC ist dann 2α, d. h., die Koordinaten des Punktes a geben die gewünschten Werte von σ und τ an.

Die MOHRsche Darstellung ermöglicht auch die Bestimmung der Hauptspannungen und der Hauptspannungsrichtungen, wenn die Spannungskomponenten $(\sigma_x, \sigma_z, \tau)$ im Fall eines *ebenen* Problems bekannt sind. Dazu werden zuerst die Punkte dargestellt, die den Spannungen auf den Koordinatenebenen entsprechen. Die Koordinaten dieser Punkte sind (σ_x, τ_{xz}) und (σ_z, τ_{zx}). Da $|\tau_{xz}| = |\tau_{zx}|$, aber $sgn\,\tau_{xz} = -sgn\,\tau_{zx}$ ist, erhalten wir je einen Punkt auf den beiden Seiten der positiven σ-Achse. Wird durch diese Punkte eine Gerade gelegt, so schneidet diese die Achse σ im Mittelpunkt des Hauptspannungskreises. Die Strecke CD gibt dessen Radius an, so daß wir den Kreis zeichnen können. Die Schnittpunkte mit der Abszissenachse ergeben die Werte von σ_1 und σ_3 (s. Abb. 1.11). Die Konstruktion liefert auch die Hauptspannungsrichtungen. Wenn nämlich die Punkte D und D' verbunden werden, schließt diese Linie mit der positiven σ-Achse den doppelten Wert 2φ des Winkels zwischen der ersten Hauptspannung und der vertikalen Achse ein.

Aus der Figur lassen sich folgende Zusammenhänge ablesen:

$$\left.\begin{array}{c}\sigma_z \\ \sigma_x\end{array}\right\} = \frac{1}{2}\,(\sigma_1 + \sigma_3) \pm \frac{1}{2}\,(\sigma_1 - \sigma_3)\cos 2\varphi, \qquad\left.\vphantom{\begin{array}{c}a\\a\\a\end{array}}\right\} \tag{1.6}$$

$$\tau_{xz} = \frac{1}{2}\,(\sigma_1 - \sigma_3)\sin 2\varphi;$$

und

$$\sigma_1 = \overline{OC} + \overline{CD} = \frac{\sigma_x + \sigma_z}{2} + \sqrt{\left(\frac{\sigma_z - \sigma_x}{2}\right)^2 + \tau_{xz}{}^2},$$

$$\tag{1.6a}$$

$$\sigma_3 = \overline{OC} - \overline{CD} = \frac{\sigma_x + \sigma_z}{2} - \sqrt{\left(\frac{\sigma_z - \sigma_x}{2}\right)^2 + \tau_{xz}{}^2}.$$

Die Spannungskomponenten σ und τ auf einem Flächenelement mit der Neigung φ sind

$$\left.\begin{aligned} \sigma &= \frac{\sigma_x + \sigma_z}{2} + \frac{\sigma_z - \sigma_x}{2} \cos 2\varphi - \tau_{zx} \sin 2\varphi; \\[2mm] \tau &= \frac{\sigma_z - \sigma_x}{2} \sin 2\varphi + \tau_{zx} \cos 2\varphi. \end{aligned}\right\} \tag{1.7}$$

Da die Spannungen, gegeben durch (1.7), periodisch sind (mit der Periode π), müssen sie einen Maximal- und einen Minimalwert besitzen oder aber konstant sein. Diese Extremwerte treten bei einem bestimmten Wert von φ auf, der erhalten wird, wenn man die Gleichungen $d\sigma/d\varphi = 0$ und $d\tau/d\varphi = 0$ nach φ auflöst. Danach schließt die Ebene der maximalen bzw. minimalen Normalspannung einen Winkel

$$\varphi' = \frac{1}{2} \arctan \frac{\pm\, 2\,\tau_{xz}}{\pm\, (\sigma_x - \sigma_z)}; \tag{1.8}$$

und die Ebene der maximalen bzw. minimalen Scherspannung einen Winkel

$$\varphi'' = \frac{1}{2} \arctan \frac{\mp\, (\sigma_x - \sigma_z)}{\pm\, 2\,\tau_{xz}} \tag{1.9}$$

mit der Achse ein. Die beiden Lösungen weichen voneinander um 90° ab; die Differenz zwischen φ' und φ'' ist 45°. Das bedeutet, daß die größte Normalspannung und die größte Scherspannung in Ebenen auftreten, die einen Winkel von 45° miteinander einschließen.

Setzen wir die Werte von φ' und φ'' in Gl. (1.7) ein, so folgt

$$\sigma_{\substack{\max \\ \min}} = \frac{1}{2}(\sigma_z + \sigma_x) \pm \frac{1}{2} \sqrt{(\sigma_z - \sigma_x)^2 + 4\,\tau_{xz}^2}\,, \tag{1.10}$$

$$\tau_{\substack{\max \\ \min}} = \pm \sqrt{(\sigma_z - \sigma_x)^2 + 4\,\tau_{xz}^2}\,, \tag{1.11}$$

und daher

$$\sigma_{\max} = \frac{1}{2}(\sigma_z + \sigma_x) + \tau_{\max} \tag{1.12}$$

In den Ebenen der größten und kleinsten Normalspannungen ist die Scherspannung identisch Null. Die Normalspannungen in den Ebenen der größten Scherspannungen sind daher einander gleich und ihr Wert ist das Mittel aus den Normalspannungen σ_x und σ_z.

Die Summe zweier Normalspannungen, die auf Ebenen mit verschiedenen α-Werten auftreten, ist vom Winkel α unabhängig; sie ist die sogenannte *erste Invariante* des Spannungszustandes.

Im Fall eines allgemeinen Spannungszustandes, bei dem σ_1 und $\sigma_3 \neq 0$ sind, liegt der Mittelpunkt des MOHRschen Kreises auf der

Achse σ, sein Radius ist von Null verschieden. Sind die Hauptspannungen einander gleich ($\sigma_1 = \sigma_3$), dann schrumpft der Kreis in einen Punkt zusammen und die Spannung ist in allen Richtungen dieselbe (*hydrostatischer* Spannungszustand). Im Fall eines einachsigen Spannungszustandes — einaxialer Druck oder Zug — ist nur eine Spannung von Null verschieden, der Kreis berührt die vertikale Achse. Ist $\sigma_1 = -\sigma_3$, dann entsteht eine Torsion, der Mittelpunkt des Kreises fällt in den Ursprung (Abb. 1.12a—d).

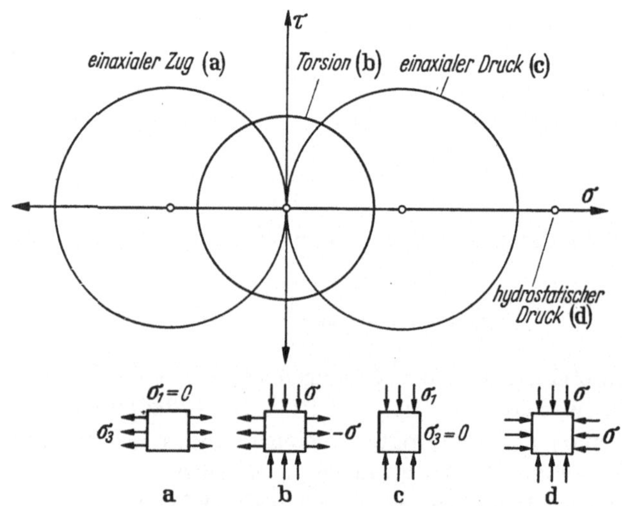

Abb. 1.12 a —d. Die MOHRschen Kreise spezieller Spannungszustände

Literatur

TERZAGHI, K.: Theoretical Soil Mechanics, New York: J. Wiley & Son 1943.
MOHR, O.: Abhandlungen aus dem Gebiete der technischen Mechanik, 3. Aufl. von K. BAYER u. H. SPANGENBERG, Berlin: W. Ernst & Sohn 1928.

2. Der Ruhedruck. Spannungszustand im Halbraum

2.1 Vertikale Spannungen im Halbraum

Zur Untersuchung des Spannungszustandes im unendlichen Halbraum schreiben wir zunächst die allgemeinen Gleichgewichtsbedingungen auf. Wir wollen das Gleichgewicht des Volumenelementes in Abb. 2.1 untersuchen. Die Normal- und Schubspannungen auf den Seitenflächen des Prismas seien stetige und differenzierbare Funktionen der Koordinaten (x, z) des Punktes P. Wir berechnen die Kräfte, die auf die Seitenflächen des Elementes wirken, als Produkte der Elementlänge und der im Mittelpunkt angreifenden Spannung. Auch die Massenkraft — das Eigengewicht des Bodens — ist zu berücksichtigen, da sie von derselben Größenordnung ist wie die Glieder, die die Änderungen der Spannungen ausdrücken. Projiziert man die Kräfte auf die Waagerechte bzw. Senkrechte, so ergibt sich

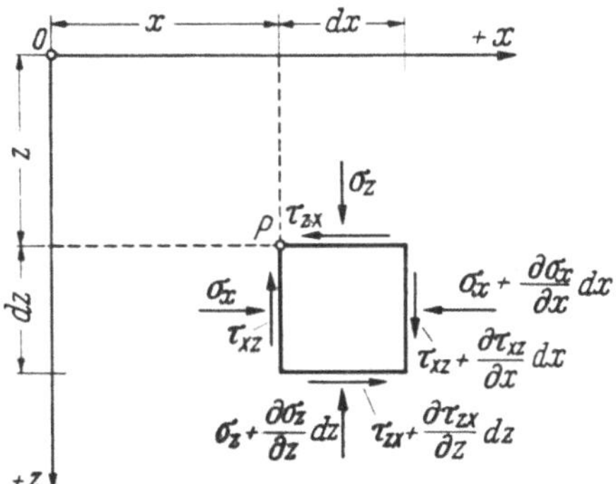

Abb. 2.1. Das Gleichgewicht des Volumenelementes im ebenen Fall

$$\left.\begin{array}{l} \left(\sigma_x + \dfrac{\partial \sigma_x}{\partial x}\,dx\right)dz - \sigma_x dz + \left(\tau_{xz} + \dfrac{\partial \tau_{xz}}{\partial z}\,dz\right)dx - \tau_{xz}dx = 0,\\[2ex] \left(\sigma_z + \dfrac{\partial \sigma_z}{\partial z}\,dz\right)dx - \sigma_z dx + \left(\tau_{xz} + \dfrac{\partial \tau_{xz}}{\partial x}\,dx\right)dz - \tau_{xz}dz = \gamma\,dx\,dz. \end{array}\right\} \quad (2.1)$$

Durch Vereinfachungen bekommt man:

$$\left.\begin{array}{l} \dfrac{\partial \sigma_x}{\partial x} + \dfrac{\partial \tau_{xz}}{\partial z} = 0,\\[2ex] \dfrac{\partial \sigma_z}{\partial z} + \dfrac{\partial \tau_{xz}}{\partial x} = \gamma. \end{array}\right\} \quad (2.2)$$

Die Gln. (2.2) sind als die *Cauchyschen Gleichungen des Gleichgewichtes* bekannt. Sie müssen in jedem Punkte des unter Spannung stehenden Körpers gelten; die Spannungen selbst müssen noch den Randbedingungen genügen.

Gl. (2.2) besteht auch dann, wenn der Wert der Spannungen auf den Seitenflächen nicht konstant, sondern als linear veränderlich angenommen wird. Zur Ableitung muß dann auch die Momentenbedingung herangezogen werden.

Die beiden Gleichgewichtsbedingungen genügen nicht zur Bestimmung der drei Spannungskomponenten: wir brauchen *eine dritte Gleichung*. Bei Stabilitätsuntersuchungen wird diese Gleichung durch die *Bruchbedingung* geliefert; in diesem Falle wird nämlich der Grenzzustand des Gleichgewichtes gesucht, in dem die Spannungen der Bruchbedingung genügen müssen (s. Kap. 3). Bei Verformungsaufgaben müssen die durch die Spannungen bedingten Verschiebungen den Gesetzen der Geometrie genügen; wenn wir einen Zusammenhang zwischen Spannungen und Deformationen annehmen, wird dieser die fehlende Gleichung liefern.

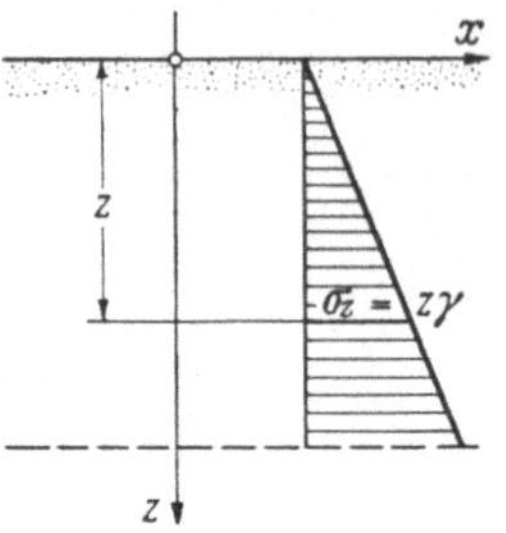

Abb. 2.2. Vertikale Spannungen im unendlichen Halbraum

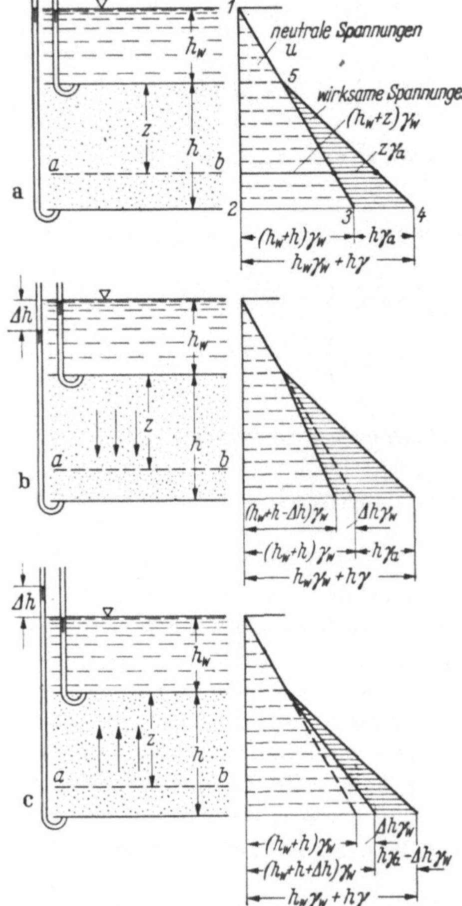

Abb. 2.3a—c. Wirksame und neutrale Spannungen in rolligem Boden. a) Grundwasser im Ruhezustand; b) Strömung nach unten; c) Strömung nach oben

Wir wenden nun Gl. (2.2) auf einen durch eine waagerechte Fläche begrenzten unendlichen, schweren Boden, den sog. *unendlichen Halbraum*, an. Die Oberfläche sei unbelastet. Nehmen wir an, daß das Raumgewicht des Bodens konstant ist und den Wert γ hat. Es handelt sich offensichtlich um eine *ebene Aufgabe*, da jede vertikale Ebene eine *Symmetrieebene* ist (Abb. 2.2). In waagerechter Richtung kann keine Änderung im Spannungszustand eintreten, daher verschwinden die Differentialquotienten nach x. Die Ableitungen nach z sind dann totale Differentialquotienten. Aus der zweiten Gleichung folgt

$$\frac{d\sigma_z}{dz} = \gamma, \qquad (2.3)$$

das heißt

$$\sigma_z = z\gamma + c.$$

Wenn $\sigma_z(z = 0) = 0$ ist, dann ist $\sigma_z = z\gamma$. Die vertikale Spannung wächst also linear mit der Tiefe an und die Spannungsverteilung ist *dreieckförmig*.

Untersuchen wir nun die vertikalen Spannungen im unendlichen Halbraum für den Fall, daß der wasserdurchlässige Baugrund *Grundwasser* enthält. Das Grundwasser verursacht im Zustand der Ruhe wie der Bewegung *neutrale Spannungen*. In Abb. 2.3a — c ist das

Grundwasser im Falle a) im Ruhezustand, die Piezometerrohre, die an der oberen und der unteren Fläche der Bodenschicht angeordnet sind, zeigen dieselbe Druckhöhe; es ist daher kein Druckgefälle vorhanden. Auf der Ebene $a—b$ in einer Tiefe z beträgt also die *volle Spannung*, berechnet aus dem Gewicht des Wassers und des Bodens, den Wert:

$$p = h_w \gamma_w + z\gamma. \qquad (2.4)$$

Die neutrale Spannung auf $a—b$ ist $u = (h_w + z)\,\gamma_w$. Die Zwischenräume sind mit Wasser gefüllt, und dieses Wasser kann den hydrostatischen Druck weiterleiten. Die wirksame Spannung beträgt also in dieser Tiefe nach (1.1):

$$\overline{p} = p - u = h_w\gamma_w + z\gamma - (h_w + z)\,\gamma_w = z(\gamma - \gamma_w) = z\gamma_a; \qquad (2.5)$$

wo γ_a das Raumgewicht des unter Auftrieb stehenden Bodens bedeutet. Die Größe der wirksamen Spannung ist also von der Höhe der Wassersäule unabhängig. Die dicht schraffierte Fläche in Abb. 2.3a (*3-4-5*) zeigt die Veränderung der wirksamen Spannung $\overline{p}$ nach der Tiefe; die Fläche *1-2-3* gibt die neutralen Spannungen an.

Sind die piezometrischen Druckhöhen auf der unteren und oberen Begrenzungsfläche einander nicht gleich, dann gerät das Wasser in Bewegung. Ist die Druckhöhe auf der unteren Fläche kleiner, dann richtet sich die Bewegung nach unten (s. Abb. 2.3b), und die neutrale Spannung auf der unteren Begrenzungsfläche beträgt

$$u = (h_w + h - \Delta h)\gamma_w. \qquad (2.6)$$

Die neutrale Spannung ist also um den Betrag $\Delta h\gamma_w$ kleiner geworden. Diese Abnahme ist aber nicht durch die Geschwindigkeit des Wassers bedingt, da ja der Druckverlust infolge der Geschwindigkeit ($v^2/2g$) bei Geschwindigkeiten, die im Boden vorkommen, sehr gering ist. Die volle Spannung wird ausschließlich durch das Eigengewicht des Bodens und des Wassers bestimmt. Daran hat sich im Vergleich mit Fall a) nichts geändert. Da die neutrale Spannung kleiner geworden ist, hat die wirksame Spannung gleichzeitig gemäß Gl. (1.1) um denselben Betrag zugenommen. Diese Zunahme ist der *Strömungsdruck:* er entsteht infolge der Reibungswiderstände auf der Oberfläche der Bodenkörner. Die Zunahme der wirksamen Spannung auf der Ebene $a—b$ beträgt auf Grund der Proportionalität $z\Delta h\gamma_w/h$; die Verhältniszahl $\Delta h/h$ stellt dabei den hydraulischen Gradienten i dar und der Strömungsdruck läßt sich in der Form $iz\gamma_w$ schreiben. Die wirksame Spannung beträgt damit in der Ebene $a—b$:

$$\overline{p} = z\gamma_a + iz\gamma_w. \qquad (2.7)$$

Der Strömungsdruck läßt sich so mit Hilfe des hydraulischen Gradienten berechnen.

Ist die piezometrische Druckhöhe auf der unteren Begrenzungsfläche größer, dann strömt das Wasser nach oben (Abb. 2.3c); die neutrale Spannung auf der unteren Fläche nimmt um den Wert $\Delta h \gamma_w$ zu. Die wirksame Spannung vermindert sich auf

$$\overline{p} = z\gamma_a - iz\gamma_w. \tag{2.8}$$

Die Abb. 2.3 gibt auch die Spannungsverteilung für jeden Fall an.

Wenn wir im letzten Falle Δh fortwährend vergrößern, dann werden wir eine Lage erreichen, wo die wirksame Spannung auf Null absinkt:

$$z\gamma_a - i_k z\gamma_w = 0,$$

wonach

$$i_k = \gamma_a/\gamma_w. \tag{2.9}$$

ist. Diese Größe des hydraulischen Gradienten wird als *kritisches Gefälle* bezeichnet. Wird es erreicht, dann herrscht im Boden keine wirksame Spannung. Seine Scherfestigkeit ist Null und daher kann er keine Belastung tragen.

Abb. 2.4 zeigt einen Bodenprofil bei dem auf die wasserführende Sandschicht eine praktisch vollkommen wasserdichte Tonschicht folgt. Man muß dann berücksichtigen, daß kein Auftrieb im Tonboden auftreten kann. Dort ist kein Grundwasser und so belasten Sandschicht und Wasser die Tonschicht in vollem Maße.

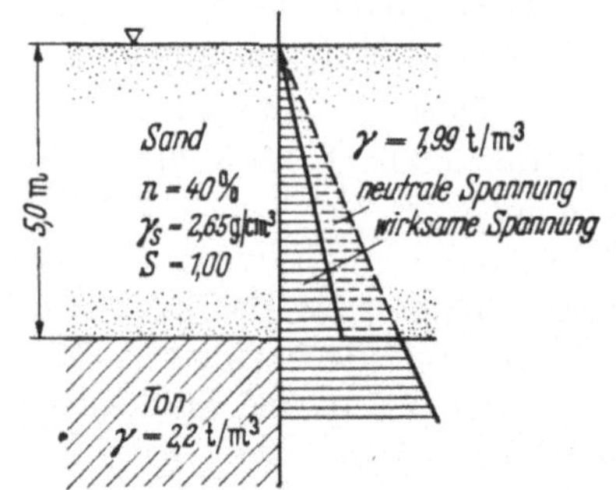

Abb. 2.4. Wirksame und neutrale Spannungen in geschichtetem Boden

Die Hohlräume sind nur im Gebiet des geschlossenen Kapillarwassers vollkommen gesättigt, oberhalb dieses Gebietes ist $S < 1$ und der Kapillarbereich ist *offen*. Die kapillaren Spannungen im Wasser verursachen dann zusätzliche Druckspannungen im Korngerüst (s. Abb. 1.7). Beispiel hierfür zeigt Abb. 2.5. Die Höhe des geschlossenen Kapillarbereiches oberhalb des Grundwasserspiegels beträgt h_{kk}; die neutrale Spannung beträgt dort $u = -h_{kk}\gamma_w$. Die Zunahme der neutralen Spannung ist im offenen Kapillarbereich nicht mehr der Höhe proportional. Der weitere Teil des Spannungsfigur läßt sich auf Grund der früheren Beispiele konstruieren.

Abb. 2.6 zeigt schließlich ein praktisches Beispiel für die Verteilung der senkrechten wirksamen Spannungen. Das Bodenprofil besteht aus mehreren waagerechten Schichten, darunter auch einer *Torfschicht*.

Das Raumgewicht des Torfes beträgt in gewachsenem Zustande ungefähr $\gamma \sim 1{,}0 \text{ t/m}^3$, unter Auftrieb ist also $\gamma_a \sim 0$. Der Verlauf der wirksamen Spannungen ist dann in der Torfschicht eine senkrechte Gerade.

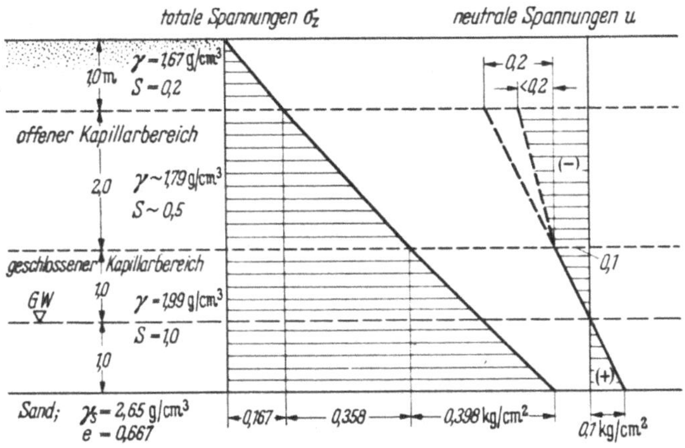

Abb. 2.5. Vertikale Spannungen im unendlichen Halbraume infolge Eigengewicht bei Vorhandensein von Kapillarspannungen

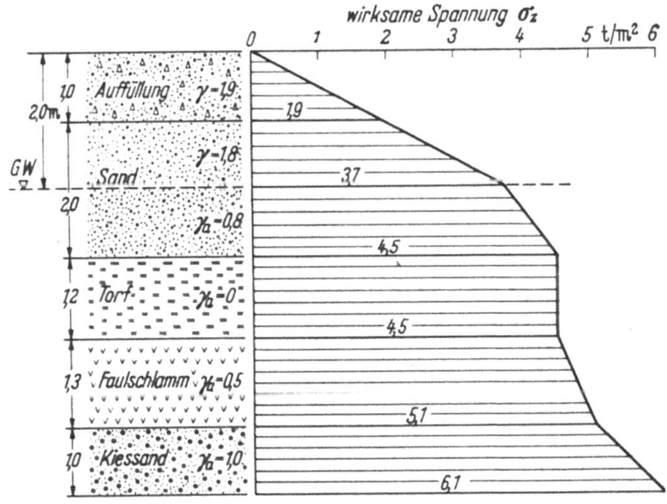

Abb. 2.6. Bestimmung der wirksamen vertikalen Spannungen infolge Eigengewicht in geschichtetem Boden

2.2 Waagerechte Spannungen im Ruhezustand

Betrachten wir im unendlichen Halbraum eine beliebige Fläche, dann müssen die Resultierenden der Spannungen auf beiden Seiten einander gleich sein. Befindet sich dabei der Boden im Ruhezustand, in dem keine Deformationen auftreten, dann ist diese Resultierende der sogenannte *Ruhedruck*, oder *natürliche Erddruck*.

Wir wollen im folgenden die Spannungen untersuchen, die auf eine vertikale Ebene im unendlichen Halbraum wirken. Betrachten wir zunächst die Differentialgleichungen des Gleichgewichtes [CAUCHYS Gleichungen (2.2)]. Da $\partial\sigma_x/\partial x = \partial\tau_{xz}/\partial z = 0$ ist, folgt daß

$$\frac{\partial\tau_{xz}}{\partial z} = 0$$

sein muß. Außerdem finden wir, daß jede vertikale Ebene als eine Symmetrieebene angesehen werden kann. Daher ist

$$\tau_{xz} = 0.$$

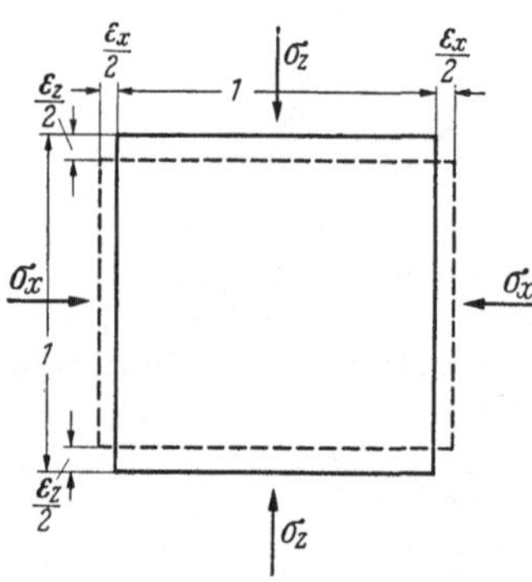

Abb. 2.7. Verformung des Volumenelementes im ebenen Spannungszustande

Die Spannungen σ_z und σ_x sind dann *Hauptspannungen*. Aus Gl. (2.2) und (2.3) folgt

$$\left.\begin{aligned} \sigma_z &= \sigma_1 = z\gamma, \\ \sigma_x &= \sigma_2 = f(z). \end{aligned}\right\} \qquad (2.10)$$

Auf Grund der Gleichgewichtsbedingungen allein bleibt also die Funktion der waagerechten Spannung *unbekannt*.

In diesem Fall können wir aber die Gesetze der *Elastizitätslehre* heranziehen, da der Spannungszustand ein *Ruhezustand* ist, der ohne plastische Verformungen entstanden ist. In ebenem Verformungszustande — der hier unbedingt vorliegt — schreiben sich die Gleichungen der elastischen Formänderungen wie folgt (s. Abb. 2.7):

$$\left.\begin{aligned} \varepsilon_x &= \frac{1}{E}\left[\sigma_x - \mu(\sigma_y + \sigma_z)\right], \\ \varepsilon_y &= \frac{1}{E}\left[\sigma_y - \mu(\sigma_x + \sigma_z)\right] = 0, \\ \varepsilon_z &= \frac{1}{E}\left[\sigma_z - \mu(\sigma_x + \sigma_y)\right]. \end{aligned}\right\} \qquad (2.11)$$

Daraus folgt, daß

$$\sigma_y = \mu\,(\sigma_x + \sigma_z),$$

und

$$\left.\begin{aligned} \varepsilon_x &= \frac{1+\mu}{E}\left[(1-\mu)\,\sigma_x - \mu\sigma_z\right], \\ \varepsilon_z &= \frac{1+\mu}{E}\left[(1-\mu)\,\sigma_z - \mu\sigma_x\right] \end{aligned}\right\} \qquad (2.11\,\text{a})$$

sind. Im unendlichen Halbraum ist ε_x gleichfalls Null, d. h. es ist

$$\sigma_x = \frac{\mu}{1-\mu}\,\sigma_z = \frac{1}{m-1}\,\sigma_z = \lambda_0 z\gamma\,. \tag{2.12}$$

Der Beiwert des Ruhedruckes — die sogenannte Ruhedruckziffer — läßt sich also in der Form

$$\lambda_0 = \frac{1}{m-1} \tag{2.13}$$

ausdrücken. Er ist eine Funktion der elastischen Materialkonstanten m und damit selbst auch eine Konstante. Obwohl der Zusammenhang zwischen Spannung und Deformation im Boden durchaus nicht linear ist, ist der Wert von λ_0 bei Erstbelastung wirklich konstant. Die waagerechte Spannung steht in direktem Verhältnis zur vertikalen; da die letztere als eine lineare Funktion der Tiefe erkannt wurde, ist das Verteilungsdiagramm des Ruhedruckes ein *Dreieck*. Abb. 2.8a—d soll den ganzen Spannungszustand veranschaulichen. Diagramm a) zeigt die lineare Verteilung, b) gibt die Spannungsellipse an, c) den Zusammenhang der Hauptspannungen. Auf Grund der MOHRschen Darstellung der Spannungen (d) lassen sich die zu einem beliebigen Flächenelement gehörenden Normal- und Scherspannungen bestimmen. Die Gleichungen lauten

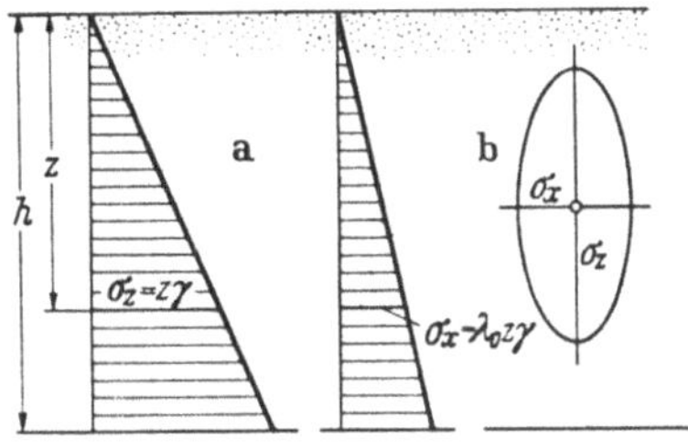

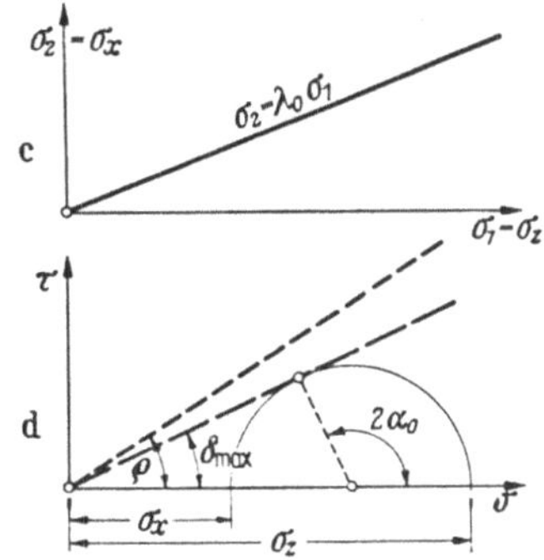

Abb. 2.8 a—d. Spannungszustand des Ruhedruckes

a) senkrechte und waagerechte Spannungen, aufgetragen als Funktionen der Tiefe; b) Spannungsellipse; c) Zusammenhang zwischen den Hauptspannungen; d) die MOHRsche Darstellung des Spannungszustandes

$$\tau = \frac{1}{2}\,(\sigma_z - \sigma_x)\sin 2\alpha = \frac{1}{2}\,z\gamma\,(1-\lambda_0)\sin 2\alpha\,,$$

$$\sigma = \frac{1}{2}\,(\sigma_z + \sigma_x) + \frac{1}{2}\,(\sigma_z - \sigma_x)\cos 2\alpha = \frac{1}{2}\,z\gamma\,[1 + \lambda_0 + \left.\right.$$

$$+ (1-\lambda_0)\cos 2\alpha]. \tag{2.14}$$

Die Normal- und Tangentialkraft auf der Fläche $\overline{AC}$ (Abb. 2.9) sind

$$T = \int_A^C \tau\,ds = \frac{h^2\gamma}{2}\,(1-\lambda_0)\cos\alpha\,,$$

$$N = \int_A^C \sigma\,ds = \frac{h^2\gamma}{2}\,\cos\alpha\,\cot\alpha\,(1 + \lambda_0 \tan^2\alpha). \tag{2.15}$$

Die Resultierende, d. h. die Größe des Ruhedruckes auf die Fläche $\overline{AC}$, hat die Größe

$$E = \sqrt{T^2 + N^2} = \frac{h^2 \gamma}{2} \sqrt{\cot^2 \alpha + \lambda_0^2}. \qquad (2.16)$$

Dieses Ergebnis läßt sich übrigens auch durch einfache vektorielle Zusammensetzung des auf die vertikale Wand $\overline{AB}$ wirkenden Erddruckes und des Gewichtes des Erdkeils ABC erhalten.

Der Richtungswinkel des Ruhedruckes ist

$$\tan \delta = \frac{T}{N} = \frac{(1 - \lambda_0)\,\tan \alpha}{1 + \lambda_0\,\tan^2 \alpha}. \qquad (2.17)$$

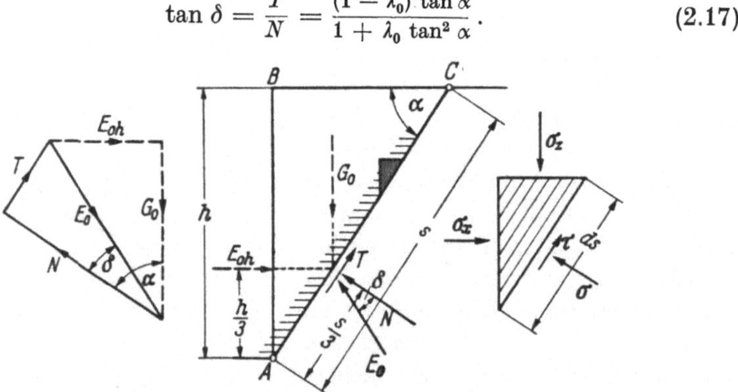

Abb. 2.9. Die Komponenten des Ruhedruckes. Bestimmung des Ruhedruckes auf eine schiefe Wand

Dieser Wert erreicht einen oberen Grenzwert, wenn

$$\tan \alpha = \tan \alpha_0 = \sqrt{\frac{1}{\lambda_0}}. \qquad (2.18)$$

Für $\lambda_0 = 0{,}5$ erhält man $\alpha_0 = 54°30'$, $\tan \delta = 0{,}304$, $\delta = 19°30'$ und für $\lambda_0 = 0{,}4$: $\alpha_0 = 57°40'$, $\tan \delta = 0{,}474$ und $\delta = 25°20'$.
Diese Werte lassen sich auch auf Grund der Abb. 2.8d bestimmen.

Untersuchen wir nun den Fall, daß das Grundwasser in einer gewissen Tiefe ansteht und sich im Ruhezustand befindet (BISHOP, 1958). Da der Zusammenhang $\overline{\sigma}_x = \lambda_0 \overline{\sigma}_z$ nur für *wirksame* Spannungen besteht, müssen die neutralen Spannungen *gesondert* eingeführt werden.

Da

$$\sigma_z = \overline{\sigma}_z + u$$

und

$$\sigma_x = \lambda_0 \overline{\sigma}_z + u$$

sind, können wir mit den vollen Spannungswerten schreiben:

$$\sigma_x = \lambda_0 \sigma_z + (1 - \lambda_0)\,u. \qquad (2.19)$$

Das Bild der vollen, der wirksamen und der neutralen Spannungen ist in
Abb. 2.10 gegeben.

Werden daher die vollen Spannungen betrachtet, dann kann man
feststellen, daß ihr Verhältnis veränderlich ist und sich nur in Kenntnis
des Porenwasserüberdruckes bestimmen läßt. Bei zunehmender Spannung lautet Gl. (2.19) wie folgt:

$$\Delta \sigma_x = \lambda_0 \Delta \sigma_z + (1 - \lambda_0)\, \Delta u. \tag{2.20}$$

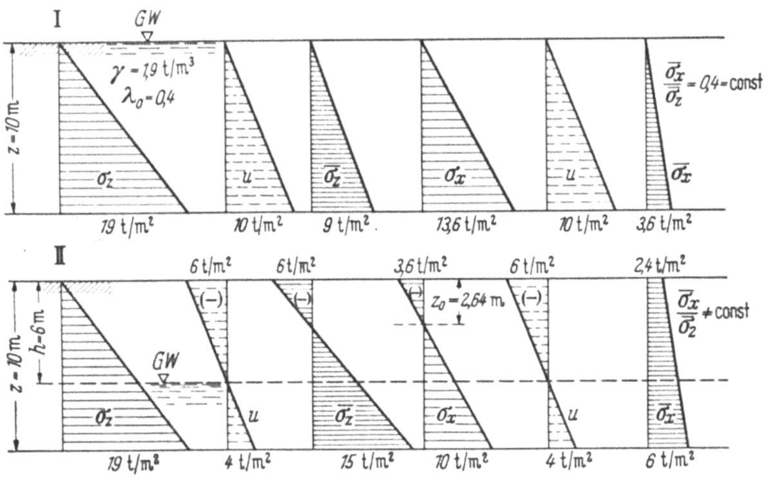

Abb. 2.10. Spannungsverteilung des Ruhedruckes bei Grundwasser
I Grundwasserspiegel auf der Oberfläche; II Grundwasserspiegel abgesenkt bis auf die Tiefe h

Bei gesättigten Böden, in denen das Wasser nach der Belastung
nicht entweichen kann — geschlossenes System —, vergrößert sich der
Porenwasserüberdruck bei einer Spannungszunahme $\Delta \sigma_z$ um denselben
Betrag. Die Verhältniszahl $\Delta \sigma_z/\Delta \sigma_x$ ist also, mit *vollen* Spannungswerten berechnet, *eins*.

Wenn die Möglichkeit zum Entweichen des Wassers besteht, dann
ist dies nur im Augenblick der Belastung so, denn der Porenwasserüberdruck wird im Laufe der Konsolidation abgebaut. Δu wird Null und
die Verhältniszahl $\Delta \sigma_x/\Delta \sigma_z$ nimmt wieder den Wert λ_0 an.

Der Zusammenhang, ausgedrückt durch Gl. (2.20) weist außerdem
darauf hin, daß das Verhältnis der Zunahme der beiden vollen Spannungen auch durch die Absenkung des Grundwasserstandes oder durch die
Austrocknung der Bodenschichten beeinflußt wird; in jedem dieser
Fälle treten nämlich negative Porenwasserdrücke infolge der Kapillar-
wirkungen auf. In einer normalkonsolidierten Tonschicht, wenn der

Grundwasserstand der Geländeoberkante entspricht (Abb. 2.10; I), beträgt die volle waagerechte Spannung nach Gl. (2.19):

$$\sigma_x = \lambda_0\sigma_z + (1 - \lambda_0)\,u = \lambda_0 z\gamma + (1 - \lambda_0)\,z\gamma_w.$$

Wird nun das Grundwasser bis zu einer Tiefe h unter der Oberfläche *abgesenkt* (Abb. 2.10, II) und bleibt der Sättigungsgrad des Bodens dabei erhalten, dann erleidet der Wert der vollen vertikalen Spannung keine Änderung. Es ist dann $\Delta\sigma_z = 0$ und

$$\Delta\sigma_x = (1 - \lambda_0)\,\Delta u$$

Die resultierende volle waagerechte Spannung ist

$$\sigma_x + \Delta\sigma_x = \lambda_0 z\gamma + (1 - \lambda_0)\,z\gamma_w - (1 - \lambda_0)\,h\gamma_w.$$

Bis zu einer Tiefe z_0 ist der Wert der vollen waagerechten Spannung negativ. Diese Tiefe beträgt auf Grund der Bedingung $\sigma_x + \Delta\sigma_x = 0$

$$z_0 = h\left[\frac{1}{1 + \dfrac{\lambda_0}{1 - \lambda_0}\dfrac{\gamma}{\gamma_w}}\right].$$

Die Spannungen wurden auch für diesen Fall in Abb. 2.10 veranschaulicht (II). Daher kann die Verhältniszahl der vollen Hauptspannungen in Tonschichten, wo sich beträchtliche negative Porenwasserdrücke ausbilden können, auch *negative Werte* haben. Durch diese Tatsache wird die Zusammendrückung des Tonbodens unter der Einwirkung von Lasten beträchtlich beeinflußt — ein Umstand, der in Setzungsberechnungen bisher noch nicht berücksichtigt wird.

Im unendlichen Halbraum mit waagerechter Oberfläche ist die Ruhedruckziffer eindeutig definiert: sie ist die Verhältniszahl der wirksamen waagerechten und senkrechten Hauptspannungen im Ruhezustand. Diese Definition läßt sich aber im praktischen Versuchswesen schwer anwenden. Um die versuchsmäßige Bestimmung zu ermöglichen, hat BISHOP (1958) die Definition auf den dreiaxialen Druckversuch übertragen und den Seitendruck bei einer Seitenverschiebung Null gemessen. Die Verhältniszahl der vertikalen und seitlichen wirksamen Hauptspannung ergibt dann die Ruhedruckziffer.

Die Versuchsmethoden sind aber ziemlich umständlich und empfindlich, weil die Bedingung der Nullwertigkeit der seitlichen Verschiebung sehr schwer einzuhalten ist, besonders in Tonböden, wo der Zeitfaktor durch die Konsolidation und die langsame Deformation eine wesentliche Rolle spielt. W. SCHMID (1957 u. 1958) und TSCHEBOTARIOFF (1949) schlagen daher für plastische Tonböden folgende Definition vor: die Ruhedruckziffer ist der Beiwert des Seitendruckes des *konsolidierten Gleichgewichtes*. SCHMID präzisiert noch die Definition, indem er den Beiwert für den Fall bestimmt, wo die Geschwindigkeit der Verschiebung Null ist, d. h. $\partial\varepsilon_{ij}/\partial t = 0$. SCHMID ist der Meinung, daß in den Versuchen dieser Beiwert gemessen wurde. Eine weitere Definition stammt von JAKOBSON (1958).

Zur Bestimmung der Ruhedruckziffer λ_0 dienen, wie erwähnt, dreiaxiale Druckversuche, bei denen der Seitendruck σ_3 bei der Änderung der vertikalen Belastung in der Weise gesteuert wird, daß die seitliche Verformung der Probe Null ist. Werden die so erhaltenen Wertepaare $\bar{\sigma}_1$ und $\bar{\sigma}_3$ der wirksamen Spannungen in einem Koordinatensystem aufgetragen, dann ergibt sich eine Gerade, deren Neigung den Wert λ_0 liefert. Ein Versuchsergebnis (nach BISHOP und HENKEL, 1957) ist in Abb. 2.11 dargestellt. Nach der *Entlastung* erhalten wir eine oberhalb dieser Gerade liegende Kurve; durch *Vorbelastung* wird also die Ruhedruckziffer beträchtlich beeinflußt, ihr Wert wird größer. Bei kleinen Spannungen ist $\lambda_0 = 1$, manchmal auch noch größer. Wird die Oberfläche eines, mit Sand gefüllten Halbraumes mit einer gleichmäßig verteilten Belastung q belastet, dann erhält man in der Tiefe z vertikale und waagerechte Spannungen, die einer Tiefe $z + q/\gamma$ entsprechen. Nach erfolgter Entlastung vermindert sich die vertikale Spannung auf den Wert $z\gamma$, die waagerechte Spannung dagegen behält ihren Wert, wenn die Elastizitätsgrenze bei der Belastung überschritten wurde. Bei vorbelasteten Böden kann es also leicht vorkommen, daß die waagerechten Spannungen im Sande größer sind als die vertikalen. Die gleiche Wirkung üben die Verdichtung in Schichten, die Anwendung von Verdichtungspfählen, die Verdichtungssprengungen usw. aus.

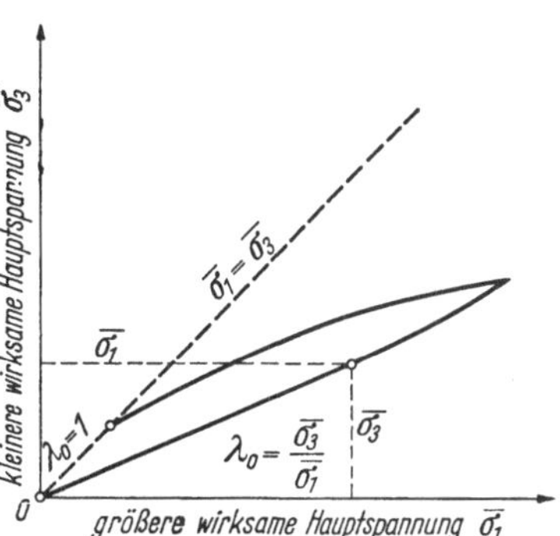

Abb. 2.11. Bestimmung der Ruhedruckziffer mittels dreiaxialer Druckversuche (BISHOP und HENKEL, 1957)

Tabelle 2.1. *Ruhedruckziffer von Sand nach den Versuchen von Bernatzik (1947)*

Porenziffer ε	Ruhedruckziffer λ_0
0,6 (dicht)	0,49
0,7 (mittel)	0,52
0,8 (locker)	0,64

Als Zahlenwerte für die Ruhedruckziffer stehen *Versuchsergebnisse* zur Verfügung. Nach TERZAGHI (1925) ist in losem Sand $\lambda_0 = 0,45 - 0,50$, in dichtem Sand $\lambda = 0,40 - 0,45$. BERNATZIK (1947) gibt auf Grund von sorgfältig ausgeführten Versuchen mit Sandzylindern die in der Tab. 2.1 enthaltenen Werte an. Mit *bindigen Böden* hat GERSEWANOFF (1936) Versuche durchgeführt und gibt für Kompression, also ohne seitliche Ausdehnung des Bodens, auf Grund der Gleichung

$$\frac{\partial \sigma_x}{\partial z} = \lambda_0$$

folgenden Zusammenhang an:

$$\sigma_x = \lambda_0 \sigma_z + \lambda_1.$$

Die Konstante λ_1 ist vom Anfangszustand der Kompression abhängig; in verdichtetem oder vorbelastetem Sande ist sie positiv, in Tonböden mit negativem Porenwasserüberdruck negativ. Einige Versuchsergebnisse sind in Abb. 2.12 dargestellt.

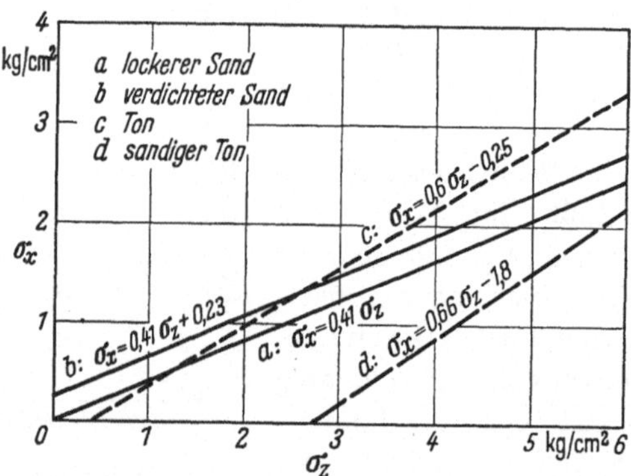

Abb. 2.12. Ruhedruckziffer verschiedener Böden; Versuche von GERSEWANOW

Nach den Untersuchungen von TSCHEBOTARIOFF (1948, 1951) und WELCH (1949) weicht der Wert λ_0, im konsolidierten Gleichgewichtszustand (also ohne Porenwasserüberdruck) im Sande wie im Tonboden nur wenig von $\lambda_0 \approx 0,5$ ab.

Die Ergebnisse der Versuche mit Entwässerung von BISHOP (1957 u. 1958), erweitert durch einige Angaben von SIMONS (1958), sind in der Tab. 2.2 zusammengestellt.

Tabelle 2.2. *Ruhedruckziffer nach den Versuchen von Bishop (1957, 1958) und Simons (1958)*

Bodenart	w_f	w_a	w_{fa}	Aktivität*	λ_0
Lockerer Sand, gesättigt	—	—	—	—	0,46
Dichter Sand, gesättigt	—	—	—	—	0,36
Verdichteter, residualer Ton	—	—	9,3	0,44	0,42
Verdichteter, residualer Ton	—	—	31	1,55	0,66
Organischer, schluffiger Ton, ungestört	74,0	28,6	45,4	1,2	0,57
Kaolin, gestört	61	38	23	0,32	0,64—0,70
Seeton, Oslo, ungestört	37	21	16	0,21	0,48
„Quick clay"	34	24	10	0,18	0,51—0,52

$$* \text{ Aktivität} = \frac{\text{Bildsamkeit } w_{fa}}{\text{Tongehalt in vH.}}$$

In jüngster Zeit haben BISHOP und HENKEL (1957) und BISHOP (1958) die Versuchsmethoden und Versuchsergebnisse ausführlich behandelt. Danach besteht ein eindeutiger Zusammenhang zwischen dem

Reibungswinkel — bestimmt auf Grund der wirksamen Spannungen — und der Ruhedruckziffer λ_0. Die Versuchsergebnisse stimmen mit der theoretischen Formel von JÁKY (1944) gut überein (s. Kap. 7). Das Bestehen eines solchen Zusammenhanges wird dadurch erklärt, daß ein bedeutender Teil der Scherfestigkeit in einem Boden mobilisiert wird, wenn er ohne seitliche Deformationen senkrecht zusammengedrückt wird. Ist die Zusammendrückung groß, so wird wahrscheinlich *die volle Scherfestigkeit* mobilisiert wie etwa bei der Konsolidation von ganz weichen Tonböden. Das zeigt Abb. 2.13: während der senkrechten Kompression des Würfels müssen sich die Diagonalen verkürzen; das Quadrat, bestimmt durch die Diagonalen, wird zu einem Rhombus verzerrt. Diese innere Verformung erzeugt innere Scherspannungen. Die Resultierende vermindert den hydrostatischen Seitendruck und beeinflußt im Endzustand der Konsolidation den Ruhedruck.

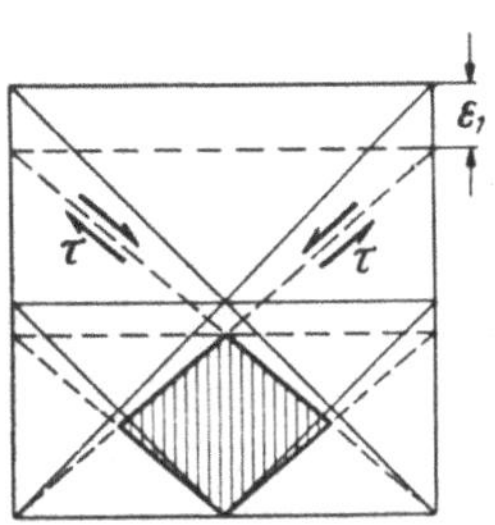

Abb. 2.13. Auftreten von inneren Scherspannungen in einem Kompressionsversuch

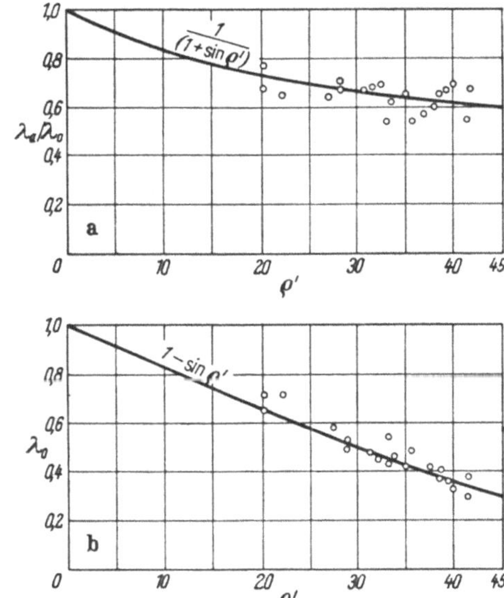

Abb. 2.14 a u. b. Zusammenhang zwischen a) dem Winkel des Scherwiderstandes und dem Verhältnis λ_a/λ_0, b) dem Winkel des Scherwiderstandes und der Ruhedruckziffer

Der erwähnte Zusammenhang zwischen dem Winkel des Reibungswiderstandes und der Ruhedruckziffer wurde von BISHOP (1958) in der Form der Abb. 2.14a angegeben; in Kenntnis des Winkels des Reibungswiderstandes, bestimmt auf Grund der wirksamen Spannungen (ϱ'), wurde das Verhältnis λ_a/λ_0 als Funktion von ϱ' aufgetragen, wo λ_a den Erddruckbeiwert bedeutet [$\lambda_a = (1 - \sin \varrho')/(1 + \sin \varrho')$]. JÁKYS erwähnte Formel lautet in vereinfachter Form: $\lambda_0 = 1 - \sin \varrho'$; den gesuchten Zusammenhang zwischen ϱ' und λ_0 kann man also in der Form $\lambda_a/\lambda_0 = 1/(1 + \sin \varrho')$ ausdrücken. Die nach dieser Formel berechnete Kurve ist in Abb. 2.14a mit eingezeichnet. Die Abweichungen sind noch kleiner, wenn man — wie es SIMONS (1958) getan hat — den Zusammenhang (λ_0, ϱ') unmittelbar aufträgt (Abb. 2.14b).

Die Frage, in welchem Maße der Ruhedruck durch die langsame, sekundäre Konsolidation, das Kriechen, beeinflußt wird, ist noch nicht geklärt. Es ist ein Spannungszustand möglich, bei dem das Material ein Kriechen nur in der senkrechten Richtung erleidet und die seitliche Ausdehnung unverändert Null bleibt. Ob und wie sich aber dabei das Verhältnis der waagerechten und senkrechten Spannungen ändert, ist noch unbekannt. Auf Grund einiger Dauerversuche nimmt man im allgemeinen an, daß λ_0 vom Kriechen unabhängig ist.

Literatur

TERZAGHI, K.: General Wedge Theory of Earth Pressure. Proc. Am. Soc. Civ. Engg. 65 (1939) No. 8.

JÁKY, J.: Anyugalmi nyomás tényezöje. (Die Ruhedruckziffer), Budapest: MMÉE Közlönye 1944.

TSCHEBOTARIOFF, G. D.: Soil Mechanics, Foundations and Earth Structures, New York: Mc Graw Hill 1951.

Proceedings of the Brussels Conference of Earth Pressure Problems. Bruxelles 1958.

3. Die Scherfestigkeit von Böden

3.1 Bruchbedingungen

Wenn wir den Spannungszustand im Boden mit Hilfe der Plastizitätstheorie bestimmen wollen, müssen wir voraussetzen, daß sich nur solche Spannungszustände im kontinuierlichem Medium ausbilden können, deren Hauptspannungen der Ungleichung

$$f(\sigma_1, \sigma_2, \sigma_3) \leqq 0 \tag{3.1}$$

genügen. Wird die Gleichung $f = 0$ erfüllt, dann handelt es sich um einen *Grenzzustand*. Indem wir die drei Hauptspannungen als rechtwinklige Koordinaten auffassen, können wir die Bedingung (3.1) durch eine *Fläche* veranschaulichen.

Am wichtigsten ist die Untersuchung jenes Grenzzustandes, bei dem die *Deformationen* dauernd zunehmen, oder aber der Bruch als *instabiler Zustand* eintritt. Dieser Grenzzustand wird als Bruchzustand bezeichnet; die entsprechende Fläche $f = 0$ ist die *Bruchfläche*. Auf theoretischem Wege können wir über diese Fläche im allgemeinen nur so viel aussagen, daß die Gerade $\sigma_1 = \sigma_2 = \sigma_3 = p$ $(p > 0)$ die Fläche nicht schneiden darf — mit anderen Worten, ein hydrostatischer Druck kann keinen Bruch, bzw. plastischen Grenzzustand hervorrufen.

Der allgemeine räumliche Spannungszustand läßt sich durch einen *Spannungstensor* mit symmetrischer Matrix darstellen:

$$S = \begin{vmatrix} \sigma_x & \tau_{xy} & \tau_{zx} \\ \tau_{xy} & \sigma_y & \tau_{zy} \\ \tau_{xz} & \tau_{yz} & \sigma_z \end{vmatrix}. \tag{3.1a}$$

Wie bekannt, kann die Matrix (3.1a) als Summe von zwei Matrizen geschrieben werden: $S = Z + P$; d. h. es ist

$$\begin{vmatrix} \sigma_x & \tau_{yx} & \tau_{zx} \\ \tau_{xy} & \sigma_y & \tau_{zy} \\ \tau_{xz} & \tau_{yz} & \sigma_z \end{vmatrix} = \begin{vmatrix} \sigma_x - s & \tau_{yx} & \tau_{zx} \\ \tau_{xy} & \sigma_y - s & \tau_{zy} \\ \tau_{xz} & \tau_{yz} & \sigma_z - s \end{vmatrix} + \begin{vmatrix} s & 0 & 0 \\ 0 & s & 0 \\ 0 & 0 & s \end{vmatrix} \tag{3.2}$$

und bedeutet die Aufteilung des Spannungstensors in einen hydrostatischen Druck- und einen Verzerrungstensor (Deviator). Der Wert von s ist die *erste Invariante* des Spannungszustandes, der Mittelwert der Hauptspannungen:

$$J_1 = s = \frac{1}{3}(\sigma_1 + \sigma_2 + \sigma_3) = \frac{1}{3}(\sigma_x + \sigma_y + \sigma_z). \tag{3.3}$$

Eine allgemeine Bruchbedingung läßt sich nach DRUCKER und PRAGER (1952) in folgender Form aufschreiben:

$$f = \alpha J_1 + J_2^{1/2} = k, \tag{3.4}$$

wo J_2 die *zweite Invariante* des Spannungsdeviators bedeutet:

$$J_2 = \frac{1}{6}\left[(\sigma_x - \sigma_y)^2 + (\sigma_y - \sigma_z)^2 + (\sigma_z - \sigma_x)^2\right] + \tau_{xy}^2 + \tau_{yz}^2 + \tau_{zx}^2. \tag{3.5}$$

Die Bruchfläche $f = k$ ist nach Gl. (3.4) im Fall von $\alpha > 0$ ein gerader Kreiskegel, dessen Achse mit den Koordinatenachsen gleiche Winkel einschließt. Ist $\alpha = 0$, dann geht der Kreiskegel in einen Kreiszylinder über.

Im Fall eines ebenen Deformationszustandes geht die Bruchbedingung in die *Coulomb-Mohrsche Bruchbedingung* über, wonach die Hauptspannungskreise des Bruchzustandes eine gemeinsame *Umhüllende* besitzen, deren Lage und Form vom Material abhängig ist. Die Umhüllende wird in der Bodenmechanik und in der Erddrucktheorie üblicherweise als *Gerade* angenommen; diese Annahme stellt nach den Versuchen in den meisten Fällen eine brauchbare Annäherung dar. Die ursprüngliche MOHRsche Theorie setzt nur die Existenz einer Umhüllenden voraus,

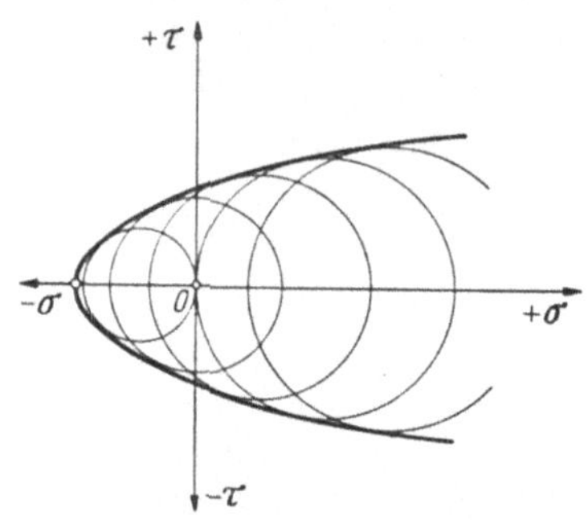

Abb. 3.1. Die Bruchbedingung von MOHR

die selbst auch gekrümmt sein kann (s. Abb. 3.1). Die Bruchbedingung lautet also in analytischer Form:

$$\tau = f(\sigma)\,; \qquad (3.6)$$

und die COULOMBsche Näherung nimmt für diese Beziehung eine *lineare Form* an. Zwischen Normal- und Schubspannung auf einem Flächenelement besteht im Fall des Bruches der folgende Zusammenhang:

$$\boxed{\tau = f\sigma + c} \qquad (3.7)$$

wo $f = \tan \varrho$ als Reibungskoeffizient, c als Kohäsion bezeichnet wird (Abb. 3.2a u. b).

Die Existenz einer Umhüllenden wird mathematisch dadurch ausgedrückt, daß im Bruchzustand nicht nur die Gl. (3.6) gültig ist, sondern auch die Ableitungen einer Bedingung genügen müssen [s. Kap. 7, Gl. (7.27) und Abb. 7.18].

Die Gl. (3.7) läßt sich auch mit Hilfe der Hauptspannungen ausdrücken durch

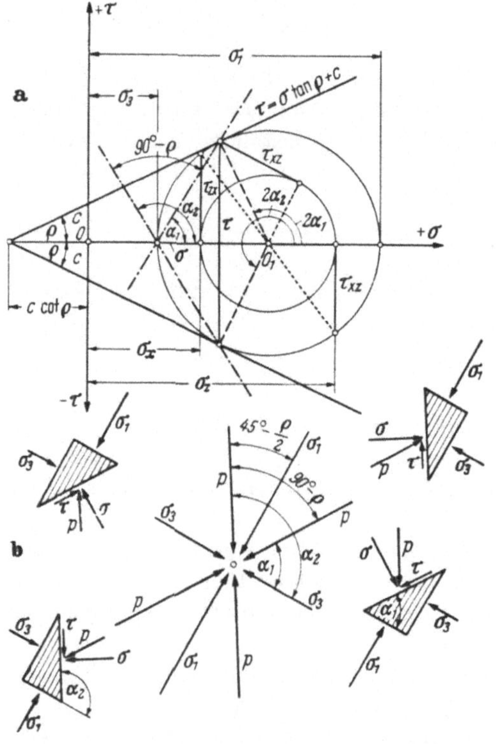

Abb. 3.2a u. b. Die Einhüllende der Hauptspannungskreise im Bruchzustand nach der Bruchbedingung von COULOMB-MOHR

$$\frac{\sigma_1 - \sigma_3}{\sigma_1 + \sigma_3 + 2\sigma_\tau} = \sin \varrho$$

mit $\quad \sigma_\tau = c \cot \varrho\,;$

bzw.

$$\sigma_3 = \sigma_1 \tan^2 (45° - \varrho/2) - 2c \tan (45° - \varrho/2), \qquad (3.8)$$

oder

$$\frac{\sigma_1 + \sigma_3}{2} \sin \varrho = \frac{\sigma_1 - \sigma_3}{2} - c \cos \varrho . \qquad (3.9)$$

Im Fall der auf (x, z) bezogenen Spannungen lautet die Gl. (3.9)

$$\left(\frac{\sigma_z - \sigma_x}{2}\right)^2 + \tau_{xz}^2 - \frac{\sigma_z + \sigma_x}{2} \sin \varrho = c \cos \varrho . \qquad (3.10)$$

Wenn $c = 0$ ist, hat die Bruchbedingung die einfachere Form

$$\frac{\sigma_3}{\sigma_1} = \frac{1 - \sin \varrho}{1 + \sin \varrho} = \tan^2 (45° - \varrho/2); \qquad (3.8\,\mathrm{a})$$

oder

$$\frac{\sqrt{(\sigma_z - \sigma_x)^2 + 4\,\tau_{xz}^2}}{\sigma_z + \sigma_x} = \sin \varrho \qquad (3.10\,\mathrm{a})$$

Ist umgekehrt $\varrho = 0$ und $c \neq 0$, so lautet sie

$$\sigma_3 = \sigma_1 - 2c, \qquad (3.8\,\mathrm{b})$$

oder

$$\sqrt{(\sigma_z - \sigma_x)^2 + 4\tau_{xz}^2} = 2c. \qquad (3.10\,\mathrm{b})$$

Die allgemeine und die beiden speziellen Formen der COULOMBschen Bruchbedingung sind in Abb. 3.3 a—c graphisch dargestellt. Im allgemeinen Fall $\varrho \neq 0$ und $c \neq 0$ besitzt der Boden Reibung und Kohäsion; ist $c = 0$, dann wird Scherfestigkeit nur durch Reibung erzeugt; ist schließlich $\varrho = 0$ und $c \neq 0$, dann ist die Scherfestigkeit konstant und von der Normalspannung unabhängig. Die Abbildungen zeigen auch die *analytische* Form der Bruchbedingung.

Erfolgt in einem Punkt ein Bruch, dann muß der Spannungszustand in diesem Punkt die Bruchbedingung (3.10) in gewissen Richtungen erfüllen. Wir können zwei konjugierte Richtungen feststellen, in denen dies der Fall ist; sie lassen sich mit Hilfe des MOHRschen Kreises leicht bestimmen. Zwischen den Spannungen auf einem Flächenelement, das die gesuchte Richtung hat, besteht einerseits der durch Gl. (3.7) zum Ausdruck gebrachte Zusammenhang. Außerdem soll der Spannungspunkt $(\sigma_z, \sigma_x, \tau_{xz})$ auf dem Hauptspannungskreis liegen (s. Abb. 3.2). Die gesuchten Richtungen werden also durch die Berührungspunkte der COULOMBschen Geraden und des Hauptspannungskreises geliefert. Es gibt derer zwei; die Richtungen der Flächenelemente, auf denen der Bruch erfolgt, schließen also mit der Ebene der ersten Hauptspannung die Winkel $\alpha_1 = 45° + \varrho/2$ bzw. $\alpha_2 = 135° - \varrho/2$ ein. Diese Flächen sind die *Bruch-* oder *Gleitflächen*. Die Richtungen sind auch dadurch zu erhalten, daß hier das Verhältnis $\tau(\alpha)/\sigma(\alpha)$ bzw. $\tau(\alpha)/\sigma_0(\alpha)$ einen Grenzwert erreicht (s. Abb. 1.8). Aus der MOHRschen Darstellung können wir ablesen, daß die Richtung der resultierenden Spannung auf dem einen Flächenelement in die Richtung des anderen Flächenelementes fällt; die absoluten Werte der resultierenden Spannungen sind einander gleich. Die Gleitflächenrichtungen in Abb. 3.3 schließen miteinander den Winkel $90° - \varrho$ ein.

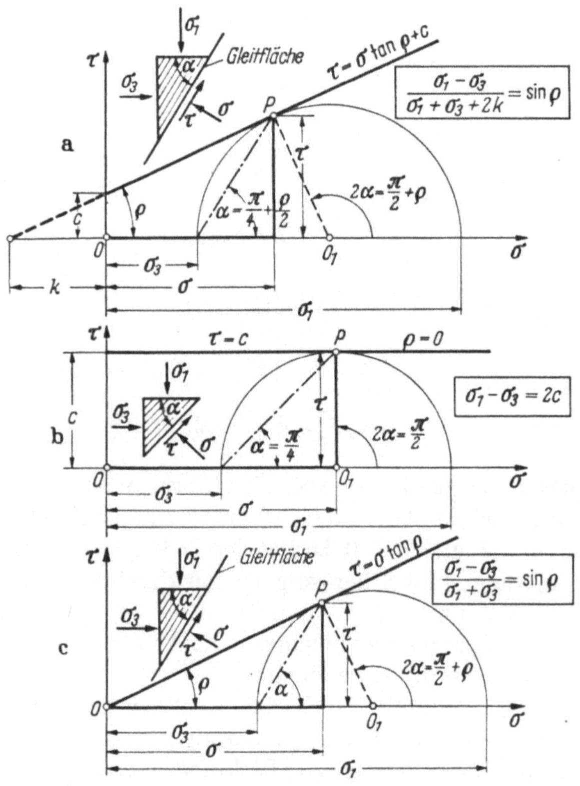

Abb. 3.3 a—c. Die Bruchbedingung von COULOMB-MOHR
a) allgemeiner Fall ($c \neq 0$, $\varrho \neq 0$); b) reibungsloser Boden ($\varrho = 0$); c) kohäsionsloser Boden ($c = 0$)

Der Ausdruck *Gleitfläche* läßt vermuten, daß das Gleiten, also die Bewegung in einem Boden, der das Grenzgleichgewicht infolge äußerer oder innerer Kräfte erreicht, entlang dieser Fläche vor sich gehen wird. Das ist aber — wie in Abschn. 3.3 gezeigt wird — nur dann der Fall, wenn das Material im Bruchzustand raumbeständig ist; sonst wird die Bewegung durch weitere Eigenschaften des Materials beeinflußt. In der Anwendung der Theorien wird aber im allgemeinen vorausgesetzt, daß die oben festgestellten Richtungen die wahren Gleitrichtungen sind, weil wir vorwiegend nur das Grenzgleichgewicht und nicht die Vorgänge vor und nach dem Bruch untersuchen und die theoretischen und stoffkundlichen Grundlagen zu einer Untersuchung, die die Raumveränderung in Betracht zieht, noch fehlen. Ist die Bedingung der Raumbeständigkeit erfüllt, dann sind die Gleit-flächenrichtungen gleichzeitig *Spannungscharakteristiken*, wie dies im Abschn. 4.2 bewiesen wird.

Das Grundprinzip der versuchsmäßigen Bestimmung der Scherfestig-keit von Böden besteht darin, daß wir einen möglichst einfachen Span-nungszustand herstellen und den Bruchzustand in der Mohrschen Darstellungsweise bestimmen. Die Tangente oder Einhüllende dieser Kreise liefert die Bruchgrenze. Grundsätzlich sind alle folgenden Span-nungszustände zur Untersuchung geeignet:

1. Druck mit behinderter Seitenausdehnung;
2. Druck und Abscherung mit behinderter Seitenausdehnung;
3. Druck und Abscherung mit unbehinderter oder teilweise be-hinderter Seitenaudehnung.

Der Spannungszustand unter 1. — die Kompression — ist praktisch nicht brauchbar, da der Seitendruck während des Versuches unbekannt ist und kein Bruch eintritt. Zu 2. gehören die unmittelbaren Scher-versuche, die dritte Gruppe stellt die einaxialen und dreiaxialen Druck-versuche dar.

Für die ausführliche Beschreibung der Versuchsapparate und Me-thoden wird auf die einschlägigen Quellen in der Literatur hingewiesen (Schultze-Muhs, 1951; Muhs, 1957; Bishop-Henkel, 1957; Kézdi, 1961).

3.2 Die Gesetzmäßigkeiten der Scherfestigkeit von Böden

3.21 Allgemeine Bemerkungen. In diesem Kapitel werden die Gesetzmäßigkeiten — vorwiegend nach der Auffassung von Bishop-Henkel (1957) — besprochen, nach denen die verfügbare Scherfestig-keit des Bodens bestimmt werden kann. Hier sind die *neutralen Span-nungen* von entscheidender Bedeutung, da eine durch Normalspannungen bedingte Scherfestigkeit sich nur infolge wirksamer Spannungen aus-bilden kann.

Wegen der neutralen Spannungen müssen wir bei der Ermittlung der Scherfestigkeit mehrere Einflüsse voneinander trennen. Zuerst müssen wir ein *offenes* und ein *geschlossenes System* unterscheiden. Kann das überschüssige Wasser aus dem belasteten Boden entweichen, sind also die Grenzflächen wasserdurchlässig, dann ist das System *offen*. Dabei ändern sich die Spannungen und auch die Scherfestigkeit mit der Zeit. In einem *geschlossenen* System besteht für das Entweichen des Wassers keine Möglichkeit. Deshalb können sich die neutralen Spannungen nach der Belastung nur im ungesättigten Boden ändern, denn hier drückt sich die Luft zusammen oder wird im Wasser gelöst. Im gesättigten Boden bleibt der Spannungszustand zeitlich unverändert.

Ob ein System als geschlossenes oder als offenes anzusehen ist, ist außer von der Durchlässigkeit auch davon abhängig, mit welcher *Geschwindigkeit* die äußeren Belastungen aufgebracht werden.

Die neutrale Spannung kann von der vollen Normalspannung unabhängig, kann aber auch eine Funktion derselben sein. Der erste Fall liegt vor, wenn wir etwa einen Boden im Ruhezustand untersuchen, in dem der Grundwasserstand konstant ist oder in dem sich das Grundwasser stationär bewegt. Die Lage des Punktes gibt in diesem Fall den Porenwasserüberdruck eindeutig an; es tritt keine Volumenänderung ein. Im anderen Fall verursacht die Änderung der wirksamen Spannung durch die Einwirkung von Scherspannungen eine Tendenz zur Volumenänderung des Bodens. Im geschlossenen System entsteht dann Porenwasserüberdruck.

Es ist zweckmäßig, die Scherfestigkeit oder die Bruchspannung immer *als Funktion der wirksamen Normalspannung* anzusehen. Die so erhaltenen Parameter der Scherfestigkeit werden mit ϱ' und c' bezeichnet. Die Grundgleichung lautet:

$$\boxed{\tau = (\sigma - u)\tan\varrho' + c'} \tag{3.11}$$

Den Wert der neutralen Spannung, die im Boden infolge eines gegebenen Spannungszuwachses entsteht, können wir mit Hilfe der *Skemptonschen Grundgleichung* (1.4) berechnen. Bei der Anwendung dieser Gleichung für den Bruchzustand müssen wir uns vor Augen halten, daß die Größen A und B keine Bodenkonstanten sind. Sie sind auch vom *Spannungszustand* abhängig. In gesättigtem Boden ist $B = 1$ und A ist eine Funktion der Spannung, deren Wert im Bruchzustand mit A_t bezeichnet wird. A_t hängt hauptsächlich davon ab, ob der Boden *normalkonsolidiert* oder aber *vorbelastet* ist; d. h. ob er früher schon unter dem Einfluß einer Belastung, die größer war als jene im untersuchten Zustand, stand oder nicht. Für den Fall eines normalkonsolidierten Tons stellt Abb. 3.4 a—c die Deformationen als Funktion der Deviatorspannung und der neutralen Spannung dar. Sind diese bekannt, dann können auf Grund der Beziehung [s. Gl. (1.4)]:

$$A = \frac{\Delta u - \Delta \sigma_3}{\Delta \sigma_1 - \Delta \sigma_3}$$

auch die A-Werte bestimmt werden (Diagramm c). Der zum Bruchzustand gehörende Wert von A_t ist etwas kleiner als eins. Ist der Boden vorbelastet oder überkonsolidiert, dann erhalten wir Kurven, wie sie auf der rechten Seite der Abb. 3.4 gezeichnet sind. Das Vorzeichen der neutralen Spannungen wird nach einer gewissen Zusammendrückung negativ und damit auch der Wert von A. Wird die hydrostatische Spannung, die beim Anfang des Versuches aufgebracht wurde, mit p und die hydrostatische Spannung, die schon früher auf den Boden wirkte, mit p_1 bezeichnet, dann können wir feststellen, daß die Größe A_t eine Funktion des Vorbelastungsverhältnisses p_1/p ist. Wird dieser Quotient größer, dann wechselt A_t sein Vorzeichen, wie dies Abb. 3.5 für einen Boden darstellt (BISHOP-HENKEL, 1957).

Hinsichtlich der versuchsmäßigen Bestimmung der Scherfestigkeit müssen wir noch einige Bemerkungen machen.

Die Bodenschichten, die unter der Erdoberfläche liegen, werden durch das *Eigengewicht* des Bodens beansprucht; die beiden Hauptspannungen haben, wie wir gesehen haben, verschiedene Werte. Wenn wir eine Bodenprobe einem Festigkeitsversuch unterwerfen, dann stimmt der Anfangszustand der Spannungen mit dem ursprünglichen Zustand im Boden nicht überein. Neutrale Spannungen werden durch die Veränderung des Spannungszustandes hervorgerufen, und so bekommen wir nicht die gleichen Scherfestigkeiten. Aus diesem Grunde müssen wir dem Anfangszustand Rechnung tragen, wenn wir die Versuchsergebnisse in praktischen Berechnungen anwenden wollen.

Wie gezeigt, erhalten wir die COULOMBsche Gerade, indem wir zu den MOHRschen Kreisen des Bruchzustandes eine *Einhüllende*

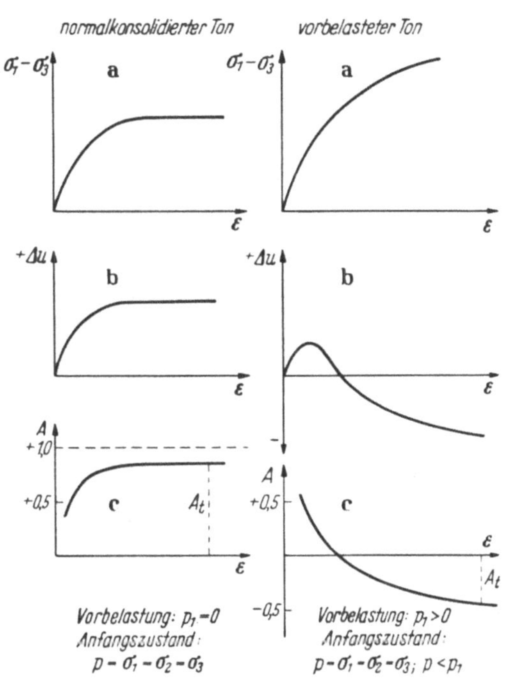

Abb. 3.4 a—c. Ergebnisse eines dreiaxialen Druckversuches mit einem normalkonsolidierten und einem überkonsolidierten Tonboden; die Deformationen, der Porenwasserüberdruck und die Werte des Parameters A
a) axiale Zusammendrückung als Funktion der Deviatorspannung; b) Änderung des Porenwasserüberdruckes; c) Änderung des Parameters A als Funktion der Zusammendrückung

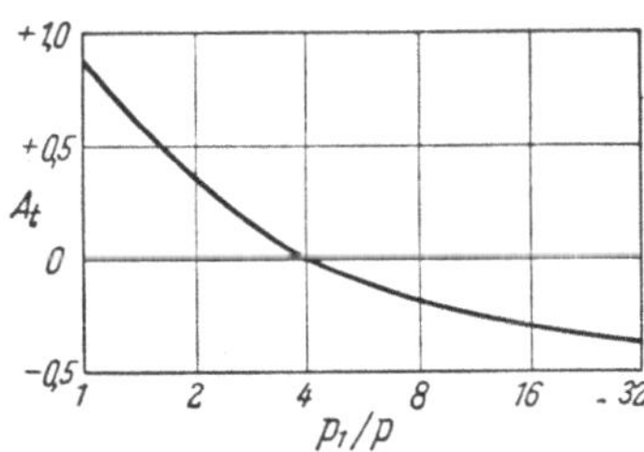

Abb. 3.5. Die Werte von A_t als Funktion der Vorbelastung

zeichnen. In vielen Fällen ist es aber sehr schwer, den Bruch festzustellen. Wenn sich die Probe unter der Wirkung der Scherspannungen auflockert, wird ihre Festigkeit kleiner, bei einer Verdichtung dagegen größer. Bei der Auswertung der Versuchsergebnisse müssen wir also die Kriterien des Bruches festlegen. Es ist üblich, die Maximalwerte der Größen $(\sigma_1 - \sigma_3)$ oder (σ_1/σ_3) zu wählen; die erstere Methode ist richtiger. Der Einfluß der Zeit wird in Abschn. 3.6 behandelt.

Es soll noch betont werden, daß der Wert der mittleren Hauptspannung im Sinne der Mohrschen Bruchtheorie keinen Einfluß auf den Eintritt des Bruches ausübt, da nur die Deviator-Spannung $(\bar{\sigma}_1 - \bar{\sigma}_3)$ eine Rolle spielt. Neuere Untersuchungen hingegen deuten darauf hin, daß dies nicht der Fall ist; die Versuchsergebnisse sind aber bisher widerspruchsvoll (s. z. B. Peltier, 1957).

3.22 Scherfestigkeit im geschlossenen System. Bei einem geschlossenen System kann das überschüssige Porenwasser nicht entweichen. In gesättigtem Boden ist die Deviator-Spannung, die den Bruch herbeiführt, vom Wert der hydrostatischen Spannung unabhängig. Das Volumen ändert sich nur in geringem Maße; der Boden verhält sich wie die vollplastischen Körper, und die Scherfestigkeit ist konstant. So ist $\varrho = 0$,

$$\tau = c = {}^1\!/_2\,(\sigma_1 - \sigma_3)$$

(s. Abb. 3.6).

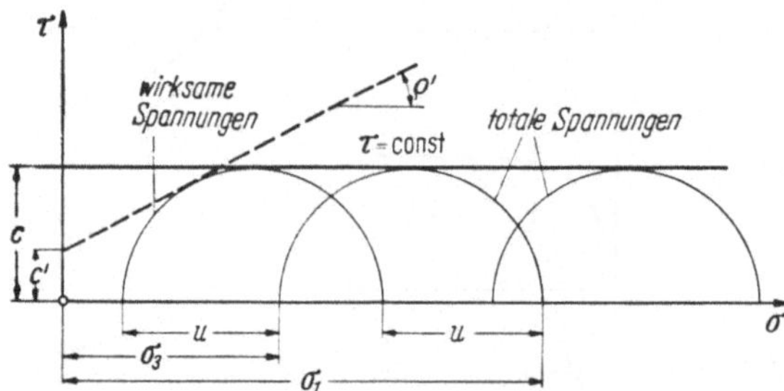

Abb. 3.6. Schergerade im geschlossenen System bei wassergesättigtem, bindigem Boden

Werden die Porenwasserüberdrücke während des Versuches gemessen, dann können wir auch die wirksamen Spannungen bestimmen; da aber die *wirksamen* Spannungen von der hydrostatischen Spannung unabhängig sind, können wir nur *einen einzigen Kreis* für den Bruchzustand aufzeichnen. Daher können wir die Werte von ϱ' und c' nicht eindeutig bestimmen.

Abb. 3.7a u. b. Mohrsche Spannungskreise bei Abscherung im geschlossenen System; ungesättigter, bindiger Boden

a) Einhüllende der Kreise, gezeichnet auf Grund der totalen,   b) der wirksamen Spannungen

Ist die Probe nur teilweise gesättigt, dann wächst der Wert $(\sigma_1 - \sigma_3)$ mit dem Seitendruck, da die Luft zusammengedrückt und im Wasser gelöst wird. Bei einem bestimmten Druck wird der *gesättigte Zustand* erreicht. Von dieser Belastung an stimmt der Fall mit dem oben behandelten überein. Die Einhüllende hat also eine gekrümmte Anfangsstrecke und läuft dann waagerecht (Abb. 3.7a u. b). Wenn wir die Scherfestigkeit als Funktion der wirksamen Spannungen auftragen, ist die Einhüllende eine Gerade.

Wird das Abscheren bis zum Bruch der Probe zwar im geschlossenen System, aber doch in der Weise durchgeführt, daß die Probe zuerst unter der Einwirkung eines hydrostatischen Druckes vollkommen konsolidiert, dann ist die gemessene Festigkeit die Funktion dieser konsolidierenden Spannung, da der Wassergehalt und auch die Porenziffer, bei welcher das Abscheren erfolgt, auch Funktionen dieses hydrostatischen Druckes sind (s. Abb. 3.8a). Zwischen p und der Scherfestigkeit c besteht nach den Versuchen ein *linearer* Zusammenhang (Abbildung 3.8b). Der Wert von A_t ist bei einem normalkonsolidierten Boden Eins und von p unabhängig. In ge-

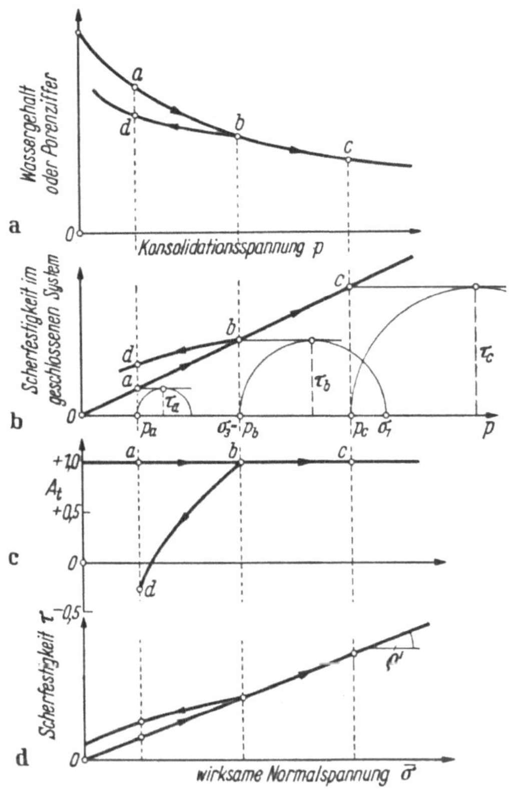

Abb. 3.8 a—d. Konsolidierter gesättigter Boden; Abscherung im geschlossenen System

a) Wassergehalt bzw. Porenziffer als Funktion der Konsolidationsspannung;   b) Scherfestigkeit als Funktion der Konsolidationsspannung;   c) Werte des Parameters A im Bruchzustande (A_t);   d) Schergerade des normalkonsolidierten und des vorbelasteten Bodens, aufgetragen als Funktion der wirksamen Normalspannungen

sättigtem Boden ist auch B Eins, die neutralen Spannungen können berechnet werden, und die Scherfestigkeit kann auch als Funktion der wirksamen Spannungen aufgetragen werden. Die Einhüllende ist dann eine Gerade, die durch den Punkt O des Koordinatensystems geht (ϱ'; $c' = 0$).

Wird der Boden, nach der Konsolidation unter der Spannung p, entlastet, dann soll er als *vorbelastet* angesehen werden. Seine Scherfestigkeit ist größer als im vorhergehenden Fall, denn der Wert von A_t verändert sich erheblich und kann von Eins aus über Null sogar negative Werte annehmen. Wenn wir die so erhaltene Scherfestigkeit als Funktion der wirksamen Normalspannungen auftragen, dann weicht der Wert ϱ' vom obigen Wert etwas ab, und es tritt auch eine Kohäsion auf.

3.23 Scherfestigkeit im offenen System. In diesem Fall kann das überschüssige Wasser immer entweichen. Ist die Wasserdurchlässigkeit des Bodens groß (Sand oder Kies) und bewegt sich das Wasser bei jeder Volumenänderung frei, so entstehen keine Porenwasserüberdrücke. *Tonböden* bilden nur dann ein offenes System, wenn die Belastung sehr langsam aufgebracht wird und die Konsolidation den Änderungen der Spannungen folgen kann.

Bei normalkonsolidiertem Boden erhalten wir unter diesen Bedingungen eine Einhüllende, die durch den Nullpunkt geht. Bei vorbelastetem Boden bekommen wir auch eine Kohäsion, deren Wert von der Größe der Vorbelastung abhängt. Wird der vorbelastete, dann entlastete Boden wieder belastet, dann liegt seine Scherfestigkeit zwischen den beiden erwähnten Grenzen. Die Kompressions- und Expansionskurven und der Zusammenhang zwischen der wirksamen Normalspannung und der Scherfestigkeit sind in Abb. 3.9 dargestellt. Die praktischen Versuche liefern üblicherweise den Ast der *Wiederbelastung*.

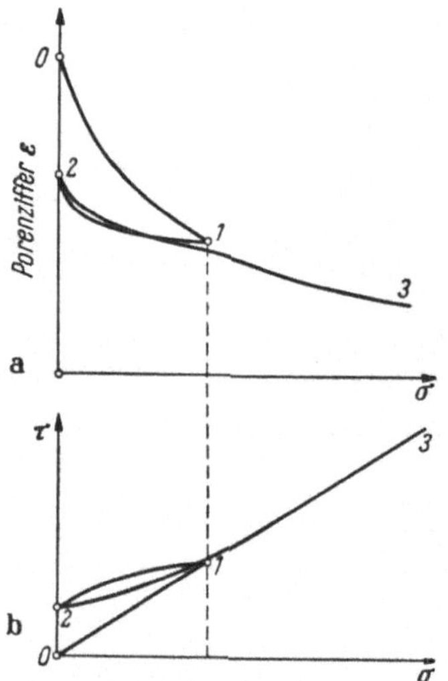

Abb. 3.9 a u. b. Ergebnisse eines Scherversuches im offenen System bei Erstbelastung, Entlastung und Wiederbelastung

a) Verdichtungs- und Schwellkurven;
b) Scherlinien

Wenn wir nun die Erfahrungen mit den Scherfestigkeiten — gemessen nach verschiedenen Methoden — zusammenfassen wollen, können wir folgendes feststellen.

Die Werte ϱ' und c', die bei einem gegebenen Boden als Funktion der *wirksamen* Normalspannungen bestimmt werden, sind von der Art des Versuches kaum abhängig. Diese Tatsache befürwortet das Prinzip, Scherfestigkeitsermittlungen und Standfestigkeitsuntersuchungen mit Hilfe der wirksamen Spannungen durchzuführen.

Bei *stark vorbelasteten* Böden ergibt ein in offenem System durchgeführter Versuch etwas größere Werte für ϱ' und c', denn die Kraft muß infolge der Volumenänderung während des Abscherens eine *Arbeit* leisten; die Bruchdehnung ist daher kleiner. Ist dagegen im geschlossenen

System bei demselben Boden die Volumenänderung Null, so wird der Reibungswinkel, — der letzten Endes den Widerstand gegen Scherdeformationen ausdrückt — kleiner.

Die *Scherfestigkeiten* stimmen also bei den verschiedenen Methoden annähernd überein, die *Verformungen* und *Volumenänderungen* sind aber in großem Maße vom *Vorzeichen* und von der *Aufeinanderfolge* der Spannungen abhängig.

3.3 Scherfestigkeit von Sanden

Die Scherfestigkeit von Kies und Sand setzt sich aus zwei Faktoren zusammen: erstens dem *Reibungswiderstand* auf der Oberfläche der Körner, der der Verschiebung des einen Korns auf dem anderen entgegenwirkt, zweitens dem *Verzahnungswiderstand* der Körner, d. h. einem Widerstand, der infolge der Struktur des Bodens auftritt. Dieser letztere ist besonders bei dichten Sanden bedeutend, daher hängt der Reibungswinkel von der Porenziffer in starkem Maße ab.

Zur Veranschaulichung dieses Einflusses wurden die Ergebnisse zahlreicher Scherversuche als Funktion des Ausgangsporenvolumens dargestellt (Abb. 3.10). Die Punkte liegen dicht um eine Gerade. Die Streuung ist die Folge der Verschiedenheit in der Kornform und in der Gleichmäßigkeit der Kornverteilung. Alle Angaben beziehen sich auf reine Sande ohne Schluffgehalt. Schluff-, ja sogar Mehlsandkörner können den Winkel der inneren Reibung stark herabsetzen. Die Kornform spielt im oben genannten Sinne eine wichtige Rolle. Der zweite Teil des Widerstandes gestaltet sich

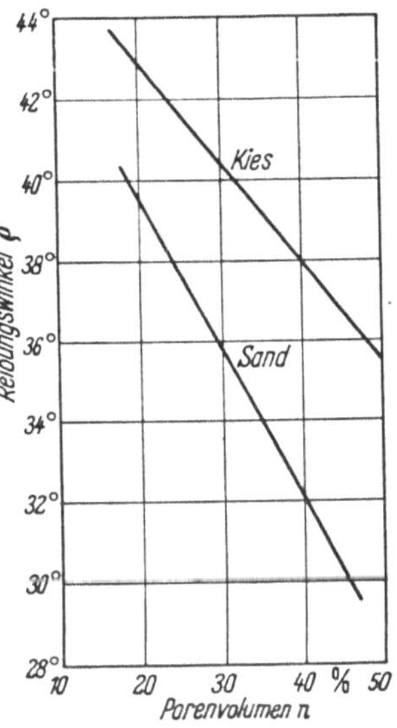

Abb. 3.10. Reibungswinkel von Sand und Kies als Funktion des Ausgangsporenvolumens

bei rundem, eckigem, geschliffenem Korn verschieden. Unter Berücksichtigung der Kornform und der Dichte geben TERZAGHI-PECK (1948) ungefähre Grenzwerte nach Tab. 3.1 an. LUNDGREN (1958) gibt eine

Tabelle 3.1. *Grenzwerte des Reibungswinkels ϱ von Sand* (TERZAGHI-PECK, 1948)

	Runde Körner, gleichförmige Kornverteilung	Eckige Körner, ungleichförmige Kornverteilung
Lockerer Sand	28,5°	34°
Dichter Sand	35°	46°

Formel zur Abschätzung des Reibungswinkels in der Form

$$\varrho = 36^\circ + \varrho_1 + \varrho_2 + \varrho_3 + \varrho_4$$

an, wo die ϱ_i verschiedene Korrekturen bedeuten. So kann man mit ϱ_1 die Kornform berücksichtigen, indem man

$$
\begin{aligned}
&\text{für scharfkantige Körner} &&\varrho_1 = +1^\circ \\
&\text{für mittelmäßige Körner} && = 0^\circ \\
&\text{für abgerundete Körner} && = -3^\circ \\
&\text{für runde Körner} && = -6^\circ
\end{aligned}
$$

ansetzt. Die Korrektur für die Korngröße beträgt

$$
\begin{aligned}
&\text{bei Sand} &&\varrho_2 = 0^\circ \\
&\text{bei Feinkies} && = +1^\circ \\
&\text{bei Mittel- und Grobkies} && = +2^\circ
\end{aligned}
$$

Als Korrektur für die Gleichförmigkeit der Kornverteilung soll man bei

$$
\begin{aligned}
&\text{niedrigem Ungleichförmigkeitsgrad} &&\varrho_3 = -3^\circ \\
&\text{mittlerem Ungleichförmigkeitsgrad} && = 0^\circ \\
&\text{höherem Ungleichförmigkeitsgrad} && = +3^\circ
\end{aligned}
$$

setzen und als Korrektur für die Dichte:

$$
\begin{aligned}
&\text{bei lockerster Lagerung} &&\varrho_4 = -6^\circ \\
&\text{bei mitteldichter Lagerung} && = 0^\circ \\
&\text{bei dichtester Lagerung} && = +6^\circ.
\end{aligned}
$$

Ein dichter Sand lockert sich beim Abscheren auf, ein lockerer Sand wird dagegen dichter. Wenn wir, im Falle eines dichten Sandes, die im Scherversuch gemessenen waagerechten Verschiebungen und die Volumenänderung als Funktion der Scherspannung auftragen (Abb. 3.11), können wir feststellen, daß die Scherspannung bei gleichzeitiger Auf-

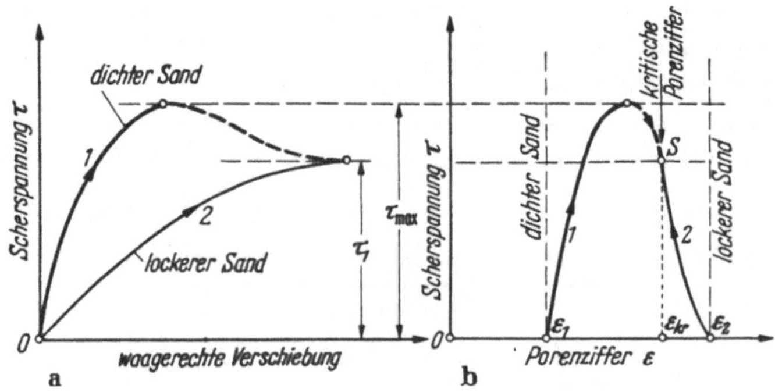

Abb. 3.11a u. b. Abscherung von lockerem und dichtem Sand

a) Scherverschiebungen; b) Änderung der Dichte während des Schervorganges

lockerung einen Maximalwert erreicht ($\tau_{\max}$), und dann bei fortdauernder Deformation auf einen kleineren τ_1-Wert zurückfällt. Diese Spannung bleibt nun bei den weiteren Deformationen konstant. Während der Abnahme der Scherspannung wird der Sand wieder dichter, das Volumen wird kleiner und bei einer gewissen Dichte wird endlich die uneingeschränkte Deformation bei konstanter Scherspannung möglich.

Diese Dichte wurde von A. CASAGRANDE (1936) als *kritische Dichte* bezeichnet. Ein *lockerer* Sand erleidet beim Abscheren eine Volumenverminderung. Die Scherspannung nimmt so lange zu, bis die Scherfestigkeit τ_1 erreicht ist; bei weiterer Verschiebung bleibt der Widerstand schon konstant. In diesem Zustand besitzt der Sand die *kritische Dichte*: die Kurven, die die Volumenänderungen des lockeren und dichten Sandes darstellen, berühren sich im Punkte S (Abb. 3.11a u. b), der der kritischen Dichte entspricht.

Die Ausführungen beziehen sich auf *trockene Sande*; ist der Sand wassergesättigt, dann spielen auch die neutralen Spannungen eine Rolle. Im Porenwasser herrscht, wenn Sand und Wasser sich in Ruhe befinden, eine *hydrostatische Spannung*, die der betreffenden Tiefe unter dem freien Wasserspiegel entspricht.

Wenn wir Scherversuche mit wassergesättigtem Sand im *offenen System* ausführen, wird der erhaltene

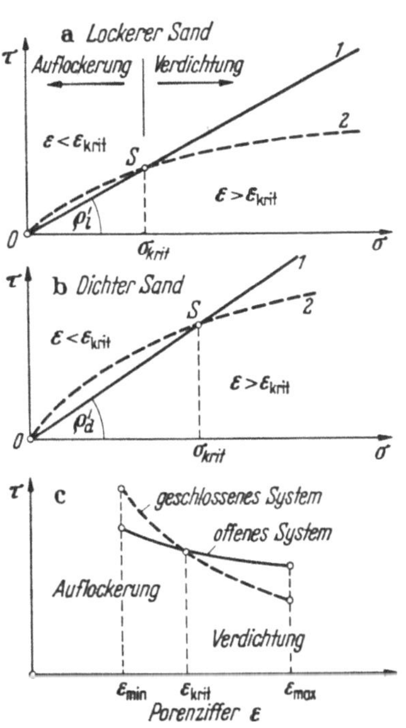

Abb. 3.12 a—c. Ergebnisse von Scherversuchen mit wassergesättigtem Sand, im offenen und geschlossenen System

a) lockerer Sand; b) dichter Sand; c) Zusammenhang zwischen Porenziffer und Scherfestigkeit nach der Einwirkung einer vorgegebenen Konsolidationsspannung

Reibungswinkel höchstens um $1-2°$ kleiner als bei trockenem Sand; das Wasser übt also *keine Schmierwirkung* aus. Aus diesem Grunde bleiben sämtliche Eigenschaften des Sandes, die von der Reibung abhängig sind — wie etwa die Verhältniszahl der Hauptspannungen im Bruchzustand oder die Ruhedruckziffer —, dieselben. Sobald es sich aber um Deformationen, Volumenänderungen handelt, ändern sich die Verhältnisse, da das Wasser nicht zusammendrückbar ist; jede Volumenänderung muß von einer *Wasserbewegung* begleitet sein. Wird ein gesättigter Sand belastet und nach erfolgter Konsolidation im geschlossenen

4*

System abgeschert, dann hängt der Scherwiderstand davon ab, ob der Boden eine Neigung zur *Verdichtung* oder zur *Auflockerung* hat; d. h. ob die Porenziffer größer oder kleiner als die kritische ist. Wenn der Wert der Porenziffer abnimmt, entsteht im Porenwasser ein *Überdruck*, und die wirksame Spannung und daher auch die Scherfestigkeit werden kleiner als im offenen System. Unterhalb der kritischen Porenziffer tritt das Entgegengesetzte ein.

Abb. 3.12a—c zeigt die Ergebnisse von Scherversuchen an gesättigtem Sand (TERZAGHI, 1943). Die ausgezogenen Linien wurden bei geschlossenem System gemessen; die Linien sind auf Grund der wirksamen Spannungen aufgetragen. Der Neigungswinkel ist ϱ', der Wert der Kohäsion ist Null. Wird der Boden zuerst unter einer gegebenen vertikalen Belastung konsolidiert und nachher im geschlossenen System abgeschert, dann entstehen neutrale Spannungen bei jeder Volumenänderung. Die kritische Dichte des Sandes ist eine Funktion des hydrostatischen Druckes. Sie wird kleiner, wenn diese Spannung wächst. Mit einer statischen Belastung kann man die Porenziffer des Sandes nur in geringem Maße verändern; daher ist die Porenziffer entlang der Linien *01* näherungsweise konstant. Es muß also eine kritische Spannung σ_{krit} existieren, oberhalb derer die kritische Porenziffer des Sandes kleiner ist als die vorhandene. Das bedeutet, daß der Sand beim Abscheren dichter wird, oder daß bei geschlossenem System ein Porenwasserüberdruck entsteht. Wird daher die Scherfestigkeit als Funktion der totalen Spannung aufgetragen, so bekommt man bei $\sigma > \sigma_{\text{krit}}$ im geschlossenen System kleinere Werte als im offenen System. Ist dagegen $\sigma < \sigma_{\text{krit}}$, dann ist die vorhandene Porenziffer des Sandes kleiner als die kritische. Beim Abscheren tritt also eine Auflockerung, bzw. ein negativer Porenwasserdruck auf: die Scherfestigkeit ist im geschlossenen System größer. Die Scherlinie des gesättigten, konsolidierten Sandes, erhalten bei geschlossenem System, liegt also auf der Strecke $\sigma < \sigma_{\text{krit}}$ oberhalb der Linie *01*, die die Scherlinie bei offenem System darstellt; auf der Strecke $\sigma > \sigma_{\text{krit}}$ liegt sie unterhalb dieser Linie. Ist $\varepsilon = \varepsilon_{\text{krit}}$, dann übt die Art des Abscherens keinen Einfluß auf den Scherwiderstand aus.

Werden diese Versuche mit einem *dichten* Sand durchgeführt, dann bleibt der Charakter der Linien erhalten, nur ist die Neigung und der Wert von σ_{krit} größer (Abb. 3.12b).

Abb. 3.12c veranschaulicht die Scherfestigkeit als Funktion der Porenziffer bei offenem und bei geschlossenem System (voll ausgezogene, bzw. gestrichelte Linie). Bei einer gegebenen Konsolidationsspannung σ ist $\varepsilon_{\text{krit}}$ eine Konstante. Bei einer kleineren Porenziffer entsteht eine *Auflockerung*, die Scherfestigkeit ist also bei geschlossenem System größer. Ist dagegen $\varepsilon > \varepsilon_{\text{krit}}$, dann erfolgt beim Abscheren eine *Verdichtung*, und die Scherfestigkeit ist bei offenem System größer. Im Fall der kritischen Porenziffer, wo also keine Volumenänderung eintritt, sind die Scherfestigkeiten einander gleich und die Linien schneiden sich in diesem Punkte.

Erdfeuchte Sandböden besitzen außer der Reibung eine gewisse Kohäsion, hervorgerufen durch die Kapillarkraft. Sonst verhalten sie sich wie trockene Sande; die Reibung wird durch das Vorhandensein des Wassers kaum beeinflußt.

Der Wert dieser sogenannten *scheinbaren Kohäsion* hängt neben der Kornverteilung und der Korngröße in erster Linie vom Wert des Sättigungsgrades ab. Abb. 3.13 stellt die einaxiale Druckfestigkeit eines Feinsandes als Funktion der Porenziffer und des Sättigungsgrades dar: die Kurve erreicht bei einem gewissen Wert der Sättigung ein Maximum.

ROWE (1958) hält den Ausdruck *Winkel der inneren Reibung* als Bezeichnung des Scherwiderstandes von körnigen Böden für

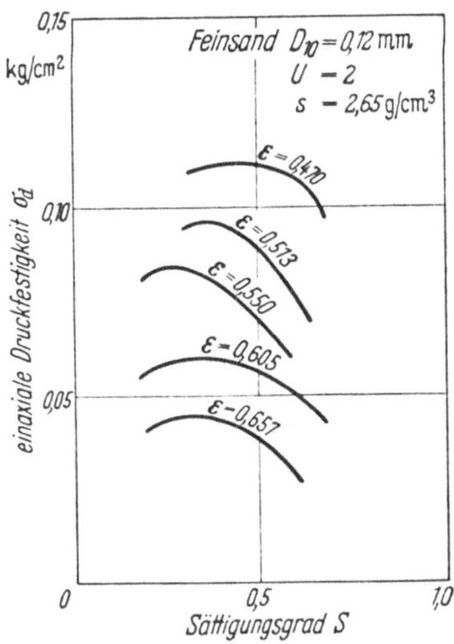

Abb. 3.13. Einaxiale Druckfestigkeit eines Feinsandes als Funktion des Sättigungsgrades und der Porenziffer

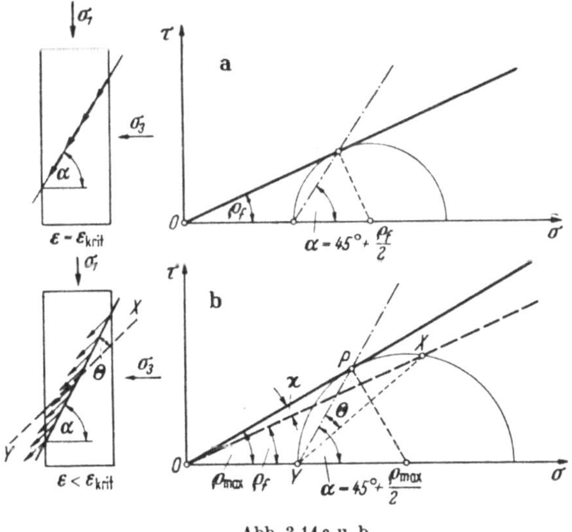

Abb. 3.14a u. b

a) bei $\varepsilon=\varepsilon_{krit}$ fällt die Richtung der Verschiebung und der Gleitfläche zusammen; b) bei $\varepsilon<\varepsilon_{krit}$ schließen sie einen Winkel ein; der Scherwiderstand ist dann entsprechend größer

ungenau; er schlägt folgende Unterscheidungen vor. Bei der Gleitung der Körner aufeinander kommt die *physikalische Reibung* zur Geltung; sie ist, wie die Versuche ergeben, kleiner als der Scherwiderstand und besitzt bei den verschiedenen Sanden annähernd den gleichen Wert, da die meisten Sande vorwiegend aus *Quarzkörnern* bestehen.

Nehmen wir zuerst an, daß eine Sandprobe die kritische Porenziffer besitzt. Dann bildet sich zwar im Bruchzustand (Abb. 3.14a u. b) eine Gleitfläche, es kommt aber zu keiner Volumenänderung. Die Richtung der Verschiebungen fällt mit der Richtung der Gleitfläche — wo das Verhältnis τ/σ einen Grenzwert erreicht — zusammen. Der Winkel des inneren Scherwiderstandes bei konstantem Volumen sei mit ϱ_f bezeichnet. — Wird die Probe dagegen aus dichtem Sand hergestellt ($\varepsilon < \varepsilon_{krit}$), dann entsteht im Laufe des Abscherens eine *Auflockerung.* Die Verschiebungsrichtung der Körner auf der Ebene des maximalen τ/σ-Wertes schließt mit dieser Fläche einen Winkel θ ein (Ebene $X-Y$). Die Sandkörner der Ebene XY bewegen sich dagegen in der Richtung dieser Fläche. Auf der Fläche XY beträgt also der Winkel des inneren Schwerwiderstandes ϱ_f; auf der Bruchfläche PY ist er aber größer: $\varrho_f + \varkappa$, wo $\varkappa < \theta$ ist. Die Summe $\varrho_f + \varkappa$ gibt den Maximalwert ϱ_{max}. Bei fortschreitender Bewegung vollzieht sich die Volumenänderung, wobei die Richtungen der Verschiebung und der „Gleitfläche" zusammenfallen und ein Gleiten ohne Volumenänderung entsteht. Dann beträgt der Winkel des inneren Scherwiderstandes wieder ϱ_f.

KOLBUSZEWSKI (1958) weist darauf hin, daß die Einführung gewisser Kennzahlen (*Gedrungenheit, Rundheit*) zur Beurteilung der Kornform von Sanden sehr zu empfehlen ist.

Es muß noch bemerkt werden, daß die COULOMBsche Scherlinie im Bereich kleiner Normalspannungen ($\sigma < 0{,}1 \ \text{kg/cm}^2$) im allgemeinen *keine Gerade* ist, sondern etwas nach oben gewölbt ist (KÉZDI, 1962). Das kann man in praktischen Fällen vernachlässigen; bei der Auswertung von Erddruckversuchen ist aber diese Abweichung zu berücksichtigen.

3.4 Scherfestigkeit von bindigen Böden

3.41 Kohäsion der Tonböden. Die Druckfestigkeit der Tonböden hängt hauptsächlich vom Wassergehalt des Tons ab. Bei Trocknung des Tons wird eine negative neutrale Spannung im Boden erzeugt und die wirksame Druckspannung und die Scherfestigkeit werden entsprechend größer. Ist die Zugspannung des Kapillarwassers $-u$, dann entsteht ein wirksamer hydrostatischer Druck von der Größe $\Delta\bar{\sigma} = -u$; die Scherfestigkeit des Bodens wird also bei jedem Schnitt um

$$\Delta\tau = \Delta\bar{\sigma}\tan\varrho'$$

erhöht (s. Abb. 3.15).

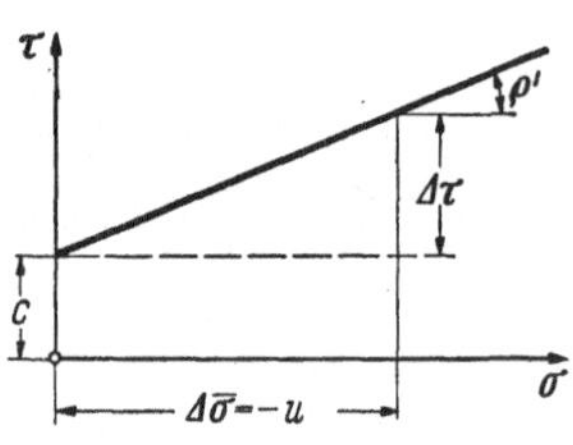

Abb. 3.15. Zunahme der Scherfestigkeit infolge Austrocknung

Der Zusammenhang zwischen Druckfestigkeit und Wassergehalt läßt sich nach JÁKY (1944) durch eine Exponentialfunktion

$$\sigma_d = a\,e^{cw}$$

oder

$$w = w_0 + \frac{1}{c} \ln \sigma_d$$

ausdrücken. Werden also Wassergehalt und Druckfestigkeit in halb logarithmischem Maßstab aufgetragen, dann bekommt man gerade Linien (zum Vergleich denke man die Fließlinie der Fließgrenzbestimmung). Dadurch ist es möglich, den Einfluß des Wassergehaltes auch auf Grund nur weniger Versuche abzuschätzen und die Druckfestigkeit des Bodens bei gegebenem Wassergehalt zu bestimmen.

Tonböden bleiben bei anhaltender Austrocknung bis zur Schrumpfgrenze gesättigt; dann dringt in die Poren Luft ein und der Sättigungsgrad beträgt $S = w/w_s$, wo w_s die *Schrumpfgrenze* bedeutet. Die Linie der Druckfestigkeit als Funktion des Wassergehaltes erleidet bei $w=w_s$ einen Bruch (Abb. 3.16), und es kommt eine neue Gesetzmäßigkeit zur Geltung.

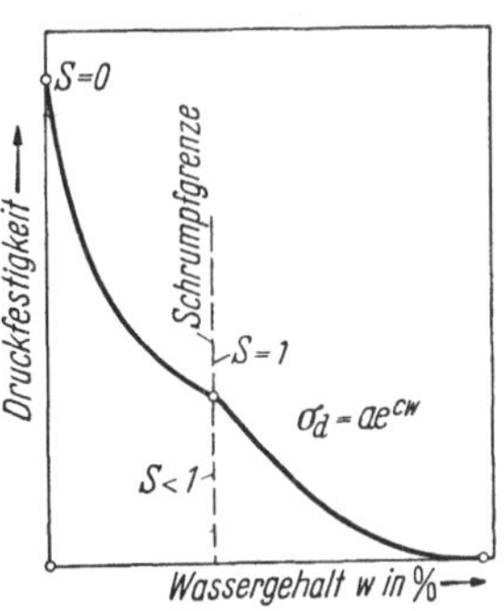

Abb. 3.16. Zusammenhang zwischen Wassergehalt und Druckfestigkeit eines Tones

3.42 Scherfestigkeit der Tonböden. Unter 3.2 wurde die Frage des Scherwiderstandes von bindigen Böden schon ausführlich behandelt und die Rolle der neutralen Spannungen und der Art des Abscherens dargestellt. Im folgenden sollen einige Bemerkungen über die den Scherwiderstand beeinflussenden Faktoren gemacht werden. Es muß ausdrücklich betont werden, daß *die Kennziffern des Scherwiderstandes keine Materialkonstanten sind.* Sie sind Funktionen einer großen Anzahl von Faktoren, deren Einfluß bis heute nur zum Teil aufgeklärt ist.

Die Scherfestigkeit von Tonböden ist u. a. eine Funktion der auf der Oberfläche der Tonmineralien gebundenen *Kationen.* Diese Tatsache erklärt sich durch die Unterschiede in der Adsorptionshülle, bedingt durch die chemische Zusammensetzung der Kationen. Aus diesem Grunde lassen sich einfache statistische Zusammenhänge zwischen Index-Kennziffern und Scherfestigkeit nur für Böden *gleicher geologischer Herkunft*, also mit gleicher chemischer Zusammensetzung, aufstellen.

Außerdem müssen die Versuchsbedingungen, unter denen die Parameter der Scherfestigkeit bestimmt wurden, immer genau angegeben werden.

Ein solcher Zusammenhang zwischen ϱ und der Plastizitätszahl wurde nach TERZAGHI (1951) in Abb. 3.17 dargestellt. Der Wert von ϱ', bei *offenem System* bestimmt oder mit Hilfe der wirksamen Spannungen ausgedrückt, ist um so kleiner, je größer die Plastizitätszahl ist.

Bei *geschlossenem* System ändert sich, wenn der Scherwiderstand nach erfolgter Konsolidation als Funktion der totalen Spannungen aufgetragen wird, ϱ im entgegengesetzten Sinne, da die eintretenden *Volumenänderungen* und die entsprechenden neutralen Spannungen beim Abscheren bei geschlossenem System um so größer sind, je kleiner die Plastizität des Bodens ist.

Die *Vorbelastung* übt einen wichtigen Einfluß auf den Scherwiderstand aus, der wie gesagt keine Materialkonstante darstellt. Darum hat HVORSLEV (1937) den Begriff der *wahren Kohäsion* eingeführt, die eine eindeutige Funktion des Wassergehaltes bzw. der Porenziffer ist; der *wahre Wert des Reibungswinkels* charakterisiert dann die Vergrößerung des Scherwiderstandes bei anwachsender wirksamer Normalspannung und bei konstantem Wassergehalt. Bei der üblichen Art der Versuchsdurchführung bedingt die Vergrößerung der wirksamen Spannung die Herabminderung des Wassergehaltes. Die Einhüllende der MOHRschen Kreise spiegelt also im Bruchzustand den gleichzeitigen Einfluß dieser beiden Faktoren wider. Wollen wir diese gesondert erhalten, so können wir nach SKEMPTON und BISHOP (1954) folgendermaßen vorgehen.

Abb. 3.18a u. b stellt die Verdichtungs- und die Schwellkurve eines Tonbodens dar. Die beiden weisen wesentliche Unterschiede auf, da der Boden

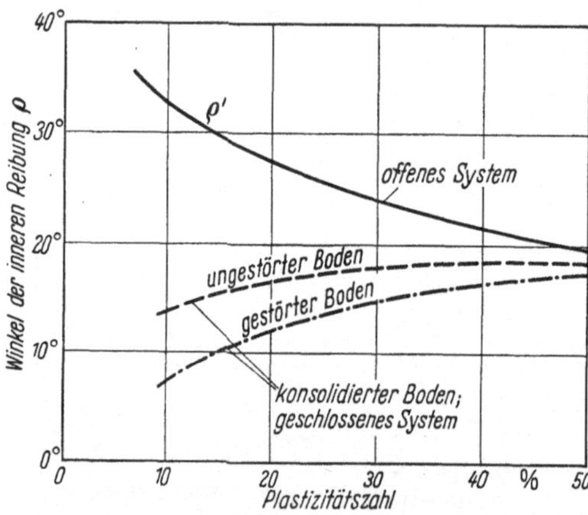

Abb. 3.17. Statistischer Zusammenhang zwischen Plastizitätszahl und dem Winkel des Scherwiderstandes nach TERZAGHI (1951)

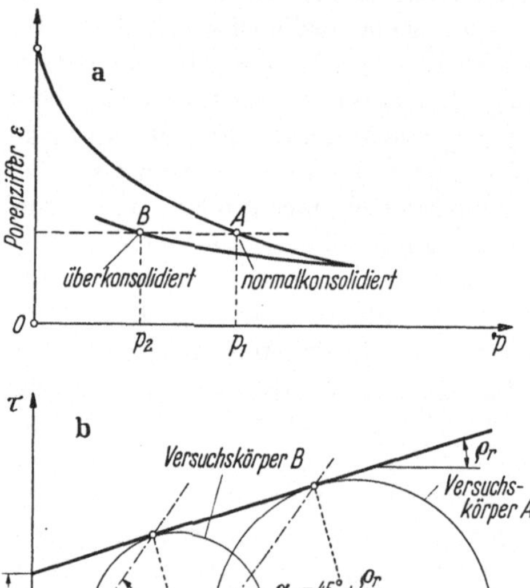

Abb. 3.18a u. b. Bestimmung der wahren Werte der Kohäsion und des Reibungswinkels an zwei Bodenproben gleichen Wassergehaltes und verschiedener Vorbelastung

ja kein elastischer Stoff ist. Es gibt also zwei Zustände, bei denen die Wassergehalte *identisch*, die wirksamen Normalspannungen im Gleichgewichtszustande aber *verschieden* sind (Punkte A und B). Werden die beiden Proben ohne Entwässerung abgeschert und die Porenwasserüberdrücke gemessen, dann können wir die wirksamen Spannungen im Bruchzustand berechnen und die entsprechenden MOHRschen Kreise aufzeichnen. Da aber der Wassergehalt jeweils der gleiche war, muß der Wert der wahren Kohäsion auch übereinstimmen; der Unterschied der beiden Werte des Scherwiderstandes muß daher eine Folge des *wahren Reibungswinkels* sein.

Die Gleichung der Einhüllenden der beiden Kreise lautet also:

$$\tau = c_r + (\sigma - u) \tan \varrho_r; \qquad (3.12)$$

wo c_r die wahre Kohäsion, ϱ_r den wahren Winkel der inneren Reibung bedeutet.

Aus der obigen Gleichung folgt, daß Gleitflächen, die sich beim Bruch im geschlossenen System ausbilden, mit der Ebene der größten Hauptspannung den Winkel

$$\alpha = 45° + \varrho_r/2$$

einschließen. Den wahren Winkel der inneren Reibung kann man also auch in der Weise bestimmen, daß man den Winkel der Bruchfläche des gedrückten Probekörpers abliest.

Nach den Erfahrungen von GIBSON (1951) erhält man, wenn der Versuch bei einer anderen Porenziffer oder bei Wassergehalt wiederholt wird, eine Scherlinie, die der Linie in Abb. 3.18b parallel läuft. Infolgedessen ist die Größe von ϱ_r vom Wassergehalt nur in geringem Maße abhängig und kann zwischen gewissen Grenzen des Wassergehaltes als konstant angesehen werden. Einige Zahlenwerte [nach GIBSON (1951) und eigenen Versuchen] gibt Tab. 3.2 an. Die wahre Kohäsion ist dagegen vom Wassergehalt stark abhängig.

Tabelle 3.2. *Wahre Kohäsion und Reibungswinkel einiger Böden*
$$\tau = (\sigma - u) \tan \varrho_r + \varkappa p$$

Bodenart	w_f %	w_{fa} %	Aktivität	Bereich des Wassergehaltes %	ϱ_r	$\varkappa$
Londoner Ton gestört	74	49	0,98	29—34	12,5°	0,10
Ungestörter Ton						
Schellhaven	123	87	1,42	52—60	18,0°	0,10
Ton vom Theißufer	58	33	0,91	26—40	21,5°	0,03
Kisceller Ton	45	23	0,95	25—28	29°	0,02

Im Falle einer räumlichen Kompression erfolgt infolge der Vergrößerung $\Delta\sigma_1$ und $\Delta\sigma_3$ der wirksamen Hauptspannungen eine Volumenänderung, die sich durch die Formel

$$\Delta V/V = -\,C_c\left[\Delta\sigma_3 + S_d(\Delta\sigma_1 - \Delta\sigma_3)\right]$$

ausdrücken läßt. S_d stellt einen Strukturparameter dar (BISHOP, 1951). In normalkonsolidiertem Tonboden, wo nach Beendigung des Konsolidationsvorganges die Hauptspannungen σ_1 und σ_3 betragen, läßt sich die Größe

$$\sigma^* = \sigma_3 + S_d\,(\sigma_1 - \sigma_3)$$

als eine *Vergleichsspannung* einführen, die als hydrostatischer Druck dieselbe Volumenänderung hervorruft. Die wahre Kohäsion kann man nun in der Form

$$c_r = \varkappa\,\sigma^*$$

angeben, die für den Fall des unter einem hydrostatischen Druck konsolidierten Tones in das KREY-TIEDEMANNsche Gesetz (1936)

$$c_r = \varkappa\,p$$

übergeht. Erfolgt dagegen das Abscheren im offenen System und ruft die Vergrößerung der vertikalen Spannung eine weitere Konsolidation hervor, so ist, wenn kein Porenwasserdruck auftritt,

$$c_r = \varkappa\left[\sigma_3 + S_d\,(\sigma_1 - \sigma_3)\right].$$

Besitzt der Boden eine wahre Kohäsion, dann sind die Winkelwerte ϱ' (auf Grund der wirksamen Spannungen bei geschlossenem System nach erfolgter Konsolidation bestimmt) verschieden und keiner von ihnen ist dem wahren Winkel der inneren Reibung gleich. Zur Bestimmung der tatsächlichen Neigung von Gleitflächen sind sie also nicht geeignet, zu diesem Zwecke kann nur ϱ_r verwendet werden.

3.5 Praktische Hinweise zur Bestimmung des maßgebenden Scherwiderstandes

Die Ergebnisse der Festigkeitsversuche werden, wie dargestellt, von vielen Faktoren beeinflußt. Die Art und die Geschwindigkeit beim Aufbringen der Scherkraft, die Entwässerungsmöglichkeit des Porenwassers, die Form und die Dimensionen des Probekörpers usw. spielen eine beträchtliche Rolle. Aus diesem Grunde sollen mit den Zahlenangaben auch die Versuchsbedingungen immer mit angegeben werden. Die Frage, welcher Wert in einem gegebenen praktischen Fall der Kohäsion und dem Winkel der inneren Reibung zugrunde zu legen ist, kann mit Hilfe folgender Richtlinien beantwortet werden. Sie ist hauptsächlich bei *Tonböden* wichtig, da der Reibungswinkel von Sand- und Kiesböden sich durch einen einfachen Scherversuch oder triaxialen Druckversuch eindeutig bestimmen läßt, wobei der Einfluß der Dichte berücksichtigt werden kann. Die Bestimmung der neutralen Spannungen, die durch hydrostatischen Druck oder Wasserströmung hervorgerufen werden, ist im Sande ebenfalls eine einfache Aufgabe. Die Stabilitätsuntersuchung ist also mit Hilfe der wirksamen Spannungen einwandfrei durchzuführen. Die scheinbare Kohäsion, die in einem ungesättigten Sandboden auftritt, wird gewöhnlich vernachlässigt, da ihre Wirkung durch eine eventuelle Austrocknung oder Überschwemmung vollständig aufgehoben wird.

Bei Tonböden sind je nach der Art der Aufgabenstellung folgende Richtlinien maßgebend.

Bei *Standfestigkeitsuntersuchungen von Böschungen und Stützmauern* mit dauernd gleichmäßiger Belastung empfiehlt sich die Anwendung der Werte c' und ϱ', die im offenen System aus den wirksamen Spannungen bestimmt werden. Die Größe des Porenwasserüberdruckes läßt sich einem Stromlinienbild entnehmen oder wird durch Messungen im Felde bestimmt.

Im Falle einer *plötzlichen Belastung* in wassergesättigtem Ton ist die Rechnung mit *totalen Spannungen* zulässig. Das ist der Fall bei der Untersuchung eines Grundkörpers oder eines Dammes während der Bauzeit; die Öffnung eines Einschnittes, die Stabilität einer mit Spundwand gestützter Baugrube, der Grundbruch einer tiefen Baugrube gehören ebenso in diese Gruppe. Die Stabilitätsuntersuchung wird mit Hilfe der Größe c_u bestimmt und durch einen Versuch *bei geschlossenem System* durchgeführt. Da der Ton wassergesättigt ist, ist $\varrho_u = 0$, es liegt also der Fall des *vollkommen plastischen Körpers* vor; es wird mit totalen Spannungen gerechnet.

Dieser Berechnungsgang ist in diesem Fall berechtigt, da die Änderung des Spannungszustandes, die dann zum Bruch führt, im allgemeinen ohne die Änderung des Wassergehaltes vor sich geht. Zieht sich die Bauzeit in die Länge oder ist die Mächtigkeit der konsolidierenden Schicht gering, dann sind die Voraussetzungen für diese Berechnungsweise schon nicht mehr gegeben. In einzelnen Fällen empfiehlt sich das Verfahren, den Versuchskörper zuerst unter Einwirkung des hydrostatischen Druckes zu konsolidieren und dann bei geschlossenem System abzuscheren. Bei Böden mit geringer Plastizität liefert aber dieses Verfahren manchmal zu große Festigkeiten.

Läßt der Bauvorgang eine *teilweise Konsolidation* zu, dann wird besser mit den bei *offenem* System bestimmten Werten ϱ' und c' gerechnet. Der Grad der Konsolidation wird mit Hilfe eines *Kompressionsversuches* geschätzt.

Die Stabilitätsuntersuchung von verdichteten Tonböden wird mit Hilfe der Werte ϱ' und c' und Porenwasserdruckmessungen durchgeführt. Es ist empfehlenswert, *den Versuch den wirklichen Spannungsverhältnissen möglichst weit anzupassen*. Die Abschätzung des Wassergehaltes und der Porenziffer, die während des Baues maßgebend sein werden, ist äußerst schwierig; es ist daher zweckmäßig, mehrere Versuche unter Berücksichtigung der möglichen Grenzwerte durchzuführen.

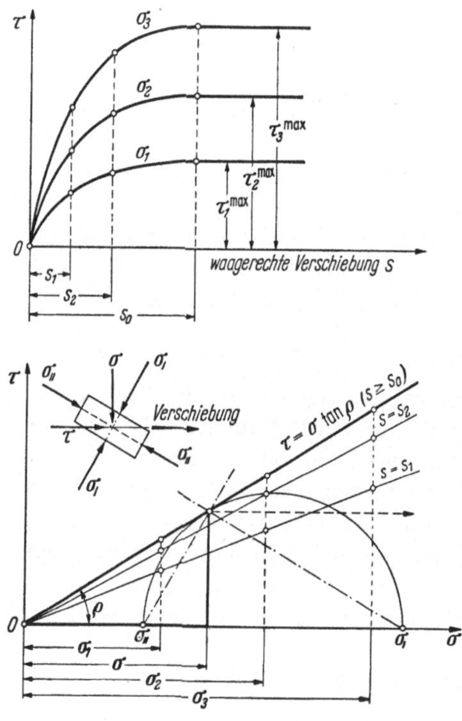

Abb. 3.19. Verformungsdiagramme beim unmittelbaren Scherversuch

3.6 Scherdeformationen; Rolle des Zeitfaktors

Zur Mobilisierung des Scherwiderstandes auf einer beliebigen Fläche im Boden sind Verformungen, Verzerrungen, bzw. Verschiebungen nötig; demgemäß treten Scherspannungen auf. Rollige und bindige Böden unterscheiden sich aber in dieser Hinsicht, da die Zeit die Spannungen und Verformungen der letzteren wesentlich beeinflußt.

In *rolligen Böden* besteht ein eindeutiger Zusammenhang zwischen Scherspannung und Deformation. Infolge einer gegebenen Normal- und Scherspannung tritt eine bestimmte Verschiebung ein, oder umgekehrt kann der Boden bei einer gegebenen und aus irgendwelchem Grunde entstandenen Verschiebung nur eine bestimmte Scherspannung aufnehmen. Der Zusammenhang zwischen Scherspannung und Verschiebung läßt sich am besten am einfachen *Scherversuch* beobachten. Die Verformungsdiagramme sind in Abb. 3.19 dargestellt. Der Boden ist ein lockerer Sand, der Maximalwert und der Endwert der Scherfestigkeit stimmen überein. Zu einer gegebenen Verschiebung (s_1 bzw. s_2) läßt sich die bei einer gegebenen Normalspannung aufnehmbare Scherspannung bestimmen; werden diese Werte als Funktion der Normalspannungen aufgetragen, dann ergeben sich gerade Linien. Nach Erreichen einer gewissen Verschiebung können wir τ bei gegebenem σ

nicht weiter steigern und entsteht eine kontinuierliche Bewegung. Ist dieser Zustand noch nicht erreicht, so bleibt der Boden nach erfolgter Verformung im Ruhezustand. Die Verschiebungen gehen rasch vor sich. Die Größe der eingetragenen Scherspannung ist der Größe der Verschiebung eindeutig zugeordnet (Abb. 3.20). Dieser Spannungszustand des Bodens ändert sich erst dann, wenn eine gewisse Einwirkung — z. B. Erschütterungen, Überschwemmungen — den Wert der bei einer gegebenen Verschiebung aufnehmbaren Scherspannung herabmindert.

Zwischen der Verschiebung und der zugehörigen, dadurch hervorgerufenen Scherspannung besteht der folgende empirische Zusammenhang (KÉZDI, 1957):

$$\tau = \sigma \tan \varrho \left[1 - \exp\left(- k \, \frac{s}{s_0 - s} \right) \right].$$

$$(3.13)$$

s_0 bedeutet jenen Wert der Verschiebung, durch den die volle Scherfestigkeit mobilisiert wird; k ist eine von der Bodenart und der Lagerungsdichte abhängige Konstante. Der Zusammenhang wurde durch zahlreiche Versuche bestätigt. Abb. 3.21 zeigt das Bild der Funktion und die Bestimmung der Konstanten.

Das oben Gesagte gilt für bindige Böden nur so weit, als die Scherspannung einen gewissen Betrag τ_0 nicht überschreitet. Oberhalb τ_0 erfolgt nach den Anfangsdeformationen kein Ruhezustand:

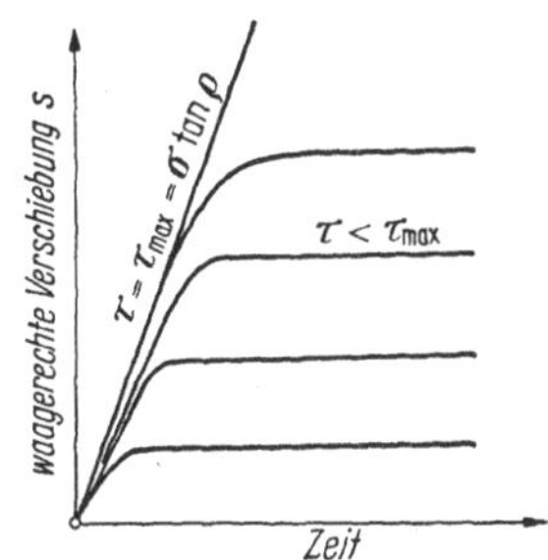

Abb. 3.20. Verformungen des Sandes beim Abscheren als Funktion der Zeit

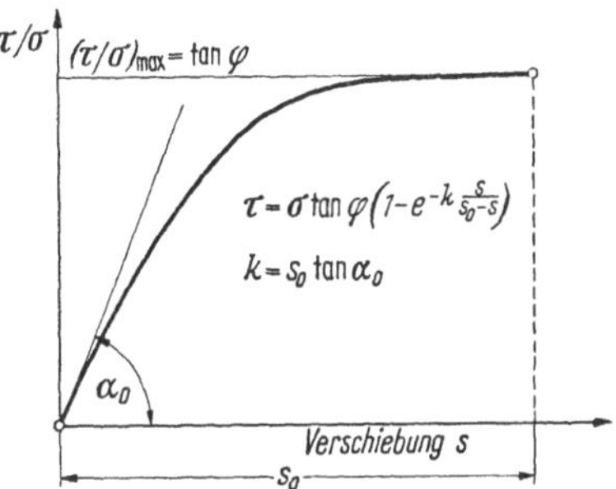

Abb. 3.21. Analytischer Ausdruck für die Verformungen

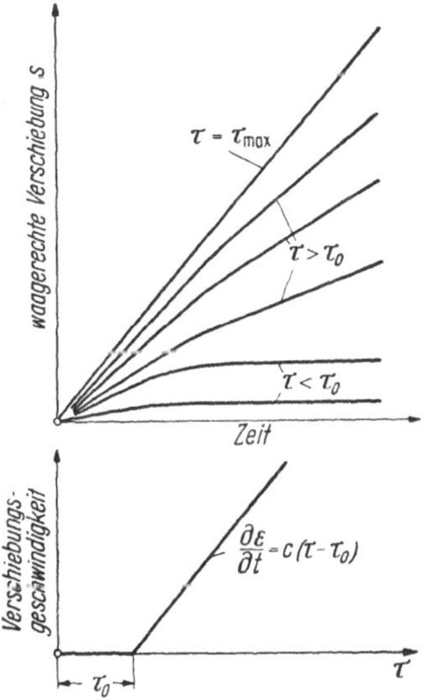

Abb. 3.22. Verformungen des Tones beim Abscheren als Funktion der Zeit

die innere Struktur des Bodens, die zähflüssige Eigenschaft der Wasserhüllen, bedingt langsame Deformationen, deren Geschwindigkeit der
Spannungsdifferenz $(\tau - \tau_0)$ verhältnisgleich ist. Im bindigen Boden entspricht also der Abb. 3.20 das Diagramm in Abb. 3.22: die Deformationskurven haben anstatt einer waagerechten eine geneigte Endtangente.
Ist also der Wert der Scherspannung in einem bindigen Boden größer
als τ_0, dann bleibt der Spannungszustand im Laufe der Zeit nur dann
konstant, wenn die Deformationsgeschwindigkeit $\partial\varepsilon/\partial t$ sich ausbilden
kann. Wird diese Bewegung verhindert, dann kann die Scherdeformation nicht im benötigten Maße auftreten; der Gleichgewichtszustand bleibt nur dadurch erhalten, daß die Scherspannung im Zeitpunkt t den Wert erreicht, der der Kurve mit dem Parameter t entspricht (Abb. 3.23).

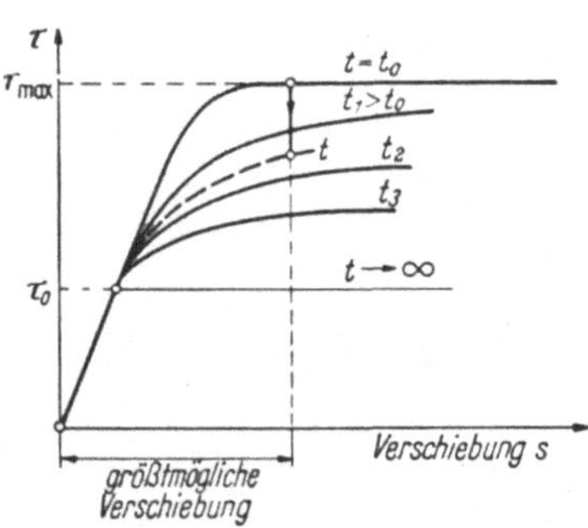

Abb. 3.23. Zusammenhang von Scherspannung und Verschiebung in verschiedenen Zeitpunkten

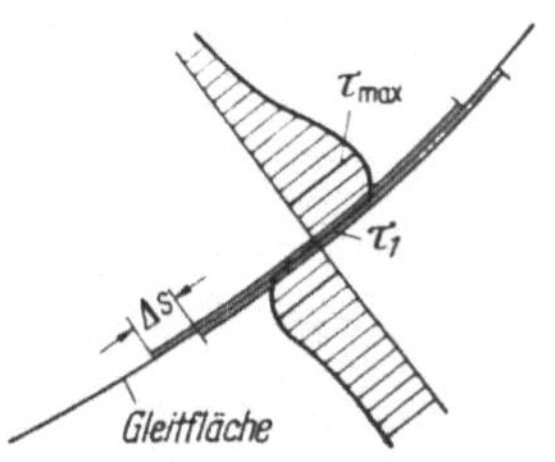

Abb. 3.24. Progressiver Bruch

Der erwähnte Grenzbetrag der Scherspannung wird manchmal *fundamentale Scherfestigkeit* genannt, da ein Boden sich nur dann im Ruhezustand befindet, wenn die darin herrschenden Scherspannungen den Wert von τ_0 nicht erreichen. Sonst tritt eine langsame *Kriechverformung* ein, wie dies an Abhängen und sich an bindige Böden stützenden Konstruktionen oft beobachtet werden kann.

Auch der sog. *progressive Bruch* tritt infolge langsamer Deformationen auf. So wird jene Art des Bruches bezeichnet, bei der der Bruch ursprünglich nur an einem Punkt oder entlang einer Linie zustande kommt, sich aber später langsam über eine ganze Gleitfläche ausdehnt und die Begrenzungsflächen des Bodens erreicht. In der Nähe der Gleitfläche kann die Scherspannung fast den Maximalwert der Scherfestigkeit erreichen (Abb. 3.24), auf der Bruchfläche selbst steht aber nur der kleinere Gleitwiderstand zur Verhinderung des Gleitens zur Verfügung. Im Augenblick des Abgleitens ist also der Scherwiderstand auf der Gleitfläche viel kleiner als der Endwert; so dehnt sich der Bruch nach Erreichen des Maximalwertes in einem Punkte auf immer größere Flächen aus.

3.7 Das Raumgewicht der Böden

Im vorangehenden haben wir die Gesetze der Scherfestigkeit der Böden ausführlich behandelt. Die Wahl der entsprechenden Parameter der Scherfestigkeit ist bei den erdstatischen Berechnungen äußerst wichtig, da die zahlenmäßigen Ergebnisse von diesen Größen in starkem Maße abhängen. Die Voraussetzung einer verläßlichen Berechnung ist daher die sorgfältige Untersuchung der Umstände, die diese Werte beeinflussen. Eine weitere Bodenkonstante, die in den erdstatischen Berechnungen vorkommt, ist das *Raumgewicht*. Diese Konstante ist durch Versuche viel leichter zu bestimmen, und ihr Wert ist nicht so beträchtlichen Schwankungen und Streuungen unterworfen wie der Scherwiderstand; es ist aber doch wichtig, in die Berechnungen einen richtigen Wert einzuführen. Am besten ist es, wenn γ durch Versuche bestimmt wird; stehen solche bei der Anfertigung eines Vorentwurfes noch nicht zur Verfügung, dann ist es ratsam, seinen Wert nicht durch unmittelbare Abschätzung anzunehmen, sondern aus den wahrscheinlichen Werten der anderen bodenphysikalischen Konstanten zu berechnen. Durch die einfache Untersuchung eines Bodens mit dem Auge und mit den Fingern ist man — nach einiger Praxis — imstande, Wassergehalt und Porenziffer eines Bodens ziemlich genau abzuschätzen, aus diesen Werten läßt sich dann das Raumgewicht mit Hilfe der einfachen Formel

$$\gamma = \gamma_s \frac{1 + w}{1 + \varepsilon} = \gamma_s (1 + w)(1 - n)$$

berechnen.

In der Formel bedeuten:

γ_s spezifisches Gewicht der Bodenkörner (kann meistens ohne besondere Versuche der Tab. 3.3 entnommen werden),

w Wassergehalt,

ε Porenziffer, n-Porenvolumen.

Tabelle 3.3. *Mittlere Werte des spezifischen Gewichtes*

Bodenart	Spezifisches Gewicht γ_s
Kies, Sand	2,65
Löß, Mehlsand, sandiger Schluff	2,67
Schluff	2,70
Magerer Ton	2,75
Fetter Ton	2,80

Bei gesättigtem Boden ist:

$$\gamma_t = \gamma_s \frac{1 + w}{1 + w\gamma_s} = \gamma_s (1 - n) + n$$

und bei trockenem Boden:

$$\gamma = \gamma_s \frac{1}{1 + \varepsilon} = \gamma_s (1 - n).$$

Unter Wasser ist der Auftrieb wirksam, daher ist

$$\gamma_a = \gamma_t - 1.$$

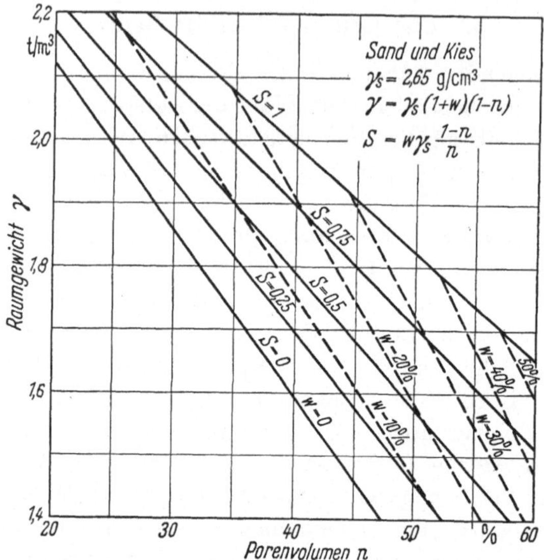

Abb. 3.25. Raumgewicht von Sand und Kies

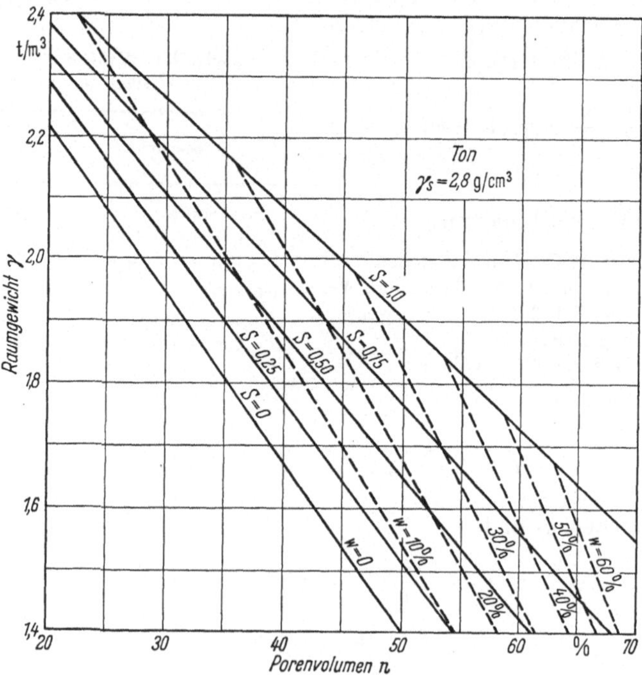

Abb. 3.26. Raumgewicht von Ton

Anhaltspunkte für die verschiedenen Böden und Bodenzustände gibt Tab. 3.4; Abb. 3.25 und 3.26 geben *Diagramme* an, mit deren Hilfe das Raumgewicht von Sanden und Tonen auf Grund des Wassergehaltes und des Porenvolumens schnell bestimmt werden kann.

Tabelle 3.4. *Porenvolumen und Raumgewicht von Böden*

Bodenart	Zustand	Poren-volumen	Porenziffer	Raumgewicht γ		
				trocken	feucht	gesättigt
Sandiger	locker	38—42	0,61—0,72	1,4—1,7	1,8—2,0	1,9—2,1
Kies	dicht	18—25	0,22—0,33	1,9—2,1	2,0—2,3	2,1—2,4
Grob- und	locker	40—45	0,67—0,82	1,3—1,5	1,6—1,9	1,8—1,9
Mittelsand	dicht	25—32	0,33—0,47	1,7—1,8	1,8—2,1	2,0—2,1
Feinsand	locker	45—48	0,82—0,92	1,4—1,5	1,5—1,9	1,8—1,9
gleichkörnig	dicht	33—36	0,49—0,56	1,7—1,8	1,8—2,1	2,0—2,1
Mehlsand	locker	45—55	0,82—1,22	1,3—1,5	1,5—1,9	1,8—1,9
	dicht	35—40	0,54—0,67	1,6—1,7	1,7—2,1	2,0—2,1
Schluff	weich	45—50	0,82—1,00	1,3—1,5	1,6—2,0	1,8—2,0
	noch aus-rollbar	35—40	0,54—0,67	1,6—1,7	1,7—2,1	2,0—2,1
	fest	30—35	0,43—0,49	1,8—1,9	1,8—2,2	2,1—2,2
Magerer	weich	50—55	1,00—1,22	1,3—1,4	1,5—1,8	1,8—2,9
Ton	noch aus-rollbar	35—45	0,54—0,82	1,5—1,8	1,7—2,1	1,9—2,1
	fest	30—35	0,43—0,54	1,8—1,9	1,8—2,2	2,1—2,2
Fetter Ton	weich	60—70	1,50—2,30	0,9—1,5	1,2—1,8	1,4—1,8
	noch aus-rollbar	40—55	0,67—1,22	1,5—1,8	1,5—2,0	1,7—2,1
	fest	30—40	0,43—0,67	1,8—2,0	1,7—2,2	1,9—2,3

Literatur

BISHOP, A. W., u. D. J. HENKEL: The Measurement of Soil Properties in the Triaxial Test, London: Edward Arnold 1957.

CASAGRANDE, A.: Characteristics of Cohesionless Soils Affecting the Stability of Slopes and Earth Fills. J. Boston Soc. Civ. Engrs. 23 (1936) S. 13—32.

HVORSLEV, J.: Über die Festigkeitseigenschaften gestörter bindiger Böden. Ingeniørvidenskabelige Skrift, Nr. 4, Copenhagen 1937.

MUHS, H.: Die Prüfung des Baugrundes und der Böden, Berlin/Göttingen/Heidelberg: Springer 1957.

Proceedings of the Eur. Conf. on Shear Strength of Soils. Géotechnique 1 (1949) Nr. 3.

SCHULTZE, E., u. H. MUHS: Bodenuntersuchungen für Ingenieurbauten, Berlin/Göttingen/Heidelberg: Springer 1950.

SKEMPTON, A. W., u. A. W. BISHOP: Soils. In: Building Materials, their Elasticity and Inelasticity. Edited by M. REINER. Amsterdam: North Holland Publishing Company 1954.

Symposium on Direct Shear Testing of Soils. American Society for Testing Materials,
    Special Technical Publication, Nr. 131. Philadelphia 1953.
ZITOWITSCH, N. A.: Mehanika Gruntow, Moskau 1951.
KÉZDI, Á.: Talajmechanikai praktikum, Budapest: Tankönyvkiadó 1961.

4. Die allgemeinen Gleichungen des Grenzgleichgewichtes

4.1 Gleitflächen und Gleitflächenscharen

In diesem Kapitel werden die Grundlagen des Grenzgleichgewichtes
von Böden behandelt; die Methode ermöglicht die Lösung von Erddruckproblemen auf Grund der Plastizitätslehre. Wir müssen zwei Fälle unterscheiden; beide können in der Wirklichkeit vorkommen.

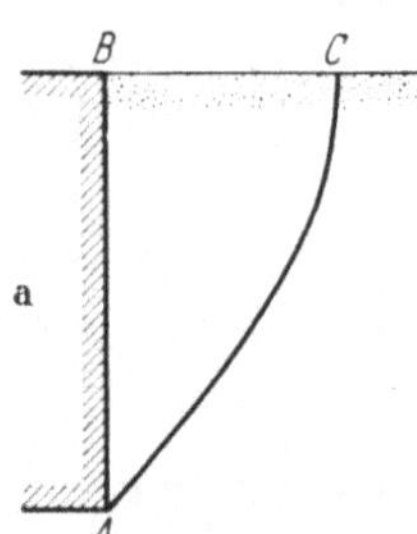

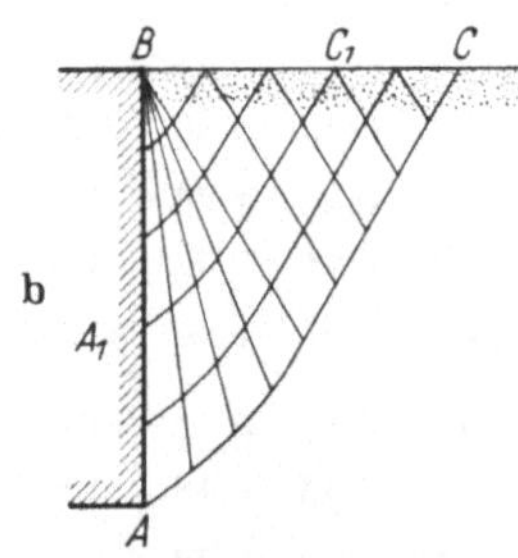

Abb. 4.1 a u. b. Die beiden Arten der Ausbildung von Gleitflächen

a) eine einzige Gleitfläche, ,,Linienbruch'';   b) Gleitflächenschar, ,,Flächenbruch''

Im ersten Fall ist die Bruchbedingung *nur entlang einer einzigen Fläche* — der Gleitfläche —
erfüllt, während sich der übrige Teil des Bodens
im elastischen Zustand befindet. Dort treten nur elastische
Verformungen und Verschiebungen auf (Abb. 4.1a). Das elastische
Gebiet wird durch die Gleitfläche in zwei Teile geteilt. Plastische und
elastische Gebiete können also im Boden gleichzeitig existieren. Dies
kann auch versuchsmäßig gezeigt werden: hinter einer Wand, die sich
um den oberen Eckpunkt dreht, bildet sich eine einzige, vom Fußpunkt ausgehende krumme Gleit-
fläche; die übrigen Teile bleiben in
elastischem Zustand (s. Abb. 4.2).

Im zweiten Fall gerät entweder
die ganze Masse oder ein durch
eine Gleitfläche begrenzter Teil derselben in einen plastischen Zustand.

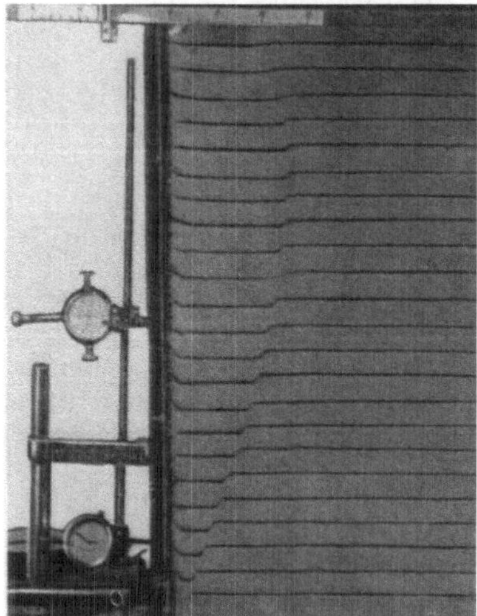

Abb. 4.2. Ausbildung einer einzigen Gleitfläche
in der Hinterfüllung

Die Bruchbedingung ist *in jedem Punkte* erfüllt; durch jeden Punkt gehen mindestens zwei Gleitflächen (Abb. 4.1b). Diese Gleitflächen schließen miteinander den Winkel $90° - \varrho$ ein, wie dies aus der Bruchbedingung hervorgeht (Abb. 4.3). Im Gleitliniennetz bildet die eine Kurvenschar die eigentlichen Gleitflächen; die Bewegung erfolgt entlang dieser Flächen. Die Linien der anderen Kurvenschar bilden die Familie der sog. *Pseudo-Gleitflächen*. Solche Pseudo-Gleitflächen sind auch im Falle a) vorhanden, sie sind aber als unendlich kurz zu betrachten.

In Wirklichkeit können auch Bruchfiguren auftreten, die aus den beiden Grundfällen *zusammengesetzt* sind. So zeigt z. B. Abb. 4.4 das Gleitliniennetz hinter und unter einer Stützmauer bei vollem Bruchzustand in homogenem Boden (BRINCH HANSEN, 1959). Infolge des Setzungsunterschiedes zwischen A und B kippt die Mauer nach vorn und die Hinterfüllung lockert sich auf. Es bildet sich ein *aktiver Spannungszustand* und ein Gleitliniennetz aus. Unter der Sohle der Stützmauer gerät der Boden noch nicht in den plastischen Zustand. Die Bruchgrenze wird hier nicht erreicht,

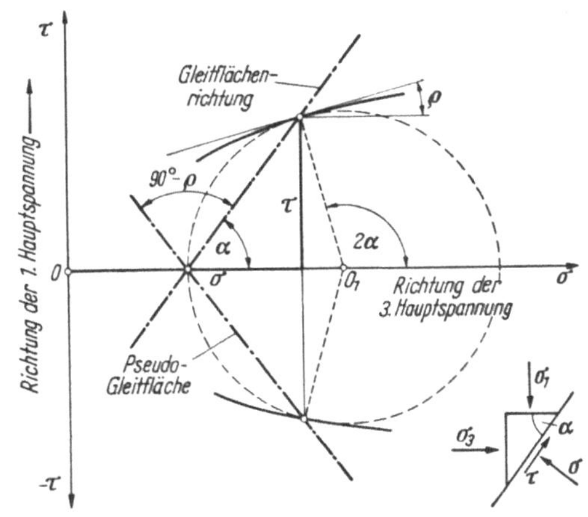

Abb. 4.3. Richtung der Gleitfläche und der Pseudo-Gleitfläche

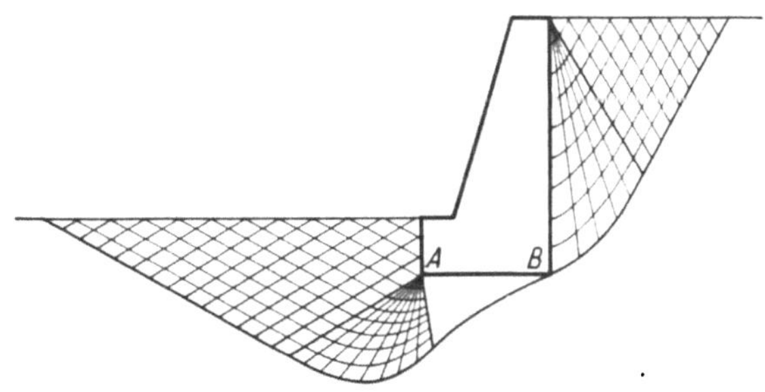

Abb. 4.4. Gleitfläche hinter und unter einer Stützmauer

sondern das durch Gleitlinien begrenzte Gebiet bleibt im elastischen Zustand. Die Mauer führt aber — außer dem Kippen — noch weitere Bewegungen aus, wodurch der links gelegene Teil des Bodens zusammengedrückt und verdichtet wird; im Grenzzustand bilden sich dann Gleitlinien des *Erdwiderstandes* aus.

Jede Gleitlinie muß bestimmte Bedingungen erfüllen. Zuerst soll definitionsgemäß die *Bruchbedingung* in jedem Punkte der Gleitfläche erfüllt sein und die auftretenden Kräfte müssen im *Gleichgewicht* stehen.

5*

Diese beiden Bedingungen können wir *statische Bedingungen* nennen; sind sie erfüllt, dann ist die Gleitfläche *statisch möglich*.

Nach der ersten Bedingung soll, wenn wir die Gültigkeit der COULOMBschen Bruchbedingung annehmen, der Ausdruck

$$F = (\tau - \sigma \tan \varrho)$$

in irgendeiner Richtung entweder einen *konstanten* Wert haben (die Konstante kann auch Null sein): das ist der Fall einer *Gleitflächenschar*; oder aber auf der Gleitfläche selbst einen *Grenzwert* erreichen: das ist der Fall einer *einzigen Gleitfläche*. Im Grenzfall des Gleichgewichtes soll also die Bedingung

$$\frac{\partial F}{\partial s} = 0 \tag{4.1}$$

in jedem Fall erfüllt sein (s bedeutet eine Koordinate in beliebiger Richtung).

In der Gleitfläche treten wirkliche *Bewegungen* auf; deshalb müssen neben den statischen auch *kinematische Bedingungen* erfüllt sein. Die Verschiebungen und Verformungen des Bodens sollen wirklich möglich und miteinander und mit den Bewegungen der stützenden Elemente *verträglich* sein. Eine Gleitfläche ist also *kinematisch möglich*, wenn sie in sich verschiebbar ist und die einmal angelaufene Bewegung sich ohne weitere äußere Arbeit vollziehen kann.

Da wir *plastische Zustände* betrachten, müssen wir nicht nur die Verschiebungen selbst, sondern auch ihre *Geschwindigkeiten* untersuchen. Eine einzelne Gleitfläche erfüllt die Bedingung der kinematischen Möglichkeit, wenn die tangentielle Komponente der Verschiebungsgeschwindigkeit entlang der Gleitfläche konstant ist. Im Falle einer Gleitflächenschar — Flächenbruch — läßt sich ein ähnlich einfaches Gesetz nicht aufstellen; die Verformungseigenschaften des Bodens müssen mit berücksichtigt werden.

Die Gleitflächen müssen endlich auch *geometrisch* möglich sein; diese Bedingung ist erfüllt, wenn die Gleitfläche stetig ist und abgebildet werden kann.

4.2 Die statische Untersuchung der Gleitflächen

Im folgenden werden wir das ebene Problem des Grenzgleichgewichtes eines rolligen Bodens untersuchen; die Gültigkeit der COULOMBschen Bruchbedingung wird vorausgesetzt. Die statischen Bedingungen erfordern die Erfüllung folgender Gleichungen auf der Gleitfläche:

$$\left.\begin{array}{l} \dfrac{\partial \sigma_x}{\partial x} + \dfrac{\partial \tau_{xz}}{\partial z} = 0, \\[2mm] \dfrac{\partial \sigma_z}{\partial z} + \dfrac{\partial \tau_{xz}}{\partial x} = \gamma, \end{array}\right\} \tag{2.2}$$

$$\left[\frac{1}{2}(\sigma_z + \sigma_x) + c \cot \varrho\right] \sin \varrho - \left[\frac{1}{4}(\sigma_z - \sigma_x)^2 + \tau_{xz}^2\right]^{1/2} = 0. \tag{3.10}$$

Die beiden ersten Gleichungen sind die *Gleichgewichtsbedingungen* (Abschn. 2.1), die dritte die *Bruchbedingung* (Abschn. 3.1). In den Gln. (2.2) wurde als Massenkraft nur die *Schwere* berücksichtigt. Im Falle einer Gleitflächenschar sind die drei Gleichungen in jedem Punkte der Masse erfüllt.

Das Material wird durch *drei Konstanten* gekennzeichnet: Raumgewicht (γ), Reibungsbeiwert ($\tan \varrho$) und Kohäsion (c). Im folgenden werden wir diese als wahre Konstanten betrachten. Ihr Wert ist gemäß Abschn. 3.5 und 3.6 festzustellen. Je nachdem ob diese Größen alle von Null verschieden oder aber eine, bzw. zwei davon Null sind, erhalten wir die allgemeinen, bzw. die speziellen Lösungen des Grenzgleichgewichtes. Die Anzahl der möglichen Kombinationen ist *acht*; sie sind in der folgenden Tabelle übersichtlich zusammengestellt.

Nr.	γ	ρ	C	Bemerkung	exakte Lösung
1	0	0	0	*vollkommene Flüssigkeit, Vorgänge ohne Einfluß der Schwere*	+
2		0	0	*vollkommene Flüssigkeit, Vorgänge unter dem Einfluß der Schwere*	+
3	0		0	*schwereloser Körnerhaufen*	
4	0	0		*speziell plastischer Körper, ohne Einfluß der Schwere*	+
5	0			*Prandtlscher Körper*	+
6			0	*Körnerhaufen, lockere Masse*	−
7		0		*schwerer plastischer Körper*	+
8				*allgemeiner Fall*	−

Die ersten drei Fälle sind für die Erddruckprobleme von keinem Interesse; sie behandeln die Materialien ohne inneren Widerstand (vollkommene Gase bzw. Flüssigkeiten) und den gewichtslosen Körnerhaufen, in dem keine Normalspannungen und daher kein Reibungswiderstand auftreten können. Der 4. Fall ist der spezielle plastische Körper von ST.-VENANT und TRESCA; der 5. ist der von PRANDTL behandelte plastische Körper. Fall 6 bedeutet den *schweren Körnerhaufen* und 7 den *schweren, vollkommen plastischen Körper*.

In der Tabelle haben wir auch die Fälle angegeben, in denen exakte Lösungen zur Verfügung stehen. Im 6. und 8. Fall ist nur das Problem des plastischen Halbraumes exakt lösbar (Lösung von RANKINE); sonst ist man auf Näherungslösungen angewiesen. In den folgenden Kapiteln werden wir die streng lösbaren Fälle besprechen und dann die praktisch wichtigen und brauchbaren Näherungen darlegen.

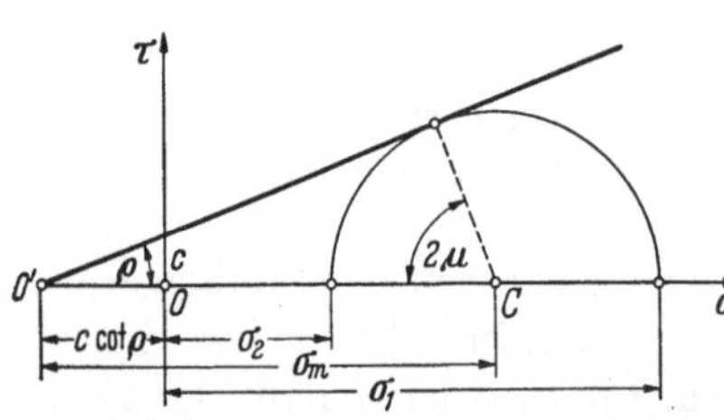

Abb. 4.5. Bedeutung der Bezeichnungen

Die Differentialgleichungen (2.2) und (3.10) haben drei Unbekannte, σ_z, σ_x und $\tau_{xz} = \tau_{zx}$; die Bestimmung der Spannungen ist also eine *statisch bestimmte Aufgabe*. Wir wollen dieses System von Grundgleichungen nach KRISTIANOWITSCH (1938) und SOKOLOWSKI (1955) näher untersuchen.

Wir führen mit Hilfe der Gleichung

$$\sigma_m = \frac{1}{2}(\sigma_1 + \sigma_2) + c \cot \varrho \qquad (4.1\,\mathrm{a})$$

eine neue Spannung ein, die durch die Strecke $O'C$ im MOHRschen Diagramm dargestellt wird (Abb. 4.5). Mit Gl. (3.10) können wir also schreiben:

$$\frac{1}{2}(\sigma_1 + \sigma_2) = \sigma_m - c \cot \varrho; \quad \frac{1}{2}(\sigma_1 - \sigma_2) = \sigma_m \sin \varrho; \qquad (4.2)$$

durch diese Bestimmungsstücke ist der MOHRsche Spannungskreis festgelegt.

Die Bruchbedingung (3.10) läßt sich auch durch die Hauptspannungen ausdrücken [Gl. (3.8)]; die Spannungskomponenten werden ebenfalls mit Hilfe der Hauptspannungen angegeben [Gl. (1.6)]. Führt man in diese Gleichungen die Größe (4.1a) ein, dann bekommt man mit Hilfe von (4.2) folgende Grundgleichungen:

$$\left.\begin{array}{l} \left.\begin{array}{l} \sigma_z \\ \sigma_x \end{array}\right\} = \sigma_m\,(1 \pm \sin \varrho \cos 2\varphi - c \cot \varrho), \\[2mm] \tau_{zx} = \sigma_m \sin \varrho \sin 2\varphi. \end{array}\right\} \qquad (4.3)$$

Die drei Veränderlichen — die drei Spannungskomponenten — werden so durch zwei Veränderliche ersetzt. Setzen wir diese Ausdrücke in die Gleichgewichtsbedingungen ein, so folgt:

$$\left.\begin{aligned}
(1 + \sin \varrho \cos 2\varphi)\, \frac{\partial \chi}{\partial z} &+ \sin \varrho \sin 2\varphi\, \frac{\partial \chi}{\partial x} - \\
&- \cos \varrho \left(\sin 2\varphi\, \frac{\partial \varphi}{\partial z} - \cos 2\varphi\, \frac{\partial \varphi}{\partial x}\right) = \gamma\, \frac{\cot \varrho}{2\,\sigma_m}, \\
\sin \varrho \sin 2\varphi\, \frac{\partial \chi}{\partial z} &+ \left(1 - \sin \varrho \cos 2\varphi\right) \frac{\partial \chi}{\partial x} + \\
&+ \cos \varrho \left(\cos 2\varphi\, \frac{\partial \varphi}{\partial z} + \sin 2\varphi\, \frac{\partial \varphi}{\partial x}\right) = 0.
\end{aligned}\right\} \quad (4.4)$$

Als einzige Massenkraft wurde also **die** *Schwere* berücksichtigt.

Die Funktion χ und der Winkel μ sind folgendermaßen definiert:

$$\chi = \frac{\cot \varrho}{2}\, \ln \frac{\sigma_m}{\sigma_0}; \qquad 2\mu = \frac{\pi}{2} - \varrho; \qquad (4.5)$$

wo σ_0 eine beliebige Spannung bedeutet; z. B. kann man $\sigma_0 = c \cot \varrho$ setzen.

Im folgenden werden neue Veränderliche eingeführt, und zwar

$$\left.\begin{aligned}
\xi &= \chi + \varphi, & \eta &= \chi - \varphi, \\
2\chi &= \xi + \eta, & 2\varphi &= \xi - \eta.
\end{aligned}\right\} \quad (4.6)$$

Wir multiplizieren die erste Gleichung des Grundsystems mit $\sin(\varphi - \mu)$, die zweite mit $-\cos(\varphi - \mu)$, dann die erste mit $\sin(\varphi + \mu)$ die zweite mit $-\cos(\varphi + \mu)$; die so erhaltenen Gleichungen werden addiert. Nach Einführung der folgenden Abkürzung

$$\left.\begin{aligned} a \\ b \end{aligned}\right\} = \mp\, \frac{\gamma \sin(\varphi \mp \mu)}{2\,\sigma_m \sin \varrho \cos(\varphi \pm \mu)}$$

bekommt man

$$\left.\begin{aligned}
\frac{\partial \xi}{\partial z} + \tan(\varphi + \mu)\, \frac{\partial \xi}{\partial x} &= a, \\
\frac{\partial \eta}{\partial x} + \tan(\varphi - \mu)\, \frac{\partial \eta}{\partial x} &= b.
\end{aligned}\right\} \quad (4.7)$$

Die vollständigen Differentiale der Funktionen ξ und η lauten:

$$d\xi = \frac{\partial \xi}{\partial z}\, dz + \frac{\partial \xi}{\partial x}\, dx; \qquad d\eta = \frac{\partial \eta}{\partial z}\, dz + \frac{\partial \eta}{\partial x}\, dx. \qquad (4.8)$$

Mittels (4.7) und (4.8) können wir die partiellen Ableitungen von ξ und η ausdrücken:

$$\left.\begin{aligned}
\frac{\partial \xi}{\partial z} &= \frac{a\,dx - \tan(\varphi + \mu)\,d\xi}{dx - \tan(\varphi + \mu)\,dz}, \\
\frac{\partial \eta}{\partial z} &= \frac{b\,dx - \tan(\varphi - \mu)\,d\eta}{dx - \tan(\varphi + \mu)\,dz},
\end{aligned}\right\} \quad (4.9)$$

und ähnliche Ausdrücke ergeben sich für die weiteren Ableitungen.

Sind die Nenner auf der rechten Seite von Null verschieden, dann sind die Ableitungen entlang der untersuchten Linie $x = x(z)$ eindeutig. Sind aber Zähler und Nenner gleichzeitig Null, dann werden die Ableitungen vorerst unbestimmt. Diese Linien sind die *Charakteristiken der Differentialgleichungen*. Die Gleichungen der Charakteristiken werden also erhalten, indem wir Zähler und Nenner gleichzeitig gleich Null setzen. Die erste Schar der Charakteristiken wird durch

$$\left.\begin{aligned}
\frac{dz}{dx} &= \tan{(\varphi + \mu)}, \\[2mm]
\frac{d\xi}{dz} &= a
\end{aligned}\right\} \tag{4.10}$$

bestimmt, die zweite Schar durch

$$\left.\begin{aligned}
\frac{dz}{dx} &= \tan{(\varphi - \mu)}, \\[2mm]
\frac{d\eta}{dz} &= b.
\end{aligned}\right\} \tag{4.11}$$

Das Grundsystem (4.4) besitzt also *zwei verschiedene Charakteristiken-scharen* und ist daher von *hyperbolischem Typ*.

Aus den Gl. (4.10) und (4.11) können wir leicht ersehen, daß die Tangenten der Charakteristiken mit der z-Achse den Winkel $(\varphi \pm \mu)$ einschließen; da aber φ den Winkel der ersten Hauptrichtung mit der z-Achse bedeutet und $\mu = 45° + \varrho/2$ den Winkel, den die Tangente der Gleitfläche mit der ersten Hauptrichtung einschließt, ist es klar, daß *die Gleitflächen und die Charakteristiken auf der Ebene x, z identisch sind*.

Ist nur der Nenner der Ausdrücke auf der rechten Seite von (4.9) identisch Null, dann sind die Ableitungen *nicht eindeutig*; sie werden unendlich groß und damit auch die Ableitungen von σ_z, σ_x und τ_{xz}. Diese Linien sind also *Unstetigkeitsstellen*; hier können die Spannungskomponenten endliche Sprünge aufweisen. Die Spannungsverteilung wird also nicht überall stetig sein, sondern es können sich im plastischen Bereich auch *elastische* Bereiche entwickeln. Solche Bereiche sind durch diese Unstetigkeitslinien begrenzt. Diese Linien haben die Gleichung (sie werden erhalten, indem die Zähler vom (4.10) mit Null gleichgesetzt werden):

$$\left.\begin{aligned}
\frac{dz}{dx} &= \tan{(\varphi + \mu)}, \\[2mm]
\frac{dz}{dx} &= \tan{(\varphi - \mu)}.
\end{aligned}\right\} \tag{4.12}$$

Die Unstetigkeitslinie kann also eine Gleitlinie oder aber eine Einhüllende von Gleitlinien sein (s. a. Abschn. 4.6).

Daß die Gleitlinien gleichzeitig die *charakteristischen Richtungen* des Problems darstellen, wollen wir noch auf einem anderen Wege beweisen, da dies eine Gelegenheit ist, eine interessante und vielversprechende Methode darzulegen, die in der Erddrucktheorie in Zukunft wahrscheinlich noch viel verwendet werden kann. Die Methode besteht darin, daß die Glieder, die die Massenkraft enthalten, durch die Einführung eines Potentials eliminiert werden. Die Beweisführung stammt von GEIRINGER (1958) (s. a. JOSSELIN DE JONG (1959).

Wir werden den allgemeinen Fall untersuchen, bei dem die Richtung der Massenkraft von der Lotrechten abweicht. Bezeichnen wir den Winkel, den diese Richtung mit der Waagerechten einschließt, mit λ, dann lauten die Gleichgewichtsbedingungen der Gl. (2.2):

$$\left.\begin{aligned} \frac{\partial \sigma_z}{\partial z} + \frac{\partial \tau_{zx}}{\partial x} &= \gamma \sin \lambda, \\[2mm] \frac{\partial \sigma_x}{\partial x} + \frac{\partial \tau_{xz}}{\partial z} &= \gamma \cos \lambda. \end{aligned}\right\} \qquad (2.2\,\mathrm{a})$$

Unter der Voraussetzung, daß das Kraftfeld ein Potentialfeld ist, wird zur Eliminierung der Glieder, die die Massenkraft enthalten, ein *Potential* gemäß folgender Festsetzung eingeführt:

$$\gamma \cos \lambda = \frac{\partial V}{\partial x} \qquad \text{und} \qquad \gamma \sin \lambda = \frac{\partial V}{\partial y}.$$

Durch die Substitution

$$\sigma_x' = \sigma_x - V \qquad \text{und} \qquad \sigma_z' = \sigma_z - V$$

vereinfachen sich die Gleichgewichtsbedingungen

$$\left.\begin{aligned} \frac{\partial \sigma_x'}{\partial x} + \frac{\partial \tau_{xz}}{\partial z} &= 0, \\[2mm] \frac{\partial \sigma_z'}{\partial z} + \frac{\partial \tau_{xz}}{\partial x} &= 0. \end{aligned}\right\} \qquad (2.2\,\mathrm{b})$$

Die erste Gleichung wird erfüllt, wenn wir eine Funktion Φ einführen derart, daß

$$\sigma_x' = \frac{\partial \Phi}{\partial z}; \qquad \tau_{xz} = - \frac{\partial \Phi}{\partial x} \qquad (4.13)$$

ist. Die Bruchbedingung schreibt sich mit Hilfe von σ_x' und σ_z' in der Form:

$$F = [(\sigma_x' + \sigma_z') + 2\,c \cot \varrho + 2\,V] \sin \varrho - \sqrt{[(\sigma_z' - \sigma_x')^2 + 4\,\tau_{xz}^2]} = 0. \quad (4.14)$$

Differenziert nach z, bekommt man:

$$\frac{\partial F}{\partial \sigma_x'}\frac{\partial \sigma_r'}{\partial z} + \frac{\partial F}{\partial \sigma_z'}\frac{\partial \sigma_z'}{\partial z} + \frac{\partial F}{\partial V}\frac{\partial V}{\partial z} + \frac{\partial F}{\partial \tau_{xz}}\frac{\partial \tau_{xz}}{\partial z} = 0.$$

Mit Berücksichtigung der zweiten Gleichung von (2.2b) bekommt man:

$$\frac{\partial F}{\partial \sigma_x'}\frac{\partial \sigma_x'}{\partial z} - \frac{\partial F}{\partial \sigma_z'} \cdot \frac{\partial \tau_{xz}}{\partial z} + \frac{\partial F}{\partial \tau_{xz}} \cdot \frac{\partial \tau_{xz}}{\partial z} = - \frac{\partial F}{\partial V} \gamma \sin \lambda.$$

Mit Hilfe der Relationen (4.13) ergibt sich daraus:

$$\frac{\partial F}{\partial \sigma_z'} \cdot \frac{\partial^2 \Phi}{\partial x^2} - \frac{\partial F}{\partial \tau_{xz}} \frac{\partial^2 F}{\partial x \partial z} + \frac{\partial F}{\partial \sigma_x'} \frac{\partial^2 F}{\partial z^2} = - \frac{\partial F}{\partial V} \gamma \sin \lambda. \qquad (4.15)$$

$\partial F / \partial V$ läßt sich aus (4.14) berechnen zu

$$\frac{\partial F}{\partial V} = 2 \sin \varrho,$$

so daß die rechte Seite der Gl. (4.15) in die Form

$$- 2 \gamma \sin \varrho \sin \lambda$$

und somit eine gegebene Funktion von x und z übergeht.

Die Beziehung (4.15) besitzt nur eine mit $x =$ const identische, charakteristische Richtung, wenn der Koeffizient von $\partial^2 \Phi / \partial x^2$ verschwindet. Wir berechnen ihn aus Gl. (4.14) und erhalten die Gleichung

$$\frac{\partial F}{\partial \sigma_z'} = \sin \varrho + (\sigma_x' - \sigma_z') \sqrt{[(\sigma_x' - \sigma_z')^2 + 4 \tau_{xz}^2]} = 0.$$

Die Lösung dieser Gleichung lautet

$$\frac{1}{2} (\sigma_x' - \sigma_z') = \frac{1}{2} (\sigma_x - \sigma_z) = \pm \tan \varrho \; \tau_{xz}. \qquad (4.16)$$

Sie ist dann und nur dann erfüllt, wenn die Richtung $x =$ const einer der beiden *Gleitflächenrichtungen* entspricht; die charakteristische Natur der Gleitflächenrichtungen ist damit bewiesen.

Zur Lösung des Grundsystems (4.7) schreiben wir die Gl. (4.10) und (4.11) der Charakteristiken in der Form eines kanonischen Gleichungssystems auf:

$$\left.\begin{aligned} \frac{\partial z}{\partial \beta} &= \tan (\varphi + \mu) \frac{\partial x}{\partial \beta}, \\ \frac{\partial z}{\partial \alpha} &= \tan (\varphi - \mu) \frac{\partial x}{\partial \alpha} \end{aligned}\right\} \qquad (4.17)$$

und

$$\left.\begin{aligned} \frac{\partial \xi}{\partial \beta} &= a \frac{\partial z}{\partial \beta}, \\ \frac{\partial \eta}{\partial \alpha} &= b \frac{\partial z}{\partial \alpha}. \end{aligned}\right\} \qquad (4.18)$$

In diesen Gleichungen bedeuten

$$\alpha = \alpha (z, x) = \text{const},$$

$$\beta = \beta (z, x) = \text{const}$$

die Gleichungen der ersten bzw. zweiten *Charakteristikenschar*. Wir verwenden diese Scharen als krummliniges Koordinatensystem in der Ebene (x, z) und untersuchen x, z, ξ und η als Funktionen von α und β. Der

Übergang auf das neue Koordinatensystem wird durch den Funktionaldeterminanten

$$\frac{D(z,x)}{D(\alpha,\beta)} = \frac{\cos\varrho}{\cos(\varphi+\mu)\cos(\varphi-\mu)}\frac{\partial z}{\partial\alpha}\frac{\partial z}{\partial\beta} =$$
$$= \frac{\cos\varrho}{\sin(\varphi+\mu)\sin(\varphi-\mu)}\frac{\partial x}{\partial\alpha}\frac{\partial x}{\partial\beta} \qquad (4.19)$$

gekennzeichnet, und es kann bewiesen werden (s. SOKOLOWSKI, 1955), daß *diejenige Lösung des kanonischen Gleichungssystems (4.17—4.18) die Lösung des Grundsystems (4.7) ist, bei der die Funktionaldeterminante (4.19) nicht identisch verschwindet.*

Die notwendige und hinreichende Bedingung für die Unstetigkeitslinie ist $D = 0$; diese Unstetigkeitslinie ist die Einhüllende der Charakteristiken.

Somit haben wir die allgemeinen Eigenschaften des Grenzgleichgewichtes und der Gleitflächenscharen kennengelernt. Die Lösung der Gleichungen kann entweder durch *rechnerische* oder durch *graphische Näherungsverfahren* erfolgen. Die Einzelheiten dieser Methode werden hier nicht angegeben; unser Ziel war, das allgemeine Problem der Gleitflächenscharen darzulegen. In speziellen Fällen, wie wir in den späteren Kapiteln sehen werden, stehen zur Lösung einfache Formeln oder verschiedene Näherungsverfahren zur Verfügung. Im folgenden werden wir ein sehr gut brauchbares Hilfsmittel zur Lösung erdstatischer Probleme kennenlernen, das sich durch die drei Grundgleichungen der Plastizitätslehre erfassen läßt.

4.3 Die Kötterschen Gleichungen

Wir beginnen wieder mit den drei Grundgleichungen (2.2) und (3.10) des Problems.

Aus diesen Beziehungen können wir *zwei vereinfachte Gleichungen* ableiten, die als die KÖTTERschen Gleichungen bekannt sind.

Nehmen wir an, daß die resultierende Spannung auf einem Flächenelement Δs der Gleitfläche bekannt ist (Abb. 4.6). Die Neigung der Tangente der Gleitfläche in diesem Punkte sei mit α bezeichnet; α ist positiv, wenn die Tangente mit der positiven Richtung der x-Achse bei Drehung im Uhrzeigersinn zur Deckung kommt. Zuerst nehmen wir an, daß der Boden *keine Kohäsion* besitzt; die Bruchbedingung lautet also $\tau = \sigma\tan\varrho$. Daher schließt die resul-

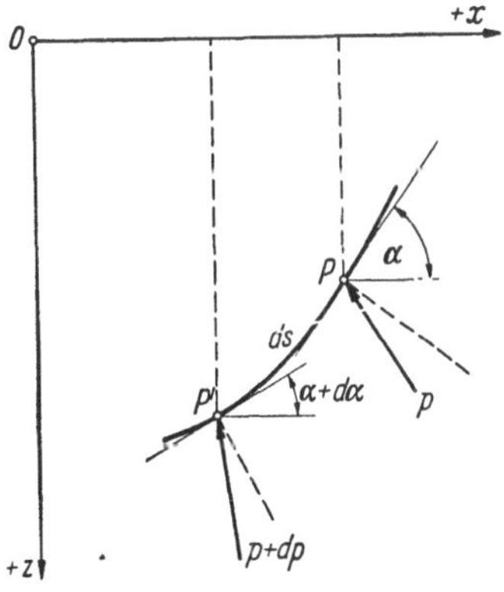

Abb. 4.6. Bogenelement einer krummen Gleitfläche

tierende Spannung im Punkte P den Winkel ϱ mit der Normalen der Gleitfläche ein.

Wenn wir nun an der Gleitfläche um das Bogenelement ds weiter entlanggehen, ändert sich p um einen elementaren Betrag dp. Diese Zunahme besteht aus zwei Teilen: die Spannung verändert sich 1. infolge der Änderung von α und 2. infolge der Schwere, da Punkt P tiefer liegt und die Spannung aus dem Eigengewicht größer ist. Die Zunahme läßt sich also in der Form schreiben:

$$dp = dp_1 + dp_2.$$

Wir müssen daher erstens die Zunahme dp_1 der resultierenden Spannung bestimmen, die *im schwerelosen Körper* infolge der Richtungsänderung

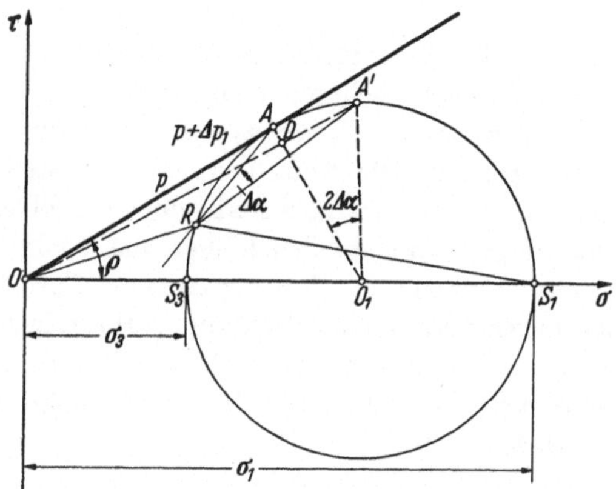

Abb. 4.7. Spannungszustand in den Punkten P und P'

der Gleitfläche entsteht und zweitens die Zunahme dp_2, die durch die Änderung der Höhenlage des laufenden Punktes der Gleitlinie hervorgerufen wird. Bei dieser zweiten Untersuchung dürfen wir dann eine *ebene Gleitfläche* voraussetzen.

Zur Bestimmung von dp_1 betrachten wir den Spannungzustand des Punktes P. In der MOHRschen Darstellung (Abb. 4.7) ist die Strecke $\overline{OA} = p$ die resultierende Spannung; mit der σ-Achse schließt sie den Winkel ϱ ein. Die Richtungen der Hauptspannungen seien gegeben. Der Pol R wird erhalten, indem wir durch die Punkte S_1 und S_3 Parallelen zu diesen Richtungen zeichnen; der Schnittpunkt mit dem Spannungskreis ergibt den Pol R. Ändert sich die Richtung des untersuchten Flächenelementes um einen Betrag $\Delta\alpha$, dann beträgt die Spannung $p + \Delta p_1$; dies wird durch die Strecke $\overline{OA}'$ dargestellt. Punkt A' wird erhalten, wenn wir durch den Pol eine Gerade ziehen, die mit $\overline{RA}$ den Winkel $\Delta\alpha$ einschließt. Verbinden wir nun den Punkt A mit dem Mittelpunkt

O_1 des Kreises, dann schneidet diese Gerade O_1A die Gerade OA' im Punkte D. Der Winkel AO_1A' beträgt $2\Delta\alpha$. Aus der Figur liest man

$$p + \Delta p_1 = \overline{OA'} = \overline{OD} + \overline{DA'} = p + \overline{O_1A'} \sin 2\Delta\alpha$$

und

$$\overline{O_1A'} = \overline{O_1A} = p \tan \varrho.$$

ab. Vollzieht man den Grenzübergang $\Delta\alpha \to d\alpha$, dann folgt

$$d p_1 = 2p \tan \varrho\, d\alpha. \tag{4.20}$$

$d p_2$ läßt sich, wie erwähnt, durch die Untersuchung eines Elementes einer *ebenen* Gleitfläche bestimmen; dabei müssen wir die *Schwere* berücksichtigen.

Im Punkte P ist die resultierende Spannung p. Es wirken keine äußeren Kräfte und die Spannung ändert sich nur infolge des *Eigengewichtes*. Die Zunahme der vertikalen Spannung zwischen P und P' beträgt $\gamma\,dz$ (Abb. 4.8), der

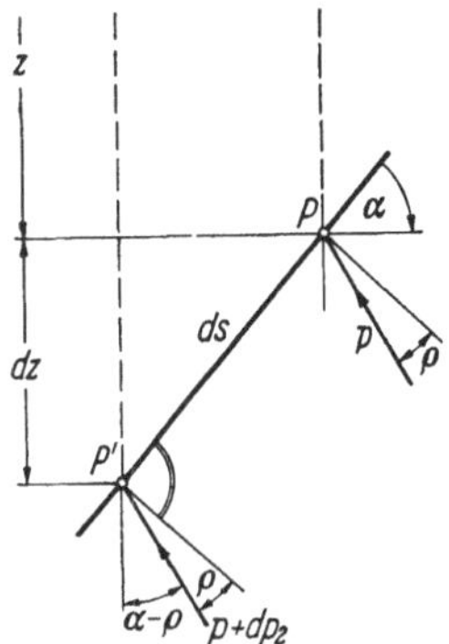

Abb. 4.8. Element einer ebenen Gleitfläche

Mohrsche Kreis (Abb. 4.9) verschiebt sich nach rechts, bleibt aber mit der Coulombschen Geraden in Berührung. Durch die Geometrie der Abb. 4.9 können wir die Zunahme $d p_2$ der resultierenden Spannung ausdrücken durch

$$d p_2 = \gamma\,dz\,\frac{\sin(\alpha - \varrho)}{\sin\varrho}.$$

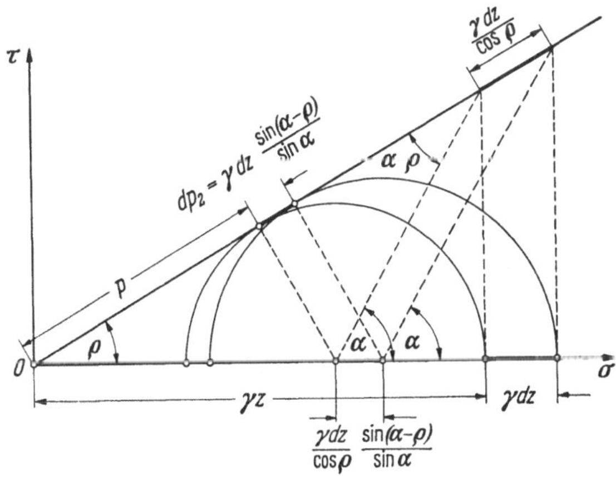

Abb. 4.9. Bestimmung der Zunahme der resultierenden Spannung infolge des Eigengewichtes

Da

$$ds = \frac{dz}{\sin \alpha}$$

ist, folgt somit

$$dp_2 = \gamma\, ds \sin (\alpha - \varrho). \tag{4.21}$$

Die totale Zunahme der resultierenden Spannung aus (4.20) und (4.21) beträgt daher

$$dp = dp_1 + dp_2 = 2p \tan \varrho\, d\alpha + \gamma\, ds \sin (\alpha - \varrho);$$

oder

$$\boxed{\frac{dp}{ds} = 2p \tan \varrho\, \frac{d\alpha}{ds} + \gamma \sin (\alpha - \varrho)}. \tag{4.22}$$

Gl. (4.22) läßt sich auch in der folgenden Form schreiben:

$$\boxed{\frac{d\tau}{d\alpha} = 2\tau \tan \varrho + \gamma\, \frac{ds}{d\alpha} \sin \varrho \sin (\alpha - \varrho)}. \tag{4.22a}$$

Diese Gleichung wird in der Erddruckliteratur als die KÖTTERsche Gleichung (KÖTTER, 1888, 1893, 1903) bezeichnet. Früher wurde ihr vorwiegend *theoretische Bedeutung* beigemessen. RITTER (1938), der übrigens auch eine elegante Ableitung der Gleichung gegeben hat, stellte beispielsweise fest, daß diese Beziehung bis dahin *keine praktische Anwendung* gefunden hatte. Neuerdings wird sie aber zur unmittelbaren Lösung vieler Erddruckprobleme herangezogen. Die Gleichung stellt einen *Zusammenhang zwischen den Spannungen auf der Gleitfläche und der Gleitflächenkrümmung dar*; mit ihrer Hilfe kann der Grad der Unbestimmtheit eines Erddruckproblems um Eins vermindert werden.

Die Gültigkeit der KÖTTERschen Gleichung haben wir für kohäsionslose Böden und für eine einzige Gleitfläche bewiesen. Sie kann leicht auf Kohäsionsböden erweitert werden, wenn man bedenkt, daß man einen bindigen Boden durch die Bruchbedingung

$$\tau = (\sigma + c \cot \varrho) \tan \varrho = \sigma_0 \tan \varrho$$

kennzeichnen kann. Wird in der obigen Ableitung an Stelle von σ der Wert σ_0 eingesetzt, dann stellt sich die allgemeine Gültigkeit der Gl. (4.22) heraus. Eine ausführliche Ableitung wurde für diesen Fall von JÁKY (1936) gegeben.

Für eine Gleitflächenschar gestaltet sich der Gedankengang folgendermaßen. Aus dem mit Gleitlinien durchsetzten Boden schneiden wir ein durch Gleitlinien begrenztes Element aus (Abb. 4.10). Wir betrachten die Gleitlinien AB und AC. Wir ziehen durch die Punkte B und C Parallelen zu den krummen Strecken AC bzw. AB; sie schneiden sich im Punkte D'. Der Schnittpunkt der wirklichen Gleitflächen, die von C und B

ausgehen, sei mit D bezeichnet (Abb. 4.10). Die Tangenten der Gleit-flächen AC und AB im Punkte A schließen miteinander den Winkel $90° - \varrho$ ein. Der Neigungswinkel der Tangente AC in A zur x-Achse sei α.

Wir betrachten nun das Gleichgewicht des Volumenelementes $ABCD'$. Auf dem Gleitflächenelement AC wirkt die resultierende Spannung p_1; sie schließt mit der Normalen der Tangente den Winkel ϱ ein und fällt daher in die Richtung der zweiten Tangente. Dasselbe gilt auch für die Spannung auf AB. Die Richtung der Hauptspannung im Punkte A halbiert den Winkel $90° \mp \varrho$ zwischen den beiden Tangenten der Gleitflächen. Auf BD ist die resultierende Spannung $p_1 + dp_1$; auf $BD': p + dp - 2p \tan \varrho\, d\alpha$, wenn wir berücksichtigen, daß die Tangente der Fläche BD durch eine Drehung von $-d\alpha$ um den Punkt B in die Tangente von BD' übergeht. Diese Spannung schließt mit der Normalen der Fläche einen Winkel ein, der von ϱ einen unendlich kleinen Betrag zweiter Ordnung abweicht. Zur Bestimmung dieser Spannung haben wir Gl. (4.2) gebraucht.

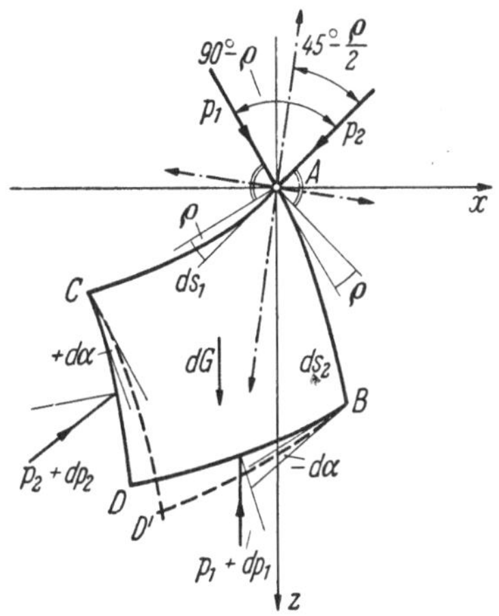

Abb. 4.10
Gleichgewicht eines Volumenelementes

Entsprechend erhalten wir die Spannungen für die Richtung der zweiten Tangente. Auf der Fläche AB ist die resultierende Spannung p und auf CD $p + dp$. Somit wirkt auf CD' der Druck $p + dp + + 2p \tan \varrho\, d\alpha$, da hier die Drehung von CD um C um denselben Betrag $d\alpha$, aber in entgegengesetzter Richtung erfolgt.

Das Kräftegleichgewicht in den beiden Tangenten-Richtungen erfordert also:

$$(p + dp - 2p \tan \varrho\, d\alpha - p)\, ds_2 = -dG\, \frac{\cos \alpha}{\cos \varrho},$$

$$(p + dp - 2p \tan \varrho\, d\alpha - p)\, ds_1 = dG\, \frac{\sin(\alpha - \varrho)}{\cos \varrho}.$$

Nach Substitution von dG und nach Vereinfachungen erhält man:

$$\left.\begin{aligned}
\frac{\partial p}{\partial s_1} - 2p \tan \varrho\, \frac{\partial \alpha}{\partial s_1} &= -\gamma \cos \alpha, \\
\frac{\partial p}{\partial s_2} - 2p \tan \varrho\, \frac{\partial \alpha}{\partial s_2} &= \gamma \sin(\alpha - \varrho).
\end{aligned}\right\} \tag{4.23}$$

Wenn wir an Stelle des Winkels α — dem Winkel zwischen der x-Achse und der Tangente der Gleitfläche — den Richtungswinkel der ersten Hauptspannung ψ einführen ($\psi = \alpha - 45° + \varrho/2$), dann schreiben sich die Gleichungen in symmetrischer Form:

$$\left. \begin{aligned} \cot \varrho \, (\partial \sigma_0/\partial s_1) + 2\sigma_0 \, (\partial \psi/\partial s_1) &= \gamma \cos (\psi - 45° - \varrho/2), \\ \cot \varrho \, (\partial \sigma_0/\partial s_2) - 2\sigma_0 \, (\partial \psi/\partial s_2) &= \gamma \cos (\psi + 45° + \varrho/2), \end{aligned} \right\} \quad (4.23\,\text{a})$$

wo

$$\sigma_0 = \frac{1}{2} \, (\sigma_x + \sigma_z) + c \cot \varrho$$

ist.

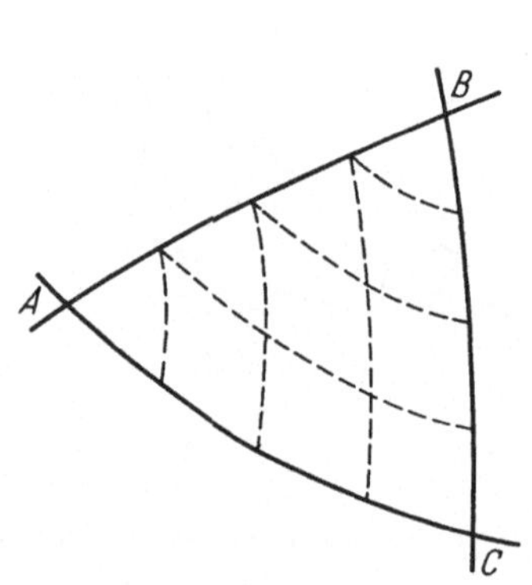

Abb. 4.11. Durch Gleitlinien begrenztes Dreieck

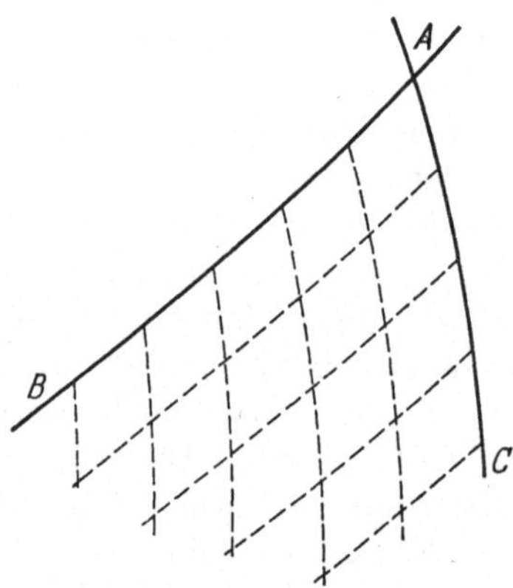

Abb. 4.12. Durch Gleitlinien begrenzter Keil

Allgemein können die Gleichungen von KÖTTER für die Lösung folgenden Problems verwendet werden. Sind die Spannungen auf einer Strecke AB im Boden im Grenzgleichgewicht bekannt (Abb.4.11), dann können wir die Spannungen in einem inneren Punkt des krummlinigen Dreieckes ABC bestimmen, der durch zwei konjugierte Gleitflächen zu erreichen ist. Diese konjugierten Gleitflächen sollen von Punkten der Strecke AB ausgehen. Das Dreieck wird durch die Strecke AB und durch die beiden von A und B ausgehenden Gleitflächen begrenzt. Der weitestliegende Punkt, für den die Spannungsberechnung möglich ist, ist C; außerhalb des

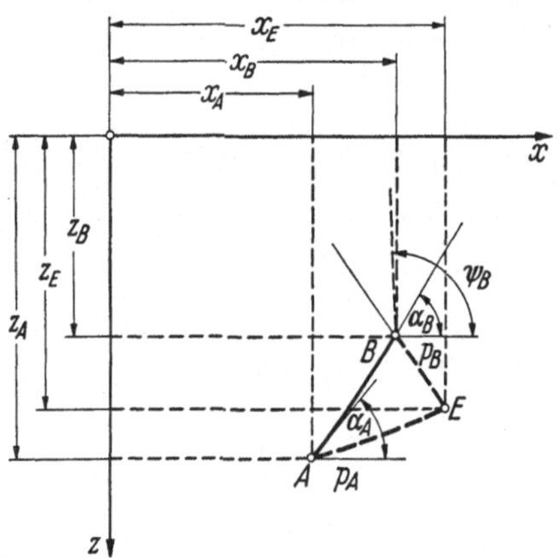

Abb. 4.13. Berechnung von Spannungen in der Nähe von zwei Punkten, deren Koordinaten, Spannungen und Winkelwerte bekannt sind

Bereiches ABC bleibt der Spannungszustand unbestimmt. Sind endlich zwei, durch A gehende Gleitflächen und der Spannungszustand in A bekannt (Abb. 4.12), dann ist das Gleichgewicht im krummlinigen Keil BAC bestimmt; außerhalb bleibt es — ohne zusätzliche Bedingungen — unbestimmt.

Das allgemeine Problem läßt sich folgendermaßen formulieren: in zwei Punkten A und B sind die Koordinaten gegeben und die Spannungen und Winkel ψ bekannt. Wir wollen diese Größen für einen benachbarten Punkt berechnen (s. Abb. 4.13).

Zur Lösung stehen folgende Differentialgleichungen zur Verfügung [s. Gl. (4.5)]:

$$\left.\begin{aligned}
dz &= dx \tan(\psi - 45° - \varrho/2), \\
dp &= 2p \tan \varrho\, d\alpha - \gamma\, ds \cos(\psi - 45° + \varrho/2), \\
dz &= dx \tan(\psi - 45° + \varrho/2), \\
dp &= 2p \tan \varrho\, d\alpha - \gamma\, ds \cos(\psi - 45° - \varrho/2).
\end{aligned}\right\} \tag{4.24}$$

Da der Punkt E sich in der Nähe von A und B befindet, dürfen wir die Differentiale durch Differenzen ersetzen und schreiben

$$\left.\begin{aligned}
\varDelta z &= z_E - z_A & \varDelta z &= z_E - z_B \\
\varDelta x &= x_E - x_A & \varDelta x &= x_E - x_B \\
\varDelta p &= p_E - p_A & \varDelta p &= p_E - p_B \\
\varDelta \psi &= \psi_E - \psi_A & \varDelta \psi &= \psi_E - \psi_B
\end{aligned}\right\} \tag{4.25}$$

Werden diese Werte in (4.24) eingesetzt, dann erhalten wir vier lineare Gleichungen mit vier Unbekannten, die dann durch fortschreitende Näherung zu lösen sind.

Ist die Spannungsverteilung nun bekannt, dann besteht die Möglichkeit, das Gleichgewicht einer von einer Wand, der Oberfläche und einer Gleitfläche begrenzten Erdmasse zu untersuchen und den Erddruck auf die Stützwand zu bestimmen. Das ist das Verfahren, das von BRINCH HANSEN als *Gleichgewichtsmethode* bezeichnet wurde.

4.4 Randbedingungen

Die Gleitflächen müssen gewisse Randbedingungen befriedigen; diese ergeben sich aus der Bruchbedingung nach den Regeln der *Statik*. Sie werden im folgenden nach BRINCH HANSEN (1955) für ein Element der Oberfläche und ein Element auf der Rückseite der Wand aufgestellt (Abb. 4.14).

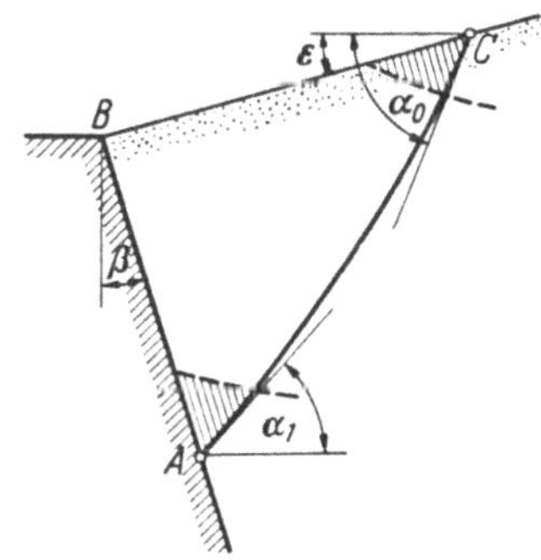

Abb. 4.14. Randbedingungen an der Oberfläche und dem Wandrücken

Betrachten wir das Gleichgewicht eines unendlich kleinen Elementes, das durch die *Erdoberfläche*, eine *Gleitfläche* und eine *Pseudogleitfläche* begrenzt ist (Abb. 4.15). Auf der Oberfläche wirke eine beliebig verteilte Belastung p, die aber in der Nähe des Punktes *keine Unstetigkeitsstelle* aufweist. In der Gleitfläche $\overline{AC}$ wirkt die resultierende Spannung p_0 mit den Komponenten σ_0 und τ_0. In der Pseudogleitfläche AB, die mit der Gleitfläche den Winkel $90° \pm \varrho$ einschließt, wirkt dieselbe Spannung, da die beiden Richtungen einander *konjugiert* sind (s. Abschn. 4.1). Das eigene Gewicht des Elementes ist eine unendlich kleine Größe zweiter Ordnung; es kann daher vernachlässigt werden.

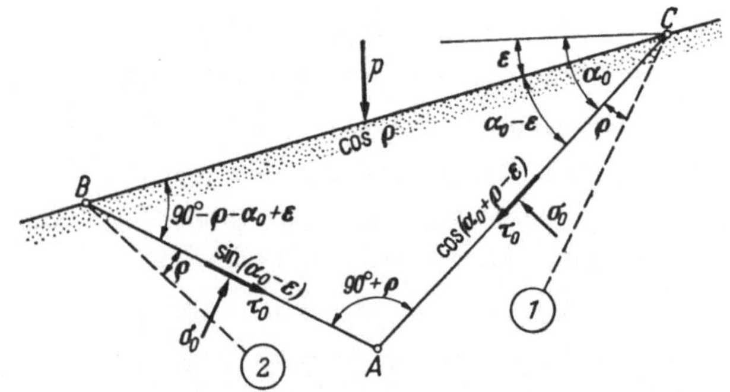

Abb. 4.15. Element an der Oberfläche

Werden die Kräfte an den Seitenflächen auf zwei Richtungen projiziert, dann lassen sich folgende Gleichgewichtsgleichungen aufschreiben:

Projektion auf Linie $C1$:

$$\sigma_0 \cos(\alpha_0 + \varrho - \varepsilon) \sin \varrho + \tau_0 \cos(\alpha_0 + \varrho - \varepsilon) \cos \varrho + \sigma_0 \sin(\alpha_0 - \varepsilon) -$$
$$- p \cos \varrho \sin(\alpha_0 + \varrho) = 0. \tag{4.26}$$

Projektion auf Linie $B2$:
$$\sigma_0 \cos(\alpha_0 + \varrho - \varepsilon) + \sigma_0 \sin \varrho \sin(\alpha_0 - \varepsilon) - \tau_0 \sin(\alpha_0 - \varepsilon) \cos \varrho -$$
$$- p \cos \varrho \cos \alpha_0 = 0. \tag{4.27}$$

AC und AB sind Gleitflächen, daher ist

$$\tau_0 = \sigma_0 \tan \varrho + c. \tag{4.28}$$

Aus den drei Gleichungen kann man σ_0 und τ_0 eliminieren; man erhält dann folgenden Zusammenhang:

$$c \sin \varepsilon \sin(2\alpha_0 + \varrho - \varepsilon) \cos \varrho + (p \sin \varrho + c \cos \varepsilon \cos \varrho) \cos(2\alpha_0 +$$
$$+ \varrho - \varepsilon) + p \sin \varepsilon = 0. \tag{4.29}$$

Aus dieser Gleichung läßt sich die einzige Unbekannte, der statisch richtige Winkel α_0, berechnen. Ist $c = 0$, dann folgt aus Gl. (4.29)

$$\cos (2\alpha_0 - \varepsilon + \varrho) = - \frac{\sin \varepsilon}{\sin \varrho} \qquad (4.29\,\text{a})$$

und bei waagerechter Oberfläche ($\varepsilon = 0°$)

$$\alpha_0 = 45° - \varrho/2.$$

Dieser Fall würde also dem passiven Zustand entsprechen; der aktive Zustand wird durch Austausch des Vorzeichens von ϱ erhalten.

Bei reibungslosem Boden ($\varrho = 0$) ist

$$\cos 2 (\alpha_0 - \varepsilon) = - \frac{p}{c} \sin \varepsilon \qquad (4.30)$$

und bei

$$p = 0; \quad \alpha_0 = 45° + \varepsilon \qquad (4.31)$$

Auf der Rückseite der Wand wird die Randbedingung folgendermaßen formuliert. Der Winkel zwischen der lotrechten und der Wand ist β; die Normal- und die Tangentialkomponenten des Erddruckes werden mit σ_e und τ_e bezeichnet. Auf der Rückseite der Wand ist die Beziehung

$$\tau_e = \sigma_e \tan \delta + a \qquad (4.32)$$

gültig; δ ist der Wandreibungswinkel und a die eventuelle Adhäsion. Wir untersuchen das Gleichgewicht eines

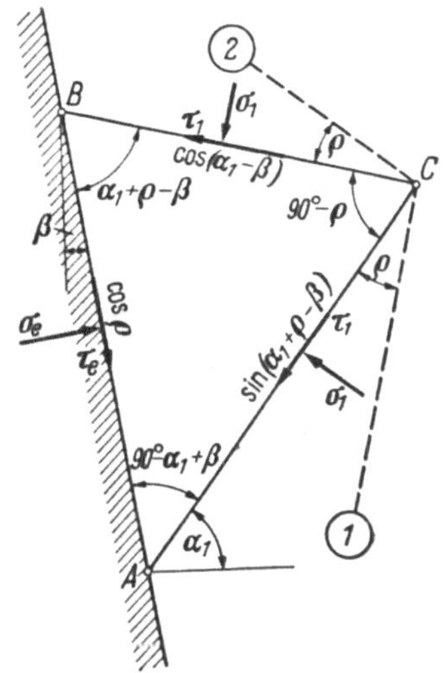

Abb. 4.16. Element am Wandrücken

elementaren Dreieckes, das von der Rückseite der Wand, der Gleitfläche und der Pseudogleitfläche begrenzt ist (Abb. 4.16). Da die Richtungen AC und BC wieder *konjugiert* sind, sind die darauf wirkenden Spannungen σ_1 und τ_1 einander gleich. Durch Projektion auf die Linien $\overline{C1}$ und $\overline{C2}$ erhält man folgende Gleichungen:

$$\sigma_1 \cos (\alpha_1 - \beta) - \sigma_1 \sin \varrho \sin (\alpha_1 + \varrho - \beta) + \tau_1 \cos \varrho \sin (\alpha_1 + \varrho - \beta) +$$
$$+ \tau_e \cos \varrho \sin (\alpha_1 + \varrho - \beta) - \sigma_e \cos (\alpha_1 + \varrho - \beta) = 0, \qquad (4.33)$$

$$\sigma_1 \sin (\alpha_1 + \varrho - \beta) - \sigma_1 \sin \varrho \cos (\alpha_1 - \beta) + \tau_1 \cos \varrho \cos (\alpha_1 - \beta) -$$
$$- \tau_e \cos \varrho \cos (\alpha_1 - \beta) - \sigma_e \cos \varrho \sin (\alpha_1 - \beta) = 0. \qquad (4.34)$$

Mit Berücksichtigung der Beziehungen

$$\tau_1 = \sigma_1 \tan \varrho + c \quad \text{und} \quad \tau_e = \sigma_e \tan \delta + a$$

lassen sich die Größen σ_1, σ_e und τ_e eliminieren und es ergibt sich die Gleichung

$$\cos\left(2\,\alpha_1 + \varrho + \delta - 2\beta\right) = \frac{\sin\delta}{\tau_1\sin\varrho}\left(\tau_1 - c\cos^2\varrho + \frac{1}{2}\,a\cot\delta\,\sin^2\varrho\right),$$

$$(4.35)$$

durch die *der statisch richtige Gleitflächenwinkel* an der Wand eindeutig bestimmt ist.

Wenn wir die Annahme (s. Abb. 4.17)

$$\frac{a}{c} = \frac{\tan\delta}{\tan\varrho}$$

treffen, dann reduziert sich Gl. (4.35) auf folgende Form:

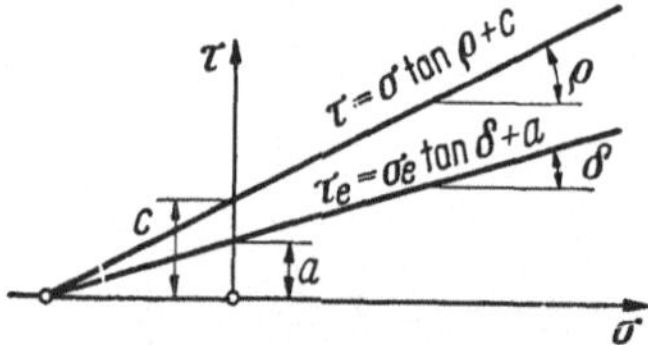

Abb. 4.17. Angenommener Zusammenhang zwischen (c, ϱ) und (a, δ)

$$\cos\left(2\,\alpha_1 + \varrho + \delta - 2\beta\right) = \frac{\sin\delta}{\sin\varrho}. \qquad (4.36)$$

4.5 Lösungen der Kötterschen Gleichung

Die KÖTTERsche Gleichung ermöglicht es also, die *Spannungsverteilung* längs einer gegebenen Gleitfläche zu bestimmen, wenn die *Randbedingung* an einem Ende der Gleitfläche bekannt ist und die Gleitfläche diese Randbedingung auch erfüllt und mit der Grenzfläche den statisch richtigen Winkel einschließt. Es ist noch zu bemerken, daß die Grundgleichungen des Problems nicht linear sind, das Prinzip der Superposition ist also nicht gültig. Es ist daher nicht gestattet, mehrere verschiedene Lösungen zu kombinieren, um bestimmte Randbedingungen zu erfüllen.

Die Differentialgleichung ist von *hyperbolischem Typ*, daher kann die Lösung aus mehreren Teilen zusammengesetzt werden. Die Gleitlinien können — sowohl beim Flächen- wie beim Linienbruch — *gerade* oder *gekrümmte* Linien sein. Die Grenzlinie zwischen zwei elastischen Bereichen — wenn in ihr eine Verschiebung erfolgt — ist eine Gleitlinie; die Grenzlinie zwischen zwei plastischen Bereichen ist entweder eine Gleitlinie oder aber die Einhüllende von Gleitlinien. Dasselbe gilt für die Grenzlinie zwischen elastischem und plastischem Bereich; hier kann aber die Grenzlinie — wie es sich aus der Untersuchung der Verformungen ergibt — auch eine Linie der konstanten spezifischen Verformung sein.

Wir wollen nun die *Lösungen* der KÖTTERschen Gleichung (4.22) aufschreiben. Die Integration ergibt

$$p = \gamma e^{2\alpha\tan\varrho}\int_0^s e^{-2\alpha\tan\varrho}\sin\left(\alpha - \varrho\right)ds + p_a. \qquad (4.37)$$

Die *Form* der Gleitlinie soll angenommen werden; bei Kenntnis von
$s = f(\alpha)$ läßt sich die Integration entweder durch eine geschlossene
Formel oder aber durch eine rechnerische bzw. graphische Methode ausführen. In der geschichtlichen Entwicklung der Erddrucktheorien
wurden fast ausnahmlos *drei Arten von Gleitlinien* in den Untersuchungen angewendet: die *gerade Linie*, der *Kreis* und die *logarithmische
Spirale*. Das mag wohl dadurch begründet sein, daß diese Kurven einer-

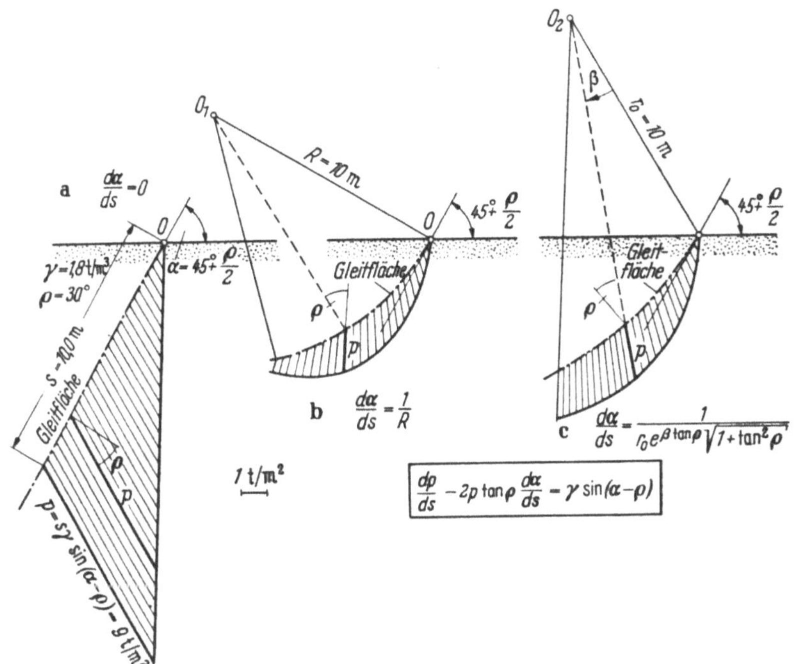

Abb. 4.18a—c. Beispiele zur Berechnung der Spannungen in der Gleitfläche auf Grund der Kötterschen Gleichung

a) Ebene, b) Kreis, c) logarithmische Spirale als Gleitfläche

seits einfache Berechnungen ermöglichen, andererseits strenge Lösungen
je eines Spezialproblems darstellen. In diesen drei Fällen haben wir
folgende Lösungen:

1. Im Falle einer *ebenen Gleitfläche* verschwindet $d\alpha/ds$ und man erhält:

$$p = s\gamma\sin(\alpha-\varrho) + p_0. \tag{4.38}$$

Der Winkel α ist jetzt eine *Konstante*. Sein Wert läßt sich mit Hilfe
der Randbedingung bestimmen, dann können wir die *Spannungen* berechnen. Ist die Oberfläche waagerecht und unbelastet ($p_0 = 0$), dann
ist $\alpha = 45^\circ + \varrho/2$. Die Spannungsverteilung ist für ein Beispiel in
Abb. 4.18a dargestellt.

Die gerade Linie ist also eine allgemeine Lösung des Problems, die bei gewissen Deformationen und Randbedingungen auch streng ist. Diesen Fall werden wir im Kap. 7 ausführlich behandeln.

2. Ist die Gleitlinie ein *Kreis*, dann erhalten wir strenge Lösungen für ($\gamma = 0$, $\varrho = 0$) und ($\gamma \neq 0$, $\varrho = 0$); also für die Fälle 4 und 7 der Tabelle auf S. 69. Diese Lösungen werden im Kap. 6 untersucht; die Gl. (4.37) muß man dafür in etwas anderer Form schreiben (s. Abschn. 6.2).

Wollen wir den Kreis im allgemeinen Fall (γ; $\varrho \neq 0$) als Gleitlinie einführen, dann müssen wir die Integration für $d\alpha/ds = -\dfrac{1}{R}$ durchführen und erhalten

$$p = p_e e^{-2\tan\varrho\,\frac{s}{R}} + R\gamma\,\frac{1}{1+4\tan^2\varrho}\left[2\tan\varrho\sin\left(\varkappa - \varrho - \frac{s}{R}\right) + \right.$$
$$\left. + \cos\left(\varkappa - \varrho - \frac{s}{R}\right)\right], \qquad (4.39)$$

wo $\varkappa$ den Winkel bedeutet, den die Anfangstangente des Kreises mit der Waagerechten einschließt. Für den Fall $\varkappa = 45° + \dfrac{\varrho}{2}$ wurde das in Abb. 4.18b dargestellte Zahlenbeispiel berechnet.

3. Bei der *logarithmischen Spirale* ist $d\alpha/ds = 1/r_0 e^{\beta\tan\varrho}\sqrt{1+\tan^2\varrho}$; sie stellt die strenge Lösung für den Fall $\gamma = 0$ dar (s. Kap. 5). In diesem Fall lautet die Lösung:

$$\tau = \left(\tau_0 + \frac{c}{\sin\varrho}\right) e^{2\tan\varrho\,(\alpha - \alpha_0)} - \frac{c}{\sin\varrho} \qquad (4.40)$$

und für den schweren Körper

$$\tau = \tau_0 + r\gamma\sin\varrho\cos\varrho \qquad (4.41)$$

Die Spannungsverteilung ist in Abb. 4.18c dargestellt.

4.6 Unstetigkeitslinie der Spannungen

Im plastischen Gleichgewicht haben wir zur Ableitung des Systems der Grundgleichungen (Gleichgewichtsgleichungen und Bruchbedingung) keine *Verträglichkeitsbedingung* für die Spannungen eingeführt, weil die Verträglichkeit der Spannungen nicht gefordert wurde, wie dies in der Elastizitätstheorie geschieht. Aus diesem Grunde können *Unstetigkeiten* in den Spannungen auftreten; die einzige Bedingung ist, daß das *Gleichgewicht* dadurch nicht gestört wird. Für den Fall $\varrho = 0$ haben PRAGER (1948, 1951) und LEE (1950) diese Unstetigkeiten untersucht und mehrere Sätze aufgestellt. JOSSELIN DE JONG (1959) hat diese Untersuchungen für den allgemeinen Fall 8 ($\varrho \neq 0$, $c \neq 0$) durchgeführt und einige interessante Eigenschaften der Unstetigkeitslinie abgeleitet. Im folgenden wollen wir auf die quantitative mathematische Behandlung verzichten, um nur die Grundsätze und Ergebnisse dieser Untersuchungen zu zeigen.

Die Möglichkeit des Auftretens einer Unstetigkeit läßt sich folgendermaßen beweisen (JOSSELIN DE JONG, 1959). Wir betrachten die Gleichungen des Gleichgewichtes (2.2).

Die Spannungen σ_z, σ_x und τ_{xz} sind Funktionen der Koordinaten x, z; bisher haben wir angenommen, daß diese Funktionen stetig und differenzierbar sind; jetzt wollen wir diese allgemeine Annahme fallen lassen. In den Gln. (2.2) kommen aber *Ableitungen* vor; diese können nur dann existieren, wenn die entsprechenden Funktionen *differenzierbar* und *stetig* sind. Schreiben wir nun die Gleichungen für ein System (ξ, ζ) auf, dessen Achsen mit den x, z-Achsen den Winkel λ einschließen, dann müssen wir die Gleichgewichtsgleichungen in der allgemeinen Form

$$\left.\begin{aligned}
\frac{\partial \sigma_\zeta}{\partial \zeta} + \frac{\partial \tau_{\xi\zeta}}{\partial \xi} &= \gamma \cos \lambda, \\
\frac{\partial \sigma_\xi}{\partial \xi} + \frac{\partial \tau_{\xi\zeta}}{\partial \zeta} &= \gamma \sin \lambda
\end{aligned}\right\} \tag{2.2c}$$

ansetzen (s. Abb. 4.19), da die Richtung der Massenkraft nicht mehr in die Koordinatenrichtung fällt. Nehmen wir an, daß im Werte einer Spannung irgendwo *ein Sprung* auftritt, die Funktion der Spannung also eine *Unstetigkeitsstelle* hat. Dann ist die partielle Ableitung dieser Funktion in einer auf der Unstetigkeitslinie senkrechten Richtung *unbestimmt* und unendlich groß.

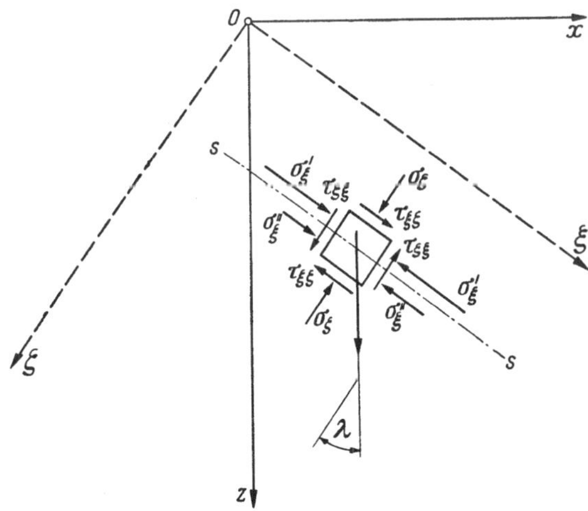

Abb. 4.19. Spannungssprung in der Unstetigkeitslinie

Die Lage des neuen Koordinatensystems sei so gewählt, daß diese Unstetigkeitslinie $s—s$ zu einer der Achsen — z. B. der ξ-Achse — parallel läuft. Wir müssen nun die partiellen Ableitungen nach ζ untersuchen. Die Ableitungen nach ζ, die in Gl. (2.2c) vorkommen, müssen stetig sein, sonst wäre die Gleichgewichtsbedingung nicht eindeutig erfüllt. Die Ableitung $\partial\sigma_\xi/\partial\zeta$ ist aber in (2.2c) nicht enthalten, es kann also im Werte von σ_ξ in der Richtung ζ eine Unstetigkeit ohne Störung des Gleichgewichtes auftreten. Die Spannung σ_ξ kann auf den beiden Seiten der Linie $s—s$ unterschiedliche Werte besitzen; es entsteht ein *Sprung*.

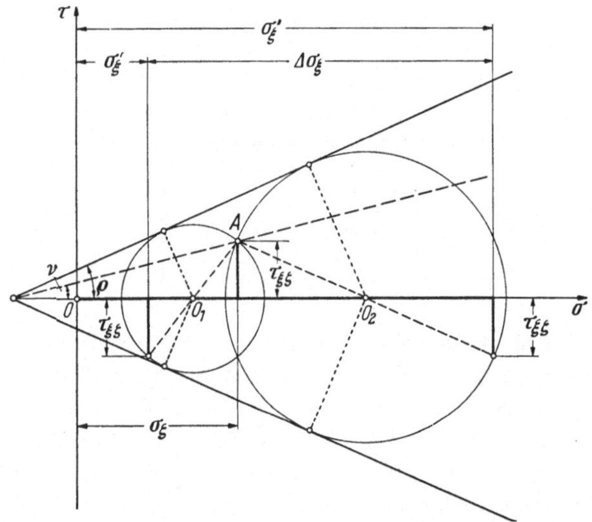

Abb. 4.20. Die beiden Spannungskreise auf beiden Seiten der Unstetigkeitslinie

Die *Größe dieses Sprunges* wird dadurch bestimmt, daß die Bruchbedingung auf beiden Seiten der Unstetigkeitslinie erfüllt sein soll. Es sei der Wert der stetigen Spannungen σ_ζ und $\tau_{\xi\zeta}$ im untersuchten Punkte gegeben; dadurch können wir einen Punkt A der Hauptspannungskreise in der MOHRschen Darstellung eintragen (s. Abb. 4.20). Der Hauptspannungskreis geht durch diesen Punkt; da wir *zwei Kreise* schlagen können, bekommen wir *zwei verschiedene Werte* für σ_ξ: σ_ξ' und σ_ξ''. Der Unterschied $\varDelta\sigma_\xi$ dieser Werte stellt den gesuchten Sprung dar. Die Größe dieser beiden Spannungen σ_ξ ergibt sich dadurch, daß wir die Durchmesser AO_1 und AO_2 durch den gemeinsamen Punkt A einzeichnen. Die Schnittpunkte mit den Kreisen liefern die gesuchten Werte. Sie liegen auf der unteren Hälfte der Kreise. Die Größe des Sprunges wird durch die Lage des Punktes A bestimmt; sie kann durch den Winkel v gekennzeichnet werden. Ist $v = \pm\varrho$, liegt also das Flächenelement der physikalischen Ebene, dessen Spannungszustand durch den Punkt dargestellt wird, in der Richtung einer Gleitfläche, dann ist $\Delta\sigma_\xi = 0$, die beiden Kreise fallen zusammen und die Unstetigkeit verschwindet. Eine Gleitlinie kann also *keine Unstetigkeitslinie* sein. Den größten Sprung von σ_ξ bekommt man bei $\nu = 0$, wenn die Spannungen σ_ξ und σ_ζ Hauptspannungen sind.

Somit haben wir den Wert des Sprunges zeichnerisch leicht bestimmen können. Wenn die Richtung der Unstetigkeitslinie im untersuchten Punkt gegeben ist, ist es möglich, auch die *Gleitflächenrichtungen* auf beiden Seiten dieser Linie zu ermitteln. Nehmen wir an, daß diese

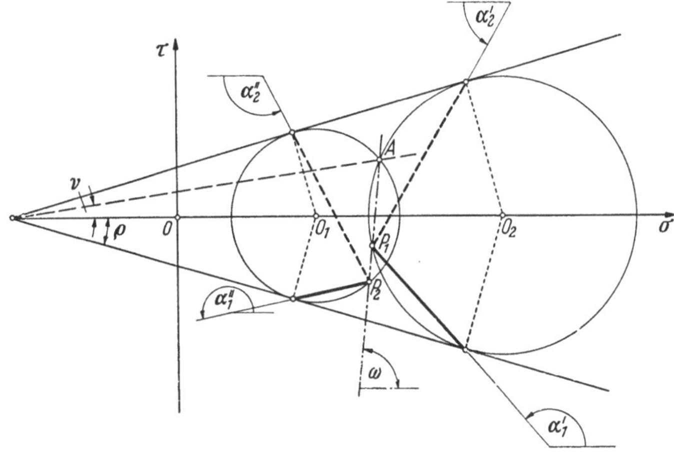

Abb. 4.21. Bestimmung der Gleitflächenrichtungen auf beiden Seiten der Unstetigkeitslinie

Unstetigkeitslinie mit der Waagerechten den Winkel ω einschließt (Abb. 4.21). Wenn wir eine mit dieser Richtung gleichlaufende Linie durch A zeichnen, dann ergeben die Schnittpunkte mit den beiden Kreisen die entsprechenden Pole. Mit Hilfe des Poles können wir die Gleitflächenrichtungen konstruieren, indem wir die Pole mit den Berührungspunkten der Kreise und der COULOMBschen Geraden verbinden. Sind die Gleitflächenrichtungen bekannt, dann sind auch die *Hauptrichtungen* gegeben, da sie mit ihnen den Winkel $\mu = 45° + \varrho/2$ einschließen. Die Gleitflächenrichtungen in der physikalischen Ebene sind in Abb. 4.22 dargestellt. JOSSELIN DE JONG schreibt nun die entsprechenden Funktionen zwischen den Winkeln auf und setzt diese in Gleichungen ein, die aus den KÖTTERschen Gleichungen abzuleiten sind. Dadurch gelingt es ihm, für den Fall $\varrho \neq 0$ Formeln zu erhalten, die den Zusammenhang zwischen den Krümmungshalbmessern der Gleitflächen, die sich an die Unstetigkeitslinie beiderseitig anschließen, und

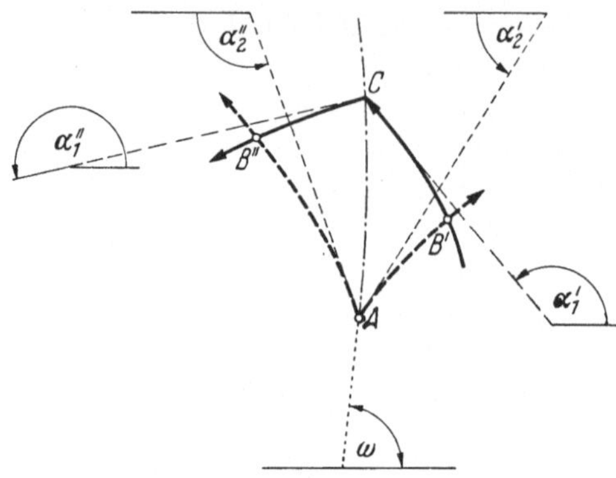

Abb. 4.22. Die von der Unstetigkeitslinie ausgehenden Gleitflächen

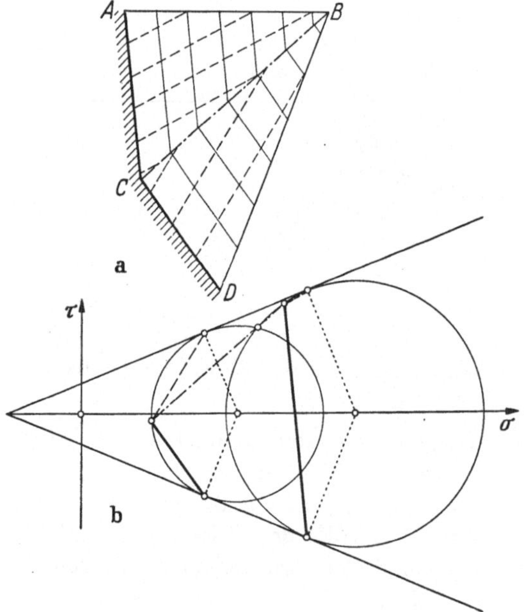

Abb. 4.23 a u. b. Beispiel einer Unstetigkeit: eine Ecke in der starren Wand
a) Gleitliniennetz;   b) Bestimmung der Gleitrichtungen

dem Winkel ν angeben. Er stellt weiter fest, daß die *Krümmung der Unstetigkeitslinie* nur dann eindeutig bestimmt werden kann, wenn die Krümmungen der beiderseitigen Gleitflächen bekannt sind. Eine Unstetigkeitslinie kann weiter nicht inmitten eines stetigen Gleitlinienfeldes entspringen. Ist also ein Feld durch stetige Gleitlinien begrenzt — d. h. die Randbedingungen sind stetig —, dann kann im Inneren dieses Feldes keine Unstetigkeitslinie auftreten.

Als Beispiel für eine Unstetigkeitslinie zeigt Abb. 4.23 a ein *Feld*, das durch eine starre Wand begrenzt ist; darin befindet sich eine Ecke. Die Gleitung geht entlang der Linie ACD vor sich, die Strecken AC und AD sind also Gleitflächen. Der kleine Kreis in Abb. 4.23 b entspricht dem Bereiche CDB, der große dem Bereiche ABC; oberhalb der Unstetigkeitslinie BC sind also die Spannungen größer. Die Bestimmung der Gleitflächenrichtungen ist nach der in Abb. 4.21 gezeigten Methode erfolgt. Ist das Gleitflächennetz bekannt, dann bereitet die Berechnung der Spannungen keine Schwierigkeiten mehr.

Weitere Probleme mit Unstetigkeiten wurden von Sokolowski (1957) behandelt.

4.7 Wandbewegung, Gleitflächenausbildung und Erddruck

Nachdem wir im vorangehenden die statische Untersuchung der Gleitflächen behandelt, die grundlegenden Gleichungen des Gleichgewichtes aufgestellt und die Randbedingungen und Unstetigkeiten untersucht haben, wollen wir im folgenden *die kinematische Möglichkeit* der auftretenden Gleitflächen besprechen. Dieser Abschnitt der Erddruckuntersuchungen ist noch nicht so weit entwickelt wie die statische Seite,

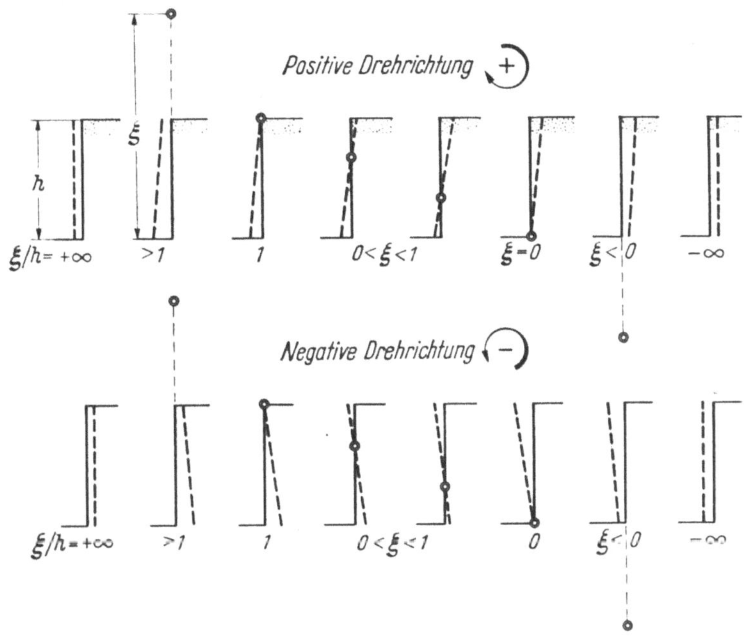

Abb. 4.24. Drehbewegungen der Wand bei verschiedener Lage des Drehmittelpunktes

daher werden wir die Ausführungen kürzer halten und nur die wichtigsten Ergebnisse bringen. Die praktische Nutzbarmachung dieser Forschungen ist noch nicht in allen Teilen gesichert, doch haben die vorgelegten Untersuchungen dazu beigetragen, auf viele Probleme des Erddruckes ein Licht zu werfen. Wir werden uns im folgenden auf *starre Wände* beschränken.

Abb. 4.24 zeigt verschiedene Möglichkeiten der Bewegung einer starren Wand. Alle Bewegungen sind aber auf ein *Drehen* zurückzuführen, und zwar um einen Punkt, der in der Ebene der Wand liegt. Rückt dieser Punkt ins Unendliche, dann haben wir eine Parallelverschiebung, befindet sich er über dem Kopf, dann treten *Linienbrüche* auf, bei einem

Drehmittelpunkt in einem Wandpunkt haben wir eine *gemischte Erddruckaufgabe* vor uns. Die Größe des Erddruckes wurde für eine beliebige Lage des Drehmittelpunktes und für eine beliebige Drehrichtung von BRINCH HANSEN (1953, s. Kap. 10) bestimmt. Er bediente sich dabei *kreisförmiger* Gleitflächen; wir wollen nun untersuchen, wie man bei einer gegebenen Wandbewegung die *Lage des Mittelpunktes der Kreisgleitfläche* bestimmen kann (OHDE, 1938).

Wir untersuchen einen Fall des Erddruckes, bei dem die Wand sich um einen oberen Mittelpunkt in der Wandebene im *Uhrzeigersinn* dreht. Die lotrechte Wandverschiebung ist Δl, die waagerechte oben w_0, unten w_u (Abb. 4.25).

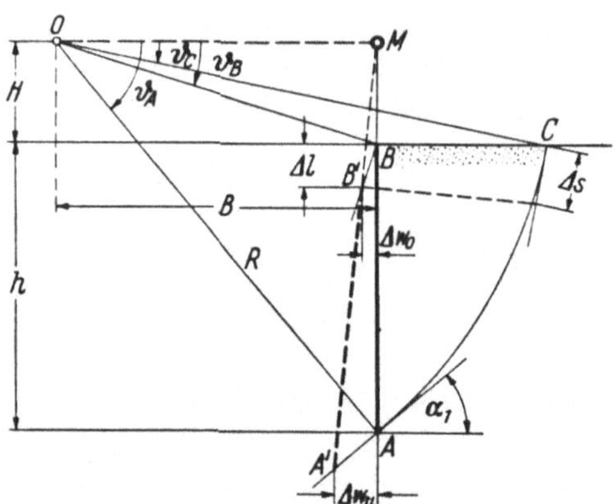

Abb. 4.25. Bestimmung des Drehmittelpunktes nach OHDE

Es sei die Randbedingung der Gleitfläche an der Wand gegeben; dies wird durch die absolute Größe der Verschiebung bzw. durch das Maß bestimmt, in dem sich die Reibung an der Rückseite der Wand ausbildet.

Aus Abb. 4.25 ist abzulesen:

$$\frac{\Delta w_0}{\Delta l} = \tan \vartheta_B; \qquad \frac{\Delta w_u}{\Delta l} = \tan \vartheta_A,$$

also ist

$$\frac{\tan \vartheta_B}{\tan \vartheta_A} = \frac{\Delta w_0}{\Delta w_u}.$$

Beträgt die Verschiebung des Punktes A Δs, dann ist

$$\Delta w_u = \Delta s \sin \vartheta_A \quad \text{und} \quad \Delta w_0 = \Delta s \sin \vartheta_C,$$

woraus

$$\frac{\sin \vartheta_C}{\sin \vartheta_A} = \frac{H}{h + H} = \frac{\Delta w_0}{\Delta w_u}$$

folgt. Aus diesen beiden Gleichungen findet man:

$$H = \frac{h}{\dfrac{\Delta w_u}{\Delta w_0} - 1}; \quad \text{und} \quad B = \frac{h \cot \vartheta_A}{1 - \Delta w_0/\Delta w_u}.$$

Aus diesen Formeln von OHDE kann man den Drehmittelpunkt der Wand bestimmen. Befindet er sich nämlich in einer Höhe H_0 über B, dann gelten folgende Zusammenhänge:

$$\Delta w_0 = H_0 \Delta \varkappa,$$

$$(\Delta w_u - \Delta w_0) = h \Delta \varkappa,$$

wo $\Delta \varkappa$ den Drehwinkel bedeutet. Aus diesen Gleichungen ergibt sich

$$H_0 = \frac{\Delta w_0}{\Delta \varkappa} = \frac{\Delta w_0 h}{\Delta w_u - \Delta w_0} = \frac{h}{\Delta w_u / \Delta w_0 - 1} = H.$$

Dadurch haben wir die einfache Regel zur Bestimmung des Drehmittelpunktes der Wand gefunden: er befindet sich im Schnittpunkt des vom Mittelpunkt der Kreisgleitfläche auf die Wand gefällten Lotes mit dem Wandrücken. Die Entfernung B des Mittelpunktes und dadurch auch die Größe des Erddruckes wird durch das Maß der *Wandreibung* ermittelt.

Bei dieser Untersuchung haben wir den Gleitkeil als einen *starren Körper* betrachtet. Eine interessante Untersuchung der Gleitlinienbilder auf kinematischer Grundlage wurde von SCHULTZE (1948) veröffentlicht; er hat Verschiebungspläne mit ebenen Gleitflächen für verschiedene Wandbewegungen ausgearbeitet; dabei hat er den Gleitkörper in *Gleitstreifen* aufgeteilt. BRINCH HANSEN (1953) berücksichtigt in seiner Untersuchung auch die *Geschwindigkeiten* der Verformungen, vorausgesetzt, daß das Material im plastischen Zustande *raumbeständig* ist. Daher werden die Verformungen in der MOHRschen Darstellung des Verformungstensors vom Mittelpunkte des Kreises aus gemessen (Abb. 4.26). Die Hauptdehnungen ε_1 und ε_2 fallen in die Hauptrichtungen. Den Gleitflächen werden die Punkte M und N entsprechen; wird also der Größtwert der Verkürzung mit ε_m bezeichnet, dann findet man für die Verformung in der Gleitfläche

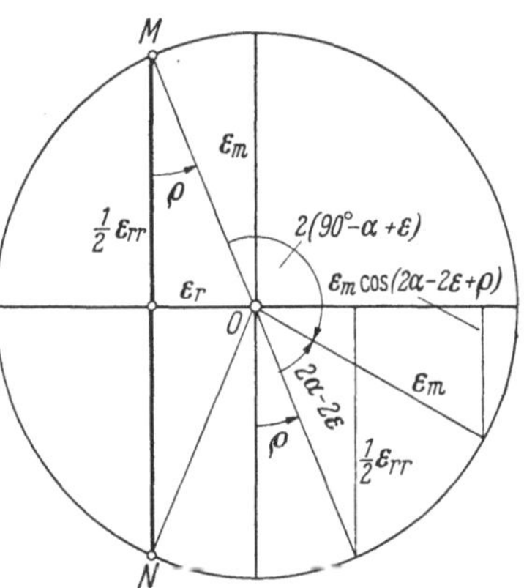

Abb. 4.26
Der MOHRsche Kreis der Verformungen

$$\varepsilon_r = \varepsilon_m \sin \varrho$$

und die Winkeländerung zwischen den Gleitflächen

$$\varepsilon_{rr} = 2 \varepsilon_m \cos \varrho = 2 \varepsilon_r \cot \varrho.$$

Ist also $\varrho \neq 0$, so verkürzen sich beide Gleitlinien und ihr spitzer Winkel wird größer.

Im Falle des *Erddruckes* (Abb. 4.27) müssen wir in der untersten Gleitlinie überall eine Verdrehung $\varepsilon_{rr} \geqq 0$ haben. Der Erdkeil bewegt sich außerdem nach unten, daher muß auch der Geschwindigkeitsvektor größer als Null sein $(u > 0)$. Wie wir gesehen haben, verkürzt sich die Gleitlinie; das ist aber nur dann möglich, wenn $u_C < u_A$. Den unteren Grenzfall wird also wohl $u_A = 0$ bilden; dann befindet sich der Drehmittelpunkt der Wand im Punkte A. Der obere Grenzfall ergibt sich bei $\varepsilon_{rr}^A = 0$, es tritt dann im Punkte A keine Winkeländerung auf: wir haben einen Drehmittelpunkt in M_1 über M_2, der einem Wert $\varepsilon_{rr}^C = 0$ entspricht. Der tatsächliche Drehmittelpunkt kann also nur außerhalb der Strecke AM_2 liegen. Außerdem muß im Falle eines Erddruckes bei einer von oben konvexen Gleitfläche die Reibung auf der Rückseite der Wand nach oben gerichtet sein. Das ist aber nur dann möglich, wenn die Wand sich nach unten bewegt. Dazu muß sich der Drehmittelpunkt entweder *über* der Wandnormalen im Punkte M_1 oder *unter* der Wandnormalen im Punkte A befinden (s. Abb. 4.27). Somit ist der Bereich des Drehmittelpunktes abgegrenzt. Eine ähnliche Überlegung läßt sich für den Fall des Erdwiderstandes machen.

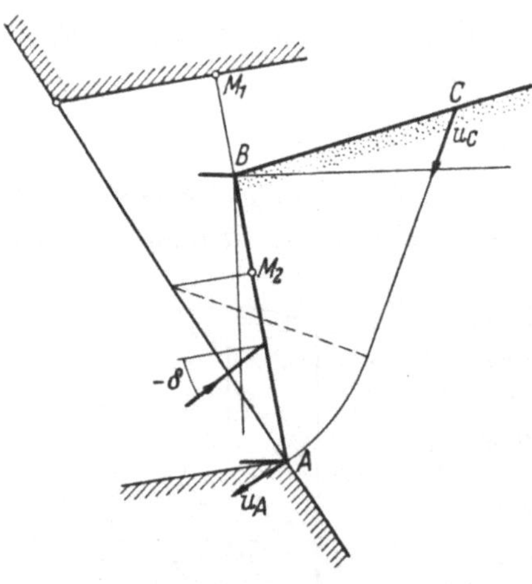

Abb. 4.27
Kinematische Randbedingungen beim Erddruck

In den beiden Spezialfällen der ebenen Gleitflächenschar und des reibungslosen Materials kann die Lage des Drehmittelpunktes genau bestimmt werden. Bei ebener Gleitfläche müssen ε_r und ε_{rr} konstante Werte haben; die Wand kann sich um einen beliebigen Punkt unterhalb von A drehen. Ist $\varrho = 0$, dann ist $\varepsilon_r = 0$ und $u' = u'' = 0$, so daß sich der Drehpunkt in beliebiger Tiefe unterhalb von A befindet.

Die Aufgabenstellung der Praxis ist meist umgekehrt: wir müssen nicht den Drehmittelpunkt zu einer gegebenen Gleitfläche bestimmen, sondern unter Beachtung der Bewegungsmöglichkeiten der Wand *die kritische Gleitfläche* finden. Diese Gleitfläche soll, wie gesagt, statisch, kinematisch und geometrisch möglich sein, sie soll also den statischen Randbedingungen, den Gleichgewichtsbedingungen und den oben angeführten kinematischen Gesetzmäßigkeiten entsprechen; außerdem müssen die Bewegungen mit den Verformungen verträglich sein. BRINCH HANSEN (1953) prüft eine Reihe von Bruchfiguren, aufgebaut aus Kreisgleitflächen, vom Gesichtspunkt der statischen und kinematischen Möglichkeit. Er gelangt zu vier einfachen und sieben zusammengesetzten Bruchfiguren, die in Abb. 4.28a—k angegeben sind. Sie haben folgende allgemeine Eigenschaften:

Die Gleitlinien können gerade oder gekrümmte Linien sein. Die Grenzlinie zwischen zwei elastischen Gebieten — wenn an ihr eine Verschiebung erfolgt — ist eine Gleitfläche, die Grenzlinie zwischen zwei

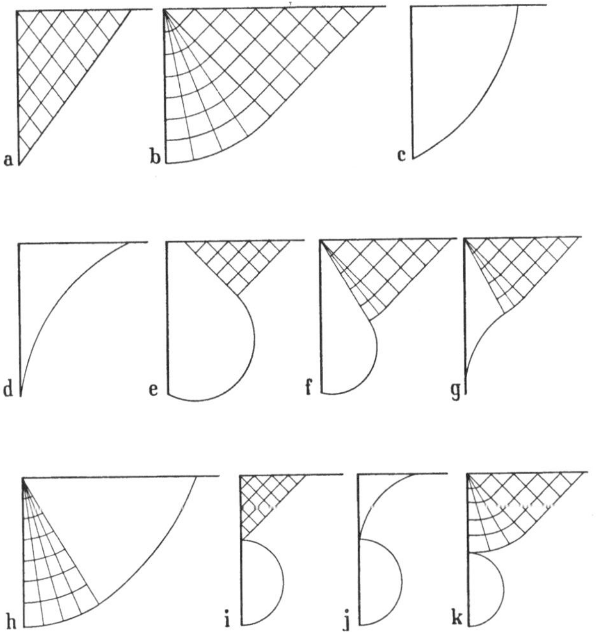

Abb. 4.28a—k. Statisch und kinematisch mögliche Bruchfiguren nach BRINCH HANSEN

plastischen Gebieten ist entweder eine Gleitfläche oder aber die Einhüllende von Gleitflächen. Dasselbe gilt für die Grenzlinie zwischen elastischem und plastischem Gebiet; hier kann aber die Grenzlinie — wie sich dies aus der Untersuchung der Verformung ergibt — auch eine Linie der konstanten spezifischen Verformung sein.

Wenn zwei Gebiete im Boden gleichzeitig auftreten und durch Gleitflächen begrenzt sind, sind nach BRINCH HANSEN (1953) folgende Fälle möglich:

1. Die beiden Gleitflächen sind voneinander getrennt; der aktive und der passive Zustand können sich hier unabhängig voneinander ausbilden.

2. Die beiden Gleitflächen berühren sich mit einer gemeinsamen Tangente; hier herrscht an den Gleitflächen entlang entweder ein aktiver oder ein passiver Zustand.

3. Die Gleitflächen schneiden sich unter einem Winkel $90° \pm \varrho$; dann ist an der einen Fläche entlang ein aktiver, an der anderen ein passiver Zustand.

4. Die Gleitflächen begegnen sich in einem Punkte der Wand; dann ist an der einen Fläche entlang ein aktiver, an der anderen ein passiver Zustand.

Die Wahl zwischen diesen Möglichkeiten ist in einfachen Fällen nicht schwer — wir werden Beispiele in Kap. 10 sehen; bei verwickelten Randbedingungen und Bewegungsmöglichkeiten kann aber die Form der Bruchfigur nicht eindeutig bestimmt werden. In diesen Fällen können wir eine Extremalbedingung aufstellen; bei gegebenem Angriffspunkt können wir fordern, daß der Erddruck einen Größtwert, der Erdwiderstand einen Kleinstwert erreiche, oder daß bei einem gegebenen Drehmittelpunkt das Drehmoment, bezogen auf diesen Punkt, einen Extremwert annehme. Das heißt, diejenige Bruchfigur kann als maßgebend gelten, bei der die von den Erddruckkräften geleistete *Arbeit* bei einer gegebenen kinematisch möglichen Bewegung ein Maximum ist. Die Bruchfigur, die dieser Bedingung entspricht, ist die *kritische Bruchfigur*.

Diese Feststellung führt uns zu den Untersuchungen von KÖTTER (1891—92) zurück. Er hat zur Bestimmung der Kräfte, die auf die Stützwände eines endlich ausgedehnten Erdkörpers ausgeübt werden, ein *Variationsproblem* formuliert, das in folgenden beiden Sätzen ausgesprochen werden kann:

1. Ist die Lage einer Wand durch n Parameter bestimmt, so liegen die n möglichen Wanddruckkomponenten in einem Gebiet, eingeschlossen von zwei Mannigfaltigkeiten $n-1^{ter}$ Ordnung, welche gebildet werden durch je eine Gleichung zwischen den n Wanddruckkomponenten.

2. Widersteht die Wand einer Gleichgewichtsstörung, so genügen immer solche Wanddrucke, die der einen Grenze des Gebiets angehören, zur Aufrechterhaltung des Gleichgewichts (aktiver Erddruck); widersteht das Erdreich einer durch die Wand erstrebten Gleichgewichtsstörung (passiver Erddruck), so dürfen die Wanddrucke bis zu den der anderen Grenze des Gebiets entsprechenden Werten anwachsen.

Da die Spannungen von Reibungskräften verursacht werden, ist zu erwarten, daß sie jeder Verschiebung den größtmöglichen Widerstand entgegensetzen. Das Prinzip der virtuellen Verrückungen verlangt nun für das Gleichgewicht, daß bei jeder mit den geometrischen Bedingungen verträglichen Verrückung die Summe der Arbeiten der Wandkräfte, der inneren Spannungen und der äußeren Kräfte (Schwere und Auflast), gleich oder kleiner als Null sein muß. Darin besteht der Beweis der Richtigkeit der oben ausgesprochenen Forderung.

Zum Schluß sei noch ein Problem erwähnt, das jetzt in der Literatur Interesse gefunden hat. Die Erddrucktheorien beruhen fast ausnahmslos auf den Methoden der Plastizitätstheorie, es werden meistens — wie im Kap. 1 schon erwähnt — *Grenzlagen des Gleichgewichtes* untersucht. Zur Ausbildung eines Grenzzustandes ist aber eine gewisse *Verformung* und *Bewegung* nötig; bis zum Eintreten des Grenzzustandes müssen die Konstruktionselemente größere (oder beim Erdwiderstand kleinere) Kräfte aufnehmen. Zur Untersuchung des Zusammenhanges zwischen Wandbewegung und Erddruck hat man viele Versuche durchgeführt (MÜLLER-BRESLAU, 1908; TERZAGHI, 1934; GRADOR, 1948; OHDE, 1938; Soós, 1960 usw.); kürzlich haben einige Forscher (ROWE, 1954, 1956; JAKOBSON, LADANYI, KÉZDI, 1958) versucht, diesen Zusammenhang auch rechnerisch zu erfassen. Wohl haben die Untersuchungen einige interessante Ergebnisse gebracht, die richtigen Ansätze zur Lösung des Problems wurden jedoch noch nicht gefunden.

Literatur

KÖTTER, F.: Über das Problem der Erddruckbestimmung. Verhandl. Phys. Ges. Berlin. 7 (1888).

Grundbau-Taschenbuch, Bd. I, Berlin: W. Ernst & Sohn 1955.

CAQUOT, A., u. J. KÉRISEL: Traité de Mécanique des Sols, Paris: Gauthier-Villars 1956.

VERDEYEN, J.: Mécanique du Sol et Fondations, 3e éd, Paris: Eyrolles 1952.

OHDE, J.: Zur Erddrucklehre. Die Bautechnik 1938—1952.

REISSNER, H.: Theorie des Erddruckes. Encyklopädie der Math. Wissenschaften. IV. 2. II.

SOKOLOWSKI, V. V.: Statika süputschey sredu, Moskau 1954.

BRINCH HANSEN, J.: Earth Pressure Calculation, Copenhagen 1953.

JOSSELIN DE JONG, G. DE: Statics and Kinematics in the Failable Zone of a Granular Material, Delft 1959.

TERZAGHI-JELINEK: Theoretische Bodenmechanik, Berlin/Göttingen/Heidelberg: Springer 1954.

5. Grenzgleichgewicht des schwerelosen Körpers

5.1 Gesetz der Scherspannung auf der Gleitfläche

In diesem Kapitel behandeln wir im Rahmen der Spezialfälle des Grenzgleichgewichts das unter 5. erwähnte Problem: das *Gleichgewicht des schwerelosen Körpers* ($\gamma = 0$). Bei gewissen Problemen, besonders

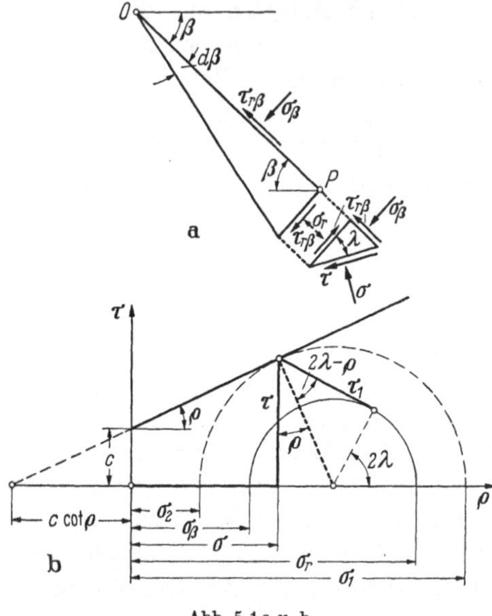

Abb. 5.1 a u. b

a) Volumenelement in Polarkoordinaten; b) MOHRscher
Kreis des Spannungszustandes

wenn die äußeren Belastungen im Vergleich zum Eigengewicht beträchtlich sind, ist diese Annäherung zulässig, und so können wir für einige Aufgaben der Erddrucklehre *Näherungslösungen* angeben.

Wir gehen von den Gleichungen des Gleichgewichtes (2.2) und der Bruchbedingung (3.10) aus; die Gültigkeit des COULOMBschen Ansatzes wird also vorausgesetzt. Ferner sei $\varrho \neq 0$ und $c \neq 0$. Zur Untersuchung des Spannungszustandes und der Gleitflächen ist es zweckmäßig, *Polarkoordinaten* einzuführen.

Abb. 5.1 a u. b stellt das untersuchte Körperelement dar. Nehmen wir an, daß die Gleitfläche, die durch den Punkt P läuft, eine Tangente besitzt, die mit der Normalen des Radiusvektors von P den Winkel λ einschließt. Auf Grund des Gleichgewichtes am Körperelement lassen sich die Komponenten der resultierenden Spannung an der Gleitfläche folgendermaßen ausdrücken:

$$\left.\begin{aligned} \tau &= \frac{\sigma_r - \sigma_\beta}{2} \sin 2\lambda + \tau_{r\beta} \cos 2\lambda, \\[2ex] \sigma &= \frac{\sigma_r + \sigma_\beta}{2} + \frac{\sigma_r - \sigma_\beta}{2} \cos 2\lambda - \tau_{r\beta} \sin 2\lambda. \end{aligned}\right\} \quad (5.1)$$

Auf der Gleitfläche muß $\tau = \sigma \tan \varrho + c$ sein; die Scherspannung $\tau_{r\beta}$ kann also mit Hilfe der MOHRschen Darstellung berechnet werden durch die Gleichung

$$\tau_{r\beta} = \tau \frac{\cos (2\lambda - \varrho)}{\cos \varrho} = \frac{\sigma_r - \sigma_\beta}{2} \cot (2\lambda - \varrho). \quad (5.2)$$

Unter Verwendung der Gln. (5.1) und (5.2) können die Spannungskomponenten σ_r, σ_β und $\tau_{r\beta}$ in Abhängigkeit von τ als Parameter folgendermaßen ausgedrückt werden:

$$\sigma_r = \tau \frac{1 + \sin \varrho \, \sin (2\lambda - \varrho)}{\sin \varrho \, \cos \varrho} - c \cot \varrho,$$

$$\sigma_\beta = \tau \frac{1 - \sin \varrho \, \sin (2\lambda - \varrho)}{\sin \varrho \, \cos \varrho} - c \cot \varrho, \qquad (5.3)$$

$$\tau_{r\beta} = \tau \frac{\cos (2\lambda - \varrho)}{\cos \varrho}.$$

Im allgemeinen Fall ändert sich der Winkel λ von Punkt zu Punkt und ist eine Funktion der beiden Veränderlichen (r, β), der Koordinaten des Punktes:

$$\lambda = \lambda(r, \beta). \qquad (5.4)$$

Nehmen wir an, daß λ statt dieser Funktion von zwei Veränderlichen einfach eine *Konstante* ist: $\lambda = \varrho = $ const. Das bedeutet also, daß die Radien, die vom Punkte 0 ausgehen, *Gleitflächen* sind; das ist dann die eine Gleitflächenschar. Die Bogenelemente der anderen Schar schließen, wie bekannt, den konstanten Winkel $90° \mp \varrho$ mit diesen Strahlen ein und sind daher *logarithmische Spiralen* (Abb. 5.2). Das Gleitliniennetz ist damit bekannt; wir wollen nun sehen, unter welchen Bedingungen Gleichgewicht besteht. Wenn $\lambda = \varrho$ ist, nehmen die Gln. (5.3) folgende Form an:

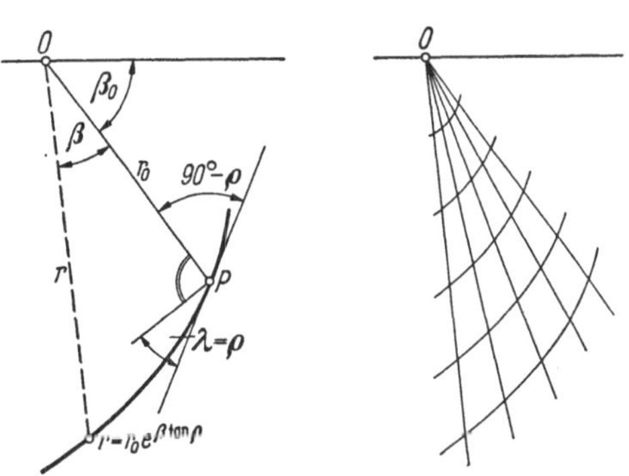

Abb. 5.2. Gleitliniennetz im Falle $\lambda = \varrho$

$$\sigma_r = \tau \frac{1 + \sin^2 \varrho}{\sin \varrho \, \cos \varrho} - c \cot \varrho,$$

$$\sigma_\beta = \tau \cot \varrho - c \cot \varrho, \qquad (5.5)$$

$$\tau_{r\beta} = \tau.$$

Die Gleichgewichtsbedingungen schreiben sich im Polarkoordinatensystem in der Form

$$\frac{\partial (r \, \sigma_r)}{\partial r} - \sigma_\beta + \frac{\partial \tau_{r\beta}}{\partial \beta} = \gamma \sin \beta,$$

$$\frac{\partial \sigma_\beta}{\partial \beta} + \frac{\partial (r \, \tau_{r\beta})}{\partial r} + \tau_{r\beta} = \gamma \cos \beta. \qquad (5.6)$$

7*

Wir setzen nun die Spannungskomponenten aus (5.5) in (5.6) ein und erhalten:

$$\left.\begin{aligned}
2\,\frac{\tau}{r}\,\tan\varrho + \frac{\partial\tau}{\partial r}\,\frac{1+\sin^2\varrho}{\sin\varrho\cos\varrho} + \frac{\partial\tau}{\partial\beta}\,\frac{1}{r} &= \gamma\sin\beta,\\
2\,\frac{\tau}{r} + \frac{1}{r}\,\frac{\partial\tau}{\partial\beta}\,\cot\varrho + \frac{\partial\tau}{\partial r} &= \gamma\cos\beta.
\end{aligned}\right\}\qquad(5.7)$$

Wenn wir die obigen Gleichungen nach den partiellen Ableitungen von $\tau = f(r,\beta)$ auflösen, bekommen wir die einfachen Formeln:

$$\left.\begin{aligned}
\frac{\partial\tau}{\partial r} &= \gamma\sin\varrho\sin(\beta-\varrho),\\
\frac{\partial\tau}{\partial\beta} &= r\gamma[\cos\beta\tan\varrho\,(1+\sin^2\varrho) - \sin\beta\sin^2\varrho] - 2\tau\tan\varrho.
\end{aligned}\right\}\qquad(5.8)$$

Wir suchen solche Lösungen dieser Differentialgleichungen, bei denen die beiden Gln. (5.8) einander nicht widersprechen. Offensichtlich ist der Fall $\gamma = 0$ eine Lösung; d. h. die Strahlen, durch den Punkt 0 und die logarithmischen Spiralen, die mit den Strahlen den konstanten Winkel $\lambda = \varrho$ einschließen, sind die wahren Gleitflächen des schwerelosen Körpers. Wir können also auf Grund der Gln. (5.8) schreiben:

$$\left.\begin{aligned}
\frac{\partial\tau}{\partial r} &= 0,\\
\frac{\partial\tau}{\partial\beta} &= -\,2\tau\tan\varrho.
\end{aligned}\right\}\qquad(5.9)$$

Die Spannung τ ist dann die Funktion einer einzigen Veränderlichen, des Winkels β. Aus den partiellen werden totale Ableitungen, und die Integration ist möglich. Es sei hier bemerkt, daß auch die KÖTTERsche Gleichung für den Fall $\gamma = 0$ die obige Differentialgleichung liefert. Nach der Trennung der Veränderlichen ist

$$\frac{d\tau}{\tau} = -\,2\tan\varrho\,d\beta,$$

daher

$$\tau = K e^{-2\beta\tan\varrho}.\qquad(5.10)$$

Gl. (5.10) drückt das Gesetz der Scherspannung auf der Gleitfläche aus; die Normalspannung berechnet sich mit Hilfe der COULOMBschen Bruchbedingung zu

$$\sigma = (\tau - c)\cot\varrho.$$

Aus der KÖTTERschen Gleichung für $\gamma = 0$ ergibt sich die eine Gleitflächenschar aus

$$\frac{dp}{ds} = 2p\tan\varrho\,\frac{d\beta}{ds},$$

$$\frac{d\beta}{ds} = 0$$

in der Form

$$\beta = \text{const},$$

also als *Strahlenbündel*. Die andere Schar hat wegen Abb. 5.3 die Differentialgleichung

$$\tan \varrho = \frac{dr}{r\,d\beta}$$

mit der Lösung

$$r = r_0 e^{\tan \varrho\,\beta}, \tag{5.11}$$

also als *logarithmische Spirale*. Es sei bemerkt, daß die Lösung $\beta = \text{const}$ zugleich bedeutet, daß auch eine Schar von *parallelen Ebenen* als Gleitflächenschar eine Lösung darstellt, da über die Lage des Punktes O nichts vorausgesetzt wurde.

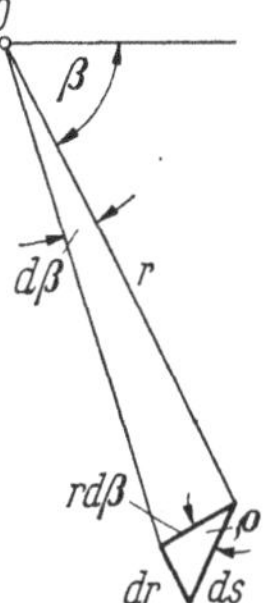

Abb. 5.3

5.2 Schneidefestigkeit des halbplastischen Körpers

Wir wollen mit den obigen Ergebnissen den Spannungszustand der Schneide in Abb. 5.4 im plastischen Grenzzustand (PRANDTLS Problem) mit der Bruchbedingung $\tau = \sigma \tan \varrho + c$ untersuchen. Der Körper ist eine abgestumpfte Schneide mit dem Öffnungswinkel 2ϑ; auf den Seitenflächen wirke eine gegebene, gleichmäßig verteilte Belastung p_0. Wir wollen denjenigen Wert der gleichmäßig verteilten senkrechten Be-

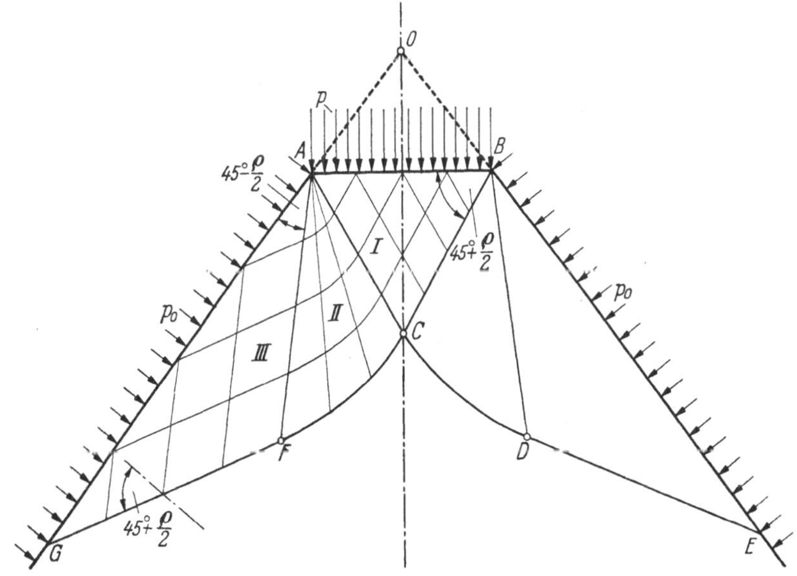

Abb. 5.4. Spannungen und Gleitflächen in einer belasteten Schneide im plastischen Grenzzustand

lastung auf der oberen waagerechten Ebene bestimmen, der in der Schneide den plastischen Grenzzustand herbeiführt.

Die Fläche AB ist frei von Scherspannungen. Die Spannung p ist also Hauptspannung und die Hauptrichtungen sind senkrecht und waagerecht. Die Gleitflächenrichtungen ergeben sich aus der MOHRschen Darstellung; sie schließen mit der Ebene der ersten Hauptspannung den

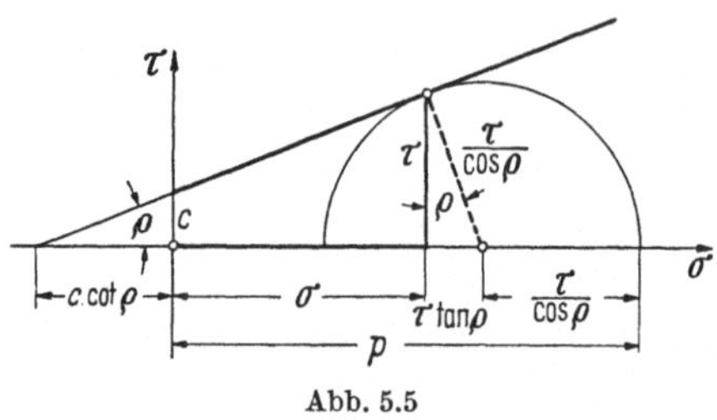

Abb. 5.5

Winkel $\beta = 45° + \varrho/2 = \mathrm{const}$ ein. Diese Gleitflächen können sich aber nur bis zu der Linie $\overline{AC}$ erstrecken: im oberen Teil der Schneide läßt sich ein Bereich ABC abgrenzen (Bereich I), in dem die Gleitflächen zwei parallele Ebenenscharen sind. Diese schneiden sich unter dem Winkel $90° - \varrho$. Die Spannungen auf der Gleitfläche sind

$$\tau = p \sin \varrho \tan (45° - \varrho/2),$$

$$\sigma = p \cos \varrho \tan (45° - \varrho/2).$$

Die Größe von p ist also im ganzen Bereich konstant.

Im zweiten Bereich sind die Gleitflächen die Strahlen durch A und die logarithmischen Spiralen mit dem Mittelpunkt A. Die Spannung τ wird hier durch Gl. (5.10) angegeben. Mit Hilfe von τ läßt sich p ausdrücken (s. Abb. 5.5) durch

$$p = \sigma + \tau \tan \varrho + \frac{\tau}{\cos \varrho}.$$

Da

$$\sigma = (\tau - c)\cot\varrho$$

und

$$\tau = K e^{-2\tan\varrho\left(\frac{\pi}{4} + \frac{\varrho}{2}\right)}$$

sind, erhält man durch Einsetzen die Gleichung

$$p = \tau \frac{1 + \sin \varrho}{\sin \varrho \cos \varrho} - c \cot \varrho$$

oder

$$p = K e^{-2\tan\varrho\left(\frac{\pi}{4} + \frac{\varrho}{2}\right)} \frac{1 + \sin \varrho}{\sin \varrho \cos \varrho} - c \cot \varrho. \tag{5.12}$$

Im III. Bereich ist die Fläche AG wieder frei von Scherspannungen, daher sind die Richtung AG und ihre Normale *Hauptrichtungen*. Wenn die plastische Verformung in der Weise eintritt, daß die Bewegung auf der Fläche *BCFG* nach unten vor sich geht, dann ist die Spannung p_0 auf *AG* die kleinere Hauptspannung; die Richtung der größeren steht darauf senkrecht. Die Gleitflächen sind parallele Ebenen, die mit der Ebene der größeren Hauptspannung den Winkel $(45° + \varrho/2)$ einschließen. Die letzte Gleitfläche des III. Bereiches ist *AF*; der Polarwinkel dieses Strahles beträgt $45° + \varrho/2 + \vartheta$.

Auf dieser Fläche ist

$$\tau = K e^{-2\tan\varrho\left(\frac{\pi}{4} + \frac{\varrho}{2} + \vartheta\right)},$$

und damit ergibt sich für den Flankendruck

$$p_0 = K e^{-2\tan\varrho\left(\frac{\pi}{4} + \frac{\varrho}{2} + \vartheta\right)} \frac{1 - \sin\varrho}{\sin\varrho\,\cos\varrho} - c\cot\varrho. \tag{5.13}$$

Aus den Gln. (5.12) und (5.13) können wir die unbekannte Konstante K eliminieren und erhalten eine gemeinsame Gleichung

$$\frac{p + c\cot\varrho}{p_0 + c\cot\varrho} = e^{2\vartheta\tan\varrho}\,\frac{1 + \sin\varrho}{1 - \sin\varrho};$$

oder, nach p aufgelöst,

$$p = p_0 \tan^2(45° + \varrho/2)e^{2\vartheta\tan\varrho} +$$
$$+ c\cot\varrho\,[\tan^2(45° + \varrho/2)e^{2\vartheta\tan\varrho} - 1]. \tag{5.14}$$

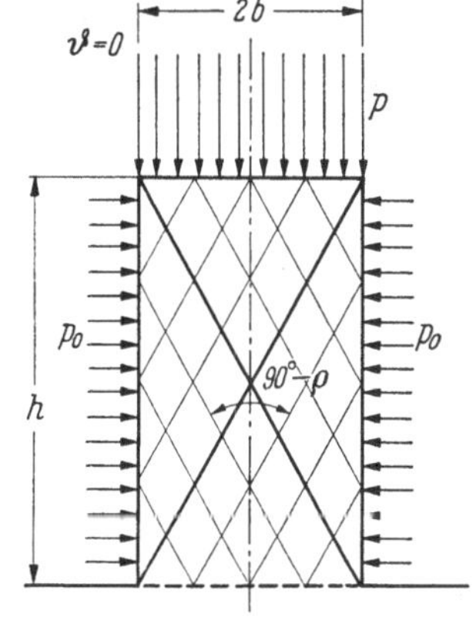

Abb. 5.6
Druckfestigkeit eines Prismas ($\vartheta = 0$)

Dadurch ist die *Schneidefestigkeit* bei senkrechter Belastung im allgemeinen Falle ($c \neq 0$, $\varrho \neq 0$, $p_0 \neq 0$) bekannt; jede der Spannungskomponenten läßt sich mittels Gl. (5.14) berechnen.

Die Gleichung enthält sämtliche zusammengesetzten Druckfestigkeiten; wir können aber auch *spezielle Fälle* des Winkels ϑ untersuchen. Bei $\vartheta = 0$ (s. Abb. 5.6) erhalten wir die Druckfestigkeit eines unendlich langen Prismas. Sie beträgt:

$$p_d = p_0 \tan^2(45° + \varrho/2) + 2c\tan(45° + \varrho/2). \tag{5.15}$$

Die gekrümmte Strecke der Gleitflächen reduziert sich auf Null. Zur ungestörten Ausbildung der ebenen Gleitfläche ist es nötig, daß die Höhe des Prismas mindestens $h = 2b\tan(45° + \varrho/2)$ ist.

Ist $\vartheta = 90°$, dann haben wir die Formel der Grenztragfähigkeit eines *Streifenfundamentes*, wobei die Scherfestigkeit der Bodenschichten oberhalb der Gründungssohle vernachlässigt und ihr Einfluß durch die Eigengewichtsspannung $p_0 = t\gamma$ ersetzt ist (Abb. 5.7). Die Tragfähigkeit beträgt dann

$$p_e = p_0\tan^2(45° + \varrho/2)e^{\pi\tan\varrho} + c\cot\varrho[\tan^2(45° + \varrho/2)e^{\pi\tan\varrho} - 1].$$

$$(5.16)$$

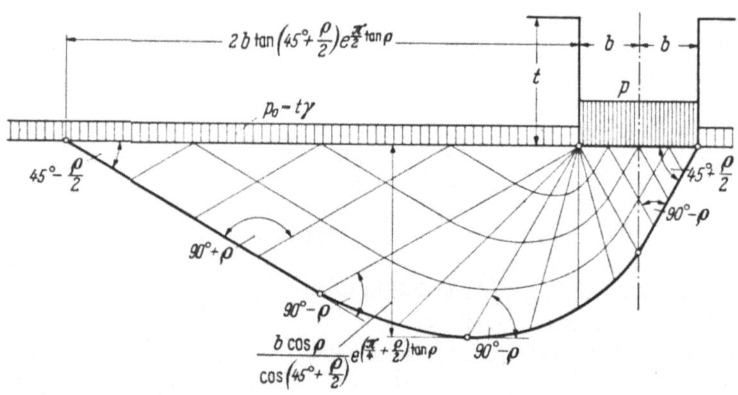

Abb. 5.7. Grenztragfähigkeit eines Streifenfundamentes $(\vartheta = \pi/2)$

Bei $p_0 = 0$ bekommt man die sog. *Stanzfestigkeit* des Materials. Der Spannungszustand kann sich nur dann ungestört ausbilden, wenn auf der Fläche lediglich die gleichmäßig verteilte $p = P/2b$ bzw. die Belastung p_0 wirkt. Die erforderliche Länge dieser Strecke beträgt

$$2be^{\frac{\pi}{2}\tan\varrho}\tan(45° + \varrho/2)\,;$$

und die Tiefe des plastischen Bereiches ist

$$h' = \frac{b\cos\varrho}{\cos(45° + \varrho/2)}\,e^{\tan\varrho\left(\frac{\pi}{4} + \varrho/2\right)}.$$

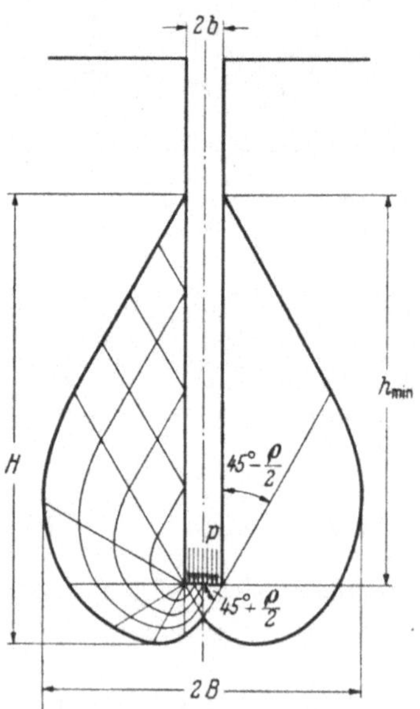

Abb. 5.8. Tiefer Einschnitt $(\vartheta = \pi)$

Es muß betont werden, daß die belastete Fläche als *vollkommen reibungslos* anzusehen ist, so daß dort keine Scherspannungen auftreten.

Wenn wir in die Gl. (5.14) den Wert $\vartheta = \pi$ einsetzen (JÁKY, 1954), wird aus der Schneide ein Einschnitt mit der Festigkeit

$$p = p_0\tan^2(45° + \varrho/2)e^{2\pi\tan\varrho} +$$
$$+ c\cot\varrho[\tan^2(45° + \varrho/2)e^{2\pi\tan\varrho} - 1].$$

$$(5.17)$$

Die Gleitflächen setzen sich hierbei wieder aus Ebenen und logarithmischen Spiralen zusammen (Abb. 5.8). Zur vollkommenen Ausbildung des Spannungszustandes ist folgende Einschnittiefe mindestens erforderlich:

$$h_{\min} = 2b\,e^{\pi\tan\varrho}\,\tan(45° + \varrho/2).$$

Da hier zwei freie Flächen vorhanden sind, besteht die Möglichkeit, daß die Gleitfläche nicht die senkrechte Wand der Spalte, sondern die waagerechte Oberfläche erreicht; d. h. es bildet sich eine ebene Gleitfläche aus. Maßgebend ist jene Oberfläche, welche den kleineren Widerstand bietet, die also kürzer ist. Es kann bewiesen werden, daß die Gleitfläche der Abb. 5.8 immer kürzer ist, die Gleitung wird daher immer entlang dieser Fläche auftreten.

Die Abmessungen des plastischen Körpers sind folgende:

$$H = 2b\left[\tan(45° + \varrho/2)\,e^{\pi\tan\varrho} + \frac{1}{2}\,\frac{\cos\varrho}{\cos(45° + \varrho/2)}\,e^{\left(\frac{\pi}{4} + \frac{\varrho}{2}\right)\tan\varrho}\right],$$

$$2B = 2b\left[1 + \frac{\cos\varrho}{\cos(45° + \varrho/2)}\,e^{\left(\frac{3}{4}\pi + \varrho/2\right)\tan\varrho}\right].$$

Die Grenzwerte der verschiedenen zusammengesetzten Druckfestigkeiten sind für den Fall $p_0 = 0$ als Funktion von ϱ und ϑ in Abb. 5.9 dargestellt. Auffallend ist es, daß die p-Werte mit der Zunahme der beiden Veränderlichen *sehr rasch* wachsen. Die zahlenmäßigen Angaben sind in der Tab. 5.1 zu finden. Tab. 5.2 gibt, zur Erleichterung der numerischen Rechnungen, die Zahlenwerte von $e^{\vartheta\tan\varrho}$ für verschiedene ϱ- und ϑ-Werte an.

Tabelle 5.1. *Zusammengesetzte Druckfestigkeiten (p/c-Werte)*

$\varrho°$	Einaxiale Druckfestigkeit $\vartheta = 0$	Schneidenfestigkeit $\vartheta = \pi/2$	Einschnittfestigkeit $\vartheta = \pi$
0	2,000	5,14	8,28
10	2,384	8,30	18,62
20	2,860	14,91	52,80
25	3,142	20,7	94,6
30	3,464	30,4	196,2
35	3,842	46,2	432
40	4,290	74,6	1056
45	4,828	133,9	3120

In den bisherigen Ausführungen war die Belastung auf der Stirnfläche der waagerechten Schneide *senkrecht*, die Fläche selbst war reibungslos. Es kommt aber in der Praxis oft vor, daß die Belastung schräg, unter einem Winkel ε wirkt, also auch eine *Reibung* auf der belasteten

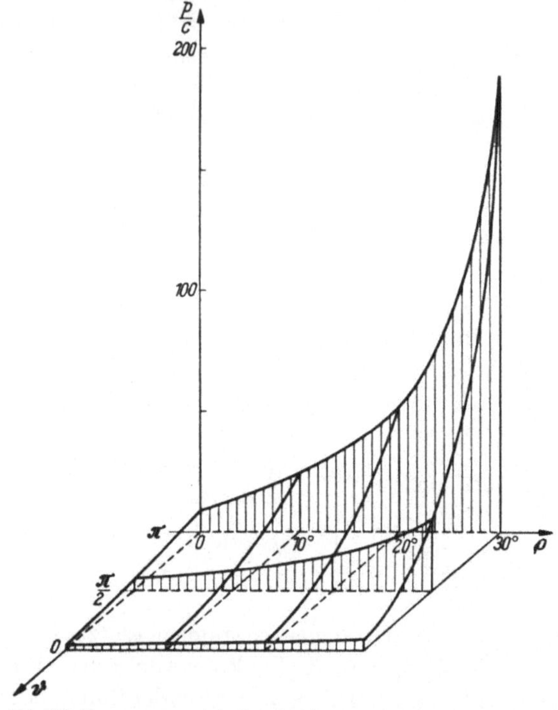

Abb. 5.9. Zusammengesetzte Druckfestigkeiten als Funktion von ϱ und ϑ

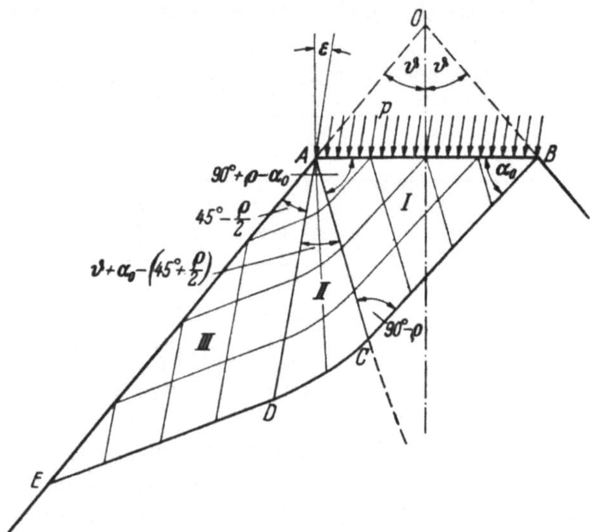

Abb. 5.10. Spannungen und Gleitflächen in einer Schneide bei schräger Belastung

Tabelle 5.2. $e^{\vartheta\,\tan\varrho}$ als *Funktion von ϑ für verschiedene Werte des Reibungswinkels ϱ*

$\vartheta°$	$\varrho = 10°$	12°30′	15°	17°30′	20°	22°30′	25°	27°30′	30°	32°30′	35°	37′30°	40° = ϱ	$\vartheta°$
0	1,000	1,000	1,000	1,000	1,000	1,000	1,000	1,000	1,000	1,000	1,000	1,000	1,000	0
10	1,031	1,039	1,048	1,056	1,065	1,075	1,085	1,095	1,106	1,117	1,130	1,143	1,158	10
20	1,062	1,080	1,098	1,116	1,135	1,155	1,177	1,200	1,228	1,249	1,276	1,307	1,340	20
30	1,096	1,123	1,148	1,179	1,210	1,241	1,276	1,313	1,353	1,396	1,441	1,495	1,551	30
40	1,131	1,168	1,206	1,246	1,289	1,335	1,385	1,439	1,498	1,560	1,631	1,709	1,797	40
50	1,167	1,213	1,264	1,316	1,374	1,436	1,501	1,576	1,654	1,744	1,842	1,954	2,079	50
60	1,203	1,261	1,324	1,391	1,464	1,543	1,631	1,721	1,831	1,948	2,083	2,234	2,406	60
70	1,240	1,313	1,388	1,465	1,560	1,659	1,766	1,891	2,023	2,179	2,351	2,552	2,787	70
80	1,279	1,362	1,454	1,553	1,664	1,782	1,917	2,069	2,239	2,435	2,659	2,921	3,228	80
90	1,318	1,418	1,525	1,642	1,770	1,917	2,077	2,268	2,474	2,724	3,004	3,333	3,740	90
100	1,361	1,471	1,597	1,733	1,889	2,061	2,259	2,484	2,743	3,037	3,394	3,819	4,327	100
110	1,402	1,530	1,674	1,831	2,010	2,214	2,447	2,718	3,031	3,394	3,834	4,354	5,003	110
120	1,446	1,590	1,752	1,935	2,140	2,354	2,654	2,974	3,350	3,792	4,328	4,993	5,801	120
130	1,492	1,655	1,837	2,044	2,282	2,260	2,872	3,261	3,699	4,229	4,899	5,697	6,692	130
140	1,539	1,719	1,925	2,160	2,438	2,751	3,133	3,575	4,108	4,759	5,557	6,547	7,768	140
150	1,585	1,788	2,016	2,282	2,586	2,951	3,320	3,900	4,527	5,280	6,240	7,448	9,025	150
160	1,637	1,857	2,113	2,411	2,768	3,174	3,688	4,276	5,103	5,930	7,064	8,348	10,381	160
170	1,681	1,933	2,190	2,550	2,942	3,414	4,019	4,707	5,540	6,633	8,004	9,777	12,061	170
180	1,740	2,006	2,319	2,693	3,136	3,669	4,345	5,155	6,135	7,404	9,025	11,201	14,013	180

Fläche auftritt. Wir werden nun den *Grenzwert der schrägen Belastung* entwickeln (Abb. 5.10). Die Spannungen auf der waagerechten Fläche seien $p_n = p\cos\varepsilon$ und $p_t = p\sin\varepsilon$. Die Gleitflächen setzen sich auch jetzt aus drei Strecken zusammen. Im Bereich I sind sie Ebenen; der Neigungswinkel α_0 ist eine Funktion der Kraftrichtung ε. Im Bereich III ist die Oberfläche AE mit einer gleichmäßig verteilten Spannung belastet; p_0 ist also Hauptspannung und die Gleitflächen sind Ebenen, die miteinander den Winkel $90° - \varrho$ einschließen. Im Bereich II sind die Gleitflächen *logarithmische Spiralen*, bzw. von A ausgehende Strahlen. Die Gleitflächenscharen besitzen keine Symmetrieebene. Es kann sich nur das linksgelegene (Abbildung 5.10) Gleitflächennetz ausbilden, da hier ein kleinerer Widerstand auftritt.

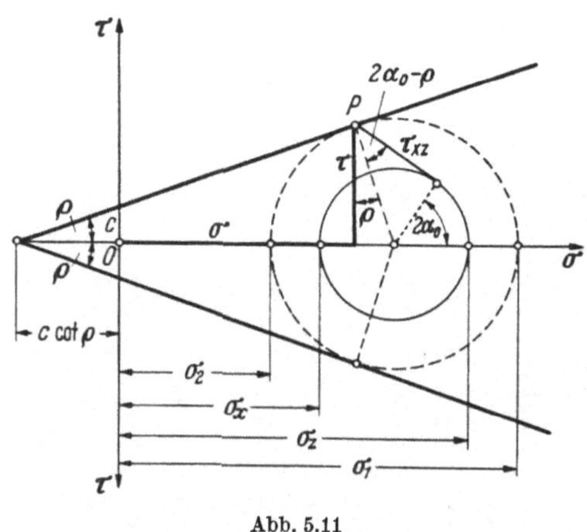

Abb. 5.11

In jedem Punkt des Bereiches I haben wir den gleichen Spannungszustand $(\gamma = 0)$; es genügt also, nur den Punkt A zu untersuchen. Im Zustand des Grenzgleichgewichtes lassen sich die Spannungskomponenten durch die Schubspannung in der Gleitfläche ausdrücken [s. Abb. 5.11 und vgl. Gl. (5.3)]:

$$\left.\begin{aligned}
\sigma_z &= \tau\,\frac{1 + \sin\varrho\,\sin(2\alpha_0 - \varrho)}{\sin\varrho\,\cos\varrho} - c\cot\varrho, \\[2mm]
\sigma_x &= \tau\,\frac{1 - \sin\varrho\,\sin(2\alpha_0 - \varrho)}{\sin\varrho\,\cos\varrho} - c\cot\varrho, \\[2mm]
\tau_{xz} &= \tau\,\frac{\cos(2\alpha_0 - \varrho)}{\cos\varrho}.
\end{aligned}\right\} \qquad (5.18)$$

Hier ist α_0 der Neigungswinkel der Gleitfläche.

Im Punkte A sind zwei Spannungskomponenten bekannt:

$$\tau_{xz} = p\sin\varepsilon; \quad \sigma_z = p\cos\varepsilon. \qquad (5.19)$$

Damit läßt sich in Gl. (5.18) τ eliminieren und wir bekommen folgenden Zusammenhang:

$$\frac{p}{c} = \frac{\cos\varrho\,\cos(2\alpha_0 - \varrho)}{\sin\varepsilon - \sin\varrho\,\cos(2\alpha_0 - \varrho + \varepsilon)}. \qquad (5.20)$$

Bei $p = \text{const}$ ist $\alpha = \text{const}$; daher sind die Gleitflächen im I. Bereich Ebenen.

In der Grenzfläche zwischen I und II ist die Schubspannung nach Gl. (5.10):

$$\tau = K e^{-2\beta_1 \tan \varrho}.$$

Die Normalspannung auf $\overline{AC}$ ist $\sigma = (\tau - c)\cot \varrho$, die senkrechte Spannung (Abb. 5.11)

$$\sigma_z = p \cos \varepsilon = \sigma + \tau \tan \varrho + \frac{\tau}{\cos \varrho} \sin (2\alpha_0 - \varrho).$$

Führt man σ und τ ein, so bekommt man

$$p \cos \varepsilon = K e^{-2\beta_1 \tan \varrho} \left[\frac{1 + \sin \varrho \sin (2\alpha_0 - \varrho)}{\sin \varrho \cos \varrho} \right] - c \cot \varrho. \qquad (5.21)$$

Im dritten Bereich ist p_0 Hauptspannung, daher ist dort

$$p_0 = \sigma + \tau \tan \varrho - \frac{\tau}{\cos \varrho}.$$

Die Schubspannung in der Fläche $\overline{AD}$ beträgt

$$\tau = K e^{-2\beta_2 \tan \varrho},$$

d. h. es ist

$$p_0 = K e^{-2\beta_2 \tan \varrho} \frac{1 - \sin \varrho}{\sin \varrho \cos \varrho} - c \cot \varrho. \qquad (5.22)$$

Dividiert man die Gl. (5.21) und (5.22) durcheinander, so ergibt sich

$$\frac{p \cos \varepsilon + c \cot \varrho}{p_0 + c \cot \varrho} = \frac{e^{-2\beta_1 \tan \varrho}}{e^{-2\beta_2 \tan \varrho}} \cdot \frac{1 + \sin (2\alpha_0 - \varrho)\sin \varrho}{1 - \sin \varrho}.$$

Da (s. Abb. 5.10)

$$\beta_1 = 90° + \varrho - \alpha_0,$$

$$\beta_2 = 45° + \varrho/2 + \vartheta$$

ist, nimmt der Ausdruck die Form

$$\frac{p}{c} \cos \varepsilon = \frac{p_0}{c} e^{\left(2\vartheta + 2\alpha_0 - \frac{\pi}{2} - \varrho\right)\tan \varrho} \frac{1 + \sin \varrho \sin (2\alpha_0 - \varrho)}{1 - \sin \varrho} +$$

$$+ \cot \varrho \left[e^{\left(2\vartheta + 2\alpha_0 - \frac{\pi}{2} - \varrho\right)\tan \varrho} \frac{1 + \sin \varrho \sin (2\alpha_0 - \varrho)}{1 - \sin \varrho} - 1 \right] \qquad (5.23)$$

an. Die Gln. (5.20) und (5.23) genügen schon zur Bestimmung der beiden Unbekannten α_0 und p. Im Spezialfall $p_0 = 0$ und $\vartheta = \pi/2$ (waagerechte Oberfläche, Tragfähigkeit unter einem Streifenfundament) dient folgende Gleichung zur Bestimmung des Winkels α_0:

$$\frac{1}{\sin \varrho \cos \varrho}\left[e^{\left(\frac{\pi}{2}+2\alpha_0-\varrho\right)\tan\varrho}\,\frac{1+\sin\varrho\,\sin(2\alpha_0-\varrho)}{1-\sin\varrho}-1\right]=$$

$$=\frac{\cos(2\alpha_0-\varrho)}{\sin\varepsilon-\sin\varrho\,\cos(2\alpha_0-\varrho-\varepsilon)}.$$

Ist α_0 bekannt, dann berechnet sich die Tragfähigkeit aus Gl. (5.20).

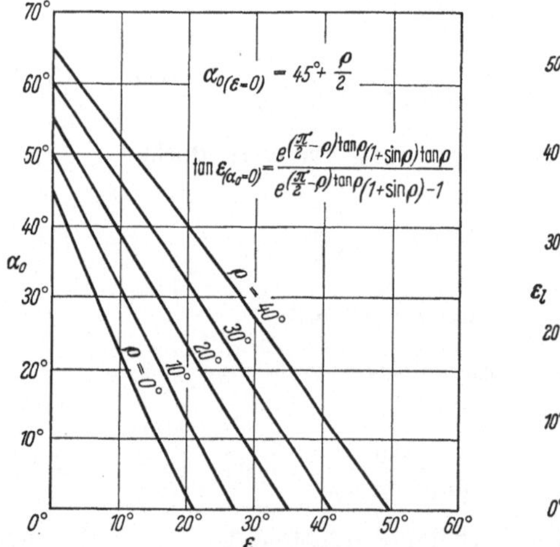

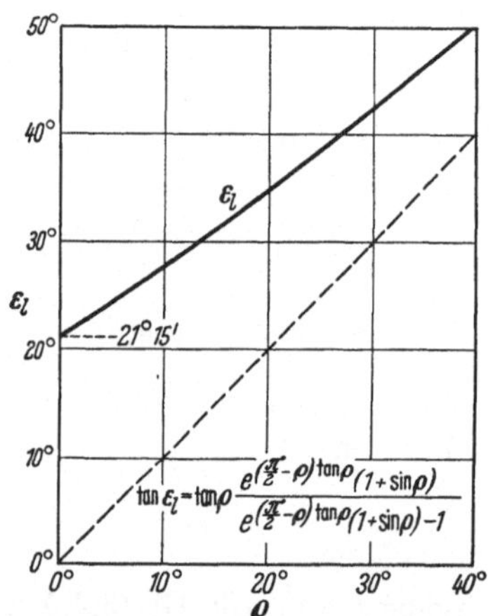

Abb. 5.12. Neigung der Hauptgleitfläche als Funktion von ε und ϱ Abb. 5.13. Werte des Winkels ε_l bei $\alpha_0=0°$

Der Winkel α_0 kann Werte zwischen $0°$ und $(45°+\varrho/2)$ annehmen; bei $\alpha_0<0$ tritt die Gleitfläche aus dem Körper heraus, bei $\alpha_0=45°+\varrho/2$ ist die Richtung von p senkrecht. Der Zusammenhang zwischen α_0 und ε ist mit dem Parameter ϱ in Abb. 5.12 dargestellt. Es ist leicht nachzuweisen, daß $\alpha_0=0$ ist (die Hauptgleitfläche im Bereich I ist dann waagerecht), wenn

$$\tan\varepsilon_l=\tan\varrho\,\frac{e^{(\pi/2-\varrho)\tan\varrho}(1+\sin\varrho)}{e^{(\pi/2-\varrho)\tan\varrho}(1+\sin\varrho)-1}$$

ist. ε_l ist also immer größer als ϱ; der Zusammenhang zwischen ϱ und ε_l ist in Abb. 5.13 zu sehen. Erreicht der Neigungswinkel einer schrägen Kraft den Wert ε_l, dann tritt Gleitung auf, und es kann kein Gleichgewicht mehr herrschen. Die Tragfähigkeitswerte bei $\vartheta = \pi/2$ sind der Abb. 5.14 zu entnehmen. Bei $\varepsilon = \varepsilon_l$ ergeben sich folgende Werte:

$\varrho°$	0	10	20	30	40
p/c	2,76	3,23	3,65	3,95	4,52

Wirkt die Belastung lotrecht ($\varepsilon = 0$), dann erhalten wir die bekannte Formel der Grenztragfähigkeit von PRANDTL, wobei $\alpha_0 = 45° + \varrho/2$ ist.

Um die Anwendung der sog. $\varrho = 0$-Analyse (s. Kap. 6) zu ermöglichen, führen wir den Grenzübergang $\varrho \to 0$ in den Gln. (5.20) und (5.23) durch. Dann bekommen wir folgenden Zusammenhang zur Be-

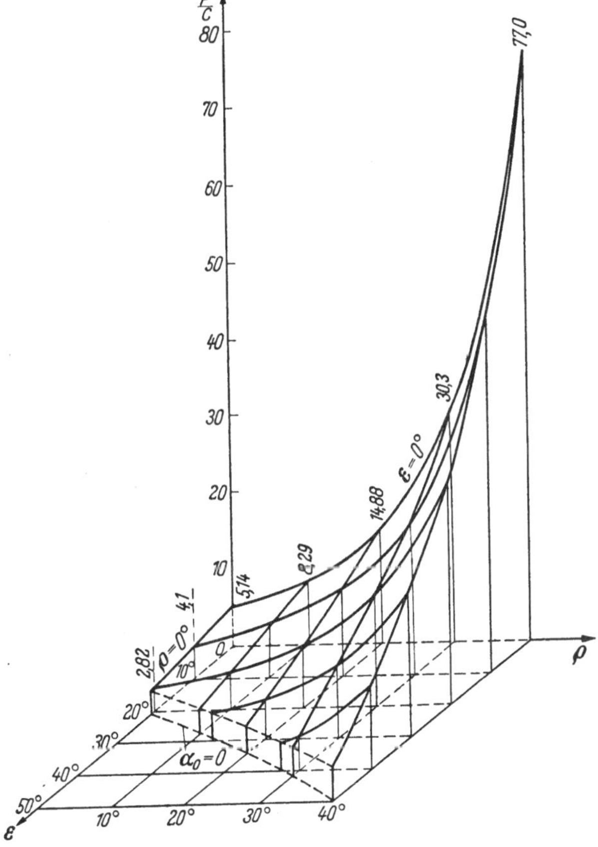

Abb. 5.14. Tragfähigkeit eines Streifenfundamentes (Werte von p/c) bei einer schrägen Belastung auf der Oberfläche

stimmung der Gleitflächenneigung:

$$\cot \varepsilon = \frac{\left(1 - \frac{\pi}{2}\right) + 2\vartheta + \sin 2\alpha_0 + 2\alpha_0}{\cos 2\alpha_0}, \qquad (5.24)$$

und die Schneidefestigkeit

$$\frac{p}{c} = \frac{\cos 2\alpha}{\sin \varepsilon}. \qquad (5.25)$$

Ist $\vartheta = \pi/2$, dann folgt

$$\cot \varepsilon = \frac{1 + \frac{\pi}{2} + \sin 2\alpha_0 + 2\alpha_0}{\cos 2\alpha_0}. \qquad (5.24\,\mathrm{a})$$

Der Grenzwert der Neigung (bei $\alpha_0 = 0$) beträgt $\varepsilon_l = 21°15'$ und $p = 2{,}76c$, die lotrechte Komponente ist $p_n = (1 + \pi/2)c$. Die Grenztragfähigkeit bei lotrechter Belastung ist nach PRANDTL $p_n = 2(1 + \pi/2)c$, daher ist die lotrechte Komponente der Tragfähigkeit bei $\varepsilon = \varepsilon_l$ nur die Hälfte der lotrechten Grenztragfähigkeit.

Die Werte von p/c, als Funktion von $\tan\varepsilon$, stellt Abb. 5.15 dar: zwischen $\varrho = 0°$ und $10°$ darf der Zusammenhang mit großer Genauigkeit als *linear* angesehen werden; d. h. es ist

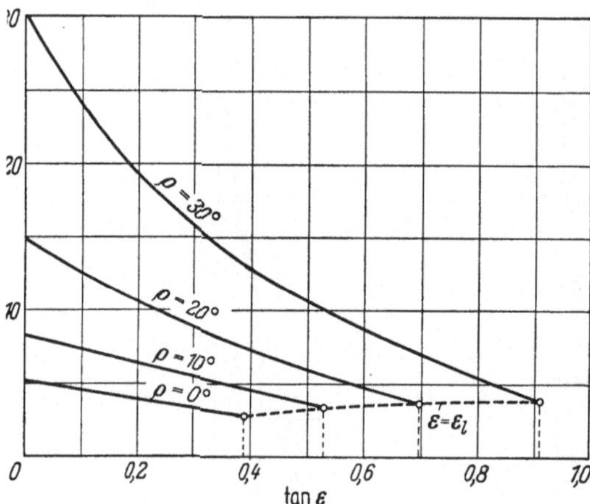

Abb. 5.15. Werte von p/c, aufgetragen als Funktion von $\tan\varepsilon$

$$p \cong p_l(1 - 1{,}15\tan\varepsilon), \qquad (5.26)$$

wo p_l die Tragfähigkeit bei lotrechter Belastung bedeutet. Gl. (5.26) gibt einen einfachen Zusammenhang zur Berücksichtigung der schrägen Belastung bei der Berechnung der Grenztragfähigkeiten von Fundamenten. Die Anwendungsmöglichkeit läßt sich noch bis $\varrho \sim 20°$ vertreten; die Genauigkeit ist dann immer noch ausreichend.

Literatur

PRANDTL, L.: Über die Härte plastischer Körper. Z. angew. Math. Mech. 3 (1923).
NADAI, A.: Theory of Flow and Fracture of Solids, New York: McGraw-Hill 1950.
JÁKY, J.: Összetett nyomófeszültségi állapotok, Technika I, Budapest, 1945.

6. Grenzgleichgewicht des vollplastischen (reibungsfreien) Körpers

6.1 Anwendungsbereich der $\varrho = 0$-Analyse

In einem Sonderfall der COULOMBschen Bruchbedingung (s. Abschn. 3.1) ist der Reibungsbeiwert Null: dann ist die Scherfestigkeit konstant und von der Normalspannung unabhängig. Die Bruchbedingung lautet also, ausgedrückt durch die Hauptspannungen (s. Abb. 3.6 b):

$$\sigma_1 - \sigma_3 = 2c. \tag{6.1}$$

Wie wir bei der Besprechung der Scherfestigkeit der Böden gesehen haben, ist diese Bedingung dann erfüllt, wenn wir einen wassergesättigten Ton ($S = 1$) bei *geschlossenem System* untersuchen, den Bruch unter diesen Umständen herbeiführen und die Ergebnisse des Scherversuches als Funktion der *totalen Spannungen* auftragen (s. Abb. 3.16). Wenn wir also auf Grund der Bruchbedingung (6.1) den plastischen Grenzzustand theoretisch untersuchen wollen, werden die Ergebnisse in der Praxis nur dann richtig anzuwenden sein, wenn dieselben Voraussetzungen auch in der Praxis erfüllt sind. Der Boden soll also *ohne Veränderung des Wassergehaltes* und des *Volumens* in den plastischen Zustand übergehen oder soll mindestens innerhalb des untersuchten Zeitraumes nur eine unbeträchtliche Volumenänderung erleiden. Dies wird in der Praxis der Fall sein, wenn wir die Standfestigkeit auf Ton gegründeter Bauwerke oder aus Ton gebauter Dämme oder Einschnitte *gleich nach der Herstellung* untersuchen. Die Durchlässigkeit des Tones ist nämlich sehr gering und die ersten Verformungen kurz nach der Belastung kommen ohne Volumenänderung zustande. In einem späteren Zeitpunkt, bei fortschreitender Konsolidation und damit Verfestigung, ist das System schon offen und die Scherfestigkeit entsprechend der allgemeinen Bruchbedingung auch von der Normalspannung abhängig.

Die Tatsache, daß die $\varrho = 0$-Analyse unter den erwähnten Voraussetzungen richtige und wirklichkeitsgetreue Ergebnisse liefert, will aber nicht besagen, daß der *wahre Reibungswinkel* des Tones Null ist. Aus diesem Grunde dürfen wir bei der nachträglichen Untersuchung eines eingetretenen Bruches, wenn wir die vorhandene Scherfestigkeit ermitteln wollen, nicht die tatsächliche Bruchfläche des Erdkörpers der Untersuchung zugrunde legen. Es ist nämlich durchaus möglich, daß auch die Reibung bei der Ausbildung der Gleitfläche eine Rolle gespielt hat. Die Untersuchung ist also auch in diesem Falle dann richtig, wenn sie mit einer Gleitfläche durchgeführt wird, die mit der Theorie $\varrho = 0$ verträglich ist; diese braucht dabei mit der tatsächlichen Bruchfläche nicht zusammenzufallen.

Das Verfahren darf nicht bei *ungesättigten* Tonböden angewendet werden; hier ist die Umhüllende der Hauptspannungskreise im Bruchzustand — dargestellt durch die totalen Spannungen — eine gekrümmte Linie (Abb. 3.7). Werden Erddämme und Aufschüttungen aus ungesättigtem Ton gebaut, dann ist dabei die $\varrho = 0$-Analyse nicht anwendbar. Das ist auch bei Schluffböden der Fall, und zwar auch in gesättigtem Zustand, da sie oft auch bei geschlossenem System eine Reibung aufweisen. Es ist auch nicht ratsam, diese Analyse bei Böden anzuwenden, die eine Fließgrenze unter *35%* besitzen.

Schließlich soll noch eine wichtige Bedingung bei der Anwendung erwähnt werden. Es kommt nicht nur darauf an — wie SCHULTZE (1950) betont, daß die einzelne Bodenprobe eine mit der σ-Achse parallele Scherlinie besitzt, sondern die Kohäsion muß auch über die von dem Bruchvorgang erfaßte Tiefe konstant sein. Nimmt nämlich die Haftfestigkeit mit der Tiefe (Auflast aus dem Eigengewicht des Bodens) zu, wie das gerade bei jüngeren Ablagerungen ohne geologische Vorbelastung der Fall ist, so wirkt sich das in der mathematischen Behandlung genau so aus, als ob der Boden nicht nur eine Kohäsion, sondern Reibung und Kohäsion besäße. Hat der Boden eine *Vorbelastung* erfahren, dann ist die Annahme einer konstanten Kohäsion berechtigter. Auch in diesem Falle muß man noch die Unregelmäßigkeiten der Schichten und die Streuung der Versuchsergebnisse in Kauf nehmen, die dann die Auswahl der richtigen Berechnungsgrundlage erschweren. Man ist meistens gezwungen, mit einem *festen Mittelwert* zu rechnen. Es empfiehlt sich, die Mittelbildung nicht mechanisch vorzunehmen, sondern nach Eliminierung der größten und kleinsten Werte den Mittelwert der kleineren Werte zu nehmen.

Zur versuchsmäßigen Bestimmung der Kohäsion dienen in diesem Falle vorwiegend *einaxiale Druckversuche*, wobei die Hälfte der Druckfestigkeit als Kohäsion angesetzt wird.

Nach dieser Abgrenzung für den Gültigkeitsbereich der $\varrho = 0$-Analyse wollen wir im folgenden zuerst die theoretischen Grundlagen, dann einige praktische Anwendungen besprechen. Anschließend werden wir — als weiterer Spezialfall — die wichtigsten Ergebnisse der Untersuchung des Falles $\varrho = 0$, $\gamma = 0$ (Nr. 4) zusammenstellen.

6.2 Theoretische Grundlagen

Wir benutzen die Form (4.22a) der KÖTTERschen Gleichung und berücksichtigen, daß

$$\tau = \sigma \tan \varrho + c$$

und

$$\frac{d\tau}{d\alpha} = \frac{d\sigma}{d\alpha} \tan \varrho ,$$

d. h.

$$\frac{d\sigma}{d\alpha} - 2\,(\sigma \tan \varrho + \mathrm{c}) = \frac{ds}{d\alpha}\,\gamma \cos \varrho \sin(\alpha - \varrho)$$

ist.

Wird nun der Wert $\varrho = 0$ und — im rechtwinkligen Koordinatensystem — $dz = ds \sin\alpha$ eingesetzt, so bekommt man

$$\frac{d\sigma}{d\alpha} - 2c = \gamma\,\frac{dz}{d\alpha}; \qquad (6.2)$$

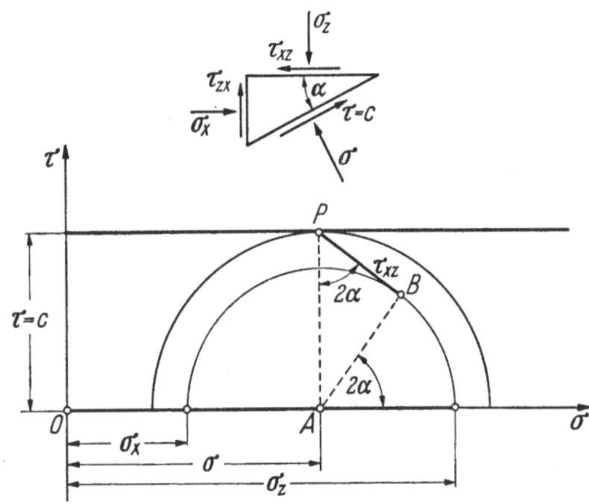

Abb. 6.1. Bruchbedingung im vollplastischen Zustand

das ist die KÖTTERsche Gleichung für den Fall $\varrho = 0$. Die Gleichung läßt sich unmittelbar integrieren; eine spezielle Lösung ergibt sich in der Form

$$\sigma = z\gamma + 2c\alpha + K \qquad (6.3)$$

Die allgemeine Lösung werden wir später in Polarkoordinaten angeben.

Aus der MOHRschen Darstellung des Spannungskreises (Abb. 6.1) folgt

$$\left.\begin{aligned}
\sigma_z &= \sigma + c \sin 2\alpha, \\
\sigma_x &= \sigma - c \sin 2\alpha, \\
\tau_{xz} &= c \cos 2\alpha,
\end{aligned}\right\} \qquad (6.4)$$

wo $\sigma = (\sigma_1 + \sigma_2)/2$ und $\tau_{xz} = \tau_{\max} = (\sigma_1 - \sigma_2)/2 = c$ den Spannungsmittelwert und die größte Schubspannung bedeuten.

Den Wert σ setzen wir aus Gl. (6.3) ein und erhalten

$$\left.\begin{aligned}
\sigma_z &= z\gamma + c(2\alpha + \sin 2\alpha) + K, \\
\sigma_x &= z\gamma + c(2\alpha - \sin 2\alpha) + K, \\
\tau_{xz} &= c \cos 2\alpha.
\end{aligned}\right\} \qquad (6.5)$$

8*

α und z sind aber nicht unabhängig voneinander: zu jedem z-Wert gehört ein α. Der Zusammenhang ergibt sich aus den Gleichgewichtsbedingungen. Wir berechnen dazu die Ableitungen der Spannungen (6.5) und setzen sie in Gl. (2.2) ein. Nach einigen Vereinfachungen ergibt sich

$$\frac{\partial \alpha}{\partial z} = \tan \alpha \, \frac{\partial \alpha}{\partial x}. \tag{6.6}$$

Eine triviale Lösung dieser Gleichung ist $\alpha = \text{const}$; sie bedeutet, daß die Gleitflächenschar aus parallelen Ebenen besteht. Diese Ebenen müssen dann nach den Ausführungen in 3.1 mit der Ebene der ersten — und jetzt auch der zweiten — Hauptspannung den Winkel $\alpha = 45°$ einschließen. Die Ebenenschar ist also eine Lösung. Weitere Lösungen ergeben sich, wenn wir die erste Gleichung des Gleichgewichtes nach x, die zweite nach z differenzieren und die so erhaltene zweite Gleichung von der ersten abziehen:

$$\frac{\partial^2}{\partial x \, \partial z} (\sigma_x - \sigma_z) = \frac{\partial^2 \tau_{xz}}{\partial x^2} - \frac{\partial^2 \tau_{xz}}{\partial z^2}$$

und dann die Spannungsdifferenz $\sigma_x - \sigma_z$ aus der Bruchbedingung hier einsetzen:

$$\pm 2 \, \frac{\partial^2 \sqrt{c^2 - \tau_{xz}^2}}{\partial x \, \partial z} = \frac{\partial^2 \tau_{xz}}{\partial x^2} - \frac{\partial^2 \tau_{xz}}{\partial z^2}. \tag{6.7}$$

Von dieser Gleichung lassen sich Lösungen angeben, wenn man $\tau = f(x)$ oder $\tau = g(z)$ ansetzt. Dieser Fall liefert *Zykloiden* als Gleitlinien und kommt beispielsweise bei der Zusammendrückung einer plastischen Masse zwischen zwei parallelen — waagerechten oder senkrechten — reibenden Platten vor. Hier wird von der Besprechung dieser Lösungen abgesehen, da sie bei Erddruckproblemen nicht verwendet werden können, da sie für die Untersuchung schwerer Körper nicht geeignet sind. Für die ausführliche Behandlung siehe JÁKY (1948).

Wir kehren zur Gl. (6.6) zurück und benutzen für die Form der gesuchten Funktion $\alpha = f(x,z)$ den Ansatz von BERNOUILLI:

$$\tan \alpha = f(x)g(z).$$

Dann ist

$$\frac{\partial \alpha}{\partial x} = \cos^2 \alpha f'(x)g(z)$$

und

$$\frac{\partial \alpha}{\partial z} = \cos^2 \alpha f(x)g'(z).$$

Durch Einsetzen in Gl. (6.6) ergibt sich

$$f(x)g'(z) = f(x)g^2(z)f'(x),$$

also

$$\frac{g'(z)}{g^2(z)} = f'(x). \qquad (6.8)$$

Diese Gleichung kann nur dann gültig sein, wenn die linke und die rechte Seite je für sich konstant sind; wenn also

$$f'(x) = k$$

und

$$\frac{g'(z)}{g^2(z)} = k.$$

ist. Durch Integration folgt daraus

$$f(x) = kx + a; \qquad g(z) = -\frac{1}{b + kz}$$

und somit ist

$$\tan\alpha = \frac{dz}{dx} = -\frac{kx + a}{kz + b}.$$

Diese Differentialgleichung läßt sich integrieren und hat die Lösung:

$$x^2 + z^2 + \frac{2a}{k}\,x + \frac{2b}{k}\,z - \frac{2k}{k} = 0,$$

$$(6.9)$$

die Leitlinien der Gleitflächen sind also *Kreise*. Bestimmt man die Koordinaten des Kreismittelpunktes, dann stellt sich heraus, daß sie *konstant* sind. Das Gleitliniennetz besteht also aus *konzentrischen Kreisen*. Die zweite Schar — die Pseudogleitflächen — schneiden diese unter 90° und bilden also ein *Strahlenbündel*. Die Schubspannung ist längs der Gleitflächen konstant, den Wert der Normalspannung gibt Gl. (6.3) an.

Durch geeignete Wahl des Mittelpunktes kann man verschiedene Lösungen bekommen. Da die Differentialgleichung *hyperbolischen Typs* ist, kann man das Gleitliniennetz aus *mehreren*

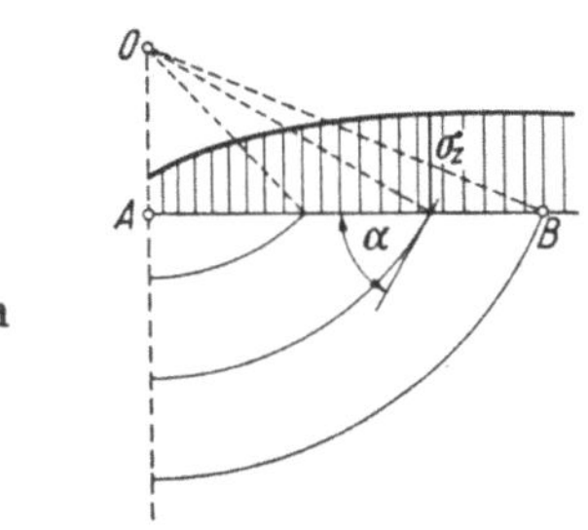

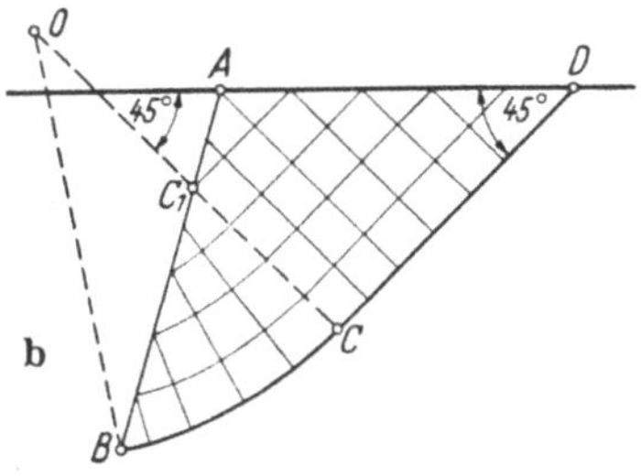

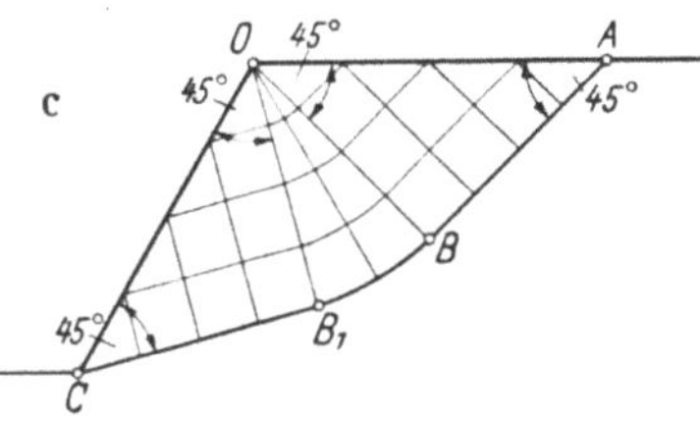

Abb. 6.2 a−c
a) Verteilung der Spannungen auf der Oberfläche eines vollplastischen Körpers; b), c) zusammengesetzte Gleitflächenscharen

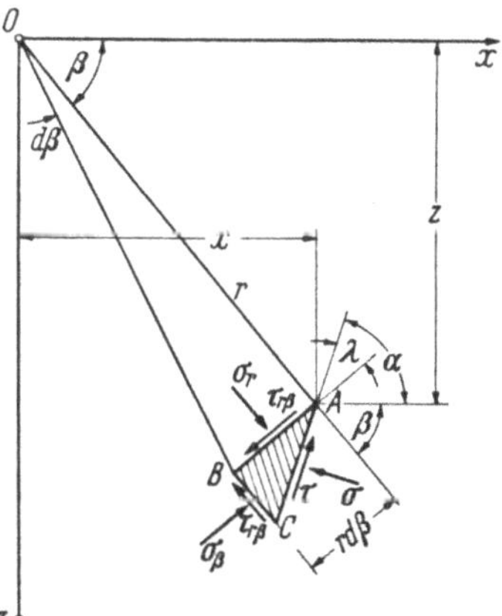

Abb. 6.3. Gleichgewicht des Volumenelementes in Polarkoordinaten

Gebieten zusammensetzen. In einem sind die Gleitlinien parallele Ebenen, im anderen konzentrische Kreise. Hat der Boden eine unbelastete oder gleichmäßig belastete Oberfläche, dann können die Kreise die Oberfläche keineswegs erreichen, da sich dort sonst eine ungleichmäßig verteilte Belastung ergeben würde (s. Abb. 6.2a—c). Im Falle einer freien Böschung muß der Mittelpunkt mit dem Punkt A zusammenfallen. Im ersten und dritten Gebiet sind die Gleitflächen parallele Ebenen, im zweiten konzentrische Kreise.

Für die Erddruckprobleme ist auch die Darstellung der *Lösungen in Polarkoordinaten* von Interesse (Abb. 6.3). Im Polarkoordinatensystem hat man als Spannungskomponenten die radiale Normalspannung σ_r, die Ringspannung σ_β und die Schubspannung $\tau_{r\beta}$, die Gleichungen des Gleichgewichtes sind, mit (5.6) gegeben.

Die Strecke AC in Abb. 6.3 ist ein Bogenelement der Gleitfläche; der Winkel ist $\lambda = \lambda(\beta, r)$.

Schreiben wir Gl. (6.3) mit

$$z = r \sin \beta$$

und

$$\alpha = 90° + \lambda - \beta$$

nach Abb. 6.3 in Polarkoordinaten um, so erhalten wir

$$\sigma = r\gamma \sin \beta + 2c(\lambda - \beta) + K. \tag{6.10}$$

Die Spannungskomponenten aus Gl. (6.4) lauten:

$$\left.\begin{aligned}
\sigma_r &= r\gamma \sin \beta + 2c(\lambda - \beta) + c \sin 2\lambda + K, \\
\sigma_\beta &= r\gamma \sin \beta + 2c(\lambda - \beta) - c \sin 2\lambda + K, \\
\tau_{r\beta} &= c \cos 2\lambda.
\end{aligned}\right\} \tag{6.11}$$

Setzt man die entsprechenden Ableitungen in Gl. (5.6) ein, so erhält man folgende Differentialgleichung erster Ordnung:

$$\boxed{\tan \lambda \left(1 - \frac{\partial \lambda}{\partial \beta}\right) + r \frac{\partial \lambda}{\partial r} = 0.} \tag{6.12}$$

Die allgemeine Lösung der Gl. (6.12) lautet

$$r \sin \lambda = f(\beta - \lambda) \tag{6.13}$$

oder, nach $(\beta - \lambda)$ aufgelöst,

$$\beta - \lambda = g(r \sin \lambda). \tag{6.13a}$$

$r \sin \lambda$ ist also eine differenzierbare, aber sonst beliebige Funktion des Argumentes $\beta - \lambda$. Es sei noch erwähnt, daß Gl. (6.12) zwei spezielle Lösungen besitzt, und zwar

$$\text{a)} \quad \frac{\partial \lambda}{\partial \beta} = 1 \, .$$

Die Gleitflächen sind hier Ebenen, und es ist

$$\frac{\partial \lambda}{\partial r} = 0 \quad \text{und} \quad \lambda = \beta + \lambda_0 .$$

b) $\lambda = \text{const}$, also $\partial \lambda / \partial \beta = \partial \lambda / \partial r = 0$. Dabei ist dann $\tan \lambda = 0$, also $\lambda = 0$. Diese Lösung ist der Fall der konzentrischen Kreise als Gleitflächen, der sich schon aus Gl. (6.6) ergab.

Die Richtigkeit der Lösung (6.13) läßt sich leicht beweisen, wenn wir die partiellen Ableitungen von (6.13 a), nämlich

$$\frac{\partial \lambda}{\partial \beta} = \frac{1}{g' r \cos \lambda + 1}$$

und

$$\frac{\partial \lambda}{\partial r} = \frac{g' \sin \lambda}{g' r \cos \lambda + 1}$$

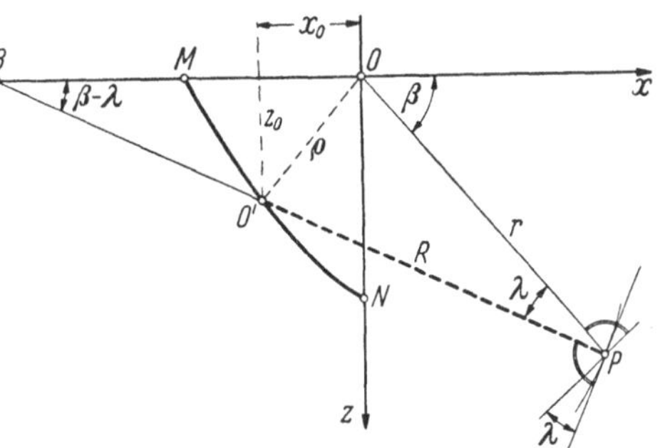

Abb. 6.4. Geometrische Beziehungen an den Gleitflächen

in Gl. (6.12) einsetzen.

Die Anzahl der Lösungen ist also unendlich groß; jede passend gewählte Funktion f bzw. g stellt eine Lösung dar, die je nach den Randbedingungen zur Lösung einer bestimmten Aufgabe herangezogen werden kann. Eine interessante Gruppe von Lösungen bilden Kreise, deren Mittelpunkte auf einer beliebigen, gegebenen Kurve liegen, deren Halbdurchmesser dagegen eine Funktion der Koordinaten des Mittelpunktes sind.

Daß eine solche Kreisschar wirklich eine Lösung der Gl. (6.12) darstellt, läßt sich folgendermaßen beweisen.

Es sei in Abb. 6.4 eine beliebige Kurve MN gegeben; diese Linie sei die geometrische Lage der Kreismittelpunkte. P ist ein Punkt der Gleitfläche. Der Winkel zwischen der Tangente im Punkte P und der Normalen auf OP in P ist λ. Der Punkt B wird konstruiert, indem man die Normale der Tangente in P einzeichnet.

Aus der Abbildung liest man ab:

$$x_0 + z_0 \cot (\beta - \lambda) = \frac{r \sin \lambda}{\sin (\beta - \lambda)}$$

oder

$$x_0 \sin (\beta - \lambda) + z_0 \cos (\beta - \lambda) = r \sin \lambda \, .$$

Differenziert man diese Gleichung nach β bzw. r, so folgt

$$[x_0 \cos(\beta - \lambda) - z_0 \sin(\beta - \lambda)]\left(1 - \frac{\partial \lambda}{\partial \beta}\right) = r \cos \lambda \, \frac{\partial \lambda}{\partial \beta}$$

und

$$- [x_0 \cos(\beta - \lambda) - \sin(\beta - \lambda)]\frac{\partial \lambda}{\partial r} = \sin \lambda + r \cos \lambda \, \frac{\partial \lambda}{\partial r}.$$

Dividiert man die beiden Gleichungen durcheinander, so bekommt man

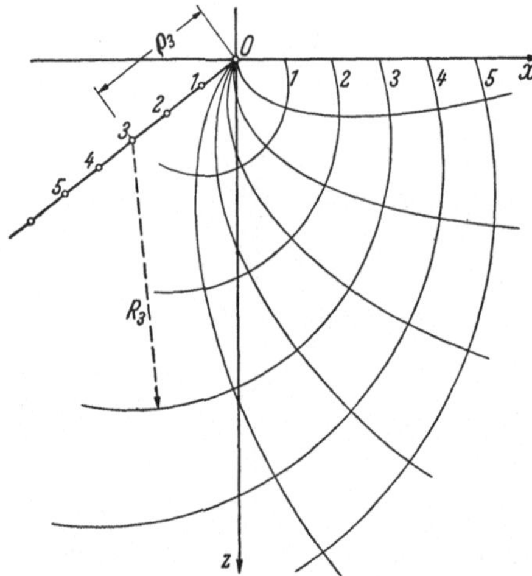

Abb. 6.5. Kreisgleitflächen; die geometrische Lage des Kreismittelpunktes ist eine Gerade

$$\tan \lambda \left(1 - \frac{\partial \lambda}{\partial \beta}\right) + r \frac{\partial \lambda}{\partial r} = 0. \quad (6.12)$$

Durch eine weitere Untersuchung läßt sich zeigen, daß eine *lineare Beziehung* zwischen dem Halbmesser des Gleitkreises und dem Radiusvektor des Kreismittelpunktes besteht: $R = k\varrho$ (Abb. 6.4). Abb. 6.5 zeigt ein Beispiel für eine solche Gleitflächenschar: die geometrische Lage der Kreismittelpunkte ist hier eine *Gerade* und $k = 2$.

Neben der allgemeinen Lösung (6.13) von $\lambda = \lambda(r, \beta)$ haben wir noch weitere Lösungsgruppen, die sich dadurch ergeben, daß wir die Funktion λ als nur von einer der Veränderlichen (r, β) abhängig annehmen.

Zwischen den Spannungskomponenten in dem Dreieck ABC (Abb. 6.3) bestehen folgende Zusammenhänge:

$$\left.\begin{aligned} \tau &= \frac{\sigma_r - \sigma_\beta}{2} \sin 2\lambda + \tau_\beta \cos 2\lambda, \\ \sigma &= \frac{\sigma_r + \sigma_\beta}{2} + \frac{\sigma_r - \sigma_\beta}{2} \cos 2\lambda - \tau_\beta \sin 2\lambda. \end{aligned}\right\} \quad (6.14)$$

Wir lösen diese Gleichungen nach σ_r, σ_β und τ_β auf und setzen dabei $\tau = c$. Dann ist:

$$\left.\begin{aligned} \sigma_r &= \sigma + c \sin 2\lambda, \\ \sigma_\beta &= \sigma - c \sin 2\lambda, \\ \tau_\beta &= c \cos 2\lambda. \end{aligned}\right\} \quad (6.15)$$

Wir wollen annehmen, daß $\partial \lambda / \partial r = 0$ ist. λ ist dann nur von β abhängig. Werden nun die Spannungskomponenten nach Gl. (6.15) in die Gleichgewichtsgleichungen eingesetzt, so folgt

$$2c \sin 2\lambda \left(1 - \frac{\partial \lambda}{\partial \beta}\right) + r \frac{\partial \sigma}{\partial r} = r\gamma \sin \beta, \\[2mm] 2c \cos 2\lambda \left(1 - \frac{\partial \lambda}{\partial \beta}\right) + \frac{\partial \sigma}{\partial \beta} = r\gamma \cos \beta. \quad\Biggr\} \tag{6.16}$$

Wird die erste Gleichung nach β, die zweite nach r differenziert und $\dfrac{\partial^2 \sigma}{\partial \beta \partial r}$ eliminiert, dann ergibt sich im Falle $\gamma = 0$

$$\frac{d^2 \lambda}{d\beta^2} = 2 \cot 2\lambda \frac{d\lambda}{d\beta}\left(1 - \frac{d\lambda}{d\beta}\right). \tag{6.17}$$

Diese Gleichung läßt sich auf die folgende Gleichung ersten Grades reduzieren:

$$\left(1 - \frac{d\lambda}{d\beta}\right) \sin 2\lambda = k. \tag{6.18}$$

Es sind folgende Lösungen möglich:

1. $k = 0$; $d\lambda/d\beta = 1$, $\lambda = $ const: ebene Gleitflächen;
2. $\sin 2\lambda = 0$, $\lambda = 0$: konzentrische Kreisgleitflächen;
3. $\lambda = \lambda_0 = $ const: logaritmische Spiralen als Gleitflächen.

Die beiden ersten Lösungen haben wir schon im (x, z)-System gefunden. Im dritten Fall berechnen sich die Spannungen aus den Gleichgewichtsbedingungen (5.6) zu

$$\sigma_r = r\gamma \sin \beta - 2c \cos 2\lambda_0 \beta - 2c \sin 2\lambda_0 \ln r + c \sin 2\lambda_0 + K, \\[2mm] \sigma_\beta = r\gamma \sin \beta - 2c \cos 2\lambda_0 \beta - 2c \sin 2\lambda_0 \ln r - c \sin 2\lambda_0 + K, \\[2mm] \tau_\beta = c \cos 2\lambda_0. \quad\Biggr\} \tag{6.19}$$

Für $k \neq 0$ erhalten wir also die allgemeinen Lösungen von NÁDAI (1927).

Als nächstes wollen wir annehmen, daß $\lambda = f(r)$ und $\partial \lambda / \partial \beta = 0$ ist. Nach dem Einsetzen der Spannungen (6.15) in (5.6) bekommt man die Gleichungen

$$\frac{\partial \sigma}{\partial r} = \gamma \sin \beta - \frac{2c}{r} \sin 2\lambda - 2c \cos 2\lambda \frac{\partial \lambda}{\partial r}, \\[2mm] \frac{\partial \sigma}{\partial \beta} = r\gamma \cos \beta - 2c \cos 2\lambda + 2cr \sin 2\lambda \frac{\partial \lambda}{\partial r}. \quad\Biggr\} \tag{6.20}$$

In der gleichen Weise wie zuvor erhalten wir die Gleichung der Gleitfläche im gewichtslosen Körper:

$$\frac{d^2 \lambda}{dr^2} + 2 \cot 2\lambda \left(\frac{d\lambda}{dr}\right)^2 + \frac{3}{r} \frac{d\lambda}{dr} = 0, \tag{6.21}$$

oder in reduzierter Form:

$$r \sin 2\lambda \frac{d\lambda}{dr} - \cos 2\lambda = k.$$

Die speziellen Lösungen sind hier folgende:

1.　$k = 0$;　　$r\,d\lambda/dr = \cot 2\lambda$,　d. h.　$r = r_0/\sqrt{\cos 2\lambda}$　und　$\tau_\beta = \dfrac{Cr_0^2}{r^2} = \dfrac{a}{r^2}$.

Das ist der von NÁDAI behandelte Fall für den schwerefreien Körper: der Wirbel in einer plastischen Masse.

Die Spannungen für den *schweren Körper* ergeben sich, wenn man aus Gl. (6.20)

$$\sigma = r\gamma \sin\beta - 2c \ln\left[r + \sqrt{r^2 - r_0^2}\right] + \text{const} \tag{6.22}$$

berechnet und in die Gln. (6.15) einsetzt.

2. Ist $\lambda = \lambda_0$, dann haben wir wieder logarithmische Spiralen als Gleitflächen; der Spannungszustand ist mit (6.19) identisch.

Mit $k \neq 0$ ergibt sich die allgemeine Lösung wegen

$$\frac{d\lambda}{dr} = \frac{k + \cos 2\lambda}{r \sin 2\lambda}$$

zu

$$r = \frac{k'}{\sqrt{k + \cos 2\lambda}};$$

es ist also

$$\cos 2\lambda = \left(\frac{k'}{r}\right)^2 - k,$$

und damit

$$\tau_\beta = c \cos 2\lambda = \frac{a}{r^2} + b.$$

Wir stoßen hier wieder auf eine Lösung von NÁDAI. Die Gleitlinien sind Epi- und Hypozykloiden, die Verzweigungslinien bestehen aus zwei konzentrischen Kreisen. Die Zykloiden legen sich tangential an die beiden Kreise an.

6.3 Bestimmung des Erddruckes und des Erdwiderstandes

Zur Bestimmung des Erddruckes und des Erdwiderstandes im vollplastischen Zustand untersuchen wir zuerst auf Grund der Gleichgewichtsbedingungen im rechtwinkligen Koordinatensystem den Spannungszustand des Erdkeiles in Abb. 6.6. Die Fläche BC ist frei von Spannungen, daher wird sie von den Gleitflächen unter dem Winkel $\alpha = 45°$ geschnitten. Im ersten Gebiet sind die Gleitflächen Ebenen, die bis zur Fläche BD reichen können. Im zweiten Gebiet besteht die eine Schar aus konzentrischen Kreisen, die andere aus Strahlen, die von B ausgehen. Es ist möglich, daß sich an dieses Gebiet noch ein drittes, wieder mit ebenen Gleitflächen, anschließt; wir wollen diesen allgemeinen Fall betrachten und die Spannungen σ_1 und τ_1 auf der Fläche AB bestimmen.

Im ersten Gebiet sind die Gleitflächen Ebenen ($\alpha = \text{const} = 45°$). Aus der KÖTTERschen Gleichung bekommt man [s. Gl. (4.10) und Abb. 4.11] mit $\varrho = 0$ und $s = z/\sin\alpha$ (Abb. 6.6):

$$\sigma = s\gamma \cos\varrho \sin(\alpha - \varrho) + K = z\gamma + K. \tag{6.23}$$

Bei $z = 0$ im Punkte C ist die senkrechte Hauptspannung Null. Befindet sich also die Masse im plastischen Zustand, dann muß hier ein *einfacher Zugspannungszustand* herrschen (Abb. 6.7); der Spannungszustand auf der Gleitfläche ist daher $\sigma_C = -c;\ \tau_C = c$. Die Integrationskonstante in (6.23) ist infolgedessen $K = -c$. Im Punkte D ist $\sigma_D = z_D\gamma - c$ und $\tau_D = -c$.

Für die Kreisgleitfläche ist die Normalspannungsverteilung durch Gl. (6.3) gegeben. Punkt D liegt auch auf der Kreisgleitfläche an der Stelle $\alpha = 45° = \pi/4$, darum ist dort

$$\sigma_D = z_D\gamma + c\frac{\pi}{2} + K_1.$$

Daraus ergibt sich für die Integrationskonstante K_1 der Wert

$$K_1 = -c\left(\frac{\pi}{2} + 1\right).$$

Im Punkte E, also an der Stelle

$$\alpha_E = \frac{\pi}{2} - \beta_1$$

ist

$$\sigma_E = z_E\gamma + 2c\alpha_E + K_1$$

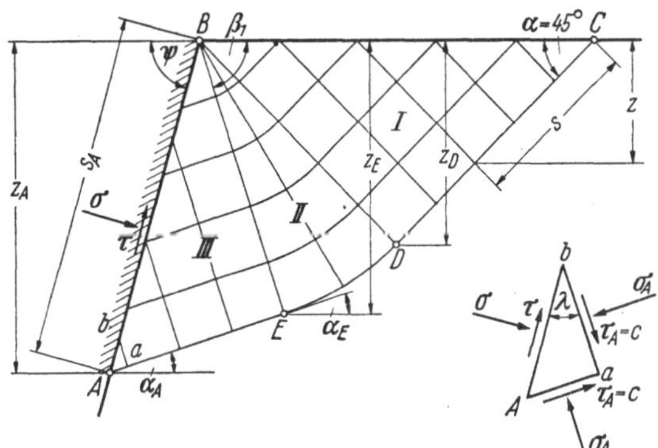

Abb. 6.6. Berechnung der Spannungen in einer Ebene des vollplastischen Körpers

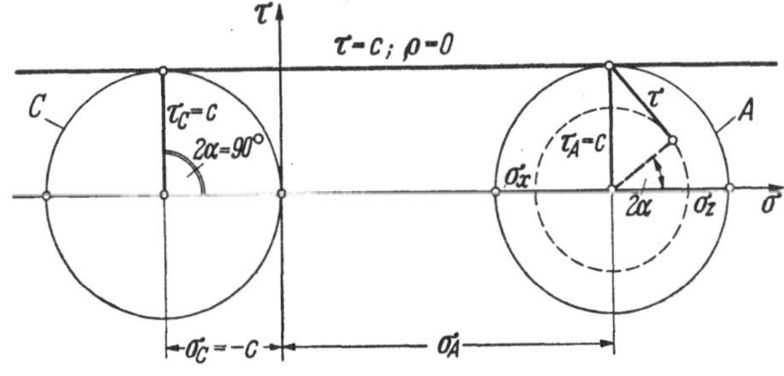

Abb. 6.7. MOHRsche Darstellung des Spannungszustandes in den Punkten A und C

also, nach Einsetzen der genannten Werte von K_1 und α_E,

$$\sigma_E = z_E \gamma + c \left(\frac{\pi}{2} - 2\beta_1 - 1 \right).$$

Schließlich erhält man im Punkte A die Normalspannung auf der Gleitfläche mit der Neigung $\alpha_A = \alpha_E$ zu

$$\sigma_A = z_A \gamma + c \left(\frac{\pi}{2} - 2\beta_1 - 1 \right)$$

und die Tangentialspannung

$$\tau_A = c.$$

Damit ist man in der Lage, die Normal- und Tangentialspannung in der Fläche AB zu berechnen. Mit Hilfe der Gl. (6.4) ergeben sich

$$\sigma = \sigma_A - c \sin 2\lambda,$$
$$\tau = c \cos 2\lambda.$$

Da $\lambda = \pi - \beta_1 - \psi$ ist, wo ψ die Neigung der untersuchten ebenen Fläche bedeutet, folgt weiter

$$\left. \begin{aligned} \sigma &= z_A \gamma + c \left(\frac{\pi}{2} - 2\beta_1 - 1 \right) + c \sin (2\psi + 2\beta_1), \\ \tau &= c \cos (2\psi + 2\beta_1). \end{aligned} \right\} \tag{6.24}$$

Mit Hilfe der Spannungskomponenten können wir die resultierende Normal- und Tangentialkomponente des Erddruckes berechnen. Da $z_A = s \sin \psi$ ist, bekommt man durch Integration

$$\left. \begin{aligned} N &= \int_0^s \sigma\, ds = \frac{s^2 \gamma}{2} \sin \psi + c s \left[\left(\frac{\pi}{2} - 2\beta_1 - 1 \right) + \sin (2\psi + 2\beta_1) \right], \\ T &= \int_0^s \tau\, ds = c s \cos (2\psi + 2\beta_1) \end{aligned} \right\} \tag{6.25}$$

und für den Richtungswinkel der Resultierenden:

$$\tan \delta = \frac{T}{N} = \frac{\cos (2\psi + 2\beta_1)}{\dfrac{s\gamma}{2c} \sin \psi + \left[\left(\dfrac{\pi}{2} - 2\beta_1 - 1 \right) + \sin (2\psi + 2\beta_1) \right]}. \tag{6.26}$$

Man beachte, daß die Richtung der resultierenden *Spannung* sich *von Punkt zu Punkt ändert*, da die Normalspannung σ mit s linear zunimmt, während die Tangentialspannung konstant ist. Die Verteilung der Spannungen zeigt Abb. 6.8 an einem Beispiel.

Für eine vertikale Fläche ($\psi = 90°$) AB sind die Gleichungen einfacher. Die Kräfte haben die Größe

$$N = \frac{h^2\gamma}{2} - ch\left[\left(1 - \frac{\pi}{2} + 2\beta_1\right) + \sin 2\beta_1\right], \\ T = -ch\cos^2\beta_1 \quad \right\} \qquad (6.25\,\text{a})$$

und der Richtungswinkel ist

$$\tan\delta = \frac{-\cos 2\beta_1}{\dfrac{h\gamma}{2c} - \left[\left(1 - \dfrac{\pi}{2} + 2\beta_1\right) + \sin 2\beta_1\right]}. \qquad (6.26\,\text{a})$$

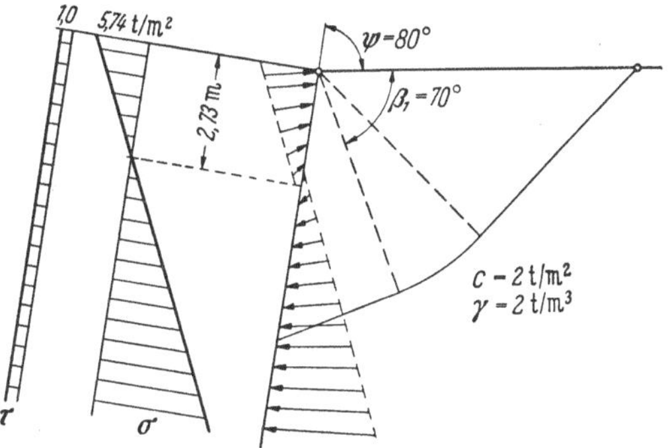

Abb. 6.8. Spannungen in einer Ebene; numerisches Beispiel

Die Komponenten des Erddruckes sind also Funktionen von β_1, oder wegen $\alpha_1 = \frac{\pi}{2} - \beta_1$ von α_1. Den größten Wert von N bekommt man bei

$$\cos(2\psi + 2\beta_1) = 0$$

also

$$\beta_1 = 135° - \psi$$

zu

$$N_{\max} = \frac{s^2\gamma}{2}\sin\psi - 2cs\left(1 + \frac{\pi}{2} - \psi\right) \qquad (6.27)$$

denn bei diesem β_1-Wert hat T seinen Kleinstwert

$$T_{\min} = 0.$$

In diesem Falle verschwindet die mittlere, krumme Strecke der Gleitfläche ganz; man hat die Gleitflächen und die Spannungsverteilung des RANKINEschen Falles, wenn man $\varrho = 0$ setzt (s. Kap. 7).

Den kleinsten Wert von N erhält man, wenn $dN/d\beta_1 = 0$, d. h. wenn $\beta_1 = 180° - \psi$ ist. In diesem Falle verschwindet das dritte Gebiet und die Kreisgleitflächen reichen bis zur Hinterfläche der Wand, die selbst eine Gleitfläche ist. Die Komponenten sind also:

$$N_{\min} = \frac{s^2\gamma}{2}\sin\psi - cs\left(1 + \frac{3}{2}\pi - 2\psi\right), \left.\begin{array}{c}\\\\\end{array}\right\}$$
$$T_{\max} = cs.$$
$$(6.27\,\mathrm{a})$$

Abb. 6.9 zeigt die Gleitflächennetze für diese Fälle bei $\psi = \pi/2$. Die Komponenten sind:

$$N_{\max} = \frac{h^2\gamma}{2} - 2ch, \left.\begin{array}{c}\\\\\end{array}\right\} \quad \text{bzw.} \quad N_{\min} = \frac{h^2\gamma}{2} - 2{,}75ch, \left.\begin{array}{c}\\\\\end{array}\right\}$$
$$T_{\min} = 0, \hspace{3.5cm} T_{\max} = ch.$$

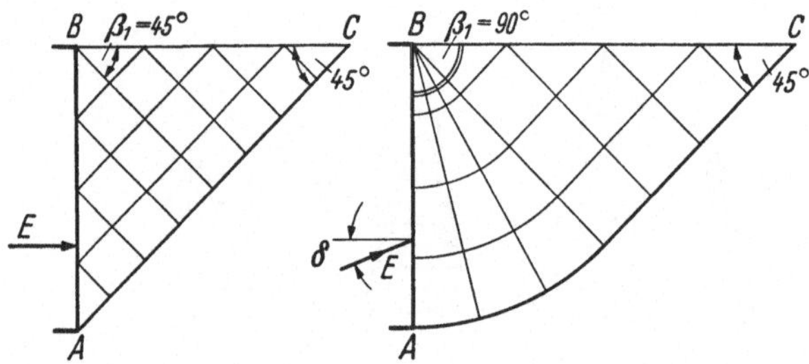

Abb. 6.9. Gleitflächennetz bei $\beta_1 = 45°$ und $\beta_1 = 90°$ (Ruhedruck und Erddruck)

Die Funktionen T, N, $\tan\delta = f(\beta_1)$ bzw. $g(\alpha_1)$ sind für ein Zahlenbeispiel in Abb. 6.10 dargestellt. Da die praktische Berechnung in den meisten Fällen so vorgenommen wird, daß wir den Wert $\tan\delta$ nach Abwägen der Bewegungsmöglichkeiten und der Rauhigkeit der Wand annehmen, haben wir in Abb. 6.11 die resultierende Erddruckkraft und die Komponenten auch als Funktionen von $\tan\delta$ aufgetragen.

Die Lage des Angriffspunktes bekommt man durch folgende Gleichung:

$$z_0 = \frac{\int\limits_0^s N\,ds}{N}.$$
$$(6.28)$$

Für einen vertikalen Wandrücken berechnet sich z_0 zu

$$z_0 = \frac{h}{3}\,\frac{1 - \dfrac{3c}{h\gamma}\left[(1 - \pi/2 + 2\beta_1) + \sin 2\beta_1\right]}{1 - \dfrac{2c}{h\gamma}\left[(1 - \pi/2 + 2\beta_1) + \sin 2\beta_1\right]}.$$
$$(6.29)$$

Da $z_0 \leqq h/3$ ist, liegt der Angriffspunkt immer tiefer als der untere Drittelpunkt der Wand. Die Änderung von z_0 ist für das Beispiel in Abb. 6.10 mit angegeben.

Die Größe der Kraft auf dem Wandrücken, die im Boden den oberen Grenzzustand herbeiführt, also den Wert des *Erdwiderstandes*, bekommt man, wenn der veränderten Bewegungsrichtung Rechnung getragen

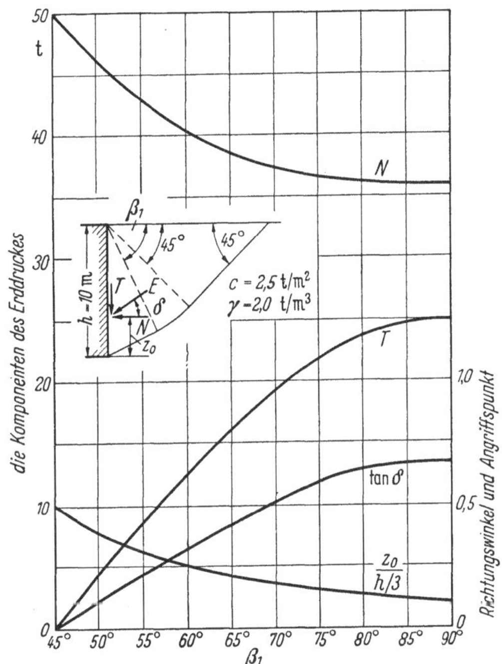

Abb. 6.10. Die Komponenten des Erddruckes als Funktion von β_1

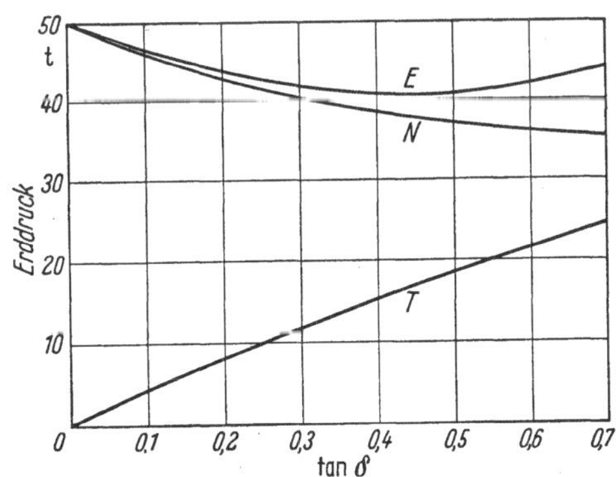

Abb. 6.11. Größe des Erddruckes als Funktion der Wandreibung

wird, d. h. wenn man in den Gleichungen anstelle von $+c\ -c$ einsetzt; eine ausführliche Ableitung ist daher nicht nötig. Wir stellen nun die entsprechenden Gleichungen für den Erdwiderstand zusammen (s. Abb. 6.12).

$$\left.\begin{aligned}
N &= \frac{s^2\gamma}{2}\sin\psi + cs\left[\left(1 - \frac{\pi}{2} + 2\beta_1\right) - \sin(2\psi + 2\beta_1)\right],\\[2mm]
T &= -\,cs\cos(2\psi + 2\beta_1),\\[2mm]
\tan\delta &= \frac{T}{N} = -\,\frac{\cos(2\psi + 2\beta_1)}{\dfrac{s\gamma}{2c}\sin\psi + \left[\left(1 - \dfrac{\pi}{2} + 2\beta_1\right) - \sin(2\psi + 2\beta_1)\right]}.
\end{aligned}\right\} \quad (6.30)$$

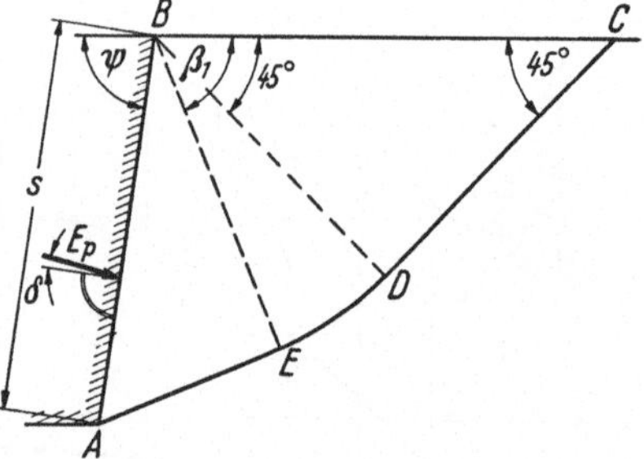

Abb. 6.12. Bestimmung des Erdwiderstandes

Bei vertikalem Wandrücken ist speziell

$$\left.\begin{aligned}
N &= \frac{h^2\gamma}{2} + ch\left[\left(1 - \frac{\pi}{2} + 2\beta_1\right) + \sin 2\beta_1\right],\\[2mm]
T &= ch\cos 2\beta_1,\\[2mm]
\tan\delta &= \frac{\cos 2\beta_1}{\dfrac{h\gamma}{2c} + 2\beta_1 + \sin 2\beta_1 - \left(\dfrac{\pi}{2} - 1\right)}.
\end{aligned}\right\} \quad (6.30\,\text{a})$$

Die Höhe des Angriffspunktes beträgt

$$z_0 = \frac{h}{3}\,\frac{1 + \dfrac{3c}{h\gamma}\left[\left(1 - \dfrac{\pi}{2} + 2\beta_1\right) + \sin 2\beta_1\right]}{1 + \dfrac{2c}{h\gamma}\left[\left(1 - \dfrac{\pi}{2} + 2\beta_1\right) + \sin 2\beta_1\right]}. \quad (6.31)$$

Die Abb. 6.13a u. b zeigen die Gleitflächennetze und die Kräfte für die Grenzwerte von δ, nämlich für $\tan\delta = 0$ und $\delta = \delta_{\max}$. In Abb. 6.14 sind die Kraftkomponenten und ihre Resultierende als Funktionen von $\tan\delta$ dargestellt.

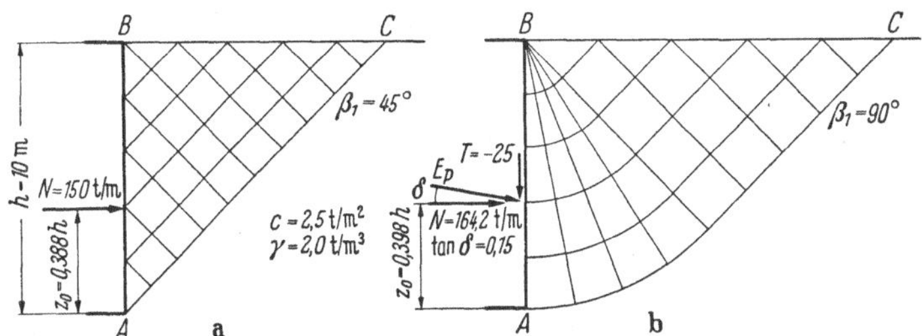

Abb. 6.13 a u. b. Erdwiderstand bei a) $\beta_1 = 45°$ und b) $\beta_1 = 90°$; Gleitflächennetze

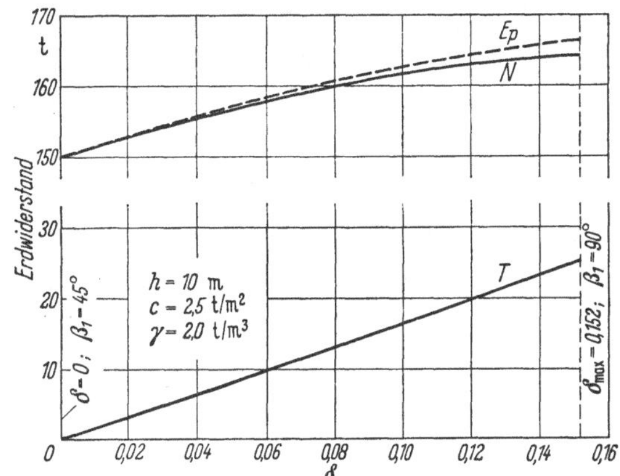

Abb. 6.14. Größe des Erdwiderstandes als Funktion der Wandreibung

6.4 Grenzhöhe einer freien Böschung

Bei Kenntnis der Gleichungen, die die Spannungen auf einer schiefen Ebene angeben, besteht auch die Möglichkeit, die *Grenzhöhe einer freien Böschung zu berechnen*. Es muß nur berücksichtigt werden, daß die Resultierende der Spannungen σ und τ auf dieser Grenzfläche Null ist. Die Gleitfläche $AEDC$ in Abb. 6.15 besteht aus zwei äußeren Ebenen und einer mittleren Kreiszylinderfläche. Wir bekommen die Bedingungsgleichung für die kritische Höhe, wenn wir die Gleichungen für T und N gleich Null

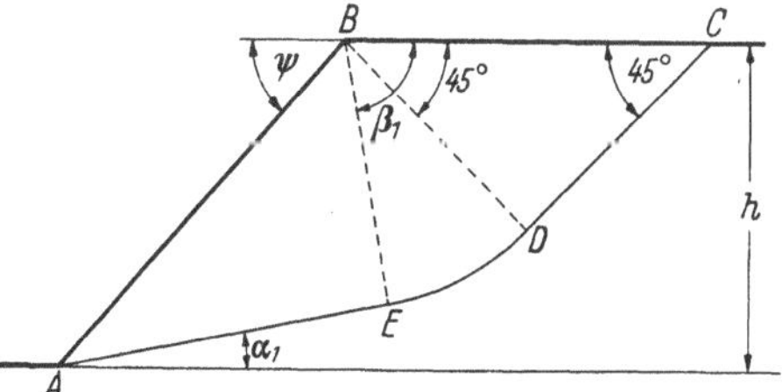

Abb. 6.15. Gleitflächen in einer Böschung

setzen. Aus Gl. (6.25) ergibt sich

$$T = cs \cos(2\psi + 2\beta_1) = 0.$$

9 Kézdi, Erddrucktheorien

Diese Gleichung wird für jeden Wert von s erfüllt, wenn

$$2\psi + 2\beta_1 = 270°,$$

d. h.

$$\beta_1 = 135° - \psi$$

und

$$\alpha_1 = \psi - 45°$$

ist. Diesen Wert von β in die zweite Gl. (6.25) eingesetzt, bekommen wir

$$\frac{s\gamma}{2}\sin\psi = (2 + \pi - 2\psi)c.$$

Die kritische Höhe $h = s\sin\psi$ beträgt also

$$h = \frac{4c}{\gamma}\left(1 + \frac{\pi}{2} - \psi\right). \quad (6.32)$$

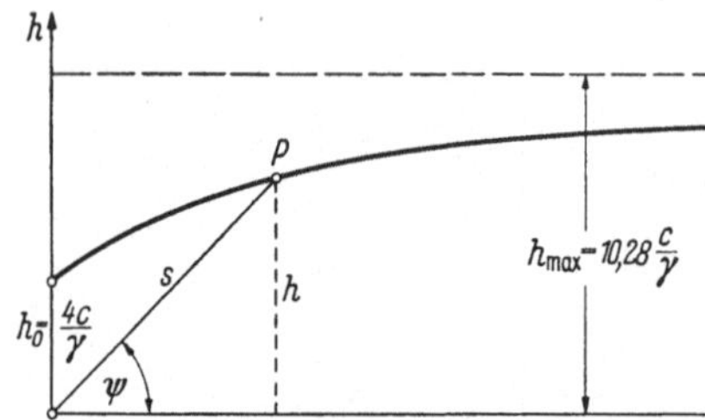

Abb. 6.16. Die Grenzhöhen der freien Böschung

Diese Höhen sind als Funktionen von ψ in Abb. 6.16 dargestellt. Bei $\psi = \pi/2$ ist $h_{\ddot{o}} = 4c/\gamma$ im Einklang mit der bei Annahme ebener Gleitflächen erhaltenen Größe. Die Kurve besitzt eine Asymptote; die größtmögliche Höhe der Böschung, für $\psi \to 0$, ist $h_{\max} = 10{,}28 c/\gamma$.

6.5 Tunnel im vollplastischen Halbraum

Als eine praktische Anwendung der allgemeinen Lösung im Polarkoordinatensystem [Gl. (6.13)] sei folgende Funktion für g angenommen:

$$g(\beta - \lambda) = C\sin(\beta - \lambda). \quad (6.33)$$

In Gl. (6.13) eingesetzt folgt:

$$r\sin\lambda = C\sin(\beta - \lambda),$$

d. h.

$$r = \frac{C\sin(\beta - \lambda)}{\sin\lambda}.$$

Die Differentialgleichung der Gleitfläche ist allgemein durch

$$\frac{\partial r}{\partial \beta} = r\tan\lambda$$

gegeben; in unserem Falle ist also:

$$\frac{\partial \lambda}{\partial \beta} = \tan\lambda \cot\beta. \quad (6.34)$$

Die Gleichung hat die Lösung:

$$\sin\lambda = k\sin\beta. \quad (6.35)$$

Setzt man die Lösung in die Gleichung für r ein, dann erhält man die Polargleichung der Gleitflächen:

$$r = C\left[\sqrt{\frac{1}{k^2} - \sin^2\beta} - \cos\beta\right].$$

Sie lautet im rechtwinkligen Koordinatensystem:

$$x^2 + y^2 + 2Cx = C^2\left(\frac{1}{k^2} - 1\right)$$

oder

$$(x + C)^2 + y^2 = \left(\frac{C}{k}\right)^2. \qquad (6.36)$$

Das ist eine Schar von Kreisen mit dem Radius $R = C/k$, deren Mittelpunkte sich auf der Achse x in der Entfernung $x_0 = C$ bewegen. Wir wählen eine Lösung, bei der der Spannungszustand zur y-Achse symmetrisch ist, d. h. bei $x = 0$ ist $\tau_\beta = 0$. In diesem Falle ist für $\beta = 90°$

$$\lambda = \pm 45°.$$

Aus Gl. (6.34) folgt dann

$$k = \pm\sqrt{\frac{1}{2}} \quad\text{und}\quad R = C\sqrt{2}.$$

Die Gleitflächenschar ist in Abb. 6.17 dargestellt. Die horizontale Achse ist eine Gleitfläche, die vertikale eine Hauptspannungstrajektorie.

Die Normalspannung in der Gleitfläche berechnet sich mit Hilfe der Gl. (6.10) zu:

$$\sigma = r\gamma \sin\beta +$$
$$+ 2c\left[\arcsin\left(\sqrt{\frac{1}{2}}\sin\beta\right) - \beta\right] + K. \qquad (6.37)$$

Mit Hilfe dieser Lösung ist es möglich, den Spannungszustand um eine kreisrunde, waagerechte Öffnung im unendlichen Halbraum zu berechnen (Abb. 6.18). Die Gleitflächen im Sektor $A'C'$ sind konzentrische Kreise und von O aus-

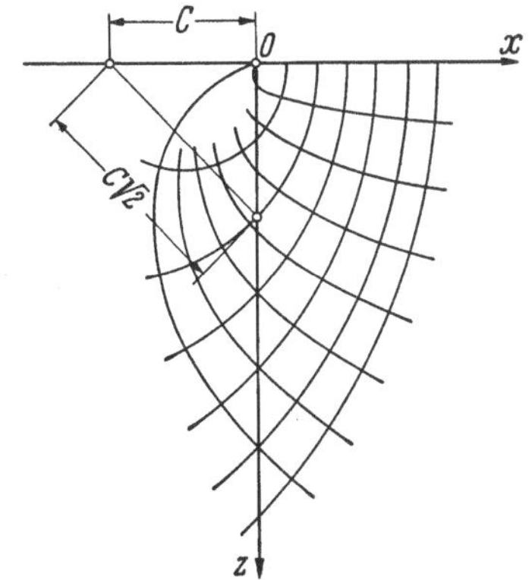

Abb. 6.17. Gleitflächenschar im Falle $k = {}^1\!/_2$

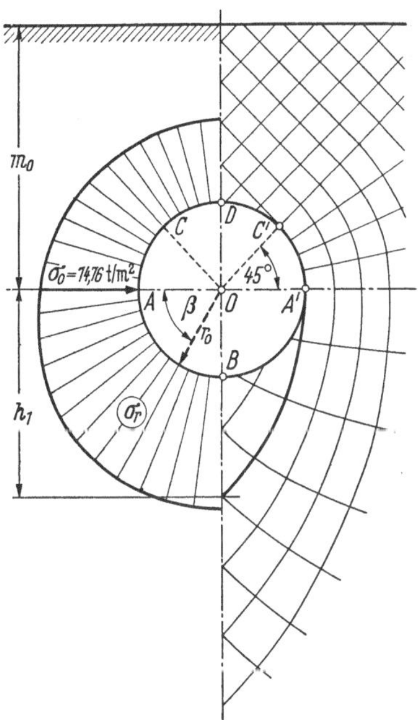

Abb. 6.18. Gleitflächen und Spannungen um eine kreisrunde, waagerechte Öffnung

gehende Strahlen; im Sektor $C'D$ haben wir ebene Gleitflächen mit der Neigung 45° zur Waagerechten; hier herrscht also der RANKINEsche Spannungszustand (Kap. 7). Im unteren Teile sind die Gleitflächen Kreise, deren Mittelpunkt sich auf der x-Achse bewegt; das ist also die oben besprochene Lösung. Die Kreise schneiden die senkrechte Symmetrieachse unter dem Winkel $\alpha = 45°$, daher ist dort $\tau_\beta = 0$.

Die Normalspannungen σ auf der Gleitfläche berechnen sich wie folgt. Aus Gl. (6.27) können wir die Spannungen unter der waagerechten Ebene AA' bestimmen. Im Punkte A sei $\sigma = \sigma_0$. Mit $\beta = 0$ folgt aus Gl. (6.36) $K = \sigma_0$. Daher ist also bei $\beta = 90°$

$$\sigma_B = h_1\gamma + \sigma_0 - c\frac{\pi}{2}.$$

Im oberen Gebiet, über AO, haben wir konzentrische Kreise als Gleitflächen; dort ist $\lambda = 0$ und $\sigma = r\gamma \sin\beta - 2c\beta + K$. Mit $\beta = 0°$ und $\sigma = \sigma_0$ folgt wieder $\sigma_0 = K$ und daher ist

$$\sigma_C = r\gamma \sin\beta - 2c\beta + \sigma_0.$$

Im Punkte C' ist $\beta = -45°$ und $r = r_0$. Somit ist dort

$$\sigma_C = \sigma_0 - r_0\gamma\sqrt{\frac{1}{2}} + c\frac{\pi}{2}.$$

Im Punkte C' haben wir ebene Gleitflächen (RANKINEscher Zustand) und $\sigma_z = z_0\gamma$.

Außerdem ist $\sigma_C = \sigma_z + c = \sigma_0 - r_0\gamma\sqrt{\frac{1}{2}} + c\frac{\pi}{2}$ ein Erdwiderstand; daher ist

$$\sigma_0 = m_0\gamma - c\left(\frac{\pi}{2} - 1\right).$$

Ist σ_0 schon bekannt, dann können wir aus Gl. (6.36) die σ-Spannungen in jedem Punkte der Tunnelmauerfläche berechnen; mit Hilfe der Beziehung $\sigma_r = \sigma + c\sin 2\lambda$ läßt sich auch die radiale Spannung σ_r bestimmen. In Abb. 6.18 ist die Verteilung dieser Spannung auf der linken Seiten veranschaulicht.

Literatur

JÁKY, J.: Sur la stabilité des masses de terre complètement plastiques. I. II. III., Müegyetemi Közlemények, Budapest 1947—48.

SKEMPTON, A. W.: The $\Phi = 0$ analysis and its theoretical basis. Proceedings, 2nd Int. Conf. Soil Mech. Found. Engg., Rotterdam 1948.

FLÜGGE, S.: Handbuch der Physik, Bd. 6, Elastizität und Plastizität, Berlin/Göttingen/Heidelberg: Springer 1958.

SCHULTZE, E.: Strenge Lösungen von Erddruckaufgaben und ihre Bedeutung für die Praxis. Bauplanung u. Bautechnik 1950.

7. Plastische Grenzzustände des unendlichen Halbraumes

7.1 Gleichgewicht nichtbindiger Böden (Theorie von Rankine)

In diesem Kapitel soll die Spannungsverteilung in einem Boden untersucht werden, der den Raum unterhalb einer unbegrenzten Böschung ausfüllt. Das Material ist der sog. *ideale Sand*, dessen Eigenschaften wie folgt zusammengefaßt werden können:

a) das Material ist homogen und isotrop;

b) die COULOMBsche Bruchbedingung ($\tau = \sigma \tan \varrho$) ist erfüllt;

c) die Volumenänderungen werden vernachläßigt, so daß die geometrische Gestalt unverändert bleibt und die Formänderungen nur Gleitungen darstellen.

Die Oberfläche des Halbraumes denkt man sich frei von jeder Belastung oder nur mit einer gleichmäßig verteilten Belastung bedeckt. Die Bedingungen des ebenen Formänderungszustandes sind also erfüllt. Vom Einfluß der mittleren Hauptspannung wird — der MOHRschen Auffassung entsprechend — abgesehen. Das Raumgewicht — im Einklang mit der Annahme unter a) — ist im ganzen Halbraum konstant.

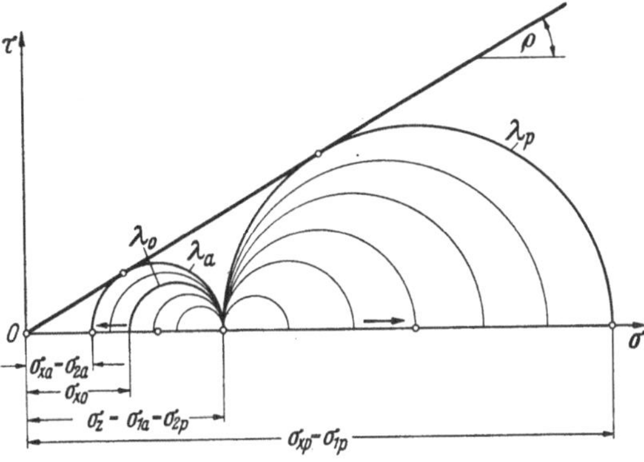

Abb. 7.1. Ausbildung des aktiven und des passiven Grenzzustandes im Halbraum

In Kap. 2 haben wir die Spannungsverteilung im *Zustand der Ruhe* untersucht. Jetzt nimmt man an, daß der ganze Halbraum durch irgendwelche Einflüsse gleichmäßig in den plastischen Zustand gerät, bis die Bruchbedingung in jedem Punkte erfüllt ist und eine differentielle Zunahme des Spannungsdeviators eine *fortdauernde Verformung* hervorruft. Im Falle des Halbraumes kann man das Eintreten dieses plastischen Zustandes durch eine gleichmäßige Auflockerung bzw. gleichmäßige Verdichtung des Materials verursacht denken. Diese beiden Möglichkeiten weisen schon darauf hin, daß wir *zwei Grenzzustände* erhalten werden, die nach der Terminologie der Einführung als *aktiver*, bzw. *passiver* Grenzzustand bezeichnet werden.

Im ersten Fall ist die lotrechte, im zweiten die böschungsparallele Spannungskomponente die größere.

Die Ausbildung dieser Grenzzustände in einem Halbraum mit waagerechter Oberfläche wurde mit Hilfe der MOHRschen Kreise in Abb. 7.1 dargestellt. Befindet sich der Halbraum in Ruhe, dann herrscht der

Spannungszustand des *Ruhedruckes*; der entsprechende Kreis bleibt unterhalb der COULOMBschen Gerade (λ_0). Die vertikale Spannung beträgt $\sigma_z = z\gamma$; das ist gleichzeitig die erste Hauptspannung. Beim Beginn der seitlichen Auflockerung — die lotrechten Ebenen geben nach — werden Schubspannungen und damit Widerstände hervorgerufen, die die Bewegung verhindern wollen, und durch die die waagerechten Spannungen vermindert werden. Die Auflockerung kann in diesem theoretischen Fall — unendlicher Halbraum — die Porenziffer nicht beeinflussen, daher bleibt die lotrechte Spannung in der Tiefe z unverändert; die Verminderung der waagerechten Spannung geht aber weiter, bis der wachsende Kreis die COULOMBsche Gerade berührt: dann ist die Bruchbedingung in jedem Punkte erfüllt und der aktive Grenzzustand erreicht.

Bei der *Verdichtung* des Halbraumes müssen wir *seitliche Kräfte* anbringen, wodurch die waagerechten Spannungen vergrößert werden. σ_z bleibt wieder konstant, der Kreis wird also immer kleiner. Dann wird der hydrostatische Zustand $(\sigma_z = \sigma_x)$ erreicht: der MOHRsche Kreis schrumpft zu einem Punkt zusammen. Wird dann die Verdichtung durch weitere Vergrößerung der seitlichen Kräfte fortgesetzt, dann vertauschen die Hauptspannungen die Rollen. Die bis dahin größere Hauptspannung wird zur kleineren und der Kreis beginnt zu wachsen, bis endlich auch hier der Grenzzustand — der *passive Grenzzustand* — erreicht wird.

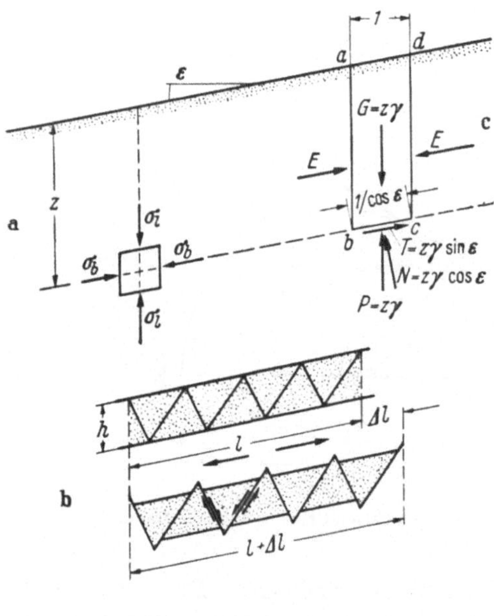

Abb. 7.2 a—c

a) konjugierte Spannungen;   b) Wirkung der Auflockerung; Ausbildung der Gleitflächen;   c) Gleichgewicht des Prismas *abcd* mit der Breite Eins

Der aktive Zustand stellt sich also durch *Nachgeben*, der passive durch *Zusammendrücken* ein.

Zuerst wollen wir den *aktiven Grenzzustand* untersuchen. Der Neigungswinkel der Böschung wird mit ε bezeichnet (Abb. 7.2 a—c). Da alle lotrechten Ebenen einander gleichwertig sein müssen, ist der Spannungszustand parallel zur Oberfläche konstant. Die lotrechten und die zur Oberfläche parallel laufenden Richtungen sind also *konjugiert*. Wir denken nun den ganzen Halbraum einer genügend großen gleichmäßigen Auflockerung unterworfen. Dadurch werden Scherspannungen hervorgerufen, die schließlich den Wert des Scherwiderstandes erreichen. Es bilden sich zwei Scharen von *unendlich vielen Gleitflächen* (Abb. 7.2b), in deren Richtungen die Bruchbedingung erfüllt ist.

Im folgenden werden wir die Spannungen auf einem elementaren graphischen Weg bestimmen; die allgemeine analytische Behandlung bringen wir in 7.2.

Untersuchen wir das Gleichgewicht des Prismas *abcd* der Abb. 7.2c. Die Dicke des Prismas ist eins; es wird von vier Kräften angegriffen: dem eigenen Gewicht, der Reaktion auf die untere Fläche *bc* und dem Erddruck auf den beiden Seiten. Die Bedingungen des Gleichgewichtes erfordern, daß die Erddruckkräfte auf den Flächen *ab* und *dc* die gleiche Größe und eine gemeinsame Wirkungslinie besitzen. Die Kräfte G und P haben gleichfalls dieselbe Wirkungslinie.

Die lotrechte Spannung wird mit σ_l bezeichnet; die konjugierte, böschungsparallele Spannung mit $\sigma_b \cdot \sigma_l$, die auf der Fläche *bc* wirkt, läßt sich leicht berechnen: wegen $G = 1.z\gamma$ und $bc = 1/\cos\varepsilon$ muß die

$$\sigma_l = \frac{G}{F} = z\gamma \cos\varepsilon$$

betragen. Wird diese Spannung in eine normale und eine tangentiale Komponente zerlegt, so erhält man

$$\left. \begin{aligned} \sigma &= \sigma_l \cos\varepsilon = z\gamma \cos^2\varepsilon, \\ \tau &= \sigma_l \sin\varepsilon = z\gamma \sin\varepsilon \cos\varepsilon. \end{aligned} \right\} \tag{7.1}$$

Abb. 7.3 stellt die Bruchbedingung dar: die COULOMBsche Gerade, die durch den Punkt O läuft ($c = 0$); ihre Neigung ist ϱ. Der Spannungszustand der Fläche *bc* in der Tiefe z läßt sich durch Punkt Z darstellen, dessen Koordinaten σ und τ sind [Gl. (7.1)]. Der MOHRsche Kreis soll durch diesen Punkt gehen und gleichzeitig die COULOMBsche Gerade berühren. Es gibt *zwei* solcher Kreise mit dem Mittelpunkt auf der Abszisse; der eine — kleinere — entspricht dem aktiven der andere dem passiven Zustande. Die Schnittpunkte dieser Kreise mit der x-Achse liefern die Werte der Hauptspannungen σ_1 und σ_3.

Zur Bestimmung der Gleitflächenneigung benutzen wir den *Pol*. In einem Punkte Z sind die Werte der Spannungskomponenten σ und τ gegeben; mit Hilfe der in 1.2, Abb. 1.10 beschriebenen Konstruktion bestimmen wir die Lage des Poles, indem wir durch Punkt Z eine Parallele zur Richtung der Fläche ziehen, in der die Spannung σ_l wirkt. Diese Linie geht durch den Punkt O und hat die Neigung ε. Der Schnittpunkt mit dem Hauptspannungskreis ist der Pol; die eine Gleitfläche hat die Neigung $\overline{Pa}$, die andere $\overline{Pa_1}$; sie schließen miteinander den Winkel $90° - \varrho$ und mit der Richtung der ersten Hauptspannung den Winkel $45° - \varrho/2$ ein.

Da diese Richtungen — wie aus der Konstruktion leicht zu ersehen. ist — vom absoluten Wert der Tiefe z unabhängig sind, können wir fest-

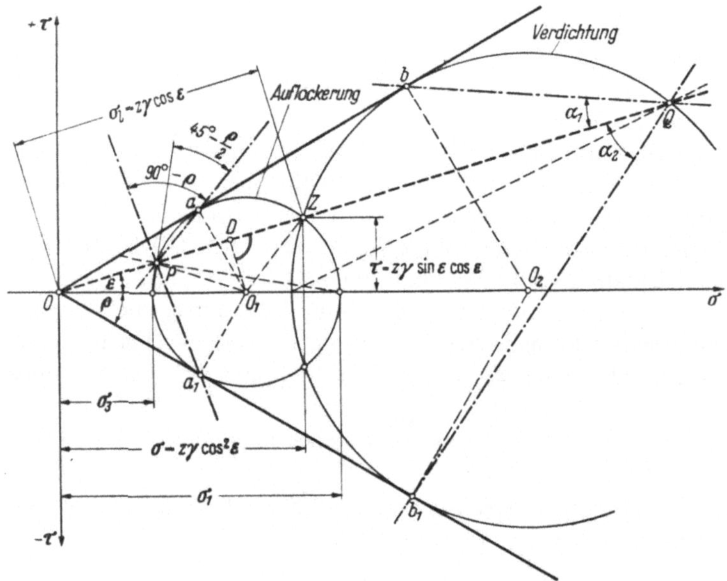

Abb. 7.3. MOHRsche Kreise im aktiven und passiven Grenzzustand

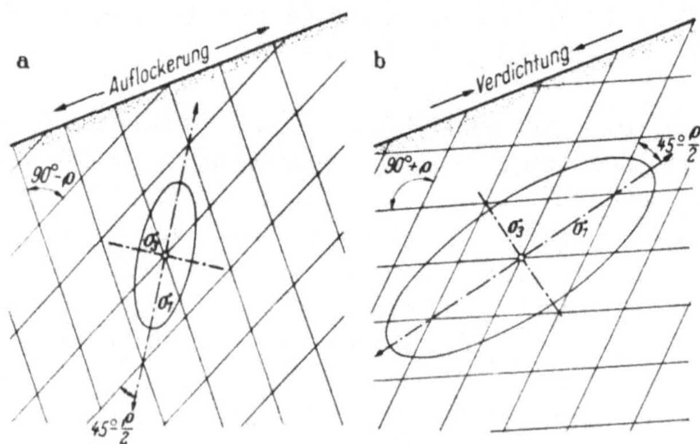

Abb. 7.4a u. b. Gleitflächen, Spannungsellipsen und Hauptspannungstrajektorien a) im aktiven, b) im passiven Grenzzustand

stellen, daß die Gleitflächen *parallele Ebenen* sind. Dies wird weiter unten auch analytisch bewiesen.

Die Konstruktion liefert also den vollständigen Spannungszustand und die Gleitflächenrichtungen. Der Hauptspannungskreis des passiven Zustandes geht auch durch den Punkt Z, sein Mittelpunkt liegt aber rechts von Z (Abb. 7.3) und die Berührungspunkte mit dem MOHRschen Kreise sind b und b_1. Die Hauptspannungen und die Gleitflächen- und Hauptspannungsrichtungen ergeben sich auf gleiche Weise mit Hilfe des Poles Q. Ein Beispiel ist in Abb. 7.4 a u. b dargestellt, wo wir auch die WINKLERschen Spannungsellipsen angegeben haben.

Da das Material keine Kohäsion besitzt, kann die Neigung der Oberfläche höchstens $\varepsilon = \varrho$ sein. In diesem Falle läuft die eine Schar der Gleitflächen mit der Oberfläche parallel, die andere ist lotrecht. Die Hauptspannungstrajektorien schließen mit der waagerechten den Winkel $(45° + \varrho/2)$ ein (s. Abb. 7.5).

Das Verhältnis der lotrechten und böschungsparallelen Spannungskomponenten zueinander läßt sich auf elementarem Wege geometrisch mit Hilfe des MOHRschen Kreises bestimmen. Aus Abb. 7.2 liest man ab:

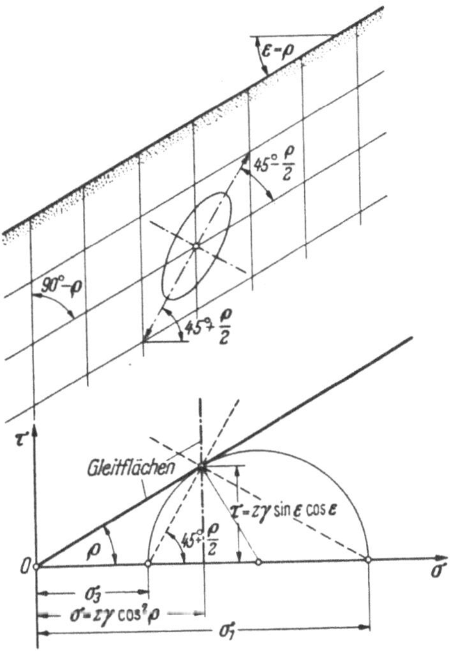

Abb. 7.5. Der Grenzfall $\varepsilon = \varrho$; Gleitflächen und Spannungszustand

$$\frac{\sigma_b}{\sigma_l} = \frac{\overline{OP}}{\overline{OZ}} = \frac{\overline{OD} - \overline{DP}}{\overline{OD} - \overline{DZ}}.$$

Wenn man für die Längen die Werte

$$\overline{OD} = \overline{OC_1} \cos \varepsilon; \quad \overline{DP} = \overline{DZ} = \sqrt{\overline{OC_1^2} \sin^2 \varrho - \overline{DC_1^2}},$$

$$\overline{DC_1} = \overline{OC_1} \sin \varepsilon$$

einsetzt, bekommt man:

$$\frac{\sigma_b}{\sigma_l} = \frac{\cos \varepsilon - \sqrt{\cos^2 \varepsilon - \cos^2 \varrho}}{\cos \varepsilon + \sqrt{\cos^2 \varepsilon - \cos^2 \varrho}}. \tag{7.2}$$

Die Gleichung läßt sich vereinfachen zu

$$\frac{\cos\varepsilon - \sqrt{\cos^2\varepsilon - \cos^2\varrho}}{\cos\varepsilon + \sqrt{\cos^2\varepsilon - \cos^2\varrho}} = \frac{1 - \sqrt{1 - \cos^2 v}}{1 + \sqrt{1 - \cos^2 v}} = \tan^2\left(45° - \frac{v}{2}\right), \quad (7.3)$$

mit

$$\cos v = \frac{\cos\varrho}{\cos\varepsilon}.$$

Die Spannungskomponenten sind

$$\left.\begin{aligned} \sigma_l &= z\gamma\cos\varepsilon, \\[2mm] \sigma_b &= z\gamma\tan^2\left(45° - \frac{v}{2}\right)\cos\varepsilon, \end{aligned}\right\} \qquad (7.4)$$

oder im passiven Zustand:

$$\frac{\sigma_l}{\sigma_b} = \frac{\overline{OQ}}{\overline{OZ}} = \frac{\overline{OZ}}{\overline{OP}} = \frac{1 + \sqrt{1 - \cos^2 v}}{1 - \sqrt{1 - \cos^2 v}} = \tan^2\left(45° + \frac{v}{2}\right).$$

Daher ist

$$\sigma_b = z\gamma\tan^2\left(45° + \frac{v}{2}\right)\cos\varepsilon.$$

Wir wollen nun für die Neigungswinkel der Gleitflächen und die Spannungsverteilung analytische Ausdrücke angeben.

Wir wählen dazu ein rechtwinkliges Koordinatensystem gemäß Abb. 7.6a. Der Spannungszustand wird durch den entsprechenden Mohrschen Kreis in Abb. 7.6b dargestellt.

Die Spannungskomponenten sind im aktiven Grenzzustand (bei $c = 0$) folgende [vgl. Gl. (5.3) und (5.18)]:

$$\left.\begin{aligned} \sigma_z &= \tau\,\frac{1 + \sin\varrho\,\sin(2\alpha - \varrho)}{\sin\varrho\,\cos\varrho}, \\[2mm] \sigma_x &= \tau\,\frac{1 - \sin\varrho\,\sin(2\alpha - \varrho)}{\sin\varrho\,\cos\varrho}, \\[2mm] \tau_{xz} &= \tau\,\frac{\cos(2\alpha - \varrho)}{\cos\varrho}. \end{aligned}\right\} \qquad (7.5)$$

Die Gleichgewichtsbedingungen lauten

$$\left.\begin{aligned} \frac{\partial\sigma_z}{\partial z} + \frac{\partial\tau_{xz}}{\partial x} &= \gamma\cos\varepsilon, \\[2mm] \frac{\partial\sigma_x}{\partial x} + \frac{\partial\tau_{zx}}{\partial z} &= \gamma\sin\varepsilon. \end{aligned}\right\} \qquad (7.6)$$

Im vorliegenden Falle sind die Spannungskomponenten von x unabhängig; daher ist

$$\frac{\partial\sigma_x}{\partial x} = \frac{\partial\tau_{xz}}{\partial x} = 0.$$

So ergibt sich aus (7.6)

$$\left.\begin{array}{l} \sigma_z = z\gamma \cos\varepsilon, \\[4pt] \tau_{xz} = z\gamma \sin\varepsilon \end{array}\right\} \qquad (7.7)$$

und damit

$$\frac{\tau_{xz}}{\sigma_z} = \tan\varepsilon = \frac{\cos(2\alpha - \varrho)\sin\varrho}{1 + \sin\varrho \sin(2\alpha - \varrho)}.$$

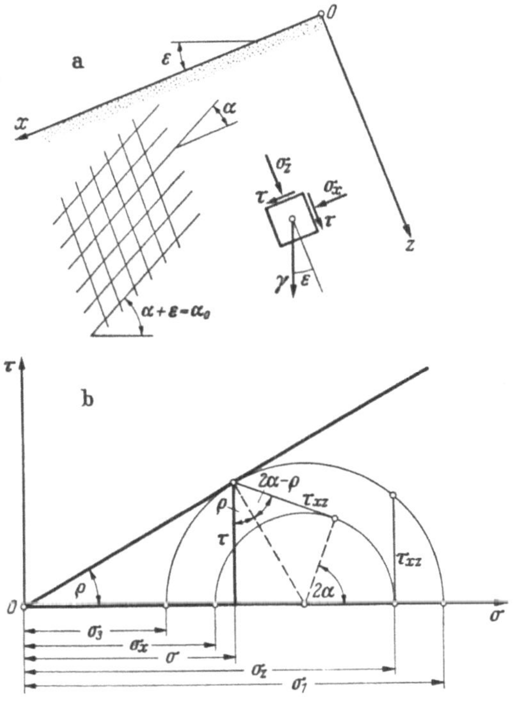

Abb. 7.6 a u. b

a) Gleichgewicht im unendlichen Halbraum; b) Konstruktion des Hauptspannungskreises

Führen wir die Bezeichnung $\alpha_0 - \alpha + \varepsilon$ für den Neigungswinkel der Gleitfläche zur *Waagerechten* ein, dann bekommen wir nach Vereinfachungen:

$$\cos(2\alpha_0 - \varrho - \varepsilon) = \frac{\sin\varepsilon}{\sin\varrho}, \qquad (7.8)$$

womit die Gleitflächenrichtungen und zugleich die Hauptspannungsrichtungen bestimmt sind. Die zweite Schar der Gleitflächen schließt mit der Waagerechten den Winkel $\alpha_0 + 90° - \varrho$ ein. Die Werte von α_0 als Funktion von ϱ und ε sind in Abb. 7.7 angegeben.

Im passiven Grenzzustand muß man berücksichtigen, daß die Richtung der Bewegung den Schubwiderständen entgegengesetzt ist; man erhält also die entsprechenden Zusammenhänge, indem man das Vorzeichen des Reibungswinkels vertauscht. Eine besondere Ableitung ist also nicht nötig.

Somit ist der Spannungszustand der beiden Grenzzustände als bekannt anzusehen. Zur numerischen Berechnung stellen wir die Gleichungen für die Spannungen zusammen.

Die lotrechten und böschungsparallelen Spannungskomponenten sind (Abb. 7.8a):

$$\left.\begin{aligned}\sigma_l &= z\gamma\,\cos\varepsilon,\\[4pt]\sigma_b &= z\gamma\,\cos\varepsilon\,\tan^2\,(45^\circ - \nu/2).\end{aligned}\right\} \tag{7.9}$$

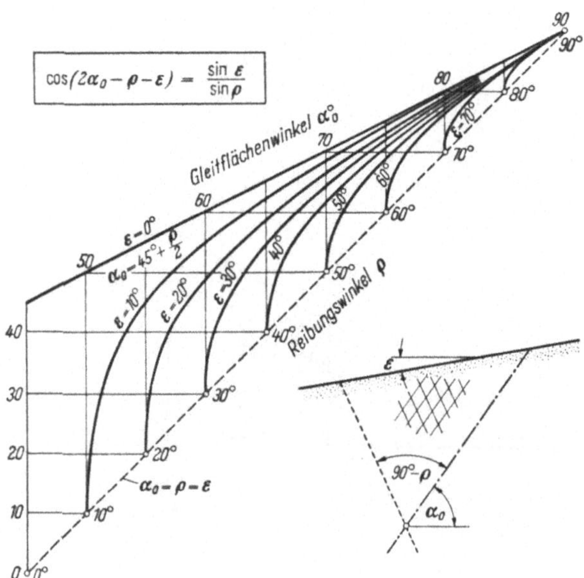

Abb. 7.7. Die Neigung der RANKINEschen Gleitflächen

Die Spannungskomponenten im System nach Abb. 7.8b sind:

$$\left.\begin{aligned}\sigma_y &= y\gamma\,(\cos\varepsilon + \sin\varepsilon)\,\frac{1 + \sin\varrho\,\cos 2\beta}{1 + \sin\varrho\,(\cos 2\beta + \sin 2\beta)}\,,\\[6pt]\sigma_x &= y\gamma\,(\cos\varepsilon + \sin\varepsilon)\,\frac{1 - \sin\varrho\,\cos 2\beta}{1 + \sin\varrho\,(\cos 2\beta + \sin 2\beta)}\,,\\[6pt]\tau_{xy} &= y\gamma\,(\cos\varepsilon + \sin\varepsilon)\,\frac{\sin\varrho\,\sin 2\beta}{1 + \sin\varrho\,(\cos 2\beta + \sin 2\beta)}\,,\end{aligned}\right\} \tag{7.10}$$

wo β den Winkel zwischen der ersten Hauptrichtung und der Normalen auf die Erdoberfläche bedeutet.

Die Hauptspannungen (Abb. 7.8b)
sind

$$\left.\begin{aligned}
\sigma_1 &= z\gamma\,\frac{1 + \sin \varrho}{1 + \sin \nu}\,,\\[2mm]
\sigma_3 &= z\gamma\,\frac{1 - \sin \varrho}{1 + \sin \nu}\,.
\end{aligned}\right\} \quad (7.11)$$

Die Normal- und die Tangentialkomponente der Spannung in einem
beliebigen Flächenelement (Abb. 7.8c)
haben die Werte:

$$\left.\begin{aligned}
\sigma &= z\gamma\,\frac{1 + \sin \varrho \cos 2\varkappa}{1 + \sin \nu}\,,\\[2mm]
\tau &= z\gamma\,\frac{\sin \varrho \sin 2\varkappa}{1 + \sin \nu}
\end{aligned}\right\} \quad (7.12)$$

mit den Bezeichnungen

$$\cos \nu = \frac{\cos \varrho}{\cos \varepsilon}\,;\quad \varkappa = \theta - \beta + \varepsilon\,;$$

$$\beta = 45^\circ + \varrho/2 - \alpha_0 + \varepsilon, \quad (7.13)$$

wo α_0 den Winkel zwischen der ersten
Gleitfläche und der Waagerechten
(s. Abb. 7.6 und 7.7) bedeutet.
Die entsprechenden Gleichungen für
den passiven Grenzzustand werden,
wie erwähnt, durch Austausch des
Vorzeichens erhalten. Aus den Glei-
chungen ist ersichtlich, daß sämtliche
Spannungen proportional zur Tiefe
sind.
Es ist noch von Interesse, den
Neigungswinkel des resultierenden

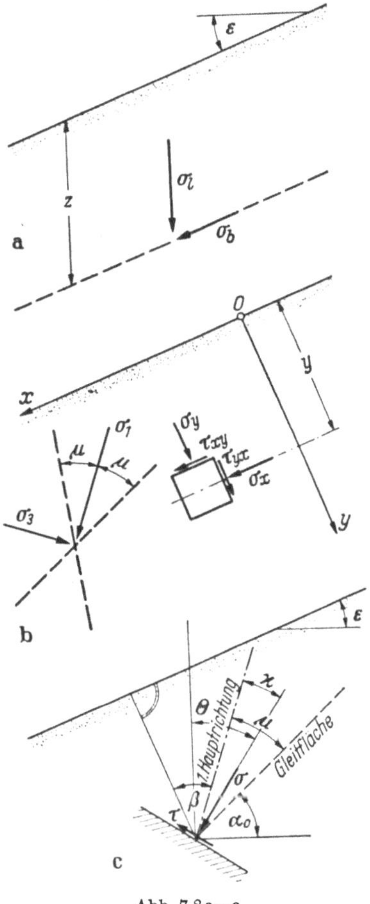

Abb. 7.8a–c.

a) die konjugierten Richtungen; b) Hauptspannungen; c) Spannungen an einem beliebigen Flächenelement

Erddruckes zu untersuchen. Da die resultierenden Spannungen längs
einer ebenen Fläche einander parallel sind, läßt sich dieser Winkel aus
der Beziehung (7.12) durch

$$\tan \delta = \frac{\tau}{\sigma} = \frac{\sin \varrho \sin 2\varkappa}{1 + \sin \varrho \cos 2\varkappa} \quad (7.14)$$

berechnen [$\varkappa$ nach (7.13)].
Die Funktion (7.14) ist an Hand eines ausgewählten Falles für verschiedene Werte von θ zusammen mit den Spannungskomponenten σ
und τ in Abb. 7.9 dargestellt.

Als praktisches Beispiel wurden in Abb. 7.10 die Spannungen auf mehreren ebenen Flächen im Halbraum berechnet; die resultierenden Erddruckkräfte ergeben sich durch Berechnung der entsprechenden Flächen.

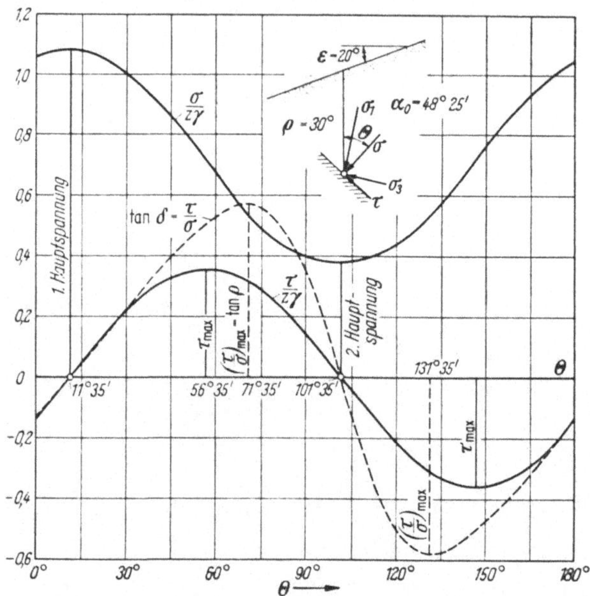

Abb. 7.9. Normale und tangentiale Spannungen als Funktion der Orientierung des Flächenelementes; Richtungswinkel der resultierenden Spannung

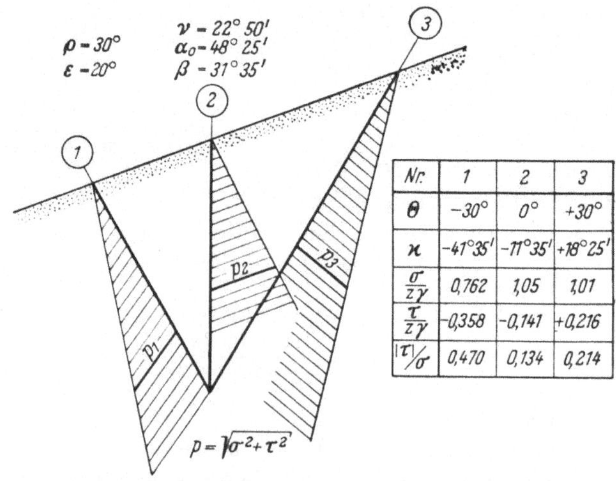

Nr.	1	2	3
θ	$-30°$	$0°$	$+30°$
$\varkappa$	$-41°35'$	$-11°35'$	$+18°25'$
$\dfrac{\sigma}{z\,\gamma}$	0,762	1,05	1,01
$\dfrac{\tau}{z\,\gamma}$	$-0,358$	$-0,141$	$+0,216$
$\left\vert\tau\right\vert / \sigma$	0,470	0,134	0,214

Abb. 7.10. Spannungen und Erddruckkräfte im Halbraume

Im einfachsten Falle — waagerechte Oberfläche, lotrechte Wandfläche — beträgt die Größe des Erddruckes:

$$E_a = \int_0^h \sigma_x \, dz = \frac{h^2 \gamma}{2} \tan^2(45° - \varrho/2) = \lambda_a \frac{h^2 \gamma}{2} \, ; \qquad (7.15)$$

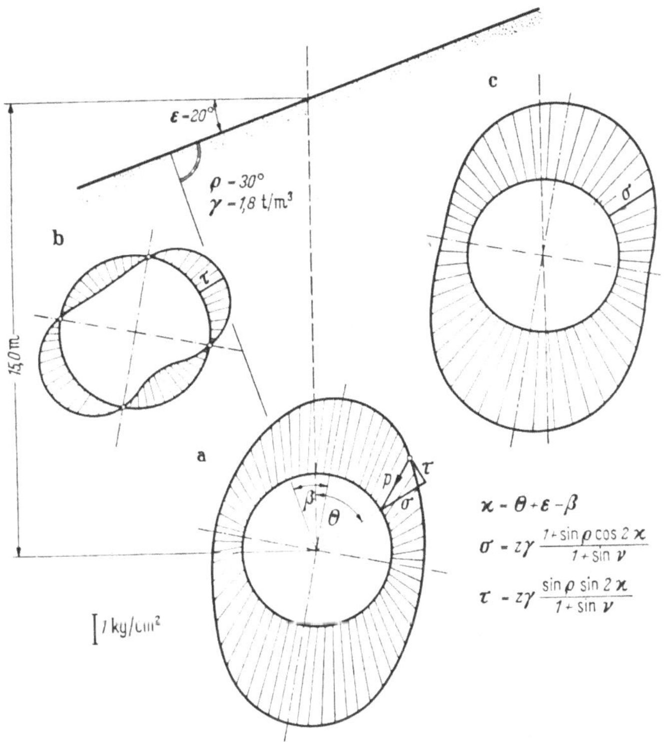

Abb. 7.11 a—c. Resultierende Spannungen an der Wandung eines kreisrunden Loches

und des Erdwiderstandes:

$$E_p = \int_0^h \sigma_x \, dz = \frac{h^2 \gamma}{2} \tan^2(45° + \varrho/2) = \lambda_p \frac{h^2 \gamma}{2} \, . \qquad (7.16)$$

Der Angriffspunkt auf einer bis zur freien Oberfläche reichenden
ebenen Fläche liegt wegen der hydrostatischen Verteilung immer im
unteren Drittelpunkt.

Als zweites Beispiel wurden die Spannungen berechnet, die an der
Wandung eines kreisrunden Loches mit dem Durchmesser von $D = 5,0$ m
auftreten.

Die waagerechte Achse des Loches liegt in einer Tiefe von 15 m. Der Boden ist Sand ($\varrho = 30°$) und die freie Oberfläche ist unter $\varepsilon = 20°$ geneigt. Das Raumgewicht beträgt $\gamma = 1,8$ t/m³. Die normalen, tangentialen und die resultierenden Spannungen stellen die Abb. 7.11a—c dar. Berechnet man nun die Integrale der resultierenden Spannungen,

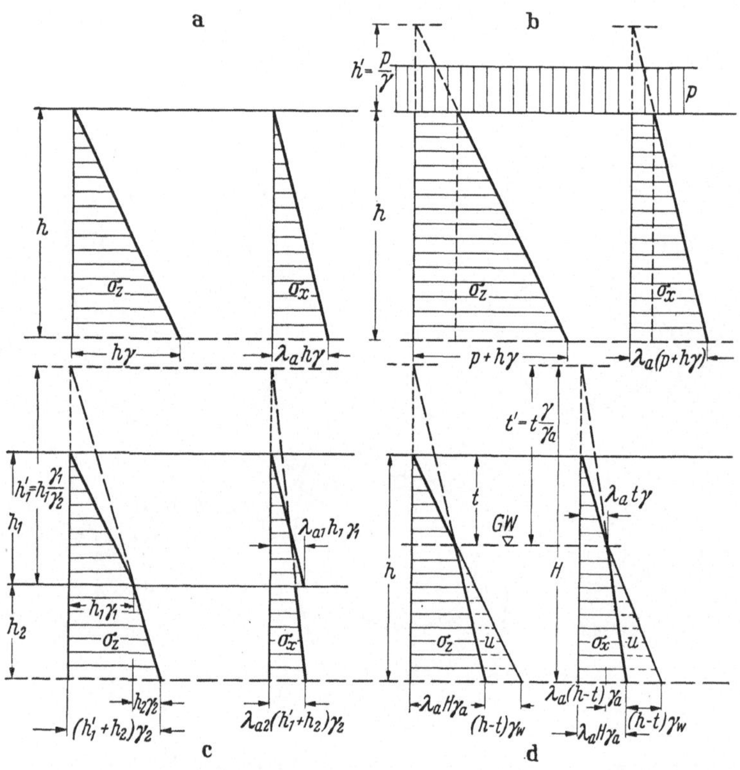

Abb. 7.12 a—d. Lotrechte und waagerechte Spannungen im Halbraume bei waagerechter Oberfläche a) homogener Baugrund; b) Oberfläche gleichmäßig belastet; c) geschichteter Baugrund; d) anstehendes Grundwasser

die entlang der Kreislinie wirken, dann bekommt man eine Kraft, die nach oben gerichtet ist; ihre Größe ist dem fehlenden Gewicht des früher das Loch ausfüllenden Bodenmaterials gleich. In der gleichen Weise können wir den Erddruck und den Erdwiderstand auf einer beliebigen geraden oder gekrümmten Fläche bestimmen.

Zum Schluß zeigen wir noch den Spannungszustand in einem durch eine waagerechte Oberfläche begrenzten Halbraum, wenn *mehrere Schichten* oder *Grundwasser* vorhanden sind und wenn die Oberfläche *gleichmäßig belastet* ist.

Bei waagerechter Oberfläche sind die Lotrechten und die Waagerechten Hauptrichtungen; die Hauptspannungen (Abb. 7.12a) sind:

$$\left.\begin{aligned}\sigma_z &= \sigma_1 = z\gamma, \\ \sigma_x &= \sigma_3 = z\gamma \tan^2(45° - \varrho/2) = \lambda_a z\gamma.\end{aligned}\right\} \qquad (7.11\,\text{a})$$

Die Spannungen in einem beliebig gerichteten Flächenelement ($\beta = 0$) sind:

$$\left.\begin{aligned}\sigma &= z\gamma\,\frac{1 + \sin\varrho\,\cos 2\theta}{1 + \sin\varrho}, \\ \tau &= z\gamma\,\frac{\sin\varrho\,\sin 2\theta}{1 + \sin\varrho}.\end{aligned}\right\} \qquad (7.12\,\text{a})$$

Ist die Oberfläche gleichmäßig belastet (Abb. 7.12b), dann ist die lotrechte Spannung in jeder Tiefe um p größer; sie ist aber nach wie vor eine Hauptspannung:

$$\sigma_z = p + z\gamma = \gamma\left(\frac{p}{\gamma} + z\right).$$

Die waagerechte Spannung ist

$$\sigma_x = \lambda_a\,\gamma\left(\frac{q}{\gamma} + z\right).$$

Die Größe des Erddruckes auf eine lotrechte Wand mit der Höhe h beträgt

$$E_a = \lambda_a\,\frac{h^2\gamma'}{2}; \quad \text{mit} \quad \gamma' = \gamma + \frac{2p}{h}.$$

Sein Angriffspunkt liegt in der Höhe der waagerechten Schwerlinie des Spannungstrapezes:

$$h_0 = \frac{h + 3\,\dfrac{p}{\gamma}}{h + 2\,\dfrac{p}{\gamma}}.$$

Sind mehrere waagerechte Schichten mit verschiedenen ϱ- und γ-Werten vorhanden, dann werden die Spannungen folgendermaßen bestimmt (Abb. 7.12c). Die waagerechte Spannung beträgt in der unteren Fläche der ersten Schicht $\lambda_{a1}\gamma_1 h_1$; die Verteilung in dieser Schicht ist dreieckförmig. Beim Übergang auf die zweite Schicht wird die erste durch eine gleichwertige Schicht ersetzt, die in der Tiefe h die gleiche lotrechte Spannung erzeugt, deren Raumgewicht aber γ_2 beträgt. So können wir die Spannungsfläche mit Hilfe der physikalischen Konstanten der zweiten Schicht auftragen. Die lotrechte Spannung auf der unteren Grenzfläche ist

$$\sigma_z = h_1\gamma_1 + h_2\gamma_2 = \gamma_2\left(h_2 + h_1\,\frac{\gamma_1}{\gamma_2}\right) = \gamma_2(h_2 + h_1'),$$

und die waagerechte Spannung:

$$\sigma_x = \lambda_{a2}\, \gamma_2 \left(h_2 + h_1\, \frac{\gamma_1}{\gamma_2} \right) = \lambda_{a2}\, \gamma_2 (h_2 + h_1') \,.$$

Das Verfahren läßt sich für mehrere Schichten verallgemeinern.

Abb. 7.12d zeigt den Fall, daß Grundwasser mit waagerechter Oberfläche in einer Tiefe t ansteht. Im Sand wird der Reibungswinkel dadurch nur unbedeutend beeinflußt. In der Tiefe z ist die wirksame lotrechte Spannung (s. Abschn. 2.1, Abb. 2.3a)

$$\bar{\sigma}_z = \gamma t + \gamma_a (z - t),$$

und die wirksame waagerechte Spannung:

$$\bar{\sigma}_x = \lambda_a \gamma_a \left[z + \left(\frac{\gamma}{\gamma_a} - 1 \right) t \right].$$

Bei der Konstruktion der Spannungsfläche können wir das erwähnte Verfahren der Ersatzschichtdicke benutzen; für das Raumgewicht des unter Wasser stehenden Bodens wird dann mit γ_a gerechnet.

Zur klaren Darstellung der Druckverhälnisse ist es zweckmäßig, den Erddruck vom Wasserdruck *getrennt* zu behandeln; dabei ist immer zu beachten, daß wir bei der Berechnung der Erddruckspannungen immer nur die wirksamen lotrechten Spannungen mit den RANKINEschen Beiwerten λ_a und λ_p multiplizieren dürfen.

7.2 Untersuchung des Halbraumes bei Annahme ebener Gleitflächen

Die Gleitflächen, die sich in einem Halbraum im plastischen Zustand ausbilden, sind bei Abwesenheit von Kohäsion und bei unbelasteter oder gleichmäßig belasteter Oberfläche Ebenen, wie dies im Abschn. 7.1 bewiesen wurde. Im Abschn. 7.3 werden wir sehen, daß dies unter sonst gleichen Voraussetzungen bei $c \neq 0$ nicht mehr der Fall ist. Wollen wir auch in diesem Falle *ebene Gleitflächen* annehmen, dann kann das nur bei nicht gleichmäßig belasteter Oberfläche den Gleichgewichtsbedingungen genügen. In diesem Abschnitt werden wir als Beispiel diese Untersuchung durchführen (KÉZDI, 1961).

Wir benutzen die Gleichungen (5.18) für die Spannungskomponenten, wo sie mit Hilfe der Schubspannung in der Gleitfläche ausgedrückt wurden. Wir nehmen an, daß $\alpha = \mathrm{const}$ ist; die Gleitfläche ist also eben. Die Gln. (5.18) haben daher folgende Form:

$$\sigma_z = A\tau - c \cot\varrho\,,$$
$$\sigma_x = B\tau - c \cot\varrho\,,$$
$$\tau_{xz} = C\tau\,.$$

Setzen wir diese Ausdrücke in die Gleichungen des Gleichgewichtes (2.2) ein, so folgt

$$A \frac{\partial \tau}{\partial z} + C \frac{\partial \tau}{\partial x} = \gamma,$$

$$C \frac{\partial \tau}{\partial z} + B \frac{\partial \tau}{\partial x} = 0.$$

Aus diesen Gleichungen ergeben sich die partiellen Ableitungen von τ in der Form

$$\frac{\partial \tau}{\partial z} = \gamma \, \frac{B}{AB - C^2} = \gamma \tan \varrho \, [1 - \sin \varrho \, \sin (2\alpha - \varrho)],$$

$$\frac{\partial \tau}{\partial x} = \gamma \, \frac{C}{C^2 - AB} = - \gamma \tan \varrho \, \sin \varrho \, \cos (2\alpha - \varrho).$$

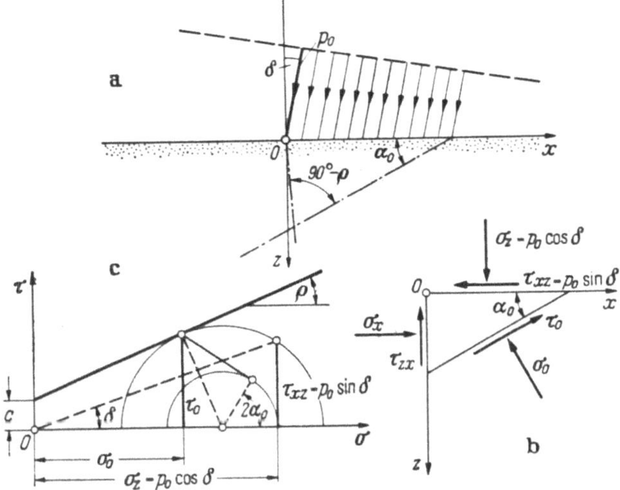

Abb. 7.13 a—c. Plastischer Grenzzustand des belasteten Halbraumes bei Annahme ebener Gleit-flächen
a) Verteilung der Oberflächenbelastung; b) Gleichgewicht des Volumenelementes; c) Bruchbedingung

Der allgemeine Ausdruck für τ ist also durch Integration zu erhalten und lautet:

$$\tau = z\gamma \tan \varrho \, [1 - \sin \varrho \, \sin (2\alpha - \varrho)] - x\gamma \tan \varrho \, \sin \varrho \, \cos (2\alpha - \varrho) + K.$$

Dieses Ergebnis wollen wir auf den Halbraum mit waagerechter Oberfläche anwenden. Bei $z = 0$ ist die τ-Spannung eine lineare Funktion von x. Aus den Randbedingungen (Abb. 7.13 a u. c) folgt

bei $\qquad\qquad\qquad z = 0 \qquad$ und $\qquad x = 0:$

$$\tau = \tau_0 = K,$$
$$\sigma_z = p_0 \cos \delta,$$
$$\tau_{xz} = p_0 \sin \delta.$$

10*

Setzt man diese Werte in Gl. (5.18) ein, dann ergibt sich derselbe Ausdruck für α wie im Fall des schwerelosen Körpers:

$$p_0 = c\,\frac{\cos \varrho \cos (2\alpha_0 - \varrho)}{\sin \delta - \sin \varrho \cos (2\alpha_0 - \varrho + \delta)}.$$

Bei gegebenen Werten von p_0, δ bzw. c, ϱ können wir den Winkel α_0 bestimmen. Die Integrationskonstante K berechnet sich aus dem bekannten Spannungszustand im Punkte O:

$$\tau_0 = \frac{p_0 \sin \delta \cos \varrho}{\cos (2\alpha_0 - \varrho)} = K$$

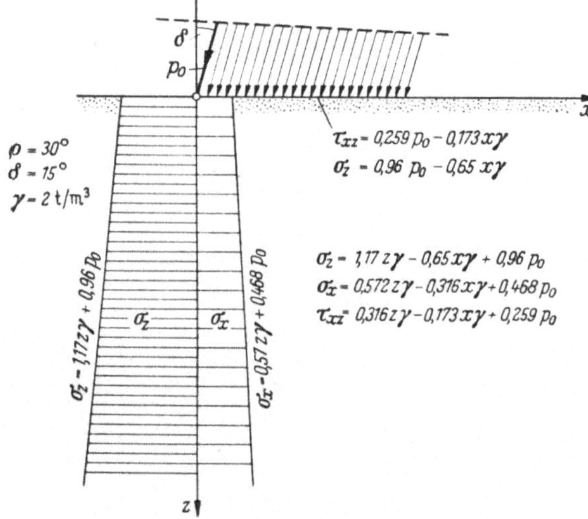

Abb. 7.14. Verteilung der Spannungen im Halbraum im plastischen Zustand bei linear abnehmender Oberflächenbelastung

und dadurch können wir die Tangentialspannung in der ebenen Gleitfläche in jedem Punkte des Halbraumes bestimmen. Auf der waagerechten Oberfläche ($z = 0$) ist

$$\tau = p_0\,\frac{\sin \varrho \cos \varrho}{\cos (2\alpha_0 - \varrho)} - x\gamma \tan \varrho \sin \varrho \cos (2\alpha_0 - \varrho),$$

d. h.

$$\tau = a\,p_0 - b\,x.$$

τ, und damit auch die übrigen Spannungen sind eine lineare Funktion von x. Abb. 7.14 zeigt ein numerisches Beispiel; es wurde die Spannungsverteilung im Halbraum bei gegebenen Werten p_0 und δ, bzw. c und ϱ berechnet.

7.3 Gleichgewicht eines Erdkeiles im Ruhezustand

Als weitere Anwendung des RANKINEschen Spannungszustandes wollen wir das Gleichgewicht eines *Erdkeiles* untersuchen. Als praktisches Ergebnis erhalten wir dann Auskunft über den Zusammenhang zwischen Reibungswinkel und Ruhedruckziffer (s. Kap. 2). Die Ableitung stammt von JÁKY (1944).

Wir betrachten den Erdkeil in Abb. 7.15, dessen Seitenflächen unter ϱ geneigt sind. In der Nähe der Begrenzungsfläche herrscht im Keil der plastische Zustand von RANKINE (vgl. Abb. 7.5); die Gleitflächenscharen sind parallele Ebenen, die Ebenen der einen Schar sind mit der Böschung parallel, die der anderen sind senkrecht. Der Spannungszustand ist vollkommen bekannt, denn mit Hilfe der Gln. (7.10—7.12) können wir sämtliche Spannungskomponenten aufschreiben. Im Koordinatensystem der Abb. 7.15 ist die Tangentialspannung in diesem Bereich

$$\tau = z\gamma \sin\varrho \cos\varrho - x \sin^2\varrho, \tag{7.17}$$

und die Spannungskomponenten sind [aus Gl. (7.5), mit $\alpha = \varrho$]:

$$\left.\begin{aligned}
\sigma_z &= \tau\,\frac{1 + \sin^2\varrho}{\sin\varrho \cos\varrho}, \\
\sigma_x &= \tau \cot\varrho, \\
\tau_{xz} &= \tau.
\end{aligned}\right\} \tag{7.18}$$

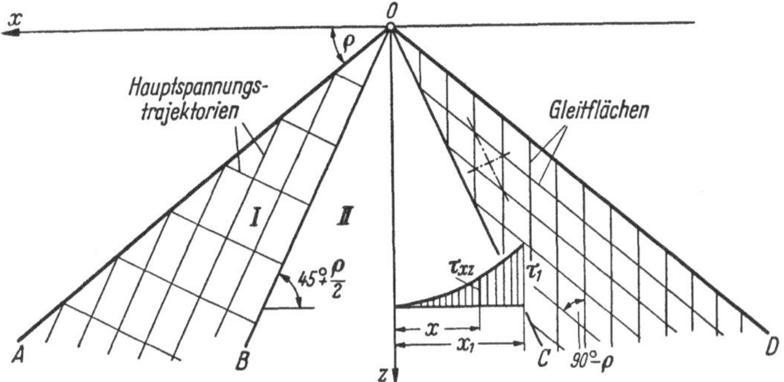

Abb. 7.15. Hauptspannungstrajektorien und Gleitflächen in einem Erdkeil

Es soll betont werden, daß dieser Teil des Keiles zur Ausbildung des Spannungszustandes keine Bewegungen, Verformungen auszuführen braucht; die Bruchbedingung ist auch in der Lage der vollkommenen Ruhe überall erfüllt, die Scherfestigkeit ist vollkommen mobilisiert.

Die Gleitflächen dieses Spannungszustandes können aber nur bis zur Ebene OB reichen, denn sonst müßte auch die lotrechte z-Achse eine Gleitfläche sein, das ist aber nicht möglich, da diese Achse eine Symmetrieebene ist, wo $\tau = 0$ ist. Im ersten Gebiet sind die Hauptspannungstrajektorien Ebenen, die mit der Waagerechten den Winkel $45° + \varrho/2$ einschließen. Die letzte Trajektorie ist OB, bzw. OC.

Auf dieser Grenzfläche, deren Punkte durch die Gleichung $x_1 = z \tan(45° - \varrho/2)$ gegeben sind, beträgt die Schubspannung

$$\tau_{xz} = x_1 \gamma \sin\varrho.$$

Die Komponenten des Spannungszustandes sind

$$\sigma_{z1} = x_1\gamma\,\frac{1 + \sin^2\varrho}{\cos\varrho},$$

$$\sigma_{x1} = x_1\gamma \cos\varrho,$$

$$\tau_1 = x_1\gamma \sin\varrho.$$

Im zweiten Gebiet ist die Bruchbedingung nicht erfüllt. Auch dieser Teil befindet sich in Ruhe; da aber bei der Bildung des Keiles gewisse Bewegungen zustande kommen, die einen Teil der Scherfestigkeit mobilisieren, ist der Spannungszustand ein Übergang zwischen dem plastischen und dem elastischen Zustand. Die Gesetze dieses Spannungszustandes sind unbekannt; wenn wir also die Verteilung der waagerechten resultierenden Spannung in der Symmetrieebene ($\tau = 0$) bestimmen wollen, müssen wir eine Annahme treffen. Wir gehen vom Werte der Spannung τ_1 aus. Ihr Wert ist entlang der z-Achse und auf der Ebene OB $\tau = \tau_1$. Wir nehmen an, daß die waagerechte Verteilung dieser Spannung durch

$$\tau_{xz} = \tau_1 \frac{x^2}{x_1^2} \tag{7.19}$$

gegeben ist, d. h. es ist

$$\tau_{xz} = \frac{x^2}{z}\, \gamma \sin \varrho \tan (45° + \varrho/2)\,.$$

Mit Hilfe der Gleichgewichtsbedingungen (2.2) können nun daraus die beiden anderen Spannungen berechnet werden. So ist

$$\frac{\partial \sigma_z}{\partial z} = \gamma - \frac{\partial \tau_{xz}}{\partial x} = \gamma - \frac{2x}{z}\, \gamma \sin \varrho \tan (45° + \varrho/2)\,,$$

und durch Integration folgt

$$\sigma_z = z\gamma - 2x\gamma \sin \varrho \tan (45° + \varrho/2) \ln z + f(x)\,. \tag{7.20}$$

Zur Bestimmung der Integrationsfunktion $f(x)$ beachten wir, daß auf der Ebene OB

$$z = x_1 \tan (45° + \varrho/2)$$

und

$$\sigma_z = x_1 \gamma \, \frac{1 + \sin^2\varrho}{\cos \varrho}$$

ist. Damit ergibt sich aus Gl. (7.20)

$$f(x) = 2x\gamma \sin \varrho \tan (45° + \varrho/2) \ln [x \tan (45° + \varrho/2)] - x\gamma \sin \varrho \cot (45° + \varrho/2)\,,$$

so daß die Funktion von σ_z

$$\sigma_z = z\gamma - 2x\gamma \sin \varrho \tan (45° + \varrho/2) \ln \frac{z}{x \tan (45° + \varrho/2)} - x\gamma \sin \varrho \tan (45° + \varrho/2) \tag{7.21}$$

lautet. Ist speziell $x = 0$, dann ist $\sigma_{z0} = z\gamma$.
Analog erhalten wir für die waagerechte Spannungskomponente

$$\frac{\partial \sigma_x}{\partial x} = - \frac{\partial \tau_{xz}}{\partial z} = \frac{x^2}{z^2}\, \gamma \sin \varrho \tan (45° + \varrho/2)\,,$$

mit der Lösung

$$\sigma_x = \frac{x^3}{3z^2}\, \gamma \sin \varrho \tan (45° + \varrho/2) + g(z)\,. \tag{7.22}$$

Wegen $\sigma_x(o) = \sigma_{x0}$ ist $g(z) = \sigma_{x0}$. Auf der Fläche OB ist mit $x_1 = z \tan (45° - \varrho/2)$ nach Gl. (7.18)

$$\sigma_x = \sigma_{x1} = x_1 \gamma \cos \varrho = z\gamma (1 - \sin \varrho)\,.$$

Nach dem Einsetzen in Gl. (7.22) läßt sich σ_{x0} berechnen:

$$\sigma_{x0} = z\gamma\,(1 - \sin\varrho)\,\frac{1 + \frac{2}{3}\sin\varrho}{1 + \sin\varrho}$$

oder

$$\sigma_{x0} = \sigma_{z0}\,(1 - \sin\varrho)\,\frac{1 + \frac{2}{3}\sin\varrho}{1 + \sin\varrho}. \qquad (7.23)$$

Die Ruhedruckziffer beträgt also:

$$\lambda_0 = \frac{\sigma_{x0}}{\sigma_{z0}} = \left(1 + \frac{2}{3}\sin\varrho\right)\tan^2(45° - \varrho/2). \qquad (7.24)$$

Abb. 7.16 stellt diese Funktion dar. Wird der Ausdruck $(1 + \frac{2}{3}\sin\varrho)$ $(1 + \sin\varrho)$ als Funktion von ϱ aufgetragen, dann ergibt sich, daß er im Bereich $\varrho = 20° \sim 45°$ annähernd 0,9 ist, d. h. die Ruhedruckziffer läßt sich durch die Beziehung

$$\lambda_0 \cong 0,9\,(1 - \sin\varrho) \qquad (7.24\,\text{a})$$

angeben. Das wurde durch mehrere Versuche bestätigt (s. Kap. 2).

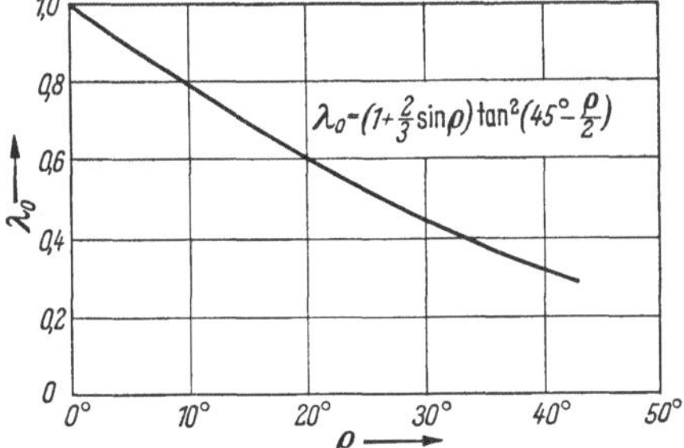

Abb. 7.16. Ruhedruckziffer (λ_0) als Funktion des Reibungswinkels

7.4 Der Coulombsche Halbraum; Lösung von Jelinek

Im folgenden wollen wir den Spannungszustand und die Gleitflächen im Halbraum unter denselben Bedingungen wie im Abschn. 7.1 untersuchen mit dem Unterschied, daß das Material auch *Kohäsion* besitzt; die Bruchbedingung wird also in ihrer allgemeinen Form

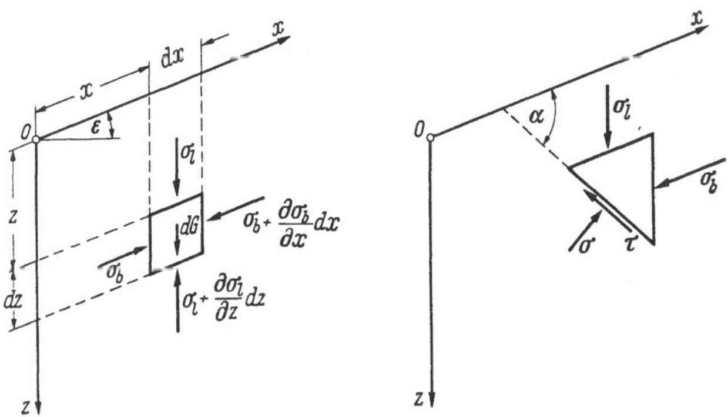

Abb. 7.17. Gleichgewicht am Volumenelement; schiefwinkliges Koordinatensystem

$\tau = \sigma \tan \varrho + c$　verwendet. Der Untersuchung liegt die ausführliche Arbeit von JELINEK (1943 und 1947) zugrunde.

Wir benutzen ein schiefwinkliges Koordinatensystem (Abb. 7.17). Die Oberfläche des Halbraumes ist unter dem Winkel ε geneigt. Die lotrechten und die böschungsparallelen Spannungskomponenten sind σ_l und σ_b (s. Abschn. 7.1). Die lotrechte Komponente nimmt linear mit der Tiefe zu: $\sigma_l = z\gamma\cos\varepsilon$. Es sollen nun die Kräfte an einem dreieckigen Element, dessen eine Seite auf der Gleitfläche liegt, im Grenzgleichgewichtsfall untersucht werden. Aus dem Gleichgewicht der Kräfte am Element lassen sich die Normal- und die Tangentialspannung durch die Komponenten σ_l und σ_b ausdrücken. Danach ist

$$\left.\begin{aligned} \sigma &= \sigma_l\,\frac{\cos^2(\alpha-\varepsilon)}{\cos\varepsilon} + \sigma_b\,\frac{\sin^2\alpha}{\cos\varepsilon}\,, \\[2mm] \tau &= \sigma_l\,\frac{\sin(2\alpha-2\varepsilon)}{2\cos\varepsilon} - \sigma_b\,\frac{\sin 2\alpha}{2\cos\varepsilon}\,. \end{aligned}\right\} \tag{7.25}$$

In die Bruchbedingung eingesetzt ergibt sich

$$\sigma_l\cos(\alpha-\varepsilon)\sin(\varrho-\alpha+\varepsilon) + \sigma_b\sin\alpha\cos(\alpha-\varrho) = -c\cos\varepsilon\cos\varrho. \tag{7.26}$$

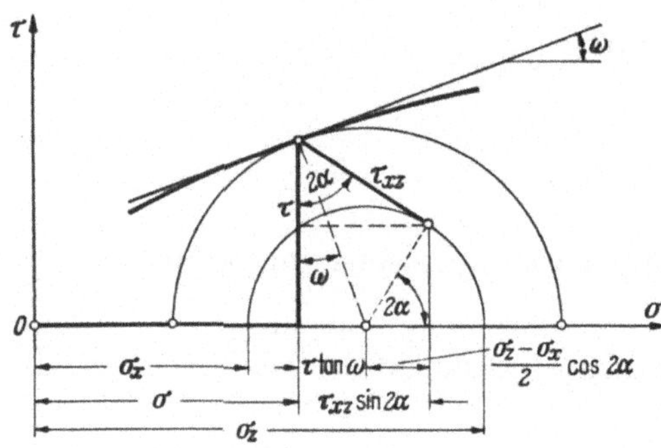

Abb. 7.18. Bedingung der Einhüllenden im allgemeinen Fall

Zur Elimination des Parameters α bedarf es einer weiteren Gleichung. Sie folgt aus der Bedingung, daß die Hauptspannungskreise in der MOHRschen Bruchtheorie eine *Einhüllende* besitzen sollen. Wird nämlich der durch die Gl. (1.7) gegebene Spannungszustand (τ,σ) in einem beliebigen Flächenelement mit der Neigung α nach α differenziert, dann erhält man

$$\frac{\partial\sigma}{\partial\alpha} = -2\frac{\sigma_z-\sigma_x}{2}\sin 2\alpha - 2\tau_{xz}\cos 2\alpha = -2\tau$$

und

$$\frac{\partial\tau}{\partial\alpha} = 2\frac{\sigma_z-\sigma_x}{2}\cos 2\alpha - 2\tau_{xz}\sin 2\alpha = -2\tau\tan\omega.$$

Die Richtigkeit der zweiten Gleichung ergibt sich aus Abb. 7.18. Aus diesen beiden Gleichungen folgt

$$\frac{\partial\tau}{\partial\alpha} = \frac{\partial\sigma}{\partial\alpha}\tan\omega. \tag{7.27}$$

Diese Beziehung ist für jede beliebige Form der Einhüllenden gültig und bringt zum Ausdruck — wie Jelinek feststellt —, daß längs der Gleitfläche nicht nur die Schubspannung gleich der Schubfestigkeit, sondern auch die Differenz aus beiden Werten ein Minimalwert ist. Ist die Einhüllende eine Gerade, dann tritt $\tan \varrho$ in (7.27) an Stelle von $\tan \omega$.

Setzt man die Ableitungen von (7.25) in (7.27) ein, dann erhält man:

$$\sigma_l \cos(\varrho - 2\alpha + 2\varepsilon) - \sigma_b \cos(2\alpha - \varrho) = 0. \qquad (7.28)$$

Gl. (7.28) läßt sich in der Form

$$\tan(2\alpha - \varrho) = \frac{\sigma_b - \sigma_l \cos 2\varepsilon}{\sigma_l \sin 2\varepsilon} \qquad (7.28\,\mathrm{a})$$

schreiben. Aus (7.26) und (7.28) eliminiert man vorübergehend σ_b:

$$\sigma_l \sin \varepsilon + \sigma_l \sin \varrho \cos \varepsilon \cos(2\alpha - \varrho) + \sigma_l \sin \varepsilon \sin \varrho \sin(2\alpha - \varrho) =$$
$$= - c \cos \varrho \cos(2\alpha - \varrho).$$

In (7.28a) eingesetzt, quadriert und zusammengefaßt, ergibt schließlich:

$$\sigma_b^2 \cos^2 \varrho + 2\sigma_b \sigma_l (\cos^2 \varrho - 2\cos^2 \varepsilon) + \sigma_l^2 \cos^2 \varrho -$$
$$- 2(\sigma_b + \sigma_l) c \cos \varepsilon \sin 2\varrho - 4c^2 \cos^2 \varrho \cos^2 \varepsilon = 0. \qquad (7.29)$$

Da $\sigma_l = z\gamma \cos \varepsilon$ ist, erhält man folgende Gleichung zweiten Grades für die böschungsparallele Spannungskomponente:

$$\sigma_b^2 \cos^2 \varrho + 2\sigma_b z\gamma \cos \varepsilon (\cos^2 \varrho - 2\cos^2 \varepsilon) + z^2\gamma^2 \cos^2 \varepsilon \cos^2 \varrho -$$
$$- 2\sigma_b c \cos \varepsilon \sin 2\varrho - 2z\gamma c \cos^2 \varepsilon \sin 2\varrho - 4c^2 \cos^2 \varrho \cos^2 \varepsilon = 0. \qquad (7.30)$$

Schreibt man Gl. (7.30) in allgemeiner Form:

$$A \sigma_b^2 + 2B \sigma_b z + Cz^2 + 2D \sigma_b + 2Ez + F = 0, \qquad (7.30\,\mathrm{a})$$

dann erkennt man, daß sie eine *Kegelschnittkurve* darstellt, deren Art von dem Wert der Diskriminanten

$$\Delta = AC - B^2,$$
$$\Gamma = \Delta \cdot F + E(DB - AE) + D(BE - CD)$$

abhängt.

In der obigen Gleichung bedeuten:

$$
\begin{aligned}
A &= \cos^2 \varrho \\
B &= \gamma \cos \varepsilon (\cos^2 \varrho - 2\cos^2 \varepsilon) & \Delta &= 4\gamma^2 \cos^4 \varepsilon (\cos^2 \varrho - \cos^2 \varepsilon) \\
C &= \gamma^2 \cos^2 \varepsilon \cos^2 \varrho \\
D &= - c \cos \varepsilon \sin 2\varrho & \Gamma &= - 4\gamma^2 c^2 \cos^4 \varepsilon \cos^2 \varrho \sin^2 2\varepsilon \\
E &= - \gamma c \cos^2 \varepsilon \sin 2\varrho \\
F &= - 4c^2 \cos^2 \varrho \cos^2 \varepsilon
\end{aligned}
\qquad (7.30\,\mathrm{b})
$$

Folgende Fälle sind möglich:

$\Delta < 0$　und　$\Gamma \neq 0$ ergibt eine Hyperbel;

$\Delta < 0$　und　$\Gamma = 0$ ein sich kreuzendes Geradenpaar;

$\Delta = 0$　　　　　　　eine Parabel;

$\Delta > 0$　und　Γ und C mit verschiedenen Vorzeichen, eine reelle Ellipse;

$\Delta > 0$　　　　　　Γ und C mit gleichen Vorzeichen, eine imaginäre Ellipse.

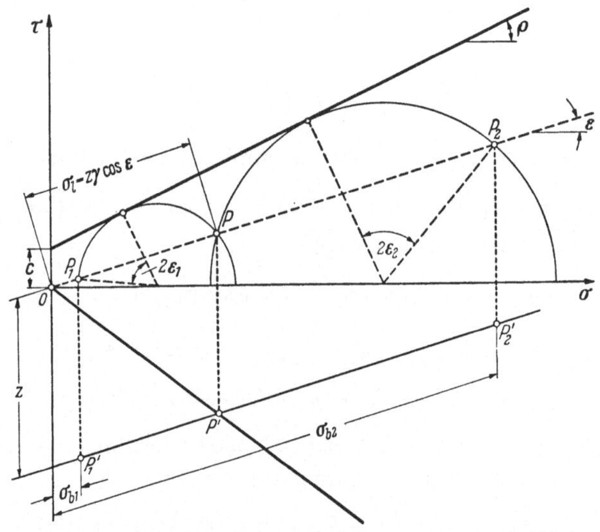

Abb. 7.19. Bestimmung der Verteilung der böschungsparallelen Spannungskomponente mit Hilfe der MOHRschen Darstellung

Der Verlauf der böschungsparallelen Spannungskomponente auf einem lotrechten Flächenelement ist also eine *Kegelschnittkurve*.

Die Koordinaten des Mittelpunktes sind, nach der Ableitung von JELINEK:

$$\sigma_{bm} = c \cos \varepsilon \, \frac{\sin \varrho \cos \varrho}{\cos^2 \varrho - \cos^2 \varepsilon} \quad \text{und} \quad z_m = \frac{c}{\gamma} \, \frac{\sin \varrho \cos \varrho}{\cos^2 \varrho - \cos^2 \varepsilon}. \tag{7.31}$$

Denkt man sich die Größe der Spannung $\sigma_l = z\gamma \cos \varepsilon$, die mit der Tiefe linear zunimmt, in der zugehörigen Tiefe z in böschungsparalleler Richtung aufgetragen, so erkennt man, da das Verhältnis der Koordinaten $\sigma_{bm} : z_m = \gamma \cos \varepsilon$ ist, daß der Mittelpunkt des Kegelschnittes stets auf dieser Geraden liegt.

Der Kegelschnitt weist als Kurve zweiter Ordnung jedem Wert z zwei Werte der böschungsparallelen Spannung σ_b zu. Diese entsprechen den beiden Grenzwerten, dem unteren und dem oberen, bzw. dem *aktiven* und dem *passiven* Zustand.

Der analytische Ausdruck für das Verhältnis der Spannungen läßt sich wie folgt schreiben (Balla, 1957):

$$\frac{\sigma_b}{\sigma_l} = \frac{1 + \sin^2 \nu}{\cos^2 \nu} + \frac{2c}{z\gamma}\tan\varrho \mp \frac{2}{\cos\nu}\sqrt{\tan^2\nu + \frac{2c}{z\gamma}\tan\varrho + \left(\frac{c}{z\gamma\cos\varepsilon}\right)^2}.$$

$$(7.32)$$

Mit Hilfe des Mohrschen Spannungskreises (Abb. 7.19) kann man diese Spannungen auf Grund des in Abschn. 7.1 gezeigten Verfahrens bestimmen. Es wird zuerst eine Gerade durch den Punkt O mit der Neigung ε gezeichnet. In einer gewissen Tiefe z ist $\sigma_l = z\gamma\cos\varepsilon$; diese Spannung sei durch die Strecke OP dargestellt. Dann können durch P zwei Spannungskreise gelegt werden, die als Grenzspannungszustände die Coulombsche Gerade berühren. Die Schnittpunkte P_1 und P_2 dieser Spannungskreise mit der Linie $\tau = \sigma\tan\varepsilon$ stellen die Endpunkte der Spannungsvektoren σ_{b1} und σ_{b2} dar. Zeichnet man also die Linie der Spannungen σ_l als Funktion der Tiefe vom Punkte O ausgehend ein, projiziert den Punkt P lotrecht auf diese Gerade und zeichnet durch den Schnittpunkt eine Parallele zur Oberfläche, dann stellen die projizierten Punkte P_1' und P_2' schon zwei Punkte des Kegelschnittes dar. Die zugehörigen Hauptspannungen und die Winkel zwischen Gleitflächentangente und Hauptspannungsrichtung sind aus der Darstellung unmittelbar zu entnehmen.

Im folgenden soll diese Konstruktion für drei charakteristische Fälle $\left(\varepsilon \gtreqless \varrho\right)$ gezeigt werden.

I. $\varepsilon < \varrho$

Für $\varepsilon < \varrho$ wird die Diskriminante Δ negativ und Γ ungleich Null. Die Spannungsverteilung folgt in lotrechter Richtung einer *Hyperbel*. Die Asymptoten ergeben sich aus dem Grenzübergang

$$\lim_{z\to\infty} \frac{\sigma_b}{z} = \gamma\cos\varepsilon\tan^2\left(45° \mp \frac{\nu}{2}\right)$$

und sind identisch mit der Spannungsgleichung des Rankineschen Halbraumes. Im unteren Grenzzustand herrschen — unabhängig von der Oberflächenneigung — bis zur Tiefe

$$z_0 = \frac{2c}{\gamma}\tan(45° + \varrho/2) \qquad (7.33)$$

Zugsspannungen. Abb. 7.20 stellt die zeichnerische Ermittlung der Spannungsverteilung dar. Der Spannungsmaßstab wurde so gewählt, daß er sich zum Längenmaßstab wie $1:\gamma$ verhält. Die Punkte C und D

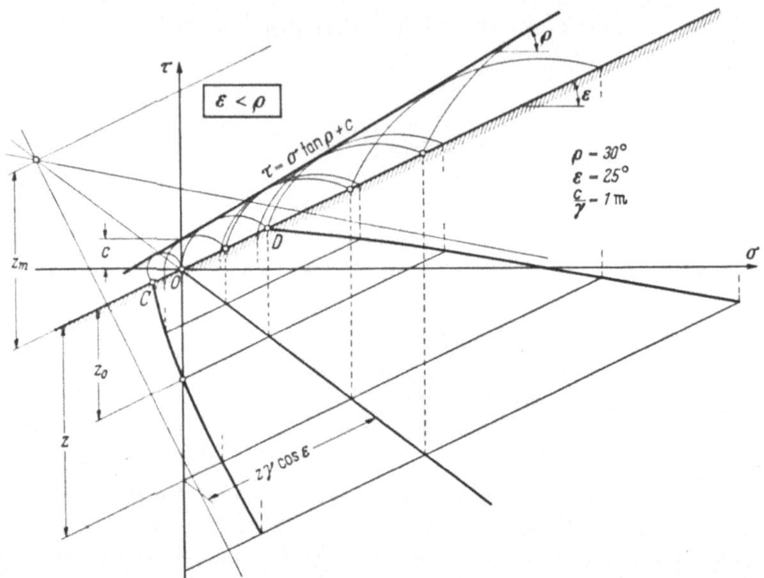

Abb. 7.20. Spannungsverteilung bei $\varepsilon < \varrho$

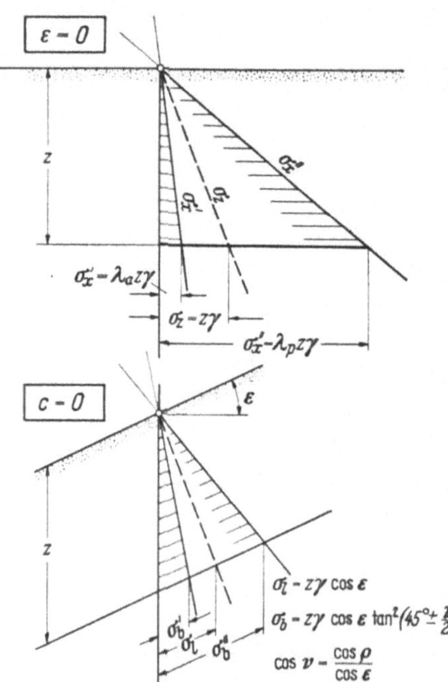

Abb. 7.21. Spannungsverteilungen in den Sonderfällen
$\varepsilon = 0$ und $c = 0$

ergeben sich unmittelbar als Schnittpunkte der durch den Ursprung gehenden Grenzspannungskreise, deren Durchmesser die Druck- bzw. Zugfestigkeit des Bodens darstellen. Im aktiven Zustand herrscht also auf der Oberfläche *einfacher Zug*, im passiven Zustand *einfacher Druck*. Die Ordinaten der Punkte A und B ergeben sich aus der angeführten Konstruktion über die p-Linie. Abb. 7.20 zeigt noch die Konstruktion der Asymptoten und des Mittelpunktes der Hyperbel, die mit Hilfe derjenigen Hyperbelpunkte erfolgt, deren zugehörige Spannungskreise durch den Schnittpunkt ϱ und ε-Linie gehen. In diesen Punkten sind die Tangenten parallel zu den Koordinaten.

Abb. 7.21 zeigt die Konstruktion für die beiden Sonderfälle $\varepsilon = 0$ bzw. $c = 0$; dann zerfällt die Kurve zweiter Ordnung in ein Paar sich kreuzender Geraden. Die weiteren Angaben sind der Abb. 7.21 zu entnehmen.

II. $\varepsilon = \varrho$

In diesem Falle wird $\varDelta = 0$; die Verteilung der böschungsparallelen Spannungen über die Tiefe ist dann parabolisch. Die Mittelpunktskoordinaten werden unendlich. Die p-Linie und die ε-Linie — die Böschungslinie — stellen einander konjugierte Richtungen dar. Die Konstruktion der Parabel ist in Abb. 7.22 veranschaulicht. Ist $c = 0$, dann erhalten wir eine *Doppelgerade*, mit der Gleichung $\sigma_b = z\gamma \cos \varrho$.

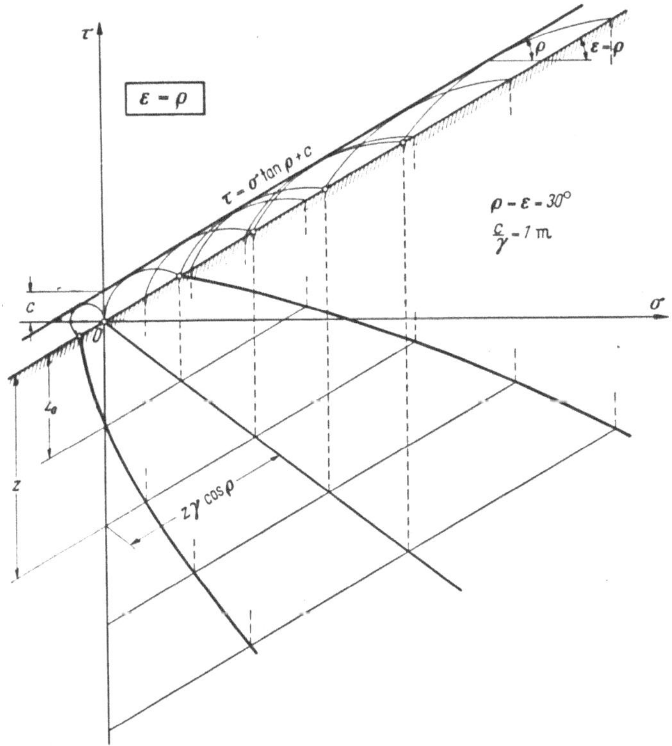

Abb. 7.22. Spannungsverteilung bei $\varepsilon = \varrho$

III. $\varepsilon > \varrho$

Der Neigungswinkel der Oberfläche ist hier größer als der Winkel der inneren Reibung. $\varDelta$ wird positiv und $\varGamma$ stets negativ, da alle Faktoren in Gl. (7.30b) in gerader Potenz stehen und C und $\varGamma$ ungleiche Vorzeichen

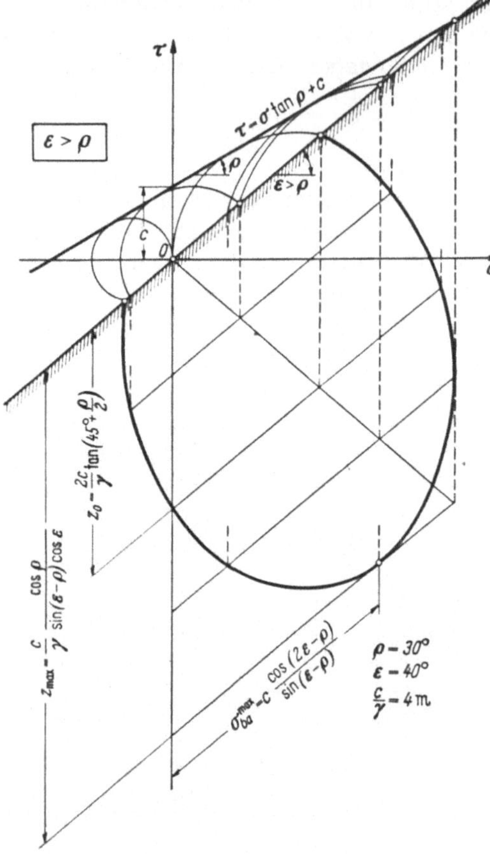

Abb. 7.23. Konstruktion der Ellipse der böschungsparallelen Spannungskomponenten im Falle $\varepsilon > \varrho$

haben. Die Spannungsverteilung ist also elliptisch. Die Mittelpunktskoordinaten sind positiv, und der Mittelpunkt liegt innerhalb des Halbraumes. Die Konstruktion der Ellipse ist in Abb. 7.23 gegeben. Die böschungsparallele Tangente der Ellipse verläuft in der Tiefe

$$z_{\max}^{a} = \frac{c}{\gamma}\,\frac{\cos \varrho}{\sin(\varepsilon - \varrho)\cos\varepsilon}. \tag{7.34}$$

Die böschungsparallele Spannung in dieser Tiefe — d. h. der Grenzwert der Spannung im aktiven Grenzzustand — ist

$$\sigma_{ba}^{\max} = c\,\frac{\cos(2\varepsilon - \varrho)}{\sin(\varepsilon - \varrho)};\tag{7.35}$$

und der entsprechende Spannungskreis geht durch den Schnittpunkt der ε- und ϱ-Linien. Im passiven Grenzzustand ist

$$\sigma_{bp}^{\max} = c\,\frac{\cos(2\varepsilon + \varrho)}{\sin(\varepsilon + \varrho)}.\tag{7.36}$$

Im Falle $\varrho = 0$ liegt der Ellipsenmittelpunkt im Ursprung O des Koordinatensystems; die böschungsparallelen Spannungen ergeben sich zu

$$\sigma_b = z\gamma\,\cos\varepsilon\,\cos 2\varepsilon - \cos\varepsilon\,\sqrt{4c^2 - z^2\gamma^2\sin^2 2\varepsilon}.\tag{7.37}$$

Die Grenzwerte sind dann

$$\sigma_{ba}^{\max} = c/\sin\varepsilon; \qquad \sigma_{bp}^{\max} = c\,\frac{\cos 2\varepsilon}{\sin\varepsilon}.\tag{7.38}$$

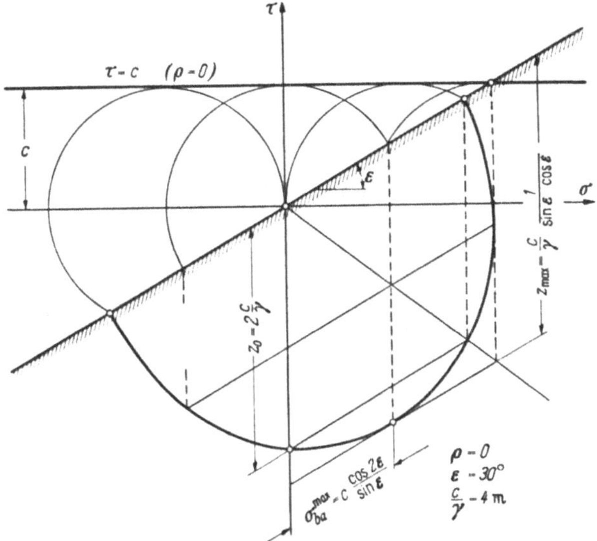

Abb. 7.24. Die Ellipse der Spannungen bei $\varrho = 0$

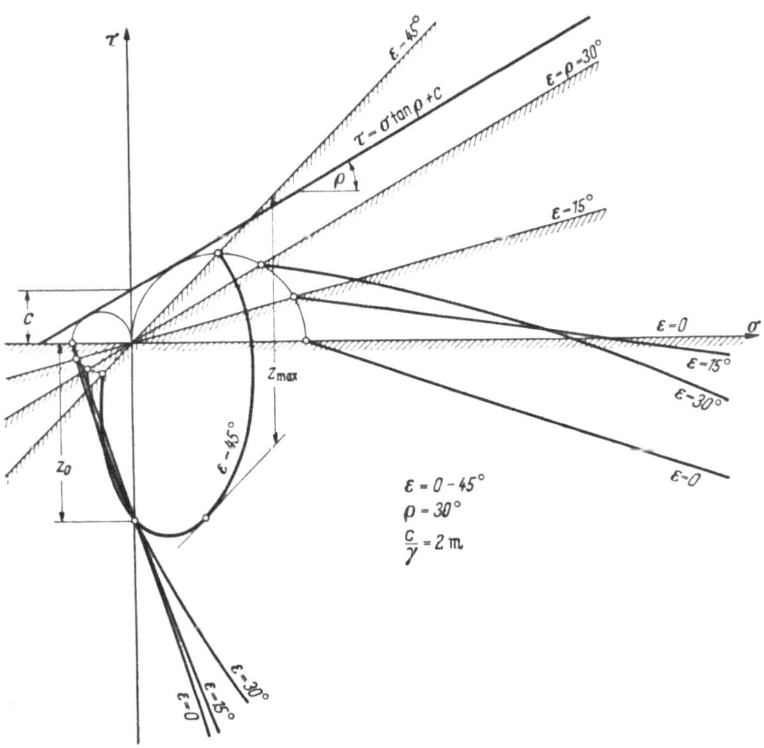

Abb. 7.25. Beispiele der Spannungsverteilung

Die Spannungsverteilung ist in Abb. 7.24 dargestellt.

Mit den Gleichungen zur Berechnung der böschungsparallelen Spannungen lassen sich durch Integration Formeln entwickeln, die die Erddruckkräfte auf eine lotrechte Fläche angeben. Diese Formeln werden hier nicht angegeben, da sie ziemlich verwickelt und daher praktisch nicht brauchbar sind. In praktischen Fällen ist die Größe des Erddruckes als Flächeninhalt der entsprechenden Spannungsfiguren leicht zu bestimmen.

Zur Veranschaulichung der Spannungsverteilung in den verschiedenen Fällen geben wir in Abb. 7.25 Beispiele an, die die Spannungsverteilungen quantitativ darstellen.

7.5 Gleitflächennetze im Coulombschen Halbraum

Als Ergänzung zu den Ausführungen in Abschn. 7.4 sollen hier die Gleitflächen in unendlichem Halbraume im allgemeinen Fall ($\varepsilon \neq 0$, $c \neq 0$, $\varrho \neq 0$) kurz untersucht werden (RÉSAL, 1910; FRONTARD, 1922; JELINEK, 1943). Man kann allerdings feststellen, daß diese Ergebnisse in der Praxis nur selten angewendet werden.

Wir benutzen wieder die Gln. (5.18), die die Spannungskomponenten als Funktion der Schubspannung in der Gleitfläche angeben. Es sei das Koordinatensystem der Abb. 7.6 zugrundegelegt. Setzt man in diese Gleichungen die Spannungen aus Gl. (7.7) ein, dann bekommt man als Differentialgleichung der Gleitfläche in den beiden Grenzzuständen:

$$z = \frac{c}{\gamma} \, \frac{\cos \varrho \, \cos(2\alpha \mp \varrho)}{\sin \varepsilon \mp \sin \varrho \, \cos(2\alpha \mp \varrho + \varepsilon)}. \tag{7.39}$$

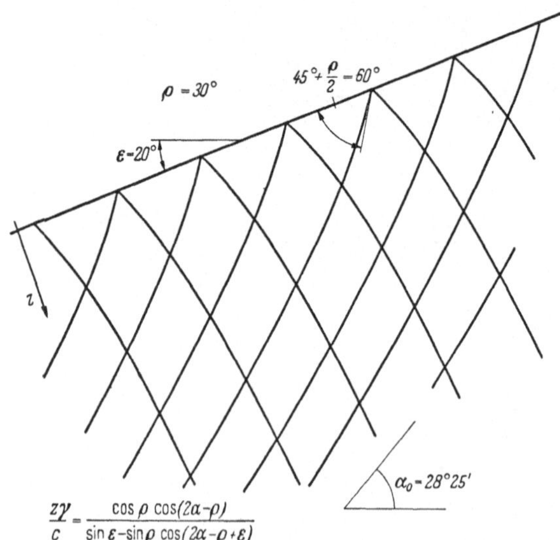

Abb. 7.26. Gleitflächenscharen im unendlichen Halbraum bei $\varepsilon < \varrho$

Diese Gleichung ist eigentlich die implizite Form einer Parameterdarstellung des Richtungsfeldes der Gleitlinienschar. Im Punkte $z = 0$ ist $\alpha = 45° \pm \varrho/2$ und die Richtung der Tangente im unendlich fernen Kurvenpunkt (keine Asymptote!) ist gegeben durch

$$\cos(2\alpha \mp \varrho + \varepsilon) = \pm \frac{\sin \varepsilon}{\sin \varrho}. \tag{7.8}$$

Wird nun an Stelle der Parameterdarstellung die Differentialgleichung in der Form $dx/d\alpha$ geschrieben, dann ist es möglich, die Funktion der Gleitflächen in Form eines Integrals zu schreiben (FRONTARD, 1922).

Für den Fall $\varepsilon < \varrho$ ist die Integration elementar durchführbar; man erhält dann ziemlich verwickelte Gleichungen von transzendenten, schief symmetrischen Kurven, die in der x-Richtung durch Wahl der Integrationskonstanten beliebig verschoben werden können. Die beiden Kurvensysteme stellen ein *Netz isogonaler Scharen* dar, die sich unter dem Winkel $90° + \varrho$ bzw. $90° - \varrho$ schneiden. Zur Aufzeichnung dieser Gleitflächen braucht man nicht die verwickelten Gleichungen anzuwenden; es genügt, aus (7.39) für eine Reihe von α-Werten die Tiefen z zu berechnen. Die Differentialgleichung läßt sich dann mit einem graphischen Näherungsverfahren einfach lösen. Abb. 7.26 stellt Gleitflächenscharen für den Fall $\varrho = 30°$, $\varepsilon = 20°$ im aktiven Zustand dar.

Bei $\varepsilon = 0$ erhalten wir die Gleitebenen des RANKINEschen Halbraumes: $\alpha = 45° \pm \varrho/2$. Ist $\varepsilon = \varrho$ und $c \neq 0$, dann ist

$$z = \frac{c}{\gamma} \cot \varrho \, \frac{\cos(2\alpha \mp \varrho)}{1 - \cos 2\alpha}. \tag{7.40}$$

Die Gleichung ist elementar integrierbar; es stellt sich heraus, daß die eine Schar aus gewöhnlichen *quadratischen Parabeln*, die andere Schar aus affin transformierten semikubischen Parabeln besteht. Die Gleichungen und die Parabeln sind in Abb. 7.27 angegeben.

Im Falle $\varepsilon > \varrho$ ist der Grenzzustand des Gleichgewichtes nur in einem durch $z_{\max}$ (Gl. 7.34) begrenzten Gebiet auf zwei Richtungen beschränkt. Für $z' > z_{\max}$

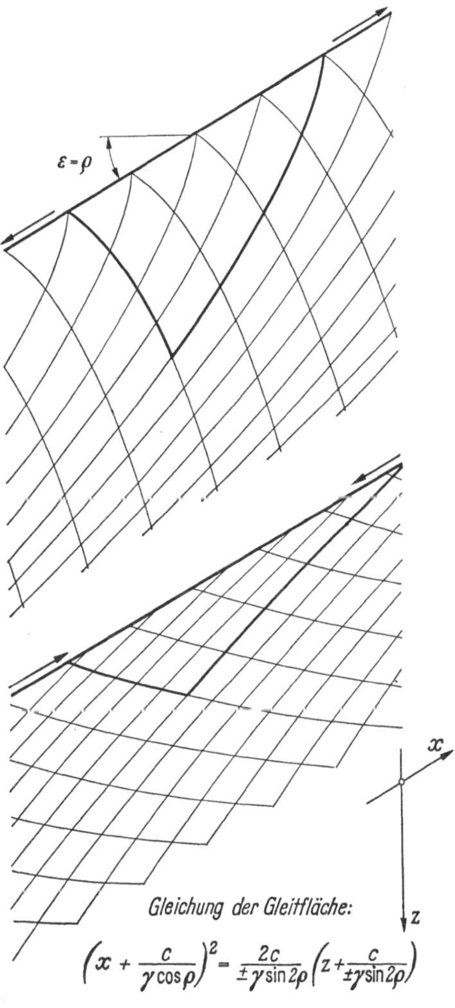

$$\left(x + \frac{c}{\gamma \cos \rho}\right)^2 = \frac{2c}{\pm \gamma \sin 2\rho}\left(z + \frac{c}{\pm \gamma \sin 2\rho}\right)$$

Abb. 7.27. Quadratische und semikubische Parabeln als Gleitflächen im Falle $\varepsilon = \varrho$

11 Kézdi, Erddrucktheorien

($z' = z/\cos \varepsilon$) hat jeder Punkt des Bodens vier ausgezeichnete Richtungen, in denen die Bruchbedingung erfüllt ist, wobei in den acht durch diese Richtungen gebildeten Sektoren die Scherfestigkeit abwechselnd über- bzw. unterschnitten wird. Gleichgewicht ist nur dann möglich, wenn die Mächtigkeit des Bodens begrenzt ist. Die Gleitflächen selbst sind affin transformierte *gewöhnliche Zykloiden*: sie können auf Grund der Gl. (7.39) graphisch bestimmt werden. Ein Beispiel gibt Abb. 7.28 an.

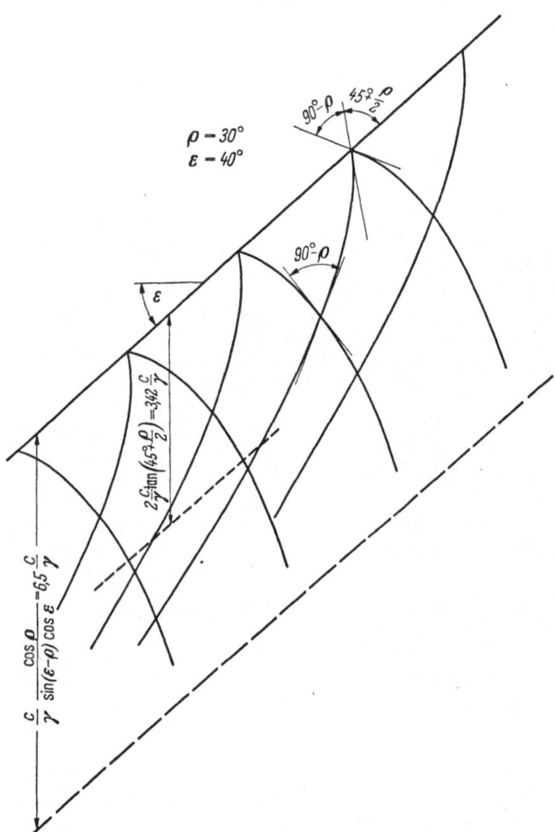

Abb. 7.28. Zykloiden als Gleitflächen im Falle $\varepsilon > \varrho$

7.6 Grenzgleichgewicht von körnigen Massen, begrenzt durch gebrochene Ebenen

Als eine Verallgemeinerung der RANKINEschen Theorie vom Grenzgleichgewicht im unendlichen Halbraum, wollen wir noch einen Halbraum untersuchen, der von zwei Ebenen mit verschiedener Neigung begrenzt ist. Das wird uns Gelegenheit geben, die Methode von SOKOLOWSKI

(1953) darzulegen. Dieselbe Methode wird dann im Kap. 9 zur Lösung einiger Erddruckprobleme herangezogen.

Der Halbraum ist in Abb. 7.29 angedeutet. Wir wählen ein Polarkoordinatensystem; der ebene Spannungszustand wird durch die Komponenten σ_r, σ_β, $\tau_{r\beta}$ bestimmt. Die Differentialgleichungen des Gleichgewichtes lauten:

$$\left.\begin{aligned}
\frac{\partial \sigma_r}{\partial r} + \frac{1}{r}\frac{\partial \tau_{r\beta}}{\partial \beta} + \frac{\sigma_r - \sigma_\beta}{r} &= \gamma \cos \beta, \\[2mm]
\frac{\partial \tau_{r\beta}}{\partial r} + \frac{1}{r}\frac{\partial \sigma_\beta}{\partial \beta} + \frac{2\tau_{r\beta}}{r} &= -\gamma \sin \beta.
\end{aligned}\right\} \tag{7.41}$$

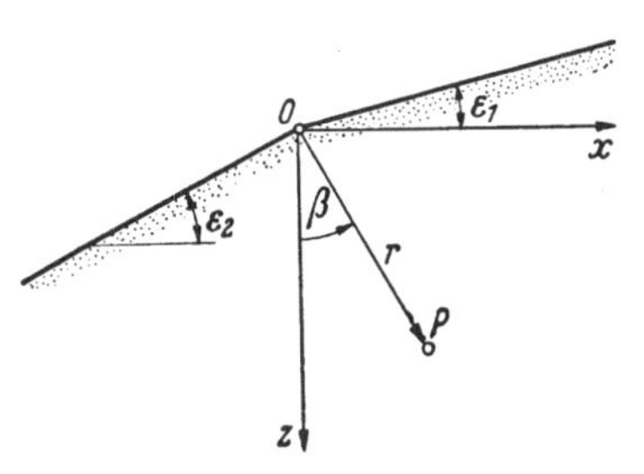

Abb. 7.29. Von Ebenen verschiedener   Abb. 7.30. Bedingung des Grenzgleichgewichtes
Neigung begrenzter Halbraum

Die Bedingung des Grenzgleichgewichtes — das in jedem Punkt des Halbraumes erfüllt sein soll — kann auf Grund des COULOMBschen Gesetzes $\tau = \sigma \tan \varrho$ und der Abb. 7.30 in der Form

$$\frac{1}{4}(\sigma_r - \sigma_\beta)^2 + \tau_{r\beta}^2 = \frac{\sin^2 \varrho}{4}(\sigma_r + \sigma_\beta)^2 \tag{7.42}$$

geschrieben werden.

Wir führen neue Veränderliche ein, die mit den Spannungskomponenten folgendermaßen zusammenhängen:

$$\left.\begin{aligned}
\left.\begin{aligned}\sigma_r \\ \sigma_\beta\end{aligned}\right\} &= \sigma_m(1 \pm \sin \varrho \cos 2\psi), \\[2mm]
\tau_{r\beta} &= \sigma_m \sin \varrho \sin 2\psi
\end{aligned}\right\} \tag{7.43}$$

mit $2\sigma_m = \sigma_r + \sigma_\beta = \sigma_1 + \sigma_3$.

In rechtwinkligen Koordinaten lauten die Komponenten

$$\left.\begin{aligned}
\left.\begin{aligned}\sigma_z \\ \sigma_x\end{aligned}\right\} &= \sigma_m(1 \pm \sin \varrho \cos 2\psi), \\[2mm]
\tau_{zx} &= \sigma_m \sin \varrho \sin 2\psi
\end{aligned}\right\} \tag{7.43a}$$

mit $2\sigma_m = \sigma_x + \sigma_z$.

11*

Es läßt sich beweisen, daß die Größe ψ den Winkel zwischen der Richtung der ersten Hauptspannung und dem Strahl r, und $\varphi = \psi + \beta$ den Winkel zwischen der ersten Hauptspannung und der z-Achse darstellt (Abb. 7.31).

Wir nehmen an, daß die mittlere Spannung σ_m sich längs eines Strahles linear ändert und die Größen ψ und φ nur von β abhängig sind:

$$\psi = \psi(\beta),$$
$$\varphi = \varphi(\beta).$$

Wir führen die Funktion $s = s(\beta)$ durch folgende Definition ein:

$$\sigma = \gamma r s(\beta).$$

Setzen wir die Spannungen (7.43) in die Gleichgewichtsbedingung (7.41) ein und berücksichtigen dabei die Bruchbedingung (7.42), dann erhalten wir

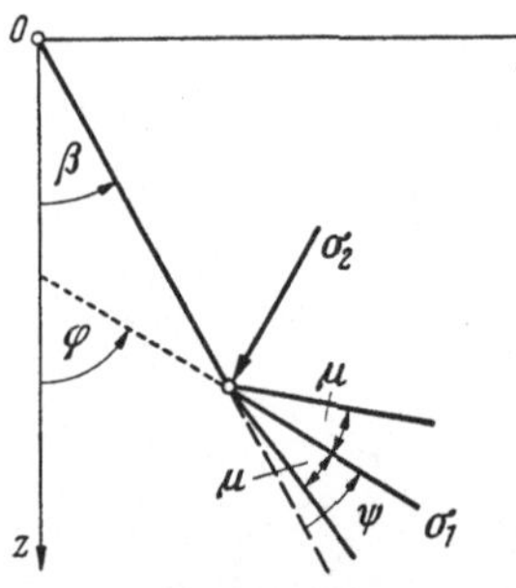

Abb. 7.31. Bedeutung der eingeführten neuen Veränderlichen

$$\sin \varrho \sin 2\psi \frac{ds}{d\beta} + 2s \sin \varrho \cos 2\psi \left(\frac{d\psi}{d\beta} + 1\right) =$$
$$= -s(1 + \sin \varrho \sin 2\psi) + \cos \beta,$$

$$(1 - \sin \varrho \cos 2\psi)\frac{ds}{d\beta} + 2s \sin \varrho \sin 2\psi \left(\frac{d\psi}{d\beta} + 1\right) =$$
$$= -s \sin \varrho \sin 2\psi - \sin \beta.$$

Die Ableitungen $d\psi/d\beta$ und $ds/d\beta$ können hieraus explizit berechnet werden:

$$\frac{d\psi}{d\beta} + 1 = \frac{\cos \beta - \sin \varrho \cos(2\psi + \beta) - s \cos^2 \varrho}{2s \sin \varrho (\cos 2\psi - \sin \varrho)}, \tag{7.44}$$

$$\frac{ds}{d\beta} = \frac{-\sin(2\psi + \beta) + s \sin 2\psi}{\cos 2\psi - \sin \varrho}. \tag{7.45}$$

Mit Hilfe dieser Differentialgleichungen können wir den Spannungszustand im Halbraum bei verschiedenen Begrenzungen untersuchen. Der einfachste Fall wird wohl $\varepsilon = \mathrm{const}$ sein, bei dem der Halbraum durch die schiefe Ebene $x = -z \tan \varepsilon$ begrenzt wird. Diese Aufgabe wurde im Abschn. 7.1 ausführlich behandelt; hier sei nur kurz erwähnt, wie die Lösung mit Hilfe der (7.44) und (7.45) erhalten werden kann.

Mit $\varphi = \mathrm{const}$ ist

$$s = \frac{\cos \beta - \sin \varrho \cos(2\psi - \beta)}{\cos^2 \varrho},$$

die Gleitflächen sind Ebenen.

Die Begrenzungsfläche $\varepsilon = \text{const}$ ist frei von Spannungen; mit $\beta = \varepsilon + \pi/2$ ist hier $s(\beta) = 0$, daher ist

$$\sin \varepsilon + \sin \varrho \sin(2\varphi - \varepsilon) = 0$$

und

$$2\varphi = \varepsilon + (\varkappa - 1)\frac{\pi}{2} - \varkappa \arcsin \frac{\sin \varepsilon}{\sin \varrho}, \tag{7.46}$$

mit $\varkappa = \pm 1$ entsprechend dem unteren und dem oberen Grenzzustand. Führen wir die Bezeichnungen

$$\lambda = \sin^2 \varepsilon + \varkappa \cos \varepsilon \sqrt{\sin^2 \varrho - \sin^2 \varepsilon}; \quad \varkappa = \pm 1$$

ein, dann wird

$$s = \frac{\cos(\beta - \varepsilon)}{\cos^2 \varrho \cos \varepsilon}(1 - \lambda) \tag{7.47}$$

und die mittlere Spannung hat den Wert

$$\sigma_m = \gamma r \frac{\cos(\beta - \varepsilon)}{\cos^2 \varrho \cos \varepsilon}(1 - \lambda) = \frac{\gamma z}{\cos^2 \varrho}(1 - \lambda).$$

Nach einfachen Zwischenrechnungen ergibt sich

$$\left.\begin{aligned} \left.\sigma_z \atop \sigma_x\right\} &= \frac{\gamma z}{\cos^2 \varrho}(1 - \lambda)(1 \pm \lambda); \\ \tau_{zx} &= -\frac{\gamma z}{\cos^2 \varrho}\tan \varepsilon (1 - \lambda)^2. \end{aligned}\right\} \tag{7.48}$$

In den Spezialfällen $\varepsilon = 0$ bzw. $\varepsilon = \varrho$ ist

$$\left.\begin{aligned} \sigma_z &= z\gamma \\ \sigma_x &= z\gamma \frac{1 - \varkappa \sin \varrho}{1 + \varkappa \sin \varrho}, \\ \tau_{xz} &= 0; \end{aligned}\right. \quad \text{bzw.} \quad \left.\begin{aligned} \left.\sigma_z \atop \sigma_x\right\} &= z\gamma(1 \pm \sin^2 \varrho), \\ \tau_{zx} &= -z\gamma \sin \varrho \cos \varrho. \end{aligned}\right\} \tag{7.49}$$

Jetzt nehmen wir die Begrenzung nach Abb. 7.32 an; die Oberfläche besteht aus zwei Ebenen und ist sonst spannungsfrei. Ist der Winkel bei O größer als 180°, dann können Grenzzustände nur in den Gebieten I und II auftreten, im dritten Gebiet bleibt der *elastische Zustand* erhalten. Im ersten Gebiet erhalten wir mit $\varkappa = +1$, und $\alpha \leq \beta < \pi/2 + \varepsilon_1$

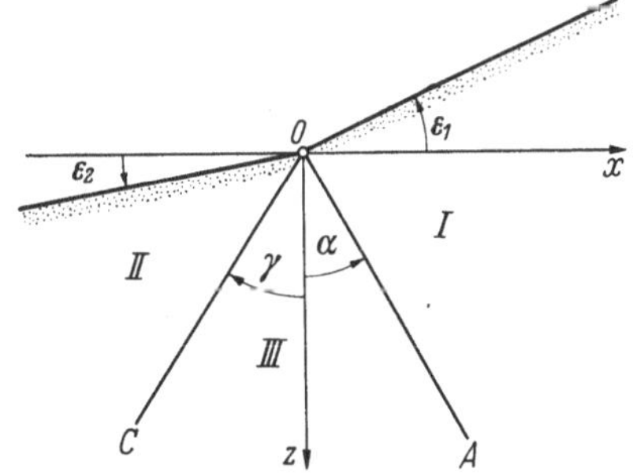

Abb. 7.32. Halbraum mit $\omega > 180°$; im III. Gebiet herrscht kein Grenzgleichgewicht

11 E

aus der Gl. (7.46):

$$\left.\begin{array}{c}\sigma_z\\[4pt]\sigma_x\end{array}\right\} = \frac{z\gamma}{\cos^2\varrho}\,(1-\lambda_1)\,(1\pm\lambda_1); \quad \tau_{zx} = -\frac{z\gamma}{\cos^2\varrho}\,\tan\varepsilon_1(1-\lambda_1)^2 \quad (7.50)$$

mit $$\lambda_1 = \sin^2\varepsilon_1 + \cos\varepsilon_1\,\sqrt{\sin^2\varrho - \sin^2\varepsilon_1}\,;$$

und im zweiten Gebiet $\left(\varepsilon_2 - \dfrac{\pi}{2} \leqq \beta \leqq \gamma\right)$:

$$\left.\begin{array}{c}\sigma_z\\[4pt]\sigma_x\end{array}\right\} = \frac{z\gamma}{\cos^2\varrho}\,(1-\lambda_2)\,(1\pm\lambda_2); \quad \tau_{zx} = -\frac{z\gamma}{\cos^2\varrho}\,\tan\varepsilon_2(1-\lambda_2)^2 \quad (7.51)$$

mit $$\lambda_2 = \sin^2\varepsilon_2 + \cos\varepsilon_2\,\sqrt{\sin^2\varrho - \sin^2\varepsilon_2}\,.$$

Im dritten Gebiet herrscht ein *elastischer* Zustand; die Spannungen können mit Hilfe der Elastizitätstheorie bestimmt werden; d. h. es ist

$$\left.\begin{array}{c}\sigma_z\\[4pt]\sigma_x\end{array}\right\} = z\gamma[(1+2C_1)\pm(C_2-C_1)] + x\gamma[2D_2\pm(D_1+D_2)]$$
$$\tau_{xz} = z\gamma(D_1-D_2) - x\gamma(C_1+C_2). \qquad (7.52)$$

Diese Zusammenhänge erfüllen die Differentialgleichungen des Gleichgewichtes (2.2); die vier Konstanten C_1, C_2, D_1, D_2 und die Winkel α und γ werden auf Grund der Bedingung bestimmt, daß die Spannungskomponenten auf den Grenzflächen OA und OC stetig sind. Mit den Indizes $e = $ elastisch, $p = $ plastisch, können wir also schreiben:

$$\sigma_z^e = \sigma_z^p, \quad \sigma_x^e = \sigma_x^p; \quad \tau_{zx}^e = \tau_{zx}^p \quad \text{bei} \quad x = z\tan\alpha \quad \text{und} \quad x = z\tan\beta.$$

Nach Vereinfachungen bekommt man folgende Gleichungen zur Bestimmung von α und γ:

$$\left.\begin{array}{l}m\,(1-\lambda_1)\,(1+\tan\varepsilon_1\tan\gamma) = n\,(1-\lambda_2)\,(1+\tan\varepsilon_2\tan\alpha)\\[6pt]m\,[(1-\lambda_1)\tan\varepsilon_1 + (1+\lambda_1)\tan\gamma] =\\[4pt]\qquad = n\,[(1-\lambda_2)\tan\varepsilon_2 + (1-\lambda_2)\tan\alpha] - 1\end{array}\right\}(7.53)$$

mit den Abkürzungen

$$m = \frac{(1-\lambda_1)\,(1+\tan\varepsilon_1\tan\alpha)}{\cos^2\varrho\,(\tan\alpha - \tan\gamma)}, \qquad n = \frac{(1-\lambda_2)\,(1+\tan\varepsilon_2\tan\gamma)}{\cos^2\varrho\,(\tan\alpha - \tan\gamma)}.$$

Die Konstanten in den Gln. (7.52) ergeben sich damit zu:

$$\left.\begin{array}{c}C_1\\[4pt]C_2\end{array}\right\} = \frac{m}{2}\,[(1-\lambda_1)\tan\varepsilon_1 \pm \lambda_1\tan\gamma] - \frac{n}{2}\,[(1-\lambda_2)\tan\varepsilon_2 \pm \lambda_2\tan\alpha],$$

$$\left.\begin{array}{c}D_1\\[4pt]D_2\end{array}\right\} = \frac{m}{2}\,[\lambda_1 \pm (1-\lambda_1)\tan\varepsilon_1\tan\gamma] - \frac{n}{2}\,[\lambda_2 \pm (1-\lambda_2)\tan\varepsilon_2\tan\alpha].$$

Nun können wir die so erhaltenen Werte in die Ausdrücke für die Spannungen einsetzen und bekommen

$$\left.\begin{aligned}\sigma_z \\ \sigma_x\end{aligned}\right\} = \gamma m (x - z \tan \gamma)(1 \pm \lambda_1) + \gamma n (z \tan \alpha - x)(1 \pm \lambda_2)$$
$$\left.\begin{aligned}\tau_{zx} = \gamma m (x - z \tan \gamma)(1 - \lambda_1) \tan \varepsilon_1 + \\ + \gamma n (z \tan \alpha - x)(1 - \lambda_2) \tan \varepsilon_2.\end{aligned}\right\} \quad (7.54)$$

Dieser Spannungszustand ist *kein Grenzzustand*, wovon wir uns leicht überzeugen können, wenn wir die Gleichung

$$R = \frac{1}{4}(\sigma_z - \sigma_x)^2 + \tau_{xz}^2 - \frac{\sin^2 \varrho}{4}(\sigma_z + \sigma_x)^2$$

aufstellen. Setzt man die Spannungen (7.54) ein, so folgt

$$R = -\gamma^2 m n (x - z \tan \gamma)(z \tan \alpha - x)\{(\lambda_1 - \lambda_2)^2 +$$
$$+ [(1 - \lambda_1) \tan \varepsilon_1 - (1 - \lambda_2) \tan \varepsilon_2]^2\}.$$

Da $z \tan \gamma \leqq x \leqq z \tan \alpha$, und daher $(z \tan \alpha - x) \geqq 0$ ist und weiter $(x - z \tan \gamma) \geqq 0$ ist, muß in jedem Fall $R \leqq 0$ sein. Der Grenzzustand wird also nicht erreicht.

Ist der Winkel des Keiles beim Punkte O kleiner als $180°$, dann kann das Material im ganzen Keil den Grenzzustand erreichen. In diesem Falle (Abb. 7.33) müssen

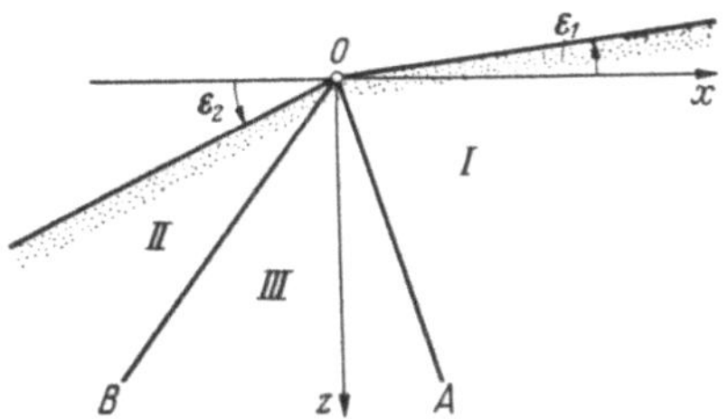

Abb. 7.33. Halbraum mit $\omega < 180°$; in jedem Punkte herrscht das Grenzgleichgewicht

wir drei Gebiete untersuchen. Im ersten und zweiten Gebiet befindet sich das Material im einfachen RANKINEschen Zustand. Sie sind vom dritten Gebiet durch die Grenzgeraden OA und OC getrennt

$(\beta = \alpha$ und $\beta = \gamma)$. Also ist im ersten Gebiet $\left(\alpha \leqq \beta \leqq \varepsilon_1 + \dfrac{\pi}{2}\right)$:

$$\left.\begin{aligned}2\psi_1 = \varepsilon_1 - \arcsin \frac{\sin \varepsilon_1}{\sin \varrho}, \qquad s_1 = \frac{\cos(\beta - \varepsilon_1)}{\cos^2 \varrho \cos \varepsilon_1}(1 - \lambda_1) \\ \lambda_1 = \sin^2 \varepsilon_1 + \cos \varepsilon_1 \sqrt{\sin^2 \varrho - \sin^2 \varepsilon_1}\end{aligned}\right\} \quad (7.55)$$

und die Spannungen lauten

$$\left.\begin{aligned}\sigma_z \\ \sigma_x\end{aligned}\right\} = \frac{z'\gamma}{\cos^2 \varrho}(1 - \lambda_1)(1 \pm \lambda_1);$$
$$\left.\begin{aligned}\tau_{zx} = -\frac{z'\gamma}{\cos^2 \varrho} \tan \varepsilon_1 (1 - \lambda_1)^2\end{aligned}\right\} \quad (7.56)$$

z' wird von der Oberfläche aus gemessen (Abb. 7.34).

Im zweiten Gebiet gestalten sich die Gleichungen mit $\varepsilon_2 - \pi/2 \leq \beta \leq \gamma$ folgendermaßen:

$$2\,\psi_2 = \varepsilon_2 - \text{arc sin} \frac{\sin \varepsilon_2}{\sin \varrho}, \quad s_2 = \frac{\cos(\beta - \varepsilon_2)}{\cos^2 \varrho \cos \varepsilon_2}(1 - \lambda_2)$$

$$\lambda_2 = \sin^2 \varepsilon_2 + \cos \varepsilon_2 \sqrt{\sin^2 \varrho - \sin^2 \varepsilon_2} \qquad (7.57)$$

$$\left.\begin{array}{c}\sigma_z \\ \sigma_x\end{array}\right\} = \frac{z'\gamma}{\cos^2 \varrho}(1 - \lambda_2)(1 \pm \lambda_2), \quad \tau_{zx} = -\frac{z'\gamma}{\cos^2 \varrho} \tan \varepsilon_2 (1 - \lambda_2)^2.$$

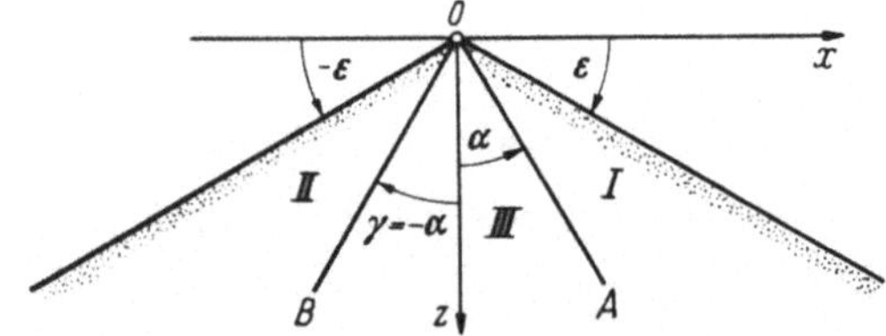

Abb. 7.34. Grenzgleichgewicht im symmetrischen Keil

Die Neigung der Grenzgeraden ist durch folgende Gleichungen gegeben:

$$2\alpha = 2\mu + \varepsilon_1 - \text{arc sin} \frac{\sin \varepsilon_1}{\sin \varrho}$$

und

$$2\gamma = -2\mu + \varepsilon_2 - \text{arc sin} \frac{\sin \varepsilon_2}{\sin \varrho}.$$

Die Gleitflächen im ersten und zweiten Gebiet sind parallele Ebenen, die mit der z-Achse den Winkel $\varphi_1 \pm \mu$ bzw. $\varphi_2 \pm \mu$ einschließen.

Der Grenzzustand im dritten Gebiet läßt sich durch die Lösung der Differentialgleichungen (7.44) und (7.45) bestimmen; hier herrscht kein RANKINEscher Zustand mehr.

Da φ und s auf der Gerade OA stetig sein sollen, können wir feststellen, daß für $\beta = \alpha$

$$\psi = -\mu \quad \text{und} \quad s = \frac{\cos(\alpha + \varrho)}{\cos \varrho}$$

sein müssen.

Analog gilt für die Gerade OC; wo $\beta = \gamma$ ist

$$\psi = \mu \quad \text{und} \quad s = \frac{\cos(\gamma - \varrho)}{\cos \varrho}.$$

Im Spezialfall $\varepsilon_2 = -\varepsilon_1 = \varepsilon$ (Abb. 7.34) ist aus Symmetriegründen: $\gamma = -\alpha$ und bei $x = 0$ $(\beta = 0)$: $\psi = 0$, $s = s_0$. Auf Grund dieser Bedingungen können wir die Lösung $\psi = \psi(\beta, s_0)$, $s = s(\beta_0, s_0)$ der

Differentialgleichungen (7.44) und (7.45) mit der Methode der endlichen Differenzen bestimmen. Die Größe s_0 läßt sich mit

$$\psi(\alpha, s_0) = -\mu$$

einfach ausdrücken; zwischen α und ε besteht folgender Zusammenhang:

$$\tan \varepsilon = \frac{-\sin \varrho \cos(2\alpha + \varrho)}{1 - \sin \varrho \sin(2\alpha + \varrho)}.$$

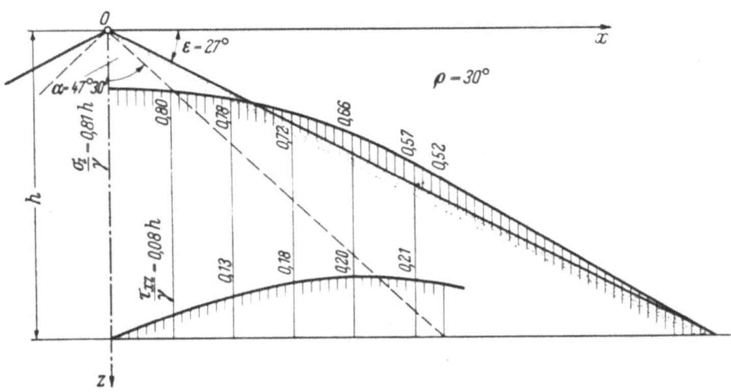

Abb. 7.35. Spannungen im plastischen Keil

Abb. 7.35 zeigt die Ergebnisse eines vollständig durchgerechneten Beispiels. Es wurden die lotrechten Normalspannungen und die Scherspannungen in einem Keile dargestellt, dessen Seitenflächen unter $\varepsilon = \varrho = 30°$ geneigt sind. Es ist zu bemerken, daß diese Spannungsverteilung von der üblichen vereinfachenden Annahme wesentlich abweicht. Ein Näherungsverfahren zur Bestimmung dieser Spannungsverteilung wurde von RENDULIĆ (1936) angegeben.

Literatur

RANKINE, W. J. M.: On the Stability of Loose Earth. Phil. Trans. Roy. Soc. London 1856, 147.

JELINEK: Spannungsverteilung und Gleitflächennetz im COULOMBschen Halbraum. Diss. T. H. Wien 1947.

SOKOLOWSKI, V. V.: Statika süputschey sred, Moskau 1956.

KREY, H., u. J. EHRENBERG: Erddruck, Erdwiderstand und Tragfähigkeit des Baugrundes, 4. Aufl., Berlin: W. Ernst & Sohn 1932.

RÉSAL, J.: La poussée des terres, Paris: Béranger 1903.

8. Bestimmung der Grenzwerte des Erddruckes und des Erdwiderstandes (Extremalmethoden)

8.1 Einleitung. Anwendungsbereich der Grenzwertmethoden

Zur Bestimmung des Erddruckes rolliger Böden verwendet auch die heutige Ingenieurpraxis jene Grenzwert- oder Extremalmethoden, die auf der Verallgemeinerung der COULOMBschen Erddrucktheorie beruhen.

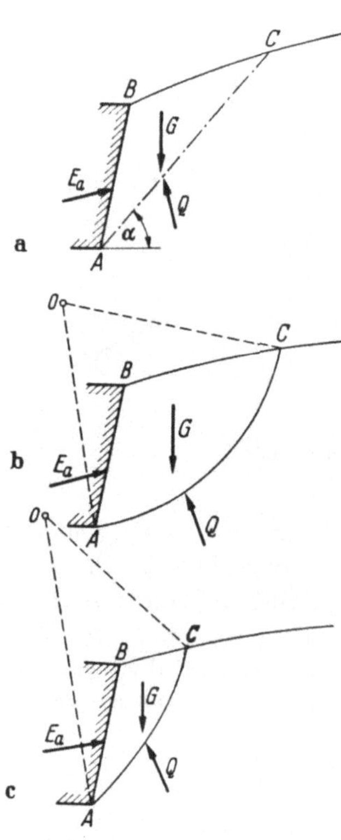

Abb. 8.1 a — c. Grundgedanke der Grenzwertmethode

a) Ebene, b) Kreis-, c) logarithmische Spirale als Gleitfläche

Es wird grundsätzlich eine *Gleitfläche* angenommen, die durch den unteren Eckpunkt der Stützfläche läuft und durch die ein *Erdkeil* gebildet wird (Abb. 8.1a). Es wird nun die *Stützkraft* bestimmt, die zur Sicherung des Gleichgewichtes nötig ist. Als maßgebend wird jene Gleitfläche betrachtet, die *die größte Stützkraft*, also den größten Erddruck, liefert. Zwar ist die Theorie von COULOMB, wenigstens in ihrer ursprünglichen Form, hauptsächlich von *historischer* Bedeutung, denn sie war die erste Erddrucktheorie, die vom Standpunkt der Mechanik die Aufgabe auf Grund des Reibungsgesetzes richtig löst — wir dürfen sie aber auch heute zur Bestimmung des Erddruckes rolliger Böden als *Näherungslösung* unter gewissen Bedingungen anwenden, da die Theorie sowohl nach den Versuchen, wie auch auf Grund der Erfahrungen einen *richtigen Erddruckwert* liefert.

Die ursprüngliche COULOMBsche Theorie hat ausschließlich mit *ebenen Gleitflächen* gearbeitet; später fand das Prinzip auch bei anderen Gleitflächenformen — Kreis (FELLENIUS), logarithmische Spirale (RENDULIĆ)—Anwendung (Abb. 8.1 b u. c). Das Verfahren ist einfach und übersichtlich, daher verbreitet und bevorzugt; bei der Anwendung muß man sich aber die Anwendungsgrenzen — s. S. 172 — immer vor Augen halten.

Das Prinzip der Extremalmethoden besteht also darin, daß wir aus der Menge der möglichen Gleitflächen diejenige auswählen, für die der Erddruck, bestimmt auf Grund einer einzigen Gleichgewichtsbedingung, ein *Maximum* besitzt. Die Untersuchung kann sowohl analytisch als auch graphisch durchgeführt werden; im ersten Fall liefert die Extremalbedingung so viele Gleichungen, wie die Anzahl der unabhängigen Parameter in der Gleichung der Gleitfläche beträgt. Diese Gleichungen, zusammen mit der Gleichgewichtsbedingung, ermöglichen die Bestimmung der Gleitfläche und die Bestimmung der Größe des Erddruckes. Das Problem ist *statisch unbestimmt*, denn die *Richtung* der Erddruckkraft und ihr *Angriffspunkt* müssen angenommen werden.

Ein wesentliches Merkmal der Methode besteht also darin, daß die *Spannungen* weder im Innern des Bodens noch auf der Gleitfläche berechnet werden; die Theorie liefert lediglich die auftretenden *Kräfte*.

Dies ist eine Folge der Tatsache, daß das Erddruckproblem auf Grund einer einzigen Gleichgewichtsbedingung neben einer Extremwertbedingung gelöst wird. Ohne weitere Ansätze müssen wir daher die Gleitflächenform so wählen, daß die unbekannten Spannungen in der Gleitfläche nicht in die Gleichung des Gleichgewichts eingehen. Der allgemeine Fall einer solchen Gleitfläche ist die *logarithmische Spirale*; wird die Momentengleichung um den Pol der Spirale aufgestellt, dann wird die oben genannte Bedingung

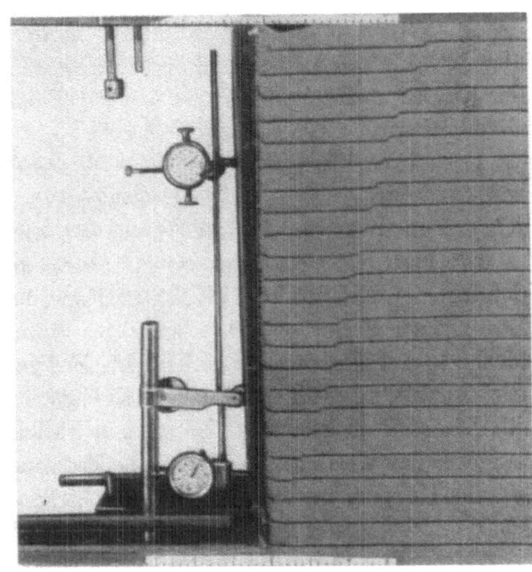

Abb. 8.2. Ausbildung einer ebenen Gleitfläche beim Kippen um den unteren Eckpunkt

erfüllt. Der *Kreis* kann als eine Spirale mit $\varrho = 0°$ aufgefaßt werden, bei der *Ebene* liegt der Pol im Unendlichen.

Im folgenden sollen die *Anwendungsbereiche* der verschiedenen Extremwertmethoden umgrenzt werden.

Die COULOMBsche Theorie benützt ebene Gleitflächen; daher hat ihre Anwendung eine wesentliche Vorbedingung: der Bewegungscharakter der Stützfläche muß ein *Kippen nach außen um den unteren Eckpunkt* sein. In keinem anderen Fall dürfen wir eine ebene Gleitfläche annehmen, denn das würde eine wesentliche *Abweichung von der Wirklichkeit* bedeuten. Nur bei dieser Wandbewegung haben wir jene *gleichmäßige Expansion* des gestützten Erdkörpers, die die Ausbildung einer der Ebene sehr nahekommenden Gleitfläche bedingt. Es ist wohl eine

Tatsache, daß die Gleitfläche in der Nähe der Wand infolge der dort auftretender Wandreibung eine Krümmung aufweist und von der Ebene etwas abweicht. Im genannten Fall ist die Annahme einer ebenen Gleitfläche aber zulässig (s. Abb. 8.2), denn der dadurch bedingte Fehler ist praktisch bedeutungslos und jedenfalls kleiner als z. B. die Unsicherheit infolge der Ungenauigkeit des verwendeten Scherwiderstandwertes.

Die COULOMBsche Theorie nimmt zwar eine einzige Gleitfläche an, doch wird bei der Berechnung der Spannungen auf der Rückseite der Wand so vorgegangen, daß durch jeden Punkt einander parallel laufende Gleitflächen angenommen werden. Erst dadurch wird die Bestimmung des Angriffspunktes des Erddruckes ermöglicht. In dieser Beziehung wird also *Flächenbruch* vorausgesetzt. Daraus folgt die weitere Beschränkung der Theorie: *Flächenbruch ist nur bei Reibungsböden* möglich, bei Kohäsionsböden tritt ein *Linienbruch* auf.

Der Anwendungsbereich der COULOMBschen Theorie läßt sich also wie folgt umgrenzen: *aktiver Druck von Reibungsböden ($c = 0$) beim Kippen einer starren Stützfläche um den unteren Eckpunkt.*

Die Methode von FELLENIUS benutzt eine *Kreisgleitfläche*, die durch den unteren Eckpunkt läuft. Diese Form haben wir im Kap. 6 als exakte Lösung im Falle $\varrho = 0$ abgeleitet; daher ist die Anwendung dieser Methode auf *Tonböden* beschränkt. Bei gewissen Wandbewegungen ist die Ausbildung einer einzigen Kreisgleitfläche möglich, so daß dann ein *Linienbruch* entsteht. In solchen Fällen kann diese Methode richtig angewendet werden. Die gleitende Erdmasse bewegt sich dabei wie ein starrer Körper, und es treten keine Volumenveränderungen auf. Daher ist die Anwendung vorwiegend auf den Fall $\varrho = 0$ beschränkt.

Wird eine Kreisgleitfläche für Böden mit $\varrho > 0$ angenommen, dann ist man gezwungen, zusätzliche, mehr oder weniger willkürliche Annahmen zu treffen.

Die *Methode von Rendulić* empfiehlt sich zur Untersuchung von *Flächen- und Linienbrüchen*; zwischen dem Bewegungszentrum der Stützwand und dem der Gleitfläche läßt sich aber kein Zusammenhang feststellen. Die Spannungsverteilung bleibt, wie bei den Extremalmethoden, im allgemeinen unbekannt. Die Methode kann bei Böden mit $c \neq 0$ und $\varrho \neq 0$ verwendet werden und am besten in Fällen, in denen die Form und die Lage der Gleitfläche annähernd bekannt ist. Das ist der Fall bei der Ermittlung des *Erdwiderstandes* beim Kippen der starren Stützfläche um den unteren Eckpunkt.

In diesem Kapitel wird auf Vollständigkeit verzichtet. Es werden bei den einzelnen Problemen immer nur diejenigen Verfahren behandelt, die zur Lösung der betreffenden Frage am besten geeignet sind. Die Anwendungsbereiche werden immer streng abgegrenzt.

8.2 Die Coulombsche Erddrucktheorie

Die Voraussetzungen der Coulombschen Erddrucktheorie sind folgende (s. Abb. 8.3):

1. Die Gleitfläche ist eine Ebene.

2. Die Rückseite der Stützmauer ist lotrecht, die Erdoberfläche waagerecht; zwischen Mauerfläche und Boden tritt keine Reibung auf, die Richtung des Erddruckes ist also waagerecht.

3. Zwischen den normalen und den tangentialen Komponenten der resultierenden Kraft auf die Gleitfläche besteht die Coulombsche Bruchbedingung; die Resultierende selbst wirkt also am Rande des Reibungskegels.

4. Von den unendlich vielen möglichen Ebenen AC (den sog. Prüfflächen, s. Rendulić, 1940) ist nach den Grundsätzen der Extremalmethode diejenige die Gleitfläche, bei welcher der Erddruck einen *Extremwert* erreicht.

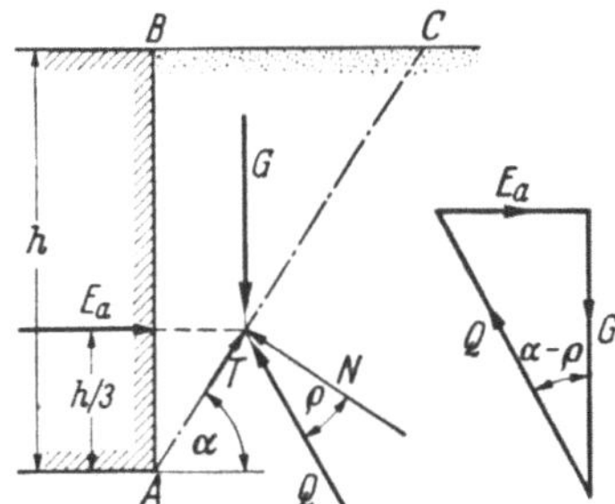

Abb. 8.3. Bestimmung des Erddruckes nach Coulomb

Die Lösung ergibt sich einfach: es soll das Gleichgewicht dreier Kräfte, nämlich des Eigengewichtes des Erdkeils, des Erddruckes und der Reaktion auf der Gleitfläche, untersucht werden. Aus dem Kraftdreieck (Abb. 8.3) liest man ab:

$$E_a = G \tan(\alpha - \varrho).$$

Das Eigengewicht des Erdkeils ist

$$G = \frac{h^2 \gamma}{2} \cot \alpha,$$

d. h. es ist

$$E_a = \frac{h^2 \gamma}{2} \cot \alpha \tan(\alpha - \varrho). \tag{8.1}$$

Der Gleitflächenwinkel läßt sich nach Ansatz 4 aus folgender Gleichung bestimmen:

$$\frac{dE_a}{d\alpha} = \frac{h^2 \gamma}{2} \left[-\frac{\tan(\alpha - \varrho)}{\sin^2 \alpha} + \frac{\cot \alpha}{\cos^2(\alpha - \varrho)} \right] = 0; \tag{8.2}$$

und sein Wert beträgt

$$\alpha = 45° + \varrho/2. \tag{8.3}$$

Nach dem Einsetzen in Gl. (8.1) ergibt sich

$$E_a = \frac{h^2 \gamma}{2} \tan^2(45° - \varrho/2) = \lambda_a \frac{h^2 \gamma}{2}. \tag{8.4}$$

Der Angriffspunkt der Resultierenden des Erddruckes ergibt sich, wenn man den Differentialquotienten dE_a/dh bildet, der auch die Verteilung der Erddruckspannungen e_a liefert: $e_a = h\gamma \tan^2(45° - \varrho/2)$. Dadurch erhalten wir bei unbelasteter Oberfläche eine *dreieckförmige* Verteilung, und der Angriffspunkt liegt im unteren Drittelpunkt. Durch die Bildung der Ableitung wird die Annahme einer einzigen Gleitfläche aufgegeben und der *Flächenbruch* vorausgesetzt; die Wand wird in jedem Punkte von einer Gleitfläche der parallelen Schar getroffen.

Bei der Weiterentwicklung der COULOMBschen Theorie wurde der Ansatz der ebenen Gleitfläche beibehalten, auf dem Wandrücken dagegen das Auftreten von Schubspannungen zugelassen. So schließt die Resultierende mit der Normalen des Wandrückens einen Winkel δ ein. Dieser Winkel soll bei Reibungsböden immer kleiner sein als der Reibungswinkel zwischen Boden und Mauerwerk; die Resultierende kann also aus dem Reibungskegel nicht austreten. In der Gleitfläche ist die Reibung vollkommen ausgenutzt, die Kraft Q schließt mit der Normalen den Winkel ϱ ein.

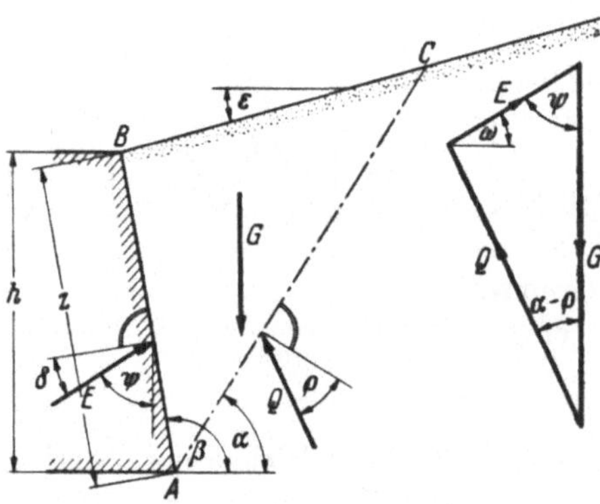

Abb. 8.4. Verallgemeinerung der COULOMBschen Theorie

Wir wollen jetzt annehmen, daß die Wandhinterfläche unter β, die Erdoberfläche unter ε zur Waagerechten geneigt sind. Wir wollen den Neigungswinkel des Erddruckes zur Lotrechten mit ψ, den zur Waagerechten mit ω bezeichnen (Abb. 8.4). Auf Grund der Gleichgewichtsbedingungen folgt

$$E_a = G\,\frac{\sin(\alpha - \varrho)}{\sin(\alpha - \varrho + \psi)} = f(\alpha, \psi). \tag{8.5}$$

Die Größe des Erddruckes ist also eine *Funktion von zwei Veränderlichen*. Einstweilen nehmen wir an, daß der Richtungswinkel δ bekannt ist; auf die Bestimmung kommen wir später zurück. Dann können wir aus Gl. (8.5) mit Hilfe der 4. COULOMBschen Annahme die Neigung der maßgebenden Gleitfläche bestimmen; nach dem Einsetzen in Gl. (8.5) ist auch der Erddruck bekannt. Das analytische Verfahren führt zu folgenden Ergebnissen (Abb. 8.4):

$$E_a = \lambda_a\,\frac{z^2\gamma}{2}; \tag{8.6}$$

wo der Erddruckbeiwert λ_a durch die Gleichung

$$\lambda_a = \left[\frac{\sin(\beta - \varrho)}{\sqrt{\sin(\beta + \delta)} + \sqrt{\dfrac{\sin(\delta + \varrho)\sin(\varrho - \varepsilon)}{\sin(\beta - \varepsilon)}}}\right]^2 \qquad (8.7)$$

gegeben ist. Bei $\beta = 90°$, $\delta = \varepsilon = 0$ ist (Fall von Coulomb):

$$\lambda_a = \left[\frac{\cos\varrho}{1 + \sin\varrho}\right]^2 = \tan^2(45° - \varrho/2); \qquad (8.7\,\text{a})$$

und bei lotrechter Wand und böschungsparallelem Erddruck (Fall von Rankine, $\beta = 90°$, $\delta = \varepsilon$):

$$\lambda_a = \left[\frac{\cos\varrho\,\sqrt{\cos\varepsilon}}{\cos\varepsilon + \sqrt{\sin(\varrho + \varepsilon)\sin(\varrho - \varepsilon)}}\right]^2 \qquad (8.7\,\text{b})$$

oder, mit der bereits früher eingeführten Abkürzung $\cos\nu = \dfrac{\cos\varrho}{\cos\varepsilon}$,

$$\lambda_a = \cos\varepsilon\,\tan^2\left(45° - \frac{\nu}{2}\right).$$

Die numerische Berechnung des Erddruckbeiwertes aus Gl. (8.7) ist ziemlich langwierig, daher werden entweder *Erddrucktabellen* oder *graphische Verfahren* verwendet.

Zur Vereinfachung der verschiedenen Erddruckberechnungen bringen wir in Tab. 8.1 die wichtigsten Hilfswerte (drei Stellen) und in Tab. 8.2 die Beiwerte der *waagerechten Komponenten* des Erddruckes für einige Werte der Winkel ε und δ. Ausführlichere Tabellen sind unter 8.21—8.26 zu finden, aus denen die Beiwerte des resultierenden Erddruckes [nach Gl. (8.7)] für Reibungswinkel $\varrho = 20°-32.5°$ zu entnehmen sind. Größere Werte von ϱ werden wohl bei Anwendung eines Sicherheitsbeiwertes nur selten vorkommen. Die Tabellen erfassen verschiedene Oberflächen- und Wandneigungen; die Bezeichnungen sind nach Abb. 8.4 zu verstehen. Tabellen für den Erdwiderstand werden hier nicht angegeben, da die Berechnung mit ebener Gleitfläche zu falschen Ergebnissen führt.

Untersuchen wir im folgenden etwas näher die Extremalbedingungen. Aus dieser Betrachtung werden wir eine grundsätzliche und eine wichtige praktische Folgerung ziehen können.

Die Extremalbedingung der Funktion $E_a = f(\alpha, \psi)$ [Gl. (8.5)] lautet

$$dE_a = \frac{\partial E_a}{\partial\alpha}\,d\alpha + \frac{\partial E_a}{\partial\psi}\,d\psi + 0. \qquad (8.8)$$

Gl. (8.8) ist erfüllt, wenn

$$\text{I.}\ \ \frac{\partial E_a}{\partial\alpha} = 0;\quad \text{und}\quad \text{II.}\ \ \frac{\partial E_a}{\partial\psi} = 0 \qquad (8.9)$$

sind.

 Tabelle 8.1. *Wichtige Beiwerte der Erddruckberechnungen*

ϱ°	$\tan \varrho$	$\tan$ $(45^\circ + \varrho/2)$	$\tan$ $(45^\circ - \varrho/2)$	$\tan^2$ $(45^\circ + \varrho/2)$	$\tan^2$ $(45^\circ - \varrho/2)$
0	0	1,000	1,000	1,000	1,000
1	0,017	1,018	0,983	1,036	0,966
2	0,035	1,036	0,966	1,073	0,933
3	0,052	1,054	0,949	1,111	0,901
4	0,070	1,072	0,933	1,149	0,870
5	0,087	1,091	0,916	1,190	0,839
6	0,105	1,111	0,900	1,234	0,810
7	0,123	1,130	0,885	1,277	0,783
8	0,140	1,150	0,869	1,322	0,755
9	0,158	1,171	0,854	1,371	0,729
10	0,176	1,192	0,839	1,420	0,704
11	0,194	1,213	0,824	1,472	0,680
12	0,213	1,235	0,810	1,525	0,656
13	0,231	1,257	0,795	1,580	0,633
14	0,249	1,280	0,781	1,638	0,610
15	0,268	1,303	0,767	1,698	0,589
16	0,287	1,327	0,754	1,761	0,568
17	0,306	1,351	0,740	1,826	0,548
18	0,325	1,376	0,727	1,894	0,528
19	0,344	1,402	0,713	1,965	0,509
20	0,364	1,428	0,700	2,040	0,490
21	0,384	1,455	0,687	2,117	0,472
22	0,404	1,483	0,675	2,198	0,455
23	0,424	1,511	0,662	2,283	0,438
24	0,445	1,540	0,649	2,371	0,422
25	0,466	1,570	0,637	2,464	0,406
26	0,488	1,600	0,625	2,561	0,390
27	0,510	1,632	0,613	2,676	0,376
28	0,532	1,664	0,601	2,770	0,361
29	0,554	1,698	0,583	2,882	0,347
30	0,577	1,732	0,577	3,000	0,333
31	0,601	1,767	0,566	3,124	0,320
32	0,625	1,804	0,554	3,255	0,307
33	0,649	1,842	0,543	3,392	0,295
34	0,675	1,881	0,532	3,537	0,283
35	0,700	1,921	0,521	3,690	0,271
36	0,727	1,963	0,510	3,852	0,260
37	0,754	2,006	0,499	4,023	0,249
38	0,781	2,050	0,488	4,204	0,238
39	0,810	2,097	0,477	4,395	0,228
40	0,839	2,145	0,466	4,599	0,217
41	0,869	2,194	0,456	4,815	0,208
42	0,900	2,246	0,445	5,045	0,198
43	0,933	2,300	0,435	5,289	0,189
44	0,966	2,356	0,424	5,550	0,180
45	1,000	2,414	0,414	5,828	0,172
46	1,036	2,475	0,404	6,126	0,163
47	1,072	2,539	0,394	6,445	0,155
48	1,111	2,605	0,384	6,786	0,147

Tabelle 8.2. *Beiwerte des waagerechten Komponenten des Erddruckes*

Werte von $1000\,\lambda_{ah}$

$$E_{ah} = \frac{1}{2}\,\lambda_{ah}\gamma\,H^2;\qquad E_a = E_{ah}/\sin(\beta+\delta)$$

$\cot\beta$	ϱ	$\varepsilon = 0°$				$\varepsilon = \varrho/2$				$\varepsilon = \varrho$
		$\delta = 0$	$\varrho/2$	$2/3\,\varrho$	ϱ	$\delta = 0$	$\varrho/2$	$2/3\,\varrho$	ϱ	beliebig
	15°	523	480	469	449	589	552	542	524	835
	20°	417	378	367	348	482	446	435	418	763
	25°	330	295	286	270	388	354	345	329	675
0,2	30°	257	229	221	207	306	278	270	256	587
	35°	198	175	169	158	237	214	208	195	496
	40°	148	132	126	118	178	160	155	146	406
	45°	108	96	93	86	129	116	102	95	320
	15°	556	510	499	475	627	587	576	556	883
	20°	454	409	397	376	526	485	473	453	822
	25°	368	327	316	296	434	396	384	365	747
	30°	295	260	250	233	353	319	309	291	666
0,1	35°	234	205	196	181	282	253	245	228	580
	40°	182	159	152	140	220	197	190	176	492
	45°	139	121	116	106	168	149	140	133	405
	15°	588	538	524	500	665	621	609	587	933
	20°	490	440	426	401	569	523	510	486	883
	25°	406	359	345	322	482	436	423	400	824
0	30°	333	291	279	257	402	360	334	326	750
	35°	271	235	224	205	330	293	283	262	672
	40°	218	187	183	161	267	235	226	207	587
	45°	172	148	145	125	210	185	177	160	500
	15°	619	564	549	521	701	654	640	615	983
	20°	525	469	453	424	612	561	545	518	948
	25°	443	389	373	345	529	477	461	434	900
−0,1	30°	372	321	306	280	452	402	387	359	839
	35°	309	264	251	226	381	335	318	294	768
	40°	254	216	204	180	316	275	263	237	689
	45°	207	174	164	143	257	223	212	188	605
	15°	648	588	571	541	737	684	669	642	1036
	20°	559	495	477	444	654	596	579	548	1016
	25°	479	416	398	365	576	516	498	465	982
−0,2	30°	409	349	332	299	502	442	424	390	933
	35°	347	292	275	244	432	376	360	323	872
	40°	292	243	229	197	367	316	300	265	800
	45°	243	200	186	157	307	262	247	213	720

Tabelle 8.21. $\varrho = 20°$

$\beta°$ \\ $\delta°$	$\varepsilon°$	0°	5°	10°	15°	20°
120°	0	0,77	0,84	0,93	1,06	1,50
	5	0,75	0,82	0,92	1,07	1,58
	10	0,74	0,82	0,93	1,09	1,69
	15	0,75	0,83	0,95	1,13	1,83
	20	0,76	0,85	0,98	1,19	2,01
110°	0	0,65	0,70	0,76	0,93	1,20
	5	0,63	0,68	0,75	0,86	1,25
	10	0,62	0,67	0,75	0,87	1,31
	15	0,61	0,67	0,76	0,89	1,38
	20	0,61	0,68	0,77	0,92	1,48
100°	0	0,56	0,60	0,65	0,74	1,02
	5	0,54	0,58	0,64	0,72	1,04
	10	0,52	0,56	0,63	0,72	1,06
	15	0,51	0,56	0,62	0,72	1,10
	20	0,51	0,56	0,63	0,73	1,15
90°	0	0,49	0,52	0,57	0,64	0,88
	5	0,46	0,50	0,55	0,62	0,89
	10	0,45	0,48	0,53	0,61	0,90
	15	0,43	0,47	0,52	0,60	0,91
	20	0,43	0,46	0,52	0,60	0,94
80°	0	0,43	0,46	0,50	0,56	0,77
	5	0,40	0,43	0,47	0,54	0,78
	10	0,38	0,41	0,45	0,52	0,78
	15	0,37	0,40	0,44	0,51	0,78
	20	0,36	0,39	0,43	0,50	0,79
70°	0	0,38	0,40	0,44	0,49	0,71
	5	0,35	0,38	0,41	0,46	0,69
	10	0,33	0,35	0,39	0,44	0,67
	15	0,31	0,34	0,37	0,43	0,67
	20	0,30	0,33	0,36	0,42	0,66
60°	0	0,33	0,35	0,38	0,43	0,63
	5	0,30	0,32	0,35	0,40	0,61
	10	0,28	0,29	0,32	0,37	0,59
	15	0,26	0,28	0,30	0,35	0,57
	20	0,25	0,26	0,29	0,34	0,56

Tabelle 8.22. $\varrho = 22{,}5°$

$\beta°$	$\delta°$ \\ $\varepsilon°$	0°	5°	10°	15°	20°	22,5°
120°	0	0,73	0,79	0,87	0,98	1,17	1,51
	5	0,71	0,78	0,86	0,98	1,19	1,60
	10	0,71	0,78	0,87	1,00	1,24	1,71
	15	0,71	0,79	0,89	1,03	1,30	1,85
	20	0,72	0,81	0,92	1,08	1,38	2,04
	22.5	0,73	0,82	0,94	1,10	1,43	2,15
110°	0	0,61	0,65	0,71	0,79	0,93	1,20
	5	0,59	0,64	0,70	0,79	0,94	1,25
	10	0,58	0,63	0,70	0,79	0,96	1,30
	15	0,57	0,63	0,70	0,80	0,99	1,38
	20	0,58	0,64	0,71	0,82	1,03	1,48
	22.5	0,58	0,64	0,72	0,84	1,06	1,53
100°	0	0,52	0,55	0,60	0,66	0,78	0,99
	5	0,50	0,53	0,58	0,65	0,78	1,02
	10	0,48	0,52	0,57	0,64	0,78	1,05
	15	0,48	0,52	0,57	0,64	0,79	1,08
	20	0,47	0,51	0,57	0,65	0,81	1,14
	22.5	0,47	0,52	0,57	0,66	0,82	1,16
90°	0	0,44	0,47	0,51	0,56	0,66	0,85
	5	0,42	0,45	0,49	0,55	0,65	0,86
	10	0,41	0,44	0,48	0,54	0,64	0,87
	15	0,10	0,13	0,47	0,53	0,64	0,88
	20	0,39	0,42	0,46	0,53	0,65	0,91
	22.5	0,39	0,42	0,46	0,53	0,65	0,92
80°	0	0,42	0,45	0,48	0,53	0,62	0,82
	5	0,36	0,39	0,42	0,46	0,55	0,74
	10	0,35	0,37	0,40	0,45	0,54	0,73
	15	0,33	0,36	0,39	0,44	0,53	0,74
	20	0,32	0,35	0,38	0,43	0,53	0,75
	22.5	0,32	0,34	0,38	0,43	0,53	0,75
70°	0	0,33	0,35	0,38	0,42	0,49	0,65
	5	0,31	0,33	0,35	0,39	0,47	0,64
	10	0,29	0,31	0,33	0,37	0,45	0,62
	15	0,28	0,29	0,31	0,36	0,44	0,62
	20	0,26	0,28	0,31	0,35	0,43	0,62
	22.5	0,26	0,28	0,30	0,34	0,43	0,02

12*

Tabelle 8.23. $\varrho = 25°$

$\beta°$	$\delta°$ \ $\varepsilon°$	0°	5°	10°	15°	20°	25°
120°	0	0,69	0,74	0,82	0,91	1,03	1,42
	5	0,68	0,74	0,81	0,91	1,06	1,62
	10	0,67	0,74	0,82	0,92	1,09	1,73
	15	0,67	0,74	0,83	0,95	1,14	1,87
	20	0,68	0,76	0,86	0,99	1,20	2,06
	25	0,71	0,79	0,89	1,04	1,27	2,31
110°	0	0,56	0,60	0,66	0,73	0,81	1,16
	5	0,55	0,60	0,65	0,72	0,83	1,24
	10	0,54	0,59	0,65	0,72	0,84	1,30
	15	0,54	0,59	0,65	0,73	0,86	1,37
	20	0,54	0,59	0,66	0,75	0,89	1,47
	25	0,55	0,61	0,68	0,77	0,93	1,59
100°	0	0,51	0,54	0,58	0,63	0,71	0,96
	5	0,49	0,52	0,57	0,63	0,72	1,06
	10	0,48	0,51	0,56	0,62	0,72	1,09
	15	0,47	0,51	0,55	0,62	0,72	1,13
	20	0,47	0,50	0,56	0,62	0,73	1,18
	25	0,47	0,51	0,56	0,63	0,75	1,25
90°	0	0,41	0,43	0,46	0,50	0,56	0,82
	5	0,39	0,41	0,44	0,49	0,56	0,82
	10	0,37	0,40	0,43	0,48	0,55	0,83
	15	0,36	0,39	0,42	0,47	0,55	0,85
	20	0,36	0,38	0,42	0,47	0,55	0,87
	25	0,36	0,38	0,42	0,47	0,55	0,91
80°	0	0,34	0,38	0,42	0,45	0,51	0,70
	5	0,32	0,34	0,37	0,40	0,46	0,69
	10	0,31	0,33	0,35	0,39	0,45	0,69
	15	0,30	0,32	0,34	0,38	0,44	0,69
	20	0,29	0,31	0,34	0,37	0,44	0,70
	25	0,29	0,31	0,33	0,37	0,44	0,72
70°	0	0,29	0,30	0,32	0,35	0,39	0,58
	5	0,27	0,28	0,30	0,33	0,38	0,59
	10	0,25	0,27	0,29	0,32	0,36	0,58
	15	0,24	0,26	0,27	0,30	0,35	0,57
	20	0,23	0,25	0,27	0,29	0,34	0,57
	25	0,22	0,24	0,26	0,29	0,34	0,57
60°	0	0,22	0,24	0,26	0,28	0,31	0,48
	5	0,21	0,22	0,24	0,26	0,30	0,48
	10	0,20	0,21	0,22	0,24	0,28	0,47
	15	0,18	0,20	0,21	0,23	0,27	0,45
	20	0,18	0,19	0,20	0,22	0,26	0,44
	25	0,17	0,18	0,19	0,21	0,25	0,44

$\beta°$	$\delta°$ \\ $\varepsilon°$	0°	5°	10°	15°	20°	25°	27,5°
	0	0,65	0,70	0,77	0,84	0,96	1,15	1,54
	5	0,64	0,70	0,76	0,85	0,97	1,19	1,62
	10	0,64	0,70	0,77	0,86	0,99	1,23	1,74
120°	15	0,64	0,70	0,78	0,88	1,02	1,30	1,88
	20	0,65	0,72	0,80	0,91	1,07	1,38	2,07
	25	0,67	0,74	0,84	0,96	1,14	1,49	2,32
	27.5	0,68	0,76	0,86	0,99	1,18	1,56	2,48
	0	0,53	0,56	0,61	0,67	0,74	0,88	1,17
	5	0,52	0,56	0,60	0,66	0,75	0,91	1,23
	10	0,51	0,55	0,60	0,66	0,76	0,93	1,28
110°	15	0,51	0,55	0,60	0,67	0,77	0,96	1,36
	20	0,51	0,56	0,61	0,68	0,79	1,00	1,45
	25	0,52	0,57	0,63	0,71	0,82	1,06	1,57
	27.5	0,52	0,58	0,64	0,72	0,84	1,09	1,65
	0	0,44	0,47	0,50	0,55	0,61	0,72	0,95
	5	0,42	0,45	0,49	0,54	0,60	0,72	0,97
	10	0,42	0,44	0,48	0,53	0,60	0,73	1,00
100°	15	0,41	0,44	0,48	0,53	0,60	0,74	1,04
	20	0,41	0,44	0,48	0,53	0,61	0,76	1,08
	25	0,41	0,44	0,48	0,54	0,62	0,78	1,14
	27.5	0,41	0,44	0,49	0,54	0,63	0,80	1,18
	0	0,37	0,39	0,42	0,45	0,50	0,60	0,87
	5	0,35	0,37	0,40	0,44	0,49	0,59	0,79
	10	0,34	0,36	0,39	0,42	0,48	0,58	0,80
90°	15	0,33	0,35	0,38	0,41	0,47	0,58	0,81
	20	0,33	0,35	0,38	0,42	0,47	0,59	0,84
	25	0,32	0,35	0,38	0,42	0,48	0,60	0,87
	27.5	0,32	0,35	0,38	0,42	0,48	0,60	0,89
	0	0,30	0,32	0,34	0,37	0,41	0,49	0,66
	5	0,29	0,30	0,32	0,35	0,39	0,48	0,65
	10	0,28	0,29	0,31	0,34	0,38	0,47	0,65
80°	15	0,27	0,28	0,30	0,33	0,37	0,46	0,65
	20	0,26	0,28	0,30	0,33	0,37	0,46	0,66
	25	0,26	0,27	0,29	0,32	0,37	0,46	0,67
	27.5	0,26	0,27	0,29	0,32	0,37	0,46	0,68
	0	0,25	0,26	0,28	0,30	0,33	0,39	0,55
	5	0,23	0,24	0,26	0,28	0,31	0,38	0,54
	10	0,22	0,23	0,24	0,27	0,30	0,37	0,52
70°	15	0,21	0,22	0,24	0,26	0,29	0,36	0,52
	20	0,20	0,21	0,23	0,25	0,28	0,35	0,52
	25	0,20	0,21	0,22	0,24	0,28	0,35	0,52
	27.5	0,19	0,21	0,22	0,24	0,28	0,35	0,52
	0	0,19	0,20	0,21	0,22	0,25	0,31	0,44
	5	0,17	0,18	0,19	0,21	0,23	0,29	0,42
	10	0,16	0,17	0,18	0,20	0,22	0,27	0,41
60°	15	0,15	0,16	0,17	0,19	0,21	0,26	0,40
	20	0,15	0,15	0,16	0,18	0,20	0,26	0,39
	25	0,14	0,15	0,16	0,17	0,20	0,25	0,39
	27.5	0,14	0,15	0,16	0,17	0,19	0,25	0,38

182   Tabelle 8.25. $\varrho = 30°$

$\beta°$	$\delta°$ \ $\varepsilon°$	0°	5°	10°	15°	20°	25°	30°
	0							
	5	0,61	0,66	0,72	0,79	0,89	1,04	1,63
	10	0,60	0,66	0,72	0,80	0,91	1,08	1,74
120°	15	0,61	0,67	0,73	0,82	0,94	1,12	1,89
	20	0,62	0,68	0,75	0,85	0,97	1,18	2,07
	25	0,64	0,70	0,78	0,89	1,03	1,27	2,32
	30	0,67	0,74	0,83	0,94	1,11	1,38	2,67
	0							
	5	0,48	0,52	0,56	0,61	0,68	0,79	1,21
	10	0,48	0,51	0,56	0,61	0,67	0,80	1,27
110°	15	0,48	0,51	0,56	0,62	0,70	0,82	1,34
	20	0,48	0,52	0,57	0,63	0,71	0,85	1,43
	25	0,49	0,53	0,58	0,65	0,74	0,89	1,55
	30	0,50	0,55	0,60	0,67	0,78	0,95	1,71
	0							
	5	0,39	0,42	0,45	0,49	0,53	0,62	0,94
	10	0,38	0,41	0,44	0,48	0,53	0,62	0,97
100°	15	0,38	0,40	0,44	0,48	0,53	0,63	1,00
	20	0,38	0,40	0,44	0,48	0,54	0,64	1,05
	25	0,38	0,41	0,44	0,49	0,55	0,66	1,11
	30	0,38	0,42	0,45	0,50	0,57	0,68	1,19
	0	0,33						
	5	0,32	0,34	0,36	0,39	0,43	0,49	0,75
	10	0,31	0,33	0,35	0,38	0,42	0,49	0,75
90°	15	0,30	0,32	0,34	0,37	0,42	0,48	0,78
	20	0,30	0,32	0,34	0,37	0,41	0,49	0,80
	25	0,30	0,32	0,34	0,37	0,42	0,49	0,83
	30	0,30	0,32	0,34	0,38	0,42	0,50	0,87
	0							
	5	0,26	0,27	0,29	0,31	0,34	0,39	0,61
	10	0,24	0,26	0,27	0,30	0,33	0,38	0,60
80°	15	0,24	0,25	0,27	0,29	0,32	0,37	0,61
	20	0,23	0,24	0,26	0,28	0,32	0,37	0,61
	25	0,23	0,24	0,26	0,28	0,31	0,37	0,63
	30	0,23	0,24	0,26	0,28	0,31	0,37	0,64
	0							
	5	0,20	0,21	0,22	0,24	0,26	0,30	0,48
	10	0,19	0,20	0,21	0,22	0,25	0,29	0,48
70°	15	0,18	0,19	0,20	0,22	0,24	0,28	0,47
	20	0,17	0,18	0,19	0,21	0,23	0,27	0,47
	25	0,17	0,18	0,19	0,21	0,23	0,27	0,47
	30	0,17	0,18	0,19	0,20	0,23	0,27	0,48
	0							
	5	0,14	0,15	0,16	0,17	0,18	0,21	0,37
	10	0,13	0,14	0,15	0,16	0,17	0,20	0,35
60°	15	0,13	0,13	0,14	0,15	0,16	0,19	0,34
	20	0,12	0,13	0,13	0,14	0,16	0,19	0,34
	25	0,12	0,12	0,13	0,14	0,15	0,18	0,33
	30	0,11	0,12	0,13	0,14	0,15	0,18	0,33

$\beta°$	$\delta°$ \\ $\varepsilon°$	0°	5°	10°	15°	20°	25°	30°	32,5°
	0	0,59	0,63	0,68	0,75	0,82	0,93	1,13	1,55
	5	0,58	0,62	0,68	0,74	0,82	0,94	1,17	1,62
	10	0,57	0,62	0,68	0,75	0,84	0,97	1,21	1,74
	15	0,58	0,63	0,69	0,76	0,86	1,00	1,28	1,88
120°	20	0,59	0,64	0,71	0,79	0,90	1,05	1,36	2,07
	25	0,61	0,67	0,74	0,82	0,94	1,12	1,48	2,32
	30	0,63	0,70	0,78	0,88	1,01	1,21	1,63	2,66
	32.5	0,65	0,72	0,80	0,91	1,05	1,27	1,72	2,88
	0	0,47	0,50	0,53	0,58	0,63	0,71	0,86	1,15
	5	0,45	0,48	0,52	0,57	0,62	0,72	0,87	1,19
	10	0,45	0,48	0,52	0,56	0,63	0,72	0,89	1,25
110°	15	0,45	0,48	0,52	0,57	0,63	0,73	0,92	1,32
	20	0,45	0,50	0,53	0,58	0,65	0,75	0,96	1,41
	25	0,46	0,50	0,54	0,60	0,67	0,78	1,01	1,53
	30	0,47	0,51	0,56	0,62	0,70	0,83	1,08	1,68
	32.5	0,48	0,52	0,57	0,64	0,72	0,85	1,12	1,77
	0	0,38	0,40	0,42	0,46	0,50	0,56	0,67	0,90
	5	0,36	0,38	0,41	0,44	0,48	0,55	0,66	0,91
	10	0,35	0,38	0,40	0,44	0,48	0,54	0,67	0,94
100°	15	0,35	0,37	0,40	0,43	0,48	0,55	0,68	0,97
	20	0,35	0,37	0,40	0,44	0,48	0,56	0,70	1,02
	25	0,35	0,38	0,41	0,44	0,49	0,57	0,72	1,07
	30	0,36	0,38	0,41	0,45	0,51	0,59	0,76	1,15
	32.5	0,36	0,39	0,42	0,46	0,52	0,60	0,78	1,19
	0	0,30	0,32	0,34	0,36	0,39	0,44	0,53	0,72
	5	0,29	0,30	0,32	0,35	0,38	0,42	0,52	0,71
	10	0,28	0,29	0,31	0,34	0,37	0,42	0,51	0,72
90°	15	0,27	0,29	0,31	0,33	0,37	0,42	0,52	0,74
	20	0,27	0,29	0,31	0,33	0,36	0,42	0,52	0,75
	25	0,27	0,29	0,31	0,33	0,37	0,42	0,53	0,78
	30	0,27	0,29	0,31	0,34	0,37	0,43	0,55	0,82
	32.5	0,27	0,29	0,31	0,34	0,38	0,43	0,55	0,84
	0	0,24	0,25	0,26	0,28	0,31	0,34	0,41	0,57
	5	0,23	0,24	0,25	0,27	0,29	0,33	0,40	0,56
	10	0,22	0,23	0,24	0,26	0,28	0,32	0,39	0,56
80°	15	0,21	0,22	0,23	0,25	0,28	0,31	0,39	0,56
	20	0,21	0,22	0,23	0,25	0,27	0,31	0,39	0,57
	25	0,20	0,21	0,23	0,24	0,27	0,31	0,39	0,58
	30	0,20	0,21	0,23	0,24	0,27	0,31	0,39	0,60
	32.5	0,20	0,21	0,23	0,25	0,27	0,31	0,40	0,61
	0	0,18	0,19	0,20	0,21	0,23	0,26	0,31	0,45
	5	0,17	0,18	0,19	0,20	0,22	0,24	0,30	0,43
	10	0,16	0,17	0,18	0,19	0,21	0,23	0,29	0,43
70°	15	0,16	0,16	0,17	0,18	0,20	0,22	0,28	0,42
	20	0,15	0,16	0,17	0,18	0,19	0,21	0,28	0,42
	25	0,15	0,15	0,16	0,17	0,19	0,21	0,27	0,42
	30	0,14	0,15	0,16	0,17	0,18	0,21	0,27	0,43
	32.5	0,14	0,15	0,16	0,17	0,19	0,21	0,28	0,43

Tabelle 8.26. $\varrho = 32{,}5°$ (Fortsetzung)

$\beta°$	$\delta°$ \ $\varepsilon°$	$0°$	$5°$	$10°$	$15°$	$20°$	$25°$	$30°$	$32{,}5°$
	0	0,13	0,13	0,14	0,14	0,16	0,18	0,22	0,33
	5	0,12	0,12	0,13	0,13	0,14	0,16	0,20	0,31
	10	0,11	0,11	0,12	0,12	0,14	0,15	0,19	0,30
$60°$	15	0,10	0,11	0,11	0,12	0,13	0,15	0,19	0,29
	20	0,10	0,10	0,11	0,11	0,12	0,14	0,18	0,29
	25	0,10	0,10	0,10	0,11	0,12	0,14	0,18	0,28
	30	0,09	0,10	0,10	0,11	0,12	0,14	0,17	0,28
	32.5	0,09	0,10	0,10	0,11	0,12	0,13	0,17	0,28

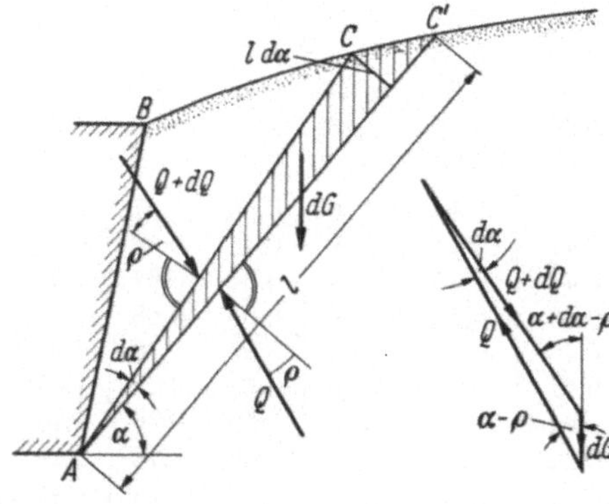

Abb. 8.5. Gleichgewicht eines keilförmigen Elementes

Betrachten wir das Gleichgewicht des elementaren Erdkeiles ACC' in Abb. 8.5. Wenn wir annehmen, daß beide Seitenflächen AC und AC' mögliche *Gleitflächen* sind, dann schließen Q wie auch $Q + dQ$ den Winkel ϱ mit der betreffenden Normalen ein. Im Falle des Gleichgewichtes ist das Vektordreieck geschlossen; daher ist

$$\frac{Q + dQ}{Q} = \frac{\sin(\alpha - \varrho)}{\sin(\alpha + d\alpha - \varrho)}.$$

Daraus erhalten wir

$$Q \cos(\alpha - \varrho) + \frac{dQ}{d\alpha} \sin(\alpha - \varrho) = 0. \tag{8.10}$$

Der Ausdruck für die waagerechte Komponente des Erddruckes

$$E_h = Q \sin(\alpha - \varrho)$$

wird nach α differenziert und ergibt

$$\frac{dE_h}{d\alpha} = - \frac{dQ}{d\alpha} \sin(\alpha - \varrho) + Q \cos(\alpha - \varrho). \tag{8.11}$$

Aus Gl. (8.10) und (8.11) ersieht man, daß

$$\frac{dE_h}{d\alpha} = 0$$

oder, mit $E_h = E_a \cos \psi$,

$$\frac{\partial E_a}{\partial \alpha} \cos \psi = 0$$

d. h.

$$\boxed{\dfrac{\partial E_a}{\partial \alpha} = 0}$$ (8.12)

ist. Diese Gleichung drückt eigentlich die 4. Annahme von Coulomb aus. Nach der obigen Ableitung ist sie also keine Annahme, sondern *eine Folge des Coulumbschen Reibungsgesetzes*.

Aus Gl. (8.12) läßt sich folgendes wichtige Gesetz ableiten. Differenzieren wir den Ausdruck (8.5) nach α, dann folgt mit (8.12):

$$\frac{\partial E_a}{\partial \alpha} = \frac{\partial G}{\partial \alpha} \cdot \frac{\sin(\alpha - \varrho)}{\sin(\alpha - \varrho + \psi)} + G \frac{\sin \psi}{\sin^2(\alpha - \varrho + \psi)} = 0.$$ (8.13)

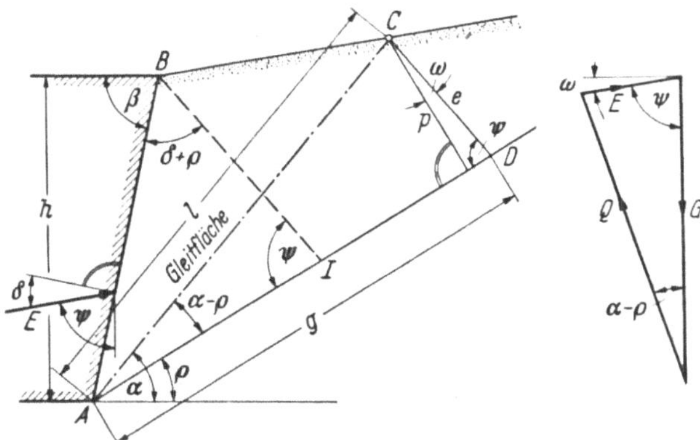

Abb. 8.6. Der Rebhannsche Satz

Aus dem Vektordreieck ergibt sich

$$G \frac{\sin \psi}{\sin(\alpha - \varrho + \psi)} = Q$$

und aus Abb. 8.5 lesen wir

$$\frac{\partial G}{\partial \alpha} = \frac{dG}{d\alpha} = -\frac{l^2 \gamma}{2}$$

ab. Das negative Vorzeichen ist dadurch bedingt, daß G bei zunehmenden α-Werten abnimmt. Eingesetzt in Gl. (8.13), ergibt sich für die Gleitflächenreaktion folgender Ausdruck:

$$Q = \frac{l^2 \gamma}{2} \sin(\alpha - \varrho).$$ (8.14)

Dieser Ausdruck enthält ein bedeutendes Gesetz. Zu seiner Entwicklung nehmen wir an, daß wir auf Grund der Gl. (8.12) den Neigungswinkel der maßgebenden Gleitfläche schon bestimmt haben. Wird dieser Winkel im Punkte A eingetragen, dann ist der Schnittpunkt mit der Oberfläche C (s. Abb. 8.6). Wir zeichnen nun zuerst die Gerade

AB unter dem Winkel ϱ und fällen dann vom Punkte C ein Lot darauf. Wird nun der Winkel ω im Punkte C aufgetragen, dann ist der Winkel bei D gleich ψ. Die Linie CD ist die sogenannte *Stellungslinie*; sie schließt mit dem Wandrücken den Winkel $180° - \psi - (\beta - \varrho) = \varrho + \delta$ ein.

Das so erhaltene Dreieck $ACD_\triangle$ und das Vektordreieck sind einander ähnlich, da die Winkel dieselben sind. Daher ist

$$\frac{Q}{l} = \frac{G}{g} = \frac{E}{e}.$$

Wir setzen den Ausdruck (8.14) ein und erhalten

$$\frac{l\gamma}{2} \sin(\alpha - \varrho) = \frac{G}{g}.$$

Nach Abb. 8.6 ist

$$l \sin(\alpha - \varrho) = p,$$

d. h. es ist

$$\frac{p\gamma}{2} = \frac{G}{g}$$

und

$$G = \frac{p\gamma}{2} g = ag. \tag{8.15}$$

Die Größe $pg/2$ ist der Flächeninhalt des Dreieckes $ACD_\triangle$; G bedeutet seinerseits das Gewicht des gleitenden Erdkeiles, also den Flächeninhalt des Dreieckes $ABC_\triangle$, multipliziert mit dem Raumgewicht. Infolgedessen ist

$$\boxed{\text{Fläche } ABC_\triangle = \text{Fläche } ACD_\triangle} \tag{8.16}$$

In Worten: die Gleitfläche halbiert das Viereck $ABCD$, gebildet durch den Wandrücken, die Erdoberfläche, die natürliche Böschung unter ϱ und die Stellungslinie. Dieser Satz ist als *Rebhannscher Satz* (REBHANN, 1871) bekannt. Es läßt sich beweisen, daß der Satz auch dann gültig ist, wenn die Oberfläche und der Wandrücken unregelmäßige, gebrochene oder gekrümmte Linien sind. Auf Grund des REBHANNschen Satzes konnten verschiedene graphische Verfahren zur Bestimmung des Gleitflächenwinkels entwickelt werden.

Der Richtungswinkel δ wurde bisher als *bekannt* angenommen. In der Literatur finden wir dafür nur Erfahrungswerte. So ist etwa nach MÜLLER-BRESLAU (1906) $\delta = 0{,}8\varrho$. Unter der Bedingung, daß die Verschiebungen zwischen Boden und Wand ausreichen, um dort die Reibung vollständig zu entwickeln, können wir Werte verwenden, die in direkten Scherversuchen ermittelt sind. Solche Angaben sind in Tab. 8.3 zu finden, wo Reibungsbeiwerte zwischen verschiedenen Böden und Baumaterialien zusammengestellt sind. Es empfiehlt sich, immer direkte Versuche auszuführen.

Tabelle 8.3. *Reibungsbeiwerte zwischen Mauer und Boden*

Bodenart	Zustand	Glatter Beton	Rauher Beton	Mauerwerk
Sandiger Kies	ohne Schluffgehalt	0,54	0,71	0,68
Sand	trocken	0,59	0,66	0,62
	naß	0,59	0,63	0,60
Mehlsand $w_{fa} = 3\%$	w = 3%	0,78	—	0,87
	w = 15%	0,78	—	0,82
Schluff $w_{fa} = 9\%$	w = 5%	0,79	—	0,75
	w = 15%	0,70	—	0,64
Schluff $w_{fa} = 14\%$	w = 10%	0,68	—	0,63
	w = 17%	0,55	—	0,46

Die Erddruckversuche (MÜLLER-BRESLAU, 1906; TERZAGHI, 1933; Soos, 1961) haben bewiesen, daß sich der Erddruck bereits bei einem kleinen Kippen der Wand einem unteren Grenzwert nähert. Dieser Umstand veranlaßte JÁKY (1948), den Richtungswinkel des Erddruckes auf Grund der vollständigen Analyse der Gl. (8.5) zu bestimmen.

Die erste Bedingung unter (8.9) wird — als eine Folge des Reibungsgesetzes — erfüllt. Auf Grund der zweiten Bedingung erhält man aus (8.5):

$$\frac{\partial E}{\partial \psi} = G \frac{\sin(\alpha - \varrho) \cos(\alpha - \varrho + \psi)}{\sin^2(\alpha - \varrho + \psi)} = 0.$$

Die Gleichung ist erfüllt, wenn

$$\cos(\alpha - \varrho + \psi) = 0,$$

d. h.

$$\alpha - \varrho + \psi = 90° \tag{8.17}$$

ist. Gl. (8.17) bedeutet, daß der maßgebende Erddruck bei einem rechtwinkligen Vektordreieck erhalten wird. Dann beträgt der Richtungswinkel des Erddruckes (da $\psi = 180° - \beta + \delta$):

$$\delta = 90° + \alpha - (\beta + \varrho). \tag{8.18}$$

Zur Bestimmung des maßgebenden Erddruckes müssen wir also eine Gleitfläche $\overline{AC}$ suchen, die einerseits den REBHANNschen Satz befriedigt, andererseits aber ein Kraftdreieck liefert, in dem die Kräfte Q und E einen rechten Winkel miteinander einschließen. Die Bedingung lautet, analytisch ausgedrückt (Abb. 8.7):

$$Q = G \cos(\alpha - \varrho). \tag{8.19}$$

Nach REBHANN ist:

$$Q = \frac{l^2 \gamma}{2} \sin(\alpha - \varrho).$$

Andererseits ist das Gewicht des gleitenden Erdkeiles:

$$G = \frac{l^2 \gamma}{2} \frac{\sin(\alpha - \varepsilon)\sin(\beta - \alpha)}{\sin(\beta - \varepsilon)}.$$

Setzt man diese beiden Ausdrücke in Gl. (8.19) ein, so bekommt man die Bestimmungsgleichung für den Gleitflächenwinkel:

$$\frac{\sin(\alpha - \varepsilon)\sin(\beta - \alpha)}{\sin(\beta - \varepsilon)} = \tan(\alpha - \varrho). \qquad (8.20)$$

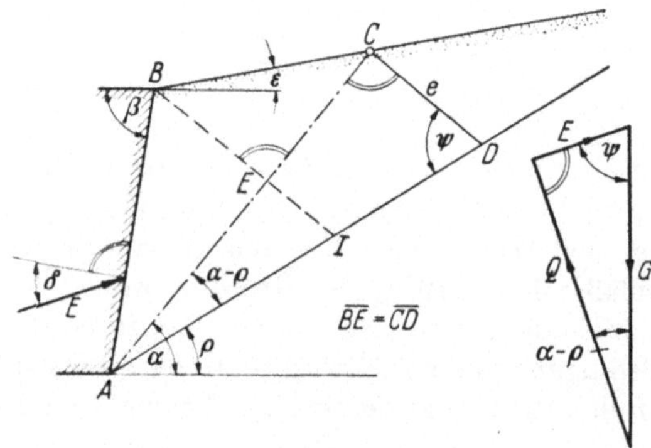

Abb. 8.7. Geometrie der maßgebenden Gleitfläche nach JÁKY

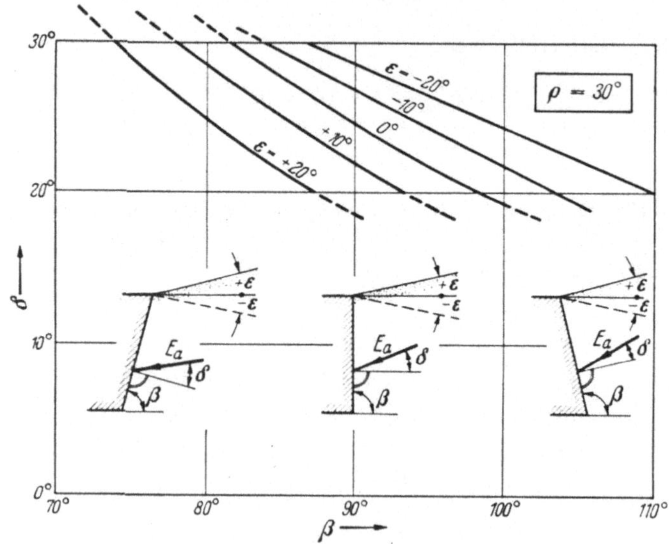

Abb. 8.8. Richtungswinkel des Erddruckes nach JÁKY, bei $\varrho = 30°$

Die Lösung der Gl. (8.20) führt auf eine Gleichung dritten Grades. Daher kann man die Gleitfläche durch unmittelbare Konstruktion nicht finden, und wir sind auf Probieren angewiesen (s. S. 194). Für den Richtungswinkel läßt sich folgender Ausdruck ableiten:

$$\frac{\cos(\beta + \delta)}{\sqrt{\sin(\beta + \delta)}} + \sqrt{\frac{\sin(\varrho - \varepsilon)}{\sin(\beta - \varepsilon)}} \cdot \frac{\cos(\varrho + \delta)}{\sqrt{\sin(\varrho + \delta)}} = 0. \tag{8.21}$$

Der Winkel δ läßt sich in Gl. (8.21) in expliziter Form nicht ausdrücken. Für praktische Zwecke ist folgende Näherung zu empfehlen:

$$\delta \cong 90° - \frac{\beta + i\varrho}{1 + i}, \tag{8.21a}$$

mit

$$i = \sqrt{\frac{\sin(\varrho - \varepsilon)}{\sin(\beta - \varepsilon)}}.$$

Für den häufig vorkommenden Wert $\varrho = 30°$ gibt Abb. 8.8 die Größe des Richtungswinkels für verschiedene Wandneigungen an.

Die obere Grenze des Richtungswinkels wird durch den Reibungswinkel ϱ_1 zwischen Wandrücken und Boden gegeben, die untere Grenze ist der Richtungswinkel δ_1 des Ruhedruckes auf die betreffende Rückseite.

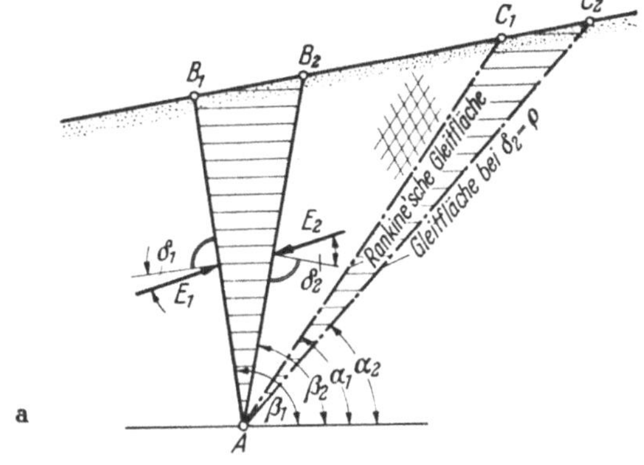

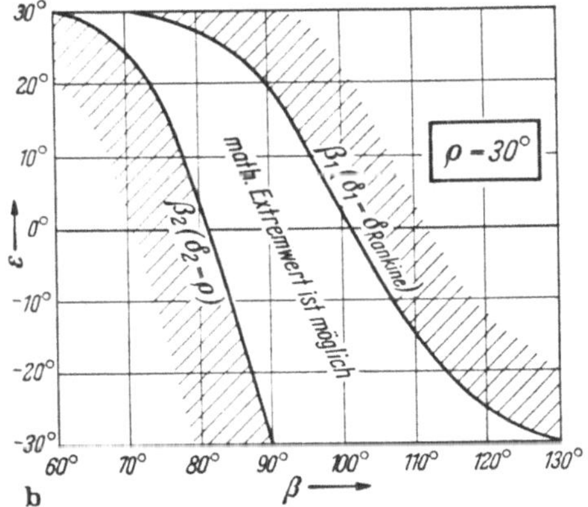

Abb. 8.9a u. b. Die Grenzneigungen des Wandrückens und der Gleitfläche; Möglichkeit der Ausbildung des Extremwertes

δ kann sich also zwischen den Grenzen $\delta_1 \leq \delta \leq \varrho_1$ bewegen. Aus diesem Grunde bleibt auch der Gleitflächenwinkel in einem geschlossenen Bereich. Der Winkel ϱ_1 kann einstweilen auch den Wert ϱ erreichen. Dem Richtungswinkel δ_1 entspricht die Neigung α_1 der Rankineschen Gleitfläche (bei $\varepsilon = 0$ ist $\alpha_1 = 45° + \varrho/2$); eine steilere Gleitfläche kann sich nicht ausbilden. Der Gleitflächenwinkel α_2, der zum Richtungswinkel $\delta = \varrho_1$ gehört, läßt sich auf Grund des Rebhannschen Satzes bestimmen.

In Kenntnis der genannten Grenzen ist es möglich, diejenigen Grenzlagen des Wandrückens zu bestimmen, zwischen denen der Extremwert des Erddruckes nach Gl. (8.9) überhaupt auftreten kann (Abb. 8.9 a u. b). Im Falle einer waagerechten Erdoberfläche beträgt die Neigung der Rankineschen Gleitfläche $\alpha_1 = 45° + \varrho/2$. Dann folgt aus Gl. (8.20):

$$\cot \beta_1 = - \tan^3 (45° - \varrho/2),$$

und der Richtungswinkel des Erddruckes beträgt:

$$\delta_1 = 135° - \frac{\varrho}{2} - \beta_1.$$

Ist dagegen $\delta = \varrho$, dann wird

$$\tan \alpha_2 = \frac{\sin 2\varrho}{2} + \sqrt{\frac{\sin^2 2\varrho}{4} + \cos 2\varrho}$$

und

$$\beta_2 = 90° + \alpha_2 - 2\varrho.$$

Ein Extremwert des Erddruckes wird bzw. kann also nur dann auftreten, wenn die Neigung des Wandrückens der Ungleichung

$$\beta_1 \geqq \beta \geqq \beta_2$$

genügt. Ist $\beta > \beta_1$, dann muß man den Erddruck mit Hilfe der Rankineschen Theorie bestimmen. Ist dagegen $\beta < \beta_2$, dann ist der Richtungswinkel δ als bekannt anzunehmen — er ist dem Reibungswinkel zwischen Mauer und Boden gleich — und der Erddruck mit Hilfe von Tabellen oder mit einem graphischen Verfahren zu bestimmen. Die Winkel $\beta_1, \beta_2, \alpha_1, \alpha_2$ und δ_1, δ_2 sind für vier verschiedene Werte der Oberflächenneigung der Abb. 8.10 zu entnehmen.

Der Grenzwert des Erddruckes, gegeben durch Gl. (8.9), wurde im vorangehenden *analytisch* gesucht. Abb. 8.11 gibt ein anschauliches Bild von der Veränderung des Erddruckwertes: die Funktion $E_a = f(\alpha, \delta)$ wird in einem räum-

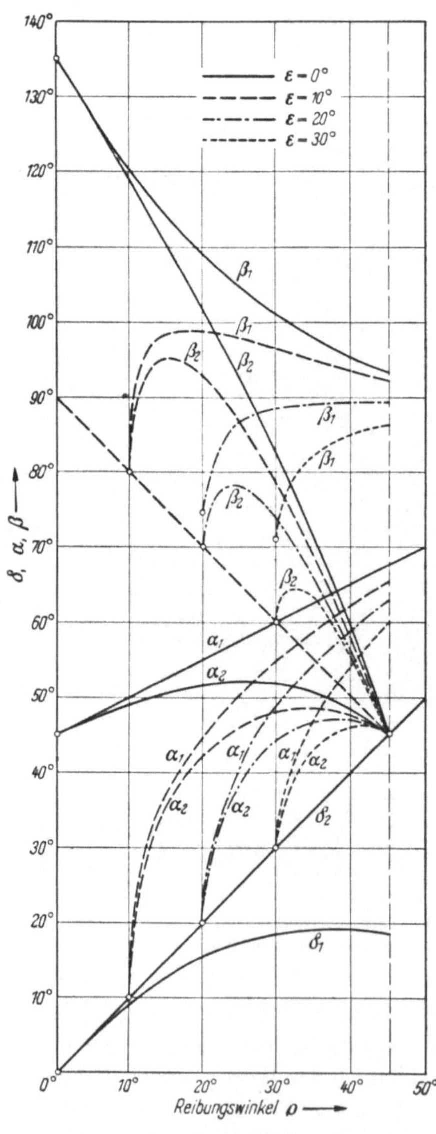

Abb. 8.10. Werte der Grenzwinkel bei verschiedenen Oberflächenneigungen

lichen Koordinatensystem dargestellt. Die erhaltene Fläche ist *sattel-förmig*: der Sattelpunkt P liefert den oben bestimmten Erddruckwert. Nach Bedingung I [Gl. (8.9)] besitzt daher die Funktion einen *Größtwert*, nach II einen *Kleinstwert*.

Zur Bestimmung des Coulombschen Erddruckes dienen entweder Tabellen oder zeichnerische Verfahren. Die wichtigsten Tabellen stehen auf den S. 176—184; in vielen praktischen Fällen sind sie aber nicht brauchbar, da Wandrücken und Erdoberfläche selten so regelmäßig und einfach begrenzt sind, wie das in den Tabellen zwangsläufig vorausgesetzt

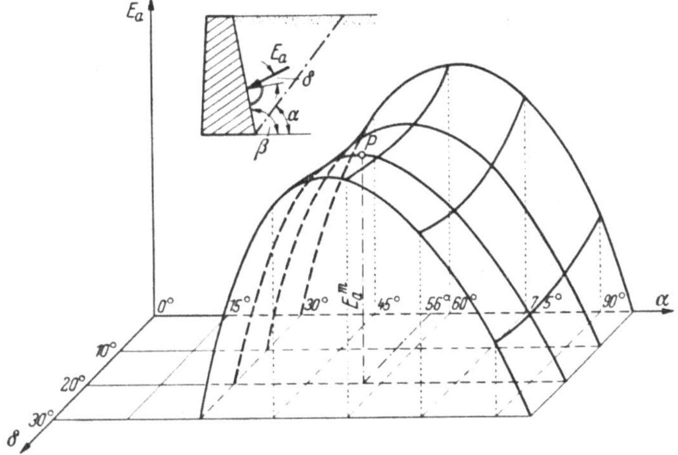

Abb. 8.11. Darstellung der Größe des Erddruckes als Funktion der Gleitflächenneigung und des Richtungswinkels

wird. In diesen Fällen wird man also auf die zeichnerischen Verfahren zurückgreifen müssen. Es wurden viele Konstruktionen vorgeschlagen; im folgenden sollen nur die wichtigsten, in der Praxis bewährten und auch heute noch gebrauchten dargelegt werden.

Die Konstruktion von Poncelet. Ist der Richtungswinkel δ bekannt, dann bedeutet die Bestimmung des Gleitflächenwinkels die Auflösung einer Gleichung zweiten Grades; die maßgebende Gleitfläche ist also durch eine Konstruktion mit Zirkel und Lineal zu erhalten.

Bei ebenem Wandrücken und Erdoberfläche ist nach dem Rebhann-schen Satz (Abb. 8.12):

$$\text{Fläche } ABC_{\triangle} = \text{Fläche } ACD_{\triangle}.$$

Wir formen das Dreieck ACD um, indem wir eine Gerade parallel zu AC durch den Punkt D zeichnen. Der Schnittpunkt mit der Oberfläche ist E. Dann ist

$$\text{Fläche } ACD_{\triangle} = \text{Fläche } ACE_{\triangle} = \text{Fläche } ABC_{\triangle}.$$

Die Höhen der Dreiecke ABC und ACE sind einander gleich, daher müssen auch die Grundlinien einander gleich sein. Also ist

$$\overline{BC} = \overline{CE}.$$

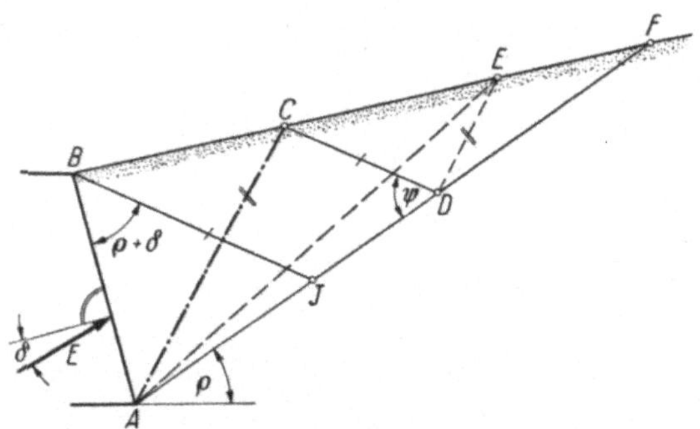

Abb. 8.12. Geometrische Grundlage der Konstruktion von PONCELET

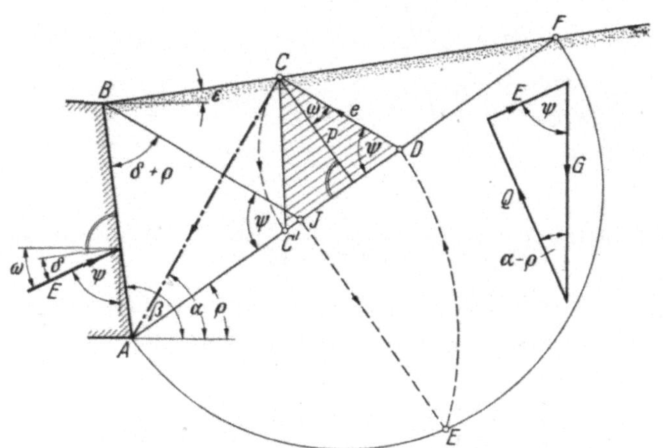

Abb. 8.13. Bestimmung der maßgebenden Gleitfläche nach PONCELET

Auf Grund der Strahlensätze ist

$$\frac{\overline{AD}}{\overline{AF}} = \frac{\overline{CE}}{\overline{CF}} = \frac{\overline{BC}}{\overline{CF}} = \frac{\overline{DJ}}{\overline{DF}} = \frac{\overline{AD} - \overline{AJ}}{\overline{AF} - \overline{AD}}$$

und

$$\overline{AD}^2 = \overline{AJ} \cdot \overline{AF}$$

AD ist also das geometrische Mittel aus $\overline{AJ}$ und $\overline{AF}$, und damit läßt sich der Punkt D leicht konstruieren. Ist D schon bekannt, dann ziehen wir eine Parallele zur Stellungslinie, deren Schnittpunkt mit der Oberfläche den Endpunkt C der Gleitfläche liefert. Die Durchführung der Konstruktion ist in Abb. 8.13 veranschaulicht. Sie erfolgt in der Reihenfolge: $B\text{-}J\text{-}E\text{-}D\text{-}C\text{-}A$. Die Größe des Erddruckes ist auf Grund der Ähnlichkeit zwischen dem Kraftdreieck und $ACD_\triangle$:

$$E = \frac{ep}{2}\,\gamma = ae.$$

Die Fläche des Dreieckes CDC' ($CD = C'D$) ist der Größe der Erddruckkraft proportional ($E = $ Fläche $CDC' \cdot \gamma$). Die Konstruktion läßt

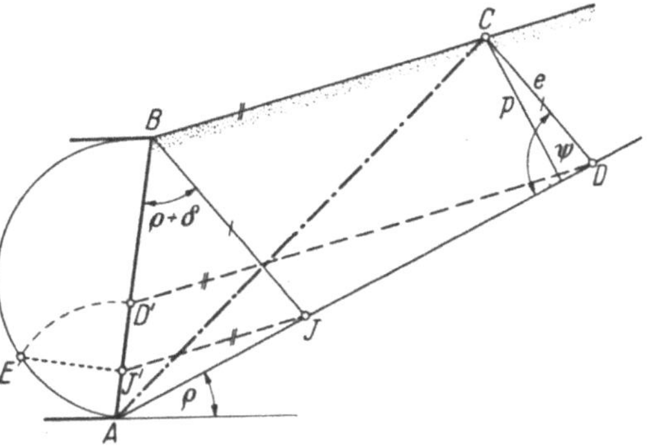

Abb. 8.14. Anwendung der Konstruktion auf den Wandrücken

sich auch nach Abb. 8.14 durch eine oberflächenparallele Projektion der betreffenden Punkte durchführen.

Ist die Oberfläche der Hinterfüllung oder der Wandrücken gebrochen, dann geht man am einfachsten so vor, daß die gebrochenen Flächen in der Weise ausgeglichen werden, daß sich das Gewicht des gleitenden Erdkeils nicht ändert. Das Verfahren wird in Abb. 8.15 für

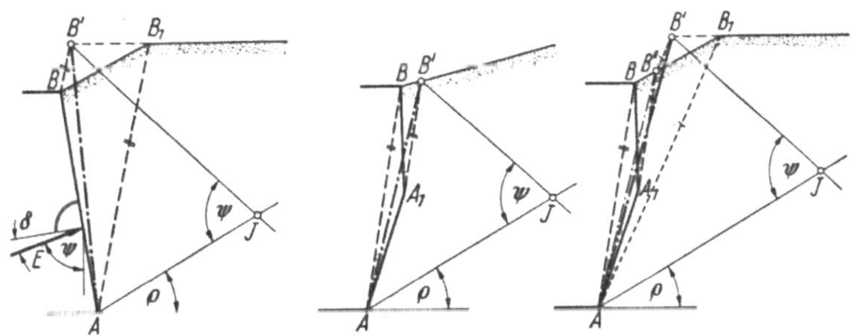

Abb. 8.15. Ausgleich der gebrochenen Wand- und Erdoberfläche

einige Fälle gezeigt. Die Stellungslinie wird vom Punkte B' aus so eingezeichnet, daß sie die von A aus unter ϱ ansteigende Böschungslinie unter dem Winkel ψ trifft. Die Konstruktion wird dann gemäß Abb. 8.11 durchgeführt.

Die Konstruktion von Jáky. Der *minimale Erddruck* nach JÁKY läßt sich durch Probieren bestimmen. Wie gesagt, soll die Gleitfläche zwei Bedingungen entsprechen; diese werden durch den REBHANNschen und den JÁKYschen Satz ausgedrückt (Gl. 8.9). Es ist also

I. Fläche $ABC_\triangle = $ Fläche $ACD_\triangle$, und

II. $\sphericalangle\,ACD = 90°$.

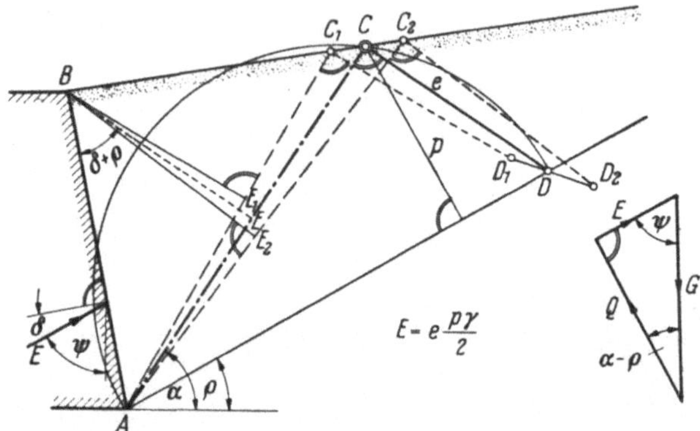

Abb. 8.16. Konstruktion der maßgebenden Gleitfläche des minimalen Erddruckes nach JÁKY

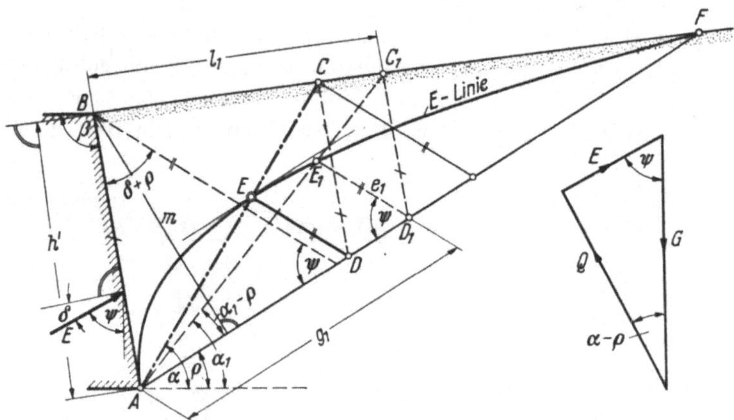

Abb. 8.17. Die CULMANNsche Hyperbel

Wir zeichnen eine Probefläche AC_1 (s. Abb. 8.16). Im Punkt B wird darauf ein Lot errichtet. Die Strecke BE_1 wird vom Punkte C_1 parallel zu BE_1 aufgetragen; man erhält Punkt D_1. Würde die gezeichnete Fläche die Bedingungen erfüllen, dann würde der Punkt D_1 auf der Böschungslinie durch A liegen. Da dies nicht der Fall ist, wird auf gleiche Weise ein neuer Punkt — D_2 — konstruiert. Diese Punkte liegen auf einer Kurve, die für eine kurze Strecke durch eine Gerade ersetzt werden kann. Liegen also die Punkte D_1 und D_2 auf den beiden Seiten der Böschungslinie, dann schneidet die Linie $D_1 D_2$ die Böschungslinie im richtigen Punkt D. Der Halbkreis über die Strecke $\overline{AD}$ schneidet die Oberfläche im Endpunkte C der gesuchten Gleitfläche. Die Größe des Erddruckes ist

$$E = \frac{ep}{2}\,\gamma,$$

und der Richtungswinkel beträgt

$$\delta = 90^\circ + \alpha - (\beta + \varrho).$$

Ist der so erhaltene Richtungswinkel größer als der Reibungswinkel zwischen Wand und Boden, dann kann das theoretische Minimum aus physikalischen Gründen nicht auftreten, und es gibt nur ein relatives Minimum, dessen Wert mit dem Richtungswinkel $\delta = \varrho_1$ zu bestimmen ist (beispielsweise mit Hilfe der Ponceletschen Konstruktion). Es ist zu bemerken, daß die Möglichkeit eines absoluten Minimums mit Hilfe der Abb. 8.9 sogleich beantwortet werden kann.

Verfahren von Culmann und Engesser. Weitere zeichnerische Verfahren stammen von Culmann (1866) und Engesser (1880). Nach Culmann zeichnet man (Abb. 8.17) zuerst die Böschungslinie AF und die Stellungslinie, die mit der Böschungslinie den Winkel $\psi = 180^\circ - \delta - \beta$ einschließt. Vom Endpunkt C einer Probefläche zieht man die Linie $C_1 D_1$ parallel zu AB und vom Punkt D_1 eine Parallele zu der Stellungslinie $(D_1 E_1)$. Dann ist das Dreieck $AD_1 E_1$ dem Kraftdreieck ähnlich, und das Verhältnis der Seiten beträgt

$$G_1/g_1 = E_1/e_1 = m\gamma/2, \quad \text{da} \quad G_1 = \gamma l_1 h'/2 = \gamma m g_1/2 \text{ ist.}$$

Damit haben wir das Kraftdreieck in die Querschnittsfigur eingezeichnet. Wird die Konstruktion für mehrere Probeflächen durchgeführt, so liegen die Punkte E auf einer *Hyperbel*, der sog. Cullmannschen E-Linie. Der Größtwert dieser Linie — dessen Tangente mit der Böschungslinie parallel läuft — liefert das gesuchte Maximum: $E_a = \gamma\,\dfrac{m\,e_{\max}}{2}$. Das Verfahren eignet sich auch zur Behandlung von Problemen, bei denen die Oberfläche unregelmäßig oder belastet ist. Wir müssen dann aber für jede Probefläche das Eigengewicht G_1 ausrechnen und die Größe $G_1 + P_1$ vom Punkte A aus im erwähnten Maßstab auftragen [s. a. (8.3)].

Engesser (Abb. 8.18) trägt die zu den einzelnen Probeflächen gehörenden Gewichte und Lasten im *Krafteck* auf und zeichnet zu jeder Kraft die Richtung der Gleitflächenreaktion Q; diese Strahlen sind Tangenten einer Kurve, die die Endpunkte aller möglichen E-Vektoren enthält; der zur gegebenen Richtung gehörige Schnittpunkt gibt dabei den gesuchten Erddruck an.

13*

Das Verfahren von ENGESSER hat den Vorteil, daß das mechanische Bild des Erddruckproblems nicht durch geometrische Hilfskonstruktionen verwischt wird, außerdem hat man über den Einfluß der Änderung des Richtungswinkels immer ein klares Bild.

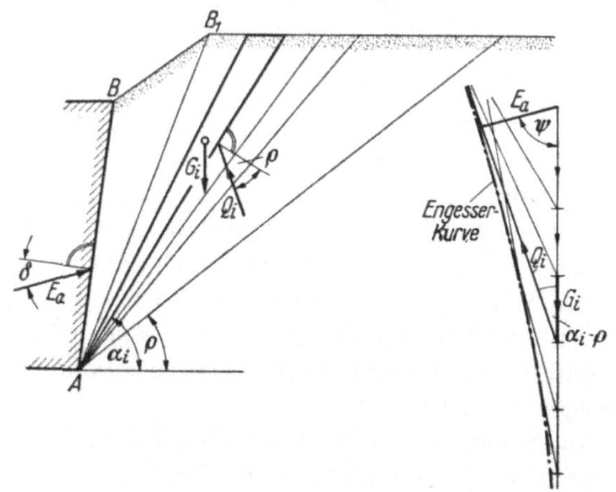

Abb. 8.18. Die Konstruktion von ENGESSER

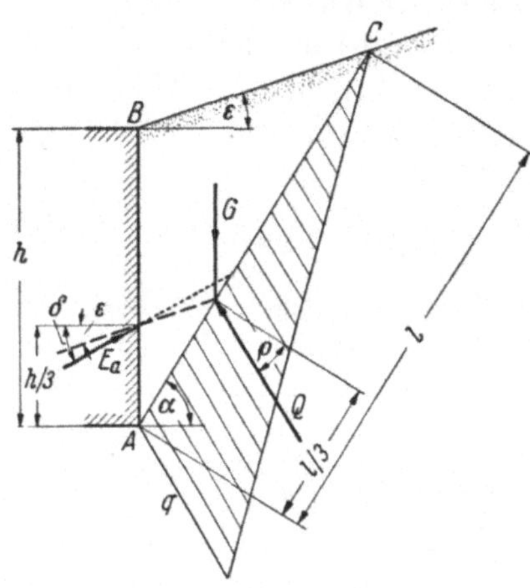

Abb. 8.19. Die Bedingungen des Gleichgewichtes sind bei ebener Gleitfläche nur dann erfüllt, wenn der Erddruck zur Oberfläche parallel wirkt

Was nun die Lage des Angriffspunktes des resultierenden Erddruckes betrifft, so kann sie mit diesen Theorien nicht bestimmt werden. In der COULOMBschen Theorie ist es üblich, die schon erwähnte Annahme der *parallelen Gleitflächenschar* zu treffen; die Spannungsverteilung ergibt sich dann als der Differentialquotient des Erddruckes: $e_a = d E_a/dz$. Ist die Oberfläche eine unbelastete Ebene, dann ergibt sich daraus, daß der Angriffspunkt als Schwerpunkt der dreieckförmigen Spannungsfläche im *unteren Drittelpunkt* der Wandhöhe liegt.

Die Übertragung dieser Auffassung auf die allgemeine Keiltheorie bringt einen schweren statischen Fehler mit sich. Die Reaktionskraft auf die Gleitfläche ist durch Gl. (8.14) gegeben; differenziert nach l bekommt man

$$q = \frac{dQ}{dl} = l\gamma \sin(\alpha - \varrho).$$

Die Verteilung der Spannung q ist also gleichsam hydrostatisch; der Angriffspunkt liegt — auch hier — im unteren Drittelpunkt der Strecke l (Abb. 8.19). Da er gleichzeitig Schwerpunkt ist, geht auch die Kraft G — das Eigengewicht des Erdkeiles — durch diesen Punkt; die Momentenbedingung des Gleichgewichtes kann also erst dann erfüllt werden, wenn die Erddruckkraft parallel zur Erdoberfläche wirkt: $\delta = \varepsilon$.

Dieses Ergebnis führt zu der paradoxen Folgerung, daß der Erddruck bei fallender Erdoberfläche eine aufwärts zeigende Komponente besitzt (Abb. 8.20). Die Versuche haben dies freilich nicht bestätigt, denn das Ausgangsprinzip ist falsch: der gleitende Keil oberhalb der Gleitfläche befindet sich nicht im plastischen Zustand, sondern es bilden sich eine oder mehrere, aber voneinander getrennte Gleitflächen aus. Es ist also wenigstens

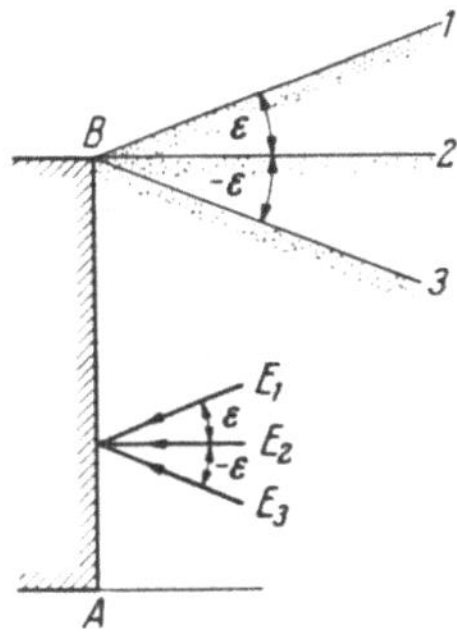

Abb. 8.20. Steigende und fallende Neigung der Erdoberfläche

bei rauhen Wandrücken im allgemeinen ein *Linienbruch* vorhanden (s. Abbildung 8.2 und 8.21). Dann aber dürfen die Ableitungen dE/dh und dQ/dl nicht gebildet werden, und die Spannungsverteilungen sind nicht hydrostatisch. Die exakte Untersuchung dieser Frage steht noch aus. Im Falle des Erddruckes auf eine Mauer, die um den unteren Eckpunkt kippen kann, ist jedoch die Annahme eines *Flächenbruches* üblich; die Versuche und die praktischen Erfahrungen zeigen, daß die

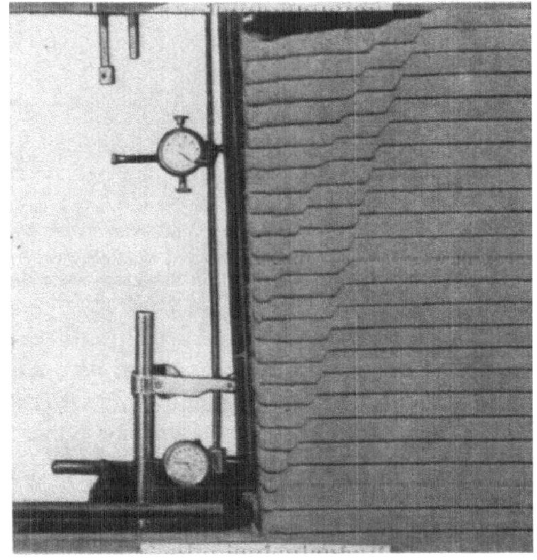

Abb. 8.21. Ausbildung mehrerer Gleitflächen

Ergebnisse — obwohl auf unrichtiger Grundlage — mit der Wirklichkeit in gutem Einklang stehen. In Anbetracht der Annäherung, die mit der Annahme der ebenen Gleitfläche schon getroffen wurde (s. Kap. 4), ist auch diese weitere Vereinfachung zulässig.

Bei Annahme eines Flächenbruches ist die Lage des Angriffspunktes folgendermaßen zu bestimmen. In Abb. 8.22 a—c ist der Punkt D der

13 E

Ausgangspunkt einer Gleitfläche DE. Der Erddruck, der auf die Strecke DB wirkt, läßt sich mit einem der gezeigten Verfahren bestimmen. Wird die Tiefe des Punktes um dz vergrößert, dann wächst der Erddruck um den Betrag $e_a dz$, wenn e_a die hier wirkende Erddruckspannung bedeutet, d. h. es ist $e_a = dE_a/dz$. Werden also die Erddrücke bei verschiedenen Wandhöhen bestimmt und diese als Funktion der Wandhöhe aufgetragen (Abb. 8.22b), dann liefert die zeichnerische Differentiation dieser Kurve die Spannungsverteilung des Erddruckes. Die Schwerlinie der Spannungsfläche ergibt dann die Lage des Angriffspunktes (Abb. 8.22c). Sind Wandrücken und Erdoberfläche Ebenen, dann liegt der

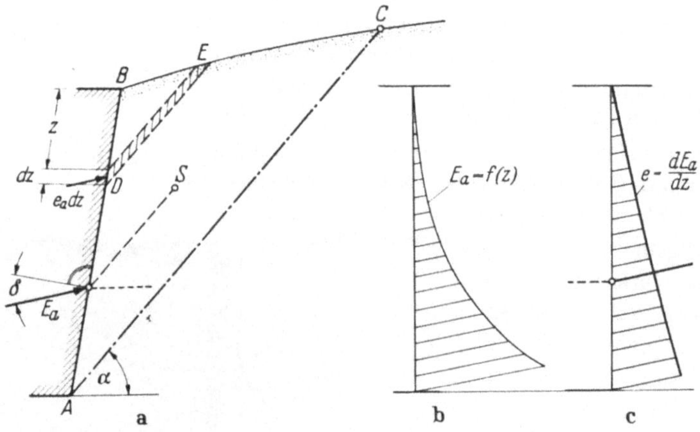

Abb. 8.22 a—c. Bestimmung des Angriffspunktes
a) Gleitflächenschar, Erddruckspannungen; b) Größe des Erddruckes als Funktion der Wandhöhe; c) Erddruckverteilung

Angriffspunkt im unteren Drittelpunkt; sind sie gekrümmt oder gebrochen, aber stetig, dann kann der Angriffspunkt näherungsweise bestimmt werden, indem man durch den Schwerpunkt des gleitenden Keiles eine *Parallele zur Gleitfläche* zieht, deren Schnittpunkt mit der Wand den Angriffspunkt ergibt.

Es sei nochmals betont, daß dieses Verfahren nur bei solchen Aufgaben angewendet werden kann, bei denen eine gleichmäßige Auflockerung der Hinterfüllung eingetreten, also ein Kippen um einen unteren Drehpunkt erfolgen kann.

8.3 Bestimmung des Coulombschen Extremwertes bei belasteter Erdoberfläche

Die Erddruckprobleme bei belasteter Erdoberfläche können mit Hilfe *des verallgemeinerten Rebhannschen Satzes* bestimmt werden. Nehmen wir an, daß auf der Oberfläche eine ungleichmäßig verteilte

Belastung wirkt (Abb. 8.23a u. b), in der Richtung der Achse der Stützmauer aber keine Veränderung auftritt, dann haben wir ein ebenes Problem vor uns.

Auf Grund des Gleichgewichtes des Keiles ABC ist

$$E = (P + G)\,\frac{\sin(\alpha - \varrho)}{\sin(\alpha - \varrho + \psi)},$$

wo P die resultierende Belastung auf der Strecke BC bedeutet. Mit Gl. (8.12) bekommen wir

$$\frac{\partial E}{\partial \alpha} = -\frac{\partial(G + P)}{\partial \alpha}\,\frac{\sin(\alpha - \varrho)}{\sin(\alpha - \varrho + \psi)} + (G + P)\,\frac{\sin\psi}{\sin^2(\alpha - \varrho + \psi)} = 0.$$

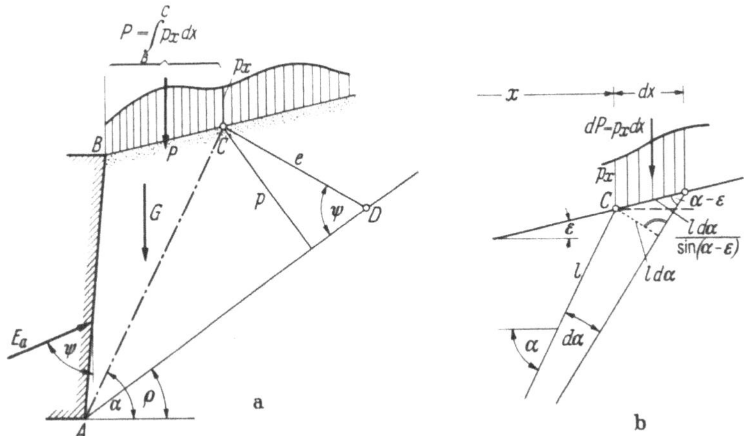

Abb. 8.23 a u. b

a) Der Rebhannsche Satz bei belasteter Erdoberfläche; b) Gleichgewicht des keilförmigen Elementes

Da

$$(G + P)\,\frac{\sin\psi}{\sin(\alpha - \varrho + \psi)} = Q,$$

und

$$\frac{\partial(G + P)}{\partial \alpha} = \frac{dG}{d\alpha} + \frac{\partial P}{\partial \alpha}$$

ist, folgt daraus

$$Q = -\left(\frac{dG}{d\alpha} + \frac{dP}{d\alpha}\right)\sin(\alpha - \varrho).$$

Mit $\quad dG = -\dfrac{l^2\gamma}{2}\,d\alpha;\quad dP = p_x\,dx\quad$ und $\quad dx = -\dfrac{l\,da}{\sin(\alpha - \varepsilon)}\,\cos\varepsilon$

ergibt sich:

$$Q = \frac{l^2}{2}\left[\gamma + \frac{2\cos\varepsilon}{l\sin(\alpha - \varepsilon)}\,p_x\right]\sin(\alpha - \varrho).$$

13 E*

Wird nun die Bezeichnung

$$\gamma' = \gamma + \frac{2\cos\varepsilon}{l\sin(\alpha-\varepsilon)}\,p_x \tag{8.22}$$

eingeführt, dann ist

$$Q = \frac{l^2\gamma'}{2}\sin(\alpha-\varrho);$$

und mit demselben Gedankengang wie in 8.2 erhalten wir

$$G + P = \text{Fläche } ACD_\triangle \cdot \gamma'. \tag{8.16a}$$

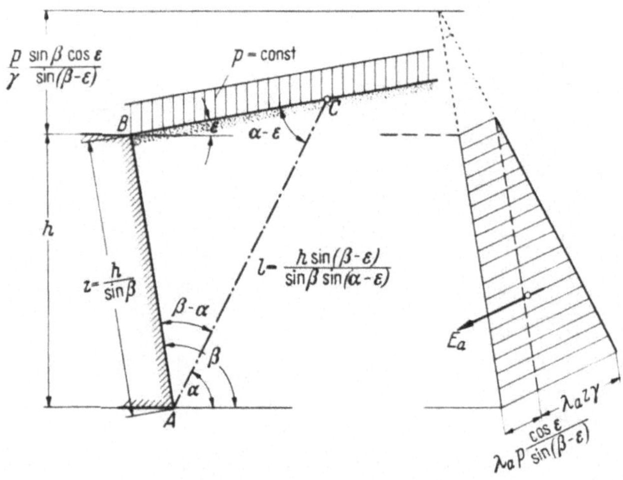

Abb. 8.24. Bestimmung des Erddruckes bei gleichmäßig belasteter Erdoberfläche

Der REBHANNsche Satz ist also auch bei belasteter Erdoberfläche gültig, man muß nur mit γ' anstelle von γ arbeiten. Es muß allerdings vorausgesetzt werden, daß die Belastung stetig ist, denn da bei der Ableitung $dE_a/d\alpha$ gebildet wurde, dürfen keine Sprünge in der Belastung vorkommen. Bei stetiger Belastung läßt sich die Gleitfläche durch Probieren bestimmen. Am häufigsten kommt der Fall $\ddot{p} = p_x = \text{const}$ vor (Abb. 8.24). Dann folgt aus Gl. (8.22) mit $l = h\sin(\beta-\varepsilon)/\sin\beta\sin(\alpha-\varepsilon)$

$$\gamma' = \gamma + \frac{2p}{h}\,\frac{\cos\varepsilon\sin\beta}{\sin(\beta-\varepsilon)} \tag{8.22a}$$

und für die Größe des Erddruckes

$$E_a = \lambda_a\frac{z^2\gamma'}{2} = \lambda_a\frac{h^2\gamma'}{2\sin^2\beta},$$

und die Erddruckspannung:

$$e_a = \lambda_a \frac{h\gamma}{\sin\beta} + \lambda_a p \frac{\cos\varepsilon}{\sin(\beta - \varepsilon)}.$$

Die Höhe des Angriffspunktes ergibt sich aus der Lage des Schwerpunktes der Spannungsfläche (Abb. 8.24).

Zur Bestimmung des Erddruckes aus einer *Linienlast* gibt SCHULTZE (1950) ein einfaches Verfahren an. Es wird vorausgesetzt, daß die Wand eine *Drehung* nach vorn um ihren Fußpunkt ausführt, und daß sich dabei eine *ebene Gleitfläche* bildet.

Zuerst bestimmt man wie üblich das Erddruckdreieck aus Eigengewicht ohne Berücksichtigung der Linienlast. Infolge letzterer erfährt die Wand einen *Zusatzdruck*. Durch den Punkt A (s. Abb. 8.25) zeichnet man eine Linie mit der Neigung ϱ zur Horizontalen; diese trifft die Rückseite der Wand im Punkte C. Nun zeichnet man das Spannungsdreieck für den Zusatzdruck $VC'K'$ derart, daß sein Inhalt gleich

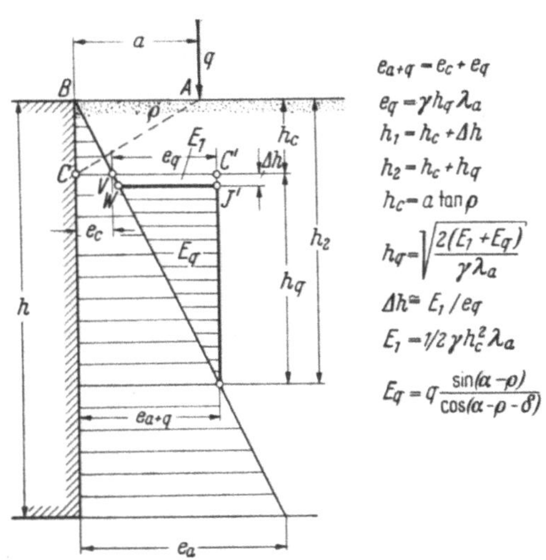

Abb. 8.25. Bestimmung des Erddruckes aus einer Linienlast nach SCHULTZE

$E_1 + E_q$ ist. E_1 bedeutet den Erddruck auf die Wandstrecke BC, also den Inhalt des Dreieckes BCV. E_q läßt sich aus der Beziehung

$$E_q = q \frac{\sin(\alpha - \varrho)}{\cos(\alpha - \varrho - \delta_a)}$$

ermitteln, worin α den Gleitflächenwinkel und δ_a den Richtungswinkel des Erddruckes bedeuten. Außerdem muß man berücksichtigen, daß die Linie $C'K'$ meist mit genügender Annäherung eine *Senkrechte* ist. Die obere Begrenzung des Spannungsdreieckes des Zusatzdruckes ergibt sich durch Abzug von E_1 aus $VC'K'$; der Flächeninhalt des Trapezes $VC'J'W$ soll also den Erddruck E_1 ausmachen. Die zur numerischen Berechnung nötigen Formeln sind in Abb. 8.25 zusammengestellt.

Im folgenden wollen wir auf die ausführliche Besprechung der vielen Teilprobleme, die bei der Anwendung der dargelegten Grundsätze auf praktische Sonderfälle auftauchen, verzichten, da sie in vielen Lehr- und

Handbüchern in allen Einzelheiten und mit Beispielen behandelt werden.[1] Es stehen sowohl Tabellenwerke wie Nomogramme reichlich zur Verfügung. In diesem Kapitel sollen als nächstes nur einige Probleme des Erddruckes bei Kohäsionsböden behandelt werden.

8.4 Erddruck bei Kohäsionsböden, mit ebener Gleitfläche

Zur Bestimmung des Erddruckes von Reibungsböden stehen Erfahrungen, Ergebnisse und theoretische Untersuchungen und gut bewährte rechnerische und zeichnerische Verfahren zur Verfügung. Die besprochene Extremwertmethode ist bei diesen Böden $(c = 0)$ im erwähnten (s. Abschn. 8.1) Umfang vorteilhaft anzuwenden; zur Ausbildung des plastischen Zustandes genügen schon verhältnismäßig kleine Verschiebungen bzw. Verdrehungen. Die einfache Übertragung dieser Ergebnisse auf Böden mit Kohäsion ist aber nicht ohne weiteres möglich. Das liegt vorwiegend daran, daß die Größe der Verschiebungen, die zur Ausbildung des unteren Grenzwertes — des Erddruckes — nötig sind, nicht eindeutig bestimmt werden kann. Wenn die Schubspannung auf einer Gleitfläche, die sich in einem Kohäsionsboden bereits ausgebildet hat, zeitlich konstant bleibt, dann können wir damit rechnen, daß auch der Erddruck stationär ist. Sind dagegen diese Spanungen größer als die *fundamentale Scherfestigkeit* des Bodens (s. Abschn. 3.6), dann ist diese Bedingung nur erfüllt, wenn ein langsames, stetiges Kriechen vonstatten geht und die Stützmauer eine langsam fortdauernde Drehbewegung nach außen erleidet.

Wird diese Bewegung auf irgendeine Art verhindert, dann nimmt die Größe der Schubspannungen in der Gleitfläche ab. In diesem Falle bleibt aber das Gleichgewicht nur dann erhalten, wenn der Seitendruck allmählich *zunimmt*.

Mauern, die Kohäsionsböden abstützen, dürfen also nur dann auf Grund des extremalen Erddruckes dimensioniert werden, wenn diese langsamen Bewegungserscheinungen ohne Schaden auftreten können oder dürfen. Die Mauer darf darum nicht so fest bzw. mit anderen Baukonstruktionsteilen nicht so fest verbunden sein, daß diese Bewegungen unmöglich sind. Darf die Mauer aus konstruktiven Gründen solche Bewegungen nicht ausführen, dann sollte man sie auf Grund des *Ruhedruckes* dimensionieren. Die Verteilung der Spannungen ist dann hydrostatisch, und die Ruhedruckziffer kann in ungünstigen Fällen auch den Wert $\lambda_0 = 0{,}9$ erreichen. In manchen Fällen können sogar größere Werte — über eins — auftreten, wenn nämlich die Hinterfüllung atmosphärischen Einwirkungen ausgesetzt und die Hinterfüllung stark quellfähig ist. Der

---

[1] Siehe z. B. Grundbautaschenbuch, Berlin: W. Ernst & Sohn 1955.

auftretende Schwelldruck kann u. U. den oberen Grenzwert — Erdwiderstand — erreichen; seine Größe läßt sich theoretisch nicht bestimmen. Will man das Auftreten dieses Schwelldruckes vermeiden, dann müssen die Entwässerungs-Einrichtungen über und unter der Oberfläche mit größter Sorgfalt geplant und gebaut werden.

Die Bestimmung des Erddruckes gestaltet sich folgendermaßen (Abb. 8.26). Es wird angenommen, daß die Wand eine so große Verdrehung und — oder — Verschiebung erleidet, daß die Gleitfläche sich ausbilden kann und der ganze Erdkeil in einen plastischen Zustand

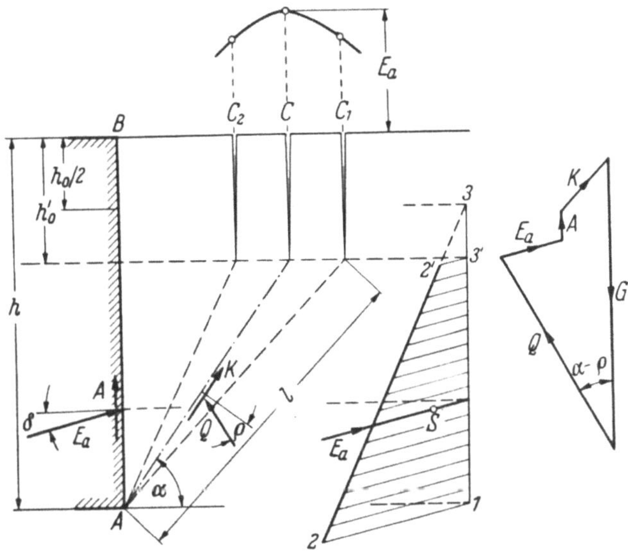

Abb. 8.26. Bestimmung des Erddruckextremwertes bei Kohäsionsböden

gerät. Dann herrscht in den oberflächennahen Schichten der RANKINE-JELINEKsche Spannungszustand, und es treten Zugspannungen auf. Diese Zugspannungen rufen aber bald *Risse* hervor, wodurch die Höhe der ohne seitliche Abstützung standfesten lotrechten Böschung vermindert wird. Sie beträgt $h'_0 = 2{,}67\,c/\gamma \tan(45° + \varrho/2)$; bis zu dieser Tiefe löst sich der Boden von der Wand ab. Diese Schicht wirkt wie eine Auflast von der Größe $h'_0\gamma$. Von der Tiefe h_0' ab bildet sich der Spannungszustand wieder ungestört aus, daneben tritt aber auch Reibung und Adhäsion zwischen Boden und Wand auf. Die resultierende Kraft wirkt also nicht waagrecht, sondern schließt den Winkel δ mit der Normalen ein. Die Scherspannungen längs der Berührungsfläche sind:
$$e_{at} = a + e_{an} \tan \delta .$$

Zur Untersuchung des Gleichgewichtes und Bestimmung des Extremwertes wird eine *ebene Gleitfläche* angenommen. Wir müssen folgende Kräfte berücksichtigen (Abb. 8.27a): das Eigengewicht des Erdkeiles *ABCD*, die Reaktionen auf der Fläche *AD* aus Eigengewicht und Reibung (Q) und aus der Kohäsion ($K = cl$), schließlich den Erddruck E

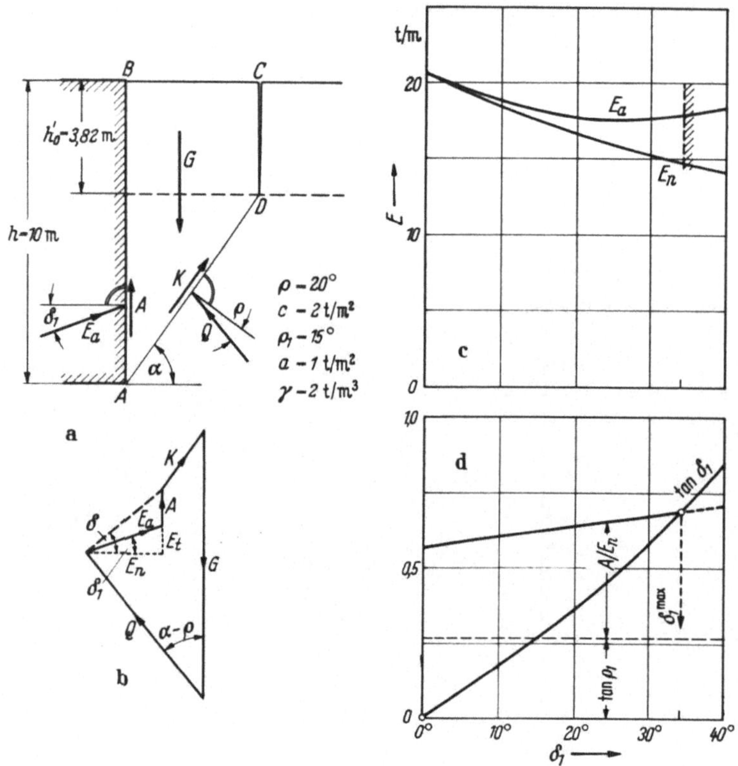

Abb. 8.27 a—d. Zahlenbeispiel zur Bestimmung des Erddruckes bei Kohäsionsböden
a) Berechnungsgrundlagen; b) Krafteck; c) Resultierende und Normalkomponente als Funktion des Richtungswinkels; d) Bestimmung des größtmöglichen Richtungswinkels

und die Adhäsionskraft: $A = a(h - h_0')$. Zuerst zeichnen wir eine willkürliche Gleitfläche; da die physikalischen Kennziffern (γ, ϱ, c, a) und außerdem alle Kraftrichtungen gegeben sind und nur die Größe des Erddruckes unbekannt ist, läßt sich die letztere aus dem Kräftepolygon ermitteln. Jetzt wird die Konstruktion für mehrere Gleitflächen wiederholt; im Sinne der Extremwertmethode wird *der größte Wert von E* als maßgebend angesehen. Die Verteilung der Erddruckspannungen ist durch ein *Trapez* gegeben, dessen Begrenzungslinie zur Bestimmung des Angriffspunktes nach Abb. 8.26 beliebig eingezeichnet werden

kann. Der Nullpunkt des Spannungsdreieckes liegt in einer Tiefe $h_0/2 =$
$= \dfrac{2c}{\gamma} \tan (45° + \varrho/2)$, in der die böschungsparallelen Spannungen nach
der Theorie von RANKINE einen *Nullwert* besitzen. Da die Spannungen
auf der Rückseite der Wand aber erst unterhalb der Tiefe h_0' wirksam
werden, entsteht die gezeichnete Trapezform. Der Angriffspunkt ist
dann durch die Lage des Schwerpunktes der Fläche $122'3'$ gegeben.

Bei *weichplastischen Tonböden* ist diese Methode nicht anwendbar,
da hier die fundamentale Scherfestigkeit sehr klein ist und durch das
Auftreten von plastischen Verformungen keine Risse und keine Zwischenräume zwischen Erde und Wand entstehen können. So wird auch
der obere Teil der Rückseite nicht spannungsfrei bleiben; es bildet sich
— bei entsprechender Wandbewegung — eine *dreieckförmige* Spannungsverteilung aus. Der Beiwert des Erddruckes läßt sich in diesem Falle nur
auf Grund der *Scherwegkurven* abschätzen.

Die resultierende Erddruckkraft setzt sich aus der Normalkompo-
nenten (E_n), dem Reibungskomponenten (E_t) und aus der Adhäsionskraft (A) zusammen. Sind die Schubwiderstände auf der Mauerrückseite
schon vollkommen ausgenutzt, dann besteht folgender Zusammenhang:

$$E_t = E_n \tan \varrho_1 + A.$$

Der Richtungswinkel der Resultierenden beträgt daher höchstens

$$\tan \delta_1^{\mathrm{max}} = \tan \varrho_1 + \frac{A}{E_n}.$$

Wenn wir also in einem gegebenen Falle die Erddrücke zu verschiedenen Richtungswinkeln bestimmen und die Werte von $\tan \varrho_1 + \dfrac{A}{E_n}$
nach der obigen Formel auftragen, (Abb. 8.27d), ergibt sich als
Schnittpunkt dieser Kurve mit der Linie $\tan \delta_1$ der obere Grenzwert des
Winkels δ_1.

8.5 Die Methode von Fellenius zur Untersuchung von Linienbrüchen

Auf Grund seiner Erfahrungen mit Rutschungen in Tonböden
schlug FELLENIUS (1927) vor, die Untersuchung des Gleichgewichtes
eines gestützten Bodens und die Bestimmung des Extremwertes der
Stützkraft mit *Kreisgleitflächen* vorzunehmen. Er nahm an, daß diese
Stützkraft — wie in der COULOMBschen Theorie — im unteren Drittelpunkt der Wandfläche angreift und hat Ausdrücke zur Auffindung der
maßgebenden Gleitfuge und des Erddruckes angegeben. In dieser
ursprünglichen Form stellt aber seine Theorie — wie BRINCH HANSEN
(1953) bemerkt — eine Methode mit der Annahme von *Gleitflächen-*

scharen dar, und liefert, folgerichtig durchgeführt, als Extremwert den
Coulombschen Erddruck mit ebener Gleitfläche. Es ist wohl wahr, daß die
Kreisgleitfläche im Falle $\varrho = 0$ eine theoretisch richtige Lösung darstellt (s. Kap. 6), sie ist aber dann nach anderen Grundsätzen zu bestimmen. Fellenius setzt den Angriffspunkt des Erddruckes willkürlich
an und erhält mit Hilfe der Gleichgewichts- und Extremalbedingungen
die geometrische Lage des maßgebenden Kreismittelpunktes. Dieser
Umstand gibt uns die Möglichkeit, diese Methode zur Untersuchung
von *Linienbrüchen* vorteilhaft anzuwenden. Ist nämlich eine annähernd

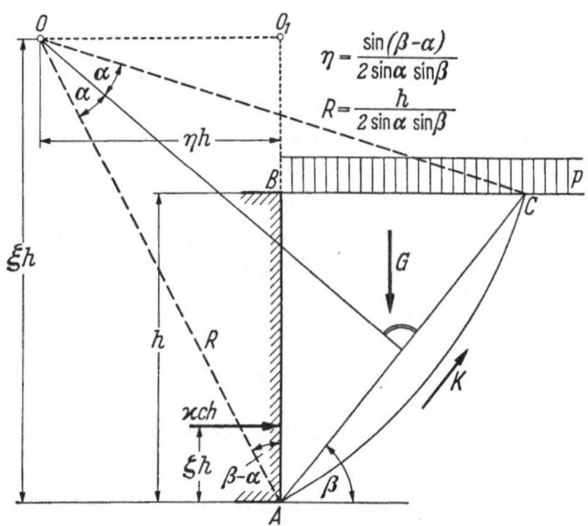

Abb. 8.28. Bestimmung des Erddruckes nach Fellenius mit Hilfe von Kreisgleitflächen

kreisförmige Gleitfläche gegeben oder sind die Verhältnisse so, daß die
Ausbildung einer bestimmten Kreisfläche erzwungen wird (ist beispielsweise der Drehmittelpunkt einer Stützfläche vorgeschrieben), dann ist
es möglich, alle Parameter der Stützkraft mit Hilfe der Gleichungen von
Fellenius zu bestimmen. Somit ist die Methode zur Untersuchung von
Linienbrüchen, und zwar in erster Linie in *Tonböden*, sehr geeignet und
liefert verläßliche Resultate. Dies stellt also den Anwendungsbereich
dieser Methode dar. In diesem Sinne wurde sie von Brinch Hansen
(1953) vorgeschlagen.

Die Berechnungen sind im Falle des Erddruckes wie folgt durchzuführen. Wir nehmen eine *glatte lotrechte Wand* und eine *waagerechte
Erdoberfläche* an (Abb. 8.28). Durch den Fußpunkt A führt eine beliebige Kreisgleitfläche mit dem Mittelpunkt O. Die Lage des Kreises
wird durch die Winkel α und β bestimmt. Addiert man die Momente der
angreifenden Kräfte mit Bezug auf O, dann erhält man

$$E = \frac{1}{2}\gamma h^2 + ph - chf(\alpha,\beta), \tag{8.23}$$

mit

$$\varkappa = f(\alpha,\beta) = \frac{\alpha(1 + \cot^2\alpha)\,(1 + \cot^2\beta)}{\cot\alpha\cot\beta + 1 - 2\zeta}. \tag{8.24}$$

Wir suchen nun den Extremwert von (8.23) und bilden die Gleichungen $\partial f/\partial\alpha = 0$ und $\partial f/\partial\beta = 0$. Dann erhalten wir:

$$\left.\begin{aligned}
\alpha\cot\beta(1 + \cot^2\alpha) &= (2\alpha\cot\alpha - 1)\,(\cot\alpha\cot\beta + 1 - 2\zeta)\\
\cot\alpha(1 + \cot\beta) &= 2\cot\beta\,(\cot\alpha\cot\beta + 1 - 2\zeta)
\end{aligned}\right\} \tag{8.25}$$

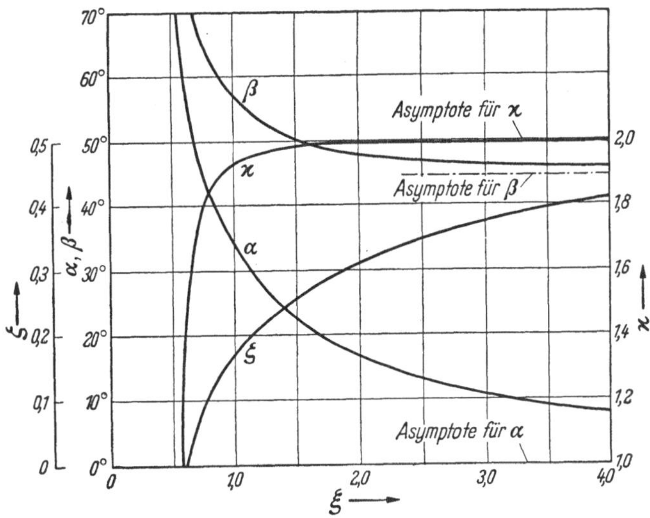

Abb. 8.20. Erddruckbeiwert, Lage des Angriffspunktes und Parameter der Kreisgleitfläche als Funktion der Lage des Drehmittelpunktes

Ist der Drehmittelpunkt der Wand O_1 und dadurch die Höhe des Kreismittelpunktes O mit ξh gegeben, dann hat man durch

$$\xi = \frac{R}{h}\cos(\beta - \alpha) = \frac{1}{2}(1 + \cot\alpha\cot\beta) \tag{8.26}$$

eine weitere Beziehung zwischen β und α und somit ist es möglich, die drei Unbekannten α, β und ζ aus den Gln. (8.25—8.26) eindeutig zu bestimmen. Der klare statische Gedankengang, mit dem hier die einfache Aufgabe der Erddruckbestimmung bei glatter Wand und einfachen geometrischen Verhältnissen gelöst wird, macht das Verfahren im erwähnten Anwendungsbereich empfehlenswert. Abb. 8.29 stellt die Werte α, β, ζ und $\varkappa$ als Funktion von ξ dar, wodurch die Berechnung der nötigen Größen bei gegebenem Drehmittelpunkt sehr erleichtert wird. Über die *Verteilung der Erddruckspannungen* gibt die Theorie keinen Aufschluß; es kann nur der Angriffspunkt der Resultierenden berechnet werden.

Die Größe der resultierenden Erddruckkraft weicht vermutlich in praktischen Fällen nur wenig vom COULOMBschen Wert ab (beim letzteren ist $\varkappa = 2$). Das geschilderte Verfahren hat jedenfalls den Vorteil, daß eine *kinematisch mögliche Gleitfläche* untersucht wird. Die statischen Bedingungen werden dabei nicht restlos erfüllt, da die Gleitfläche die Erdoberfläche nicht unter dem statisch richtigen Winkel ($\alpha = 45°$, s. Kap. 6) trifft.

Es sei noch bemerkt, daß die obigen Ausführungen auch für den *Erdwiderstand*, also bei einer dem Uhrzeigersinn entgegengesetzten Drehbewegung (Abb. 8.28) gelten, man muß nur das Vorzeichen von c ändern; die Funktion $f(\alpha, \beta)$ wird für die betreffende Lage des Drehmittelpunktes den maßgebenden Wert beibehalten. Die im Diagramm der Abb. 8.29 enthaltenen Angaben können also auch zur Berechnung des *Erdwiderstandes* verwendet werden.

8.6 Die Methode von Rendulič

Für den Fall $\varrho = 0$ haben wir den Kreis als eine theoretisch richtige Gleitlinie erkannt. Für Reibungsböden, bei denen die COULOMBsche Theorie mit der ebenen Gleitfläche zu Widersprüchen führt, bei einer

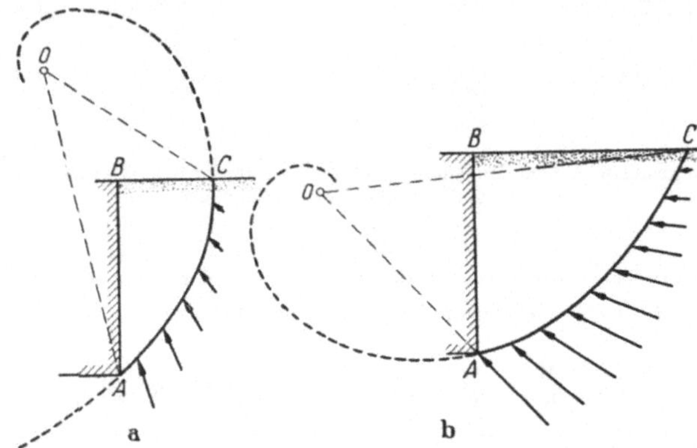

Abb. 8.30 a u. b. Logarithmische Spirale als Gleitfläche bei a) Erddruck und b) Erdwiderstand

strengen Behandlung also eine davon sicher abweichende krumme Linie als Gleitlinie eingeführt werden muß, empfiehlt sich die *logarithmische Spirale*, da hier die um den Reibungswinkel gegen die jeweiligen Flächenlote geneigten Spannungen alle durch einen Punkt, nämlich durch den Pol der Spirale hindurchführen (s. Abb. 8.30a u. b). Wählen wir die Spirale als Gleitlinie, dann kann eine allgemeine Extremaltheorie des Erddruckes entwickelt werden, die als Spezialfall auch die COULOMBsche Theorie mit ebener Gleitfläche einschließt. Diese Theorie stammt von Rendulič (1940), der in seiner Arbeit auch die allgemeinen Grundlagen der Extremwertmethode niedergelegt hat. Seine Beweise hat er vorwiegend statisch geführt und einen Spezialfall (starre, lotrechte, reibungslose Wand, waagerechte Oberfläche, Reibungsboden mit $\varrho = 30°$) bis in alle Einzelheiten durchgerechnet. Die Theorie bietet die Möglichkeit, den Zusammenhang zwischen der Größe des Erddruckes und der Lage des Angriffspunktes zu bestimmen: Rendulič war der erste, der dieses Problem einwandfrei löste. Die *Spannungsverteilung* auf der Wandrückseite bleibt, wie in allen mit einer Gleitlinie arbeitenden Theorien, grundsätzlich *unbekannt*; sie und der Drehmittelpunkt der starren Wand können nur mit Hilfe mehr oder weniger willkürlicher Annahmen bestimmt werden.

Der Anwendungsbereich dieses Verfahrens ist also auf Reibungsböden begrenzt, bei denen die Lage des Angriffspunktes bekannt ist; es liefert dann einen Erddruck- bzw. Erdwiderstandswert, der unter strenger Beachtung des Reibungsgesetzes ermittelt wird. Die Durchrechnung eines konkreten Falles erfordert allerdings eine ziemlich langwierige Konstruktionsarbeit, da die entsprechenden Tafeln oder Diagramme noch fehlen,

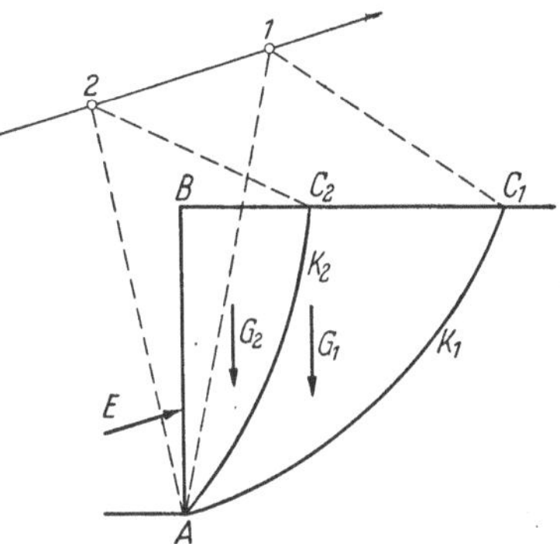

Abb. 8.31. Untersuchung der Momentgleichung bei Prüffläche und Gleitfläche

bzw. nur für den erwähnten Spezialfall ausgearbeitet wurden. Im folgenden soll der Gedankengang der Theorie von Rendulič dennoch kurz wiedergegeben werden, da er für die allgemeine Erddrucktheorie sehr wertvolle prinzipielle Feststellungen enthält.

In Abschn. 8.2 haben wir für ebene Gleitflächen analytisch bewiesen, daß die Forderung nach dem Extremwert eine *Folge des Coulombschen Reibungsgesetzes* ist (Gl. 8.12); die 4. Annahme von Coulomb hat also aufgehört, eine Annahme zu sein. Dasselbe Ergebnis wurde von Rendulič rein statisch erhalten; für den Fall der logarithmischen Spirale als Gleitfläche gestaltet sich sein Gedankengang folgendermaßen.

In Abb. 8.31 ist eine Gerade P parallel zur bekannten Richtung der Erddruckkraft gezogen. Auf dieser Geraden werden willkürlich zwei Punkte *1* und *2* gewählt und mit diesen Punkten als Polen durch den Fußpunkt Gleitflächen gezeichnet (K_1 und K_2). Nur bei einer einzigen Gleitfläche kann das Reibungsgesetz ganz erfüllt werden; in keinem anderen Teil des Bodens — auch längs keiner anderen Gleitfläche — darf die resultierende Spannung mit der Flächennormalen einen größeren

Winkel als den Reibungswinkel einschließen. Ist K_2 diese Gleitfläche, dann läuft die Richtung der Reaktion Q_2 durch den Punkt 2 und aus Gleichgewichtsgründen ist

$$M_{E_2}^{(2)} = - M_{G_2}^{(2)}. \tag{8.27}$$

Wird nun K_1 als Gleitfläche vorausgesetzt, dann ist K_2 eine Prüffläche, in der die Reibungskräfte den Grenzwert nicht erreichen; die Kraft Q_2 wird also *links* vom Pol 2 vorbeiführen. Für den Erdkörper ABC ergibt sich die Gleichgewichtsbedingung:

$$M_{E_1}^{(2)} - M_{G_2}^{(2)} - M_{Q_2}^{(2)} = 0 \quad (M_{Q_2}^{(2)} \geqq 0). \tag{8.28}$$

Ist also das Reibungsgesetz in der Fläche K_1 erfüllt, dann darf es in der Fläche K_2 nicht erfüllt sein und daher folgt aus (8.27) und (8.28)

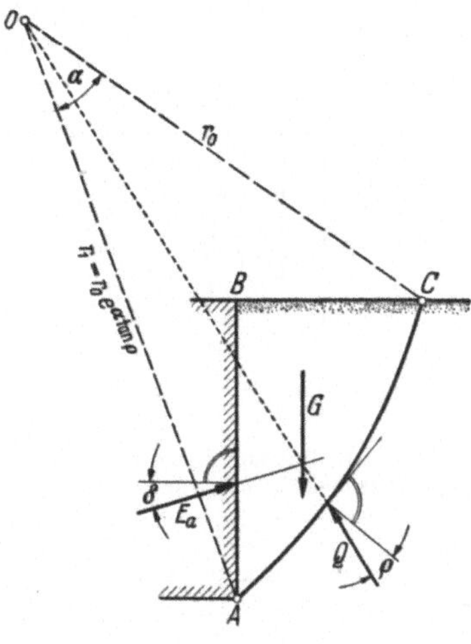

Abb. 8.32
Gleichgewicht der Kräfte am Gleitkeil

$$M_{E_1}^{(2)} \geqq M_{E_2}^{(2)}. \tag{8.29}$$

Wir haben aber die Gerade P parallel zur Erddruckrichtung gelegt, daher ist

$$M_{E_1}^{(2)} = M_{E_1}^{(1)}.$$

Unter Beachtung der Gl. (8.27) ergibt sich also:

$$M_{E_1}^{(1)} > M_{E_2}^{(2)}, \tag{8.30}$$

d. h. von zwei logarithmischen Spiralen, deren Pole sich auf einer, zur Erddruckrichtung parallelen Geraden befinden, kommt nur diejenige als Gleitfläche in Frage, die das größere Erddruckmoment um den zugehörigen Pol ergibt. Es wurde damit bewiesen, daß die Extremwertbedingung eine Folge des Coulombschen Reibungsgesetzes ist. Theoretisch kann also der Erddruck folgendermaßen bestimmt werden. Wir betrachten den Erdkörper ABC in Abb. 8.32 und schreiben die Momentengleichung der auftretenden Kräfte für den Pol O an. Sind die Lage des Angriffspunktes und der Richtungswinkel bekannt, dann enthält diese Gleichung drei Unbekannte, nämlich die Größe von E und zwei geometrische Parameter der Spirale. Werden die partiellen Ableitungen von E nach diesen Parametern gleich Null gesetzt, dann haben wir zur Bestimmung der Unbekannten zwei weitere Gleichungen, die Lösung ist also schon eindeutig. Da die analytischen Ausdrücke sehr kompliziert sind, wird zweckmäßig *zeichnerisch* vorgegangen und die maßgebende Spirale durch Versuchsrechnungen mit Prüfflächen gefunden.

Rendulič führt diese Untersuchungen so aus, daß er mit Hilfe der neu eingeführten Begriffe *Polkurve* und *Polmomentenkurve* die Lage der

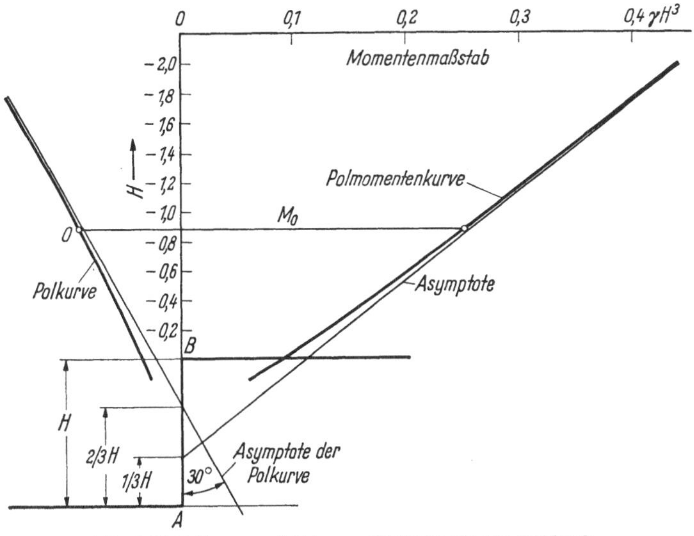

Abb. 8.33. Polkurve und Polmomentenkurve für den Erddruck

maßgebenden Spirale und die Größe des Erddruckmaximums zu einer gegebenen Lage des Angriffspunktes bestimmt. Die *Polkurve* ist der geometrische Ort der Punkte, die als Pole von Gleitflächen auf den, der Erddruckrichtung parallelen Geraden das größte Erddruckmoment ergeben. Werden diese Momente in der Höhe des betreffenden Poles aufgetragen, dann erhalten wir die Polmomente. Die Polkurve besteht aus zwei Ästen mit einer gemeinsamen Asymptote; die letztere fällt in die Richtungslinie der Gleitflächenreaktion in der Coulombschen Gleitfläche. Auch die Polmomentenkurve besteht aus zwei Ästen mit einer Asymptote; die, als Momentenlinie aufgefaßt, zu jedem Pol das statische Moment der Coulombschen Erddruckkraft ergibt.

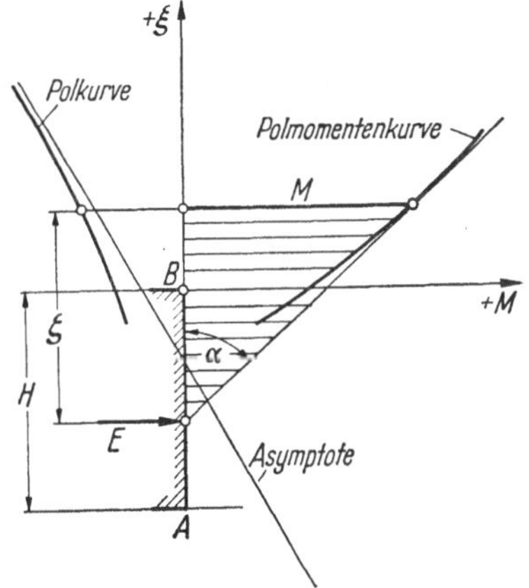

Abb. 8.34. Zusammenhang zwischen Pollage und Angriffspunkt

Für den erwähnten Spezialfall werden diese Kurven nach Rendulič in Abb. 8.33 dargestellt. Ist die Lage des Angriffspunktes gegeben, dann ist das Moment der Erddruckkraft, bezogen auf den Pol, nach Abb. 8.34:

$$M = E\zeta.$$

Dieses Moment soll aber gleichzeitig mit dem im voraus festgestellten, durch die Polmomentenkurve gegebenen Kleinstwert gleich sein, sonst wird das Reibungsgesetz verletzt. Daher muß

$$\frac{M}{\zeta} = \tan \alpha = \frac{dM}{d\xi},$$

also

$$E = \frac{dM}{d\xi}$$

sein. Die Lage des Poles und die Größe des Momentes — und dadurch die Größe des Erddruckes — wird also gefunden, indem man eine Tangente vom Angriffspunkt aus zur Polmomentenkurve zeichnet. Der Berührungspunkt liefert dann die Höhe des Poles. Man kann auch so vorgehen — mit Hinsicht auf die Ungenauigkeit der Konstruktion an der flachen Kurve — daß man für verschiedene Punkte die Größe $\zeta' = M \frac{d\xi}{dM}$ bildet und die richtige Lage (in der $\zeta' = \zeta$ ist) durch Probieren findet. Ist die Lage des Poles gegeben, dann wird der Angriffspunkt durch die Beziehung

$$\zeta = M \frac{d\xi}{dM}$$

bestimmt.

Durch weitere Untersuchungen findet Rendulič, daß alle Gleitflächen, die Angriffspunkte unter dem unteren Drittelpunkt liefern, aus der Betrachtung ausgelassen werden müssen, da bei diesen Widersprüche zum Reibungsgesetz entstehen.

Mit Hilfe der Abb. 8.33 und der oben genannten Überlegungen ist in Abb. 8.35 der Zusammenhang zwischen der Erddruckkraft und der Lage des Angriffspunktes aufgezeichnet (Kurvenast „Erddruck"; voll ausgezogene Linie).

Die obigen Untersuchungen können auch für den Fall des *Erdwiderstandes* durchgeführt werden; Polkurve und Polmomentenkurve können mit Spiralen gemäß Abb. 8.30 b konstruiert werden. Als Extremwert kommt hier ein *Kleinstwert* in Frage. Die Forderung heißt dann, daß die Größe des Erdwiderstandes bei festgelegtem Angriffspunkt den kleinsten Wert annehmen soll, den sie in Hinblick auf die bekannten Größtmomente überhaupt erreichen kann. Nur bei Angriffspunkten unter dem unteren Drittelpunkt der Wandhöhe entstehen keine Widersprüche zum Reibungsgesetz. Der Zusammenhang zwischen Erdwiderstand und Lage des Angriffspunktes ist ebenfalls in Abb. 8.35 angegeben

(Kurvenast „Erdwiderstand"; voll ausgezogene Linie). Die voll ausgezogenen Kurven beziehen sich auf Fälle, in denen *nur* Erddruck oder *nur* Erdwiderstand auftritt, die Drehachse der Wand also *außerhalb* der Stütz-

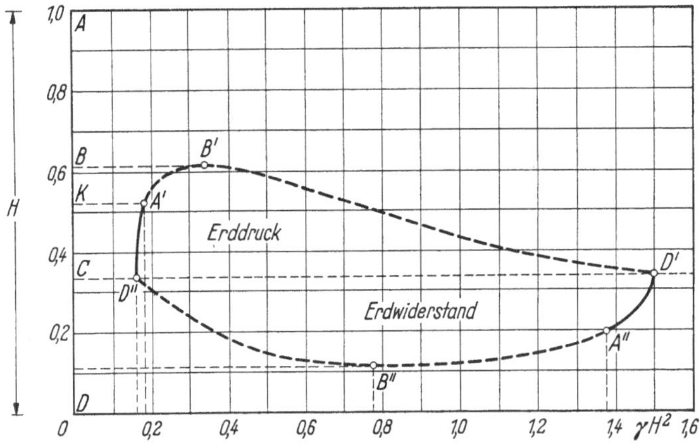

Abb. 8.35. Zusammenhang zwischen Erddruckkraft und Lage des Angriffspunktes für den angreifenden Erddruck und den Erdwiderstand

wandfläche liegt. Beispielsweise ist die tiefste Lage des Poles, in der noch ein Kleinstmoment des Erddruckes mit dem dargelegten Verfahren bestimmt werden kann, ungefähr 0,174 H unter der Oberkante der Wand. Ist das nicht der Fall, dann haben wir die sog. *gemischten Erddruckaufgaben* vor uns. RENDULIČ hat auch diese Fälle mit *zusammengesetzten Gleitflächen* (s. Abb. 8.36) untersucht und auf Grund derselben Grundsätze die Größen der Kräfte und die entsprechende Lage des Angriffspunktes bestimmt. Hier sollen nur die Ergebnisse wiedergegeben werden (Abb. 8.35; gestrichelte Linien). Liegt der Pol im Unendlichen und erfolgt die Drehung im Uhrzeigersinn, dann liegt der Angriffspunkt in *C* im unteren Drittelpunkt. Nähert sich der Pol dem Punkte *A*, dann rückt der Erddruckangriffspunkt immer höher und erreicht den Punkt *K*. Das würde einer Drehachse im Punkte *A* entsprechen; bis dahin haben wir die ausführlich behandelten *reinen* Erddruckfälle. Rückt die Dreh-

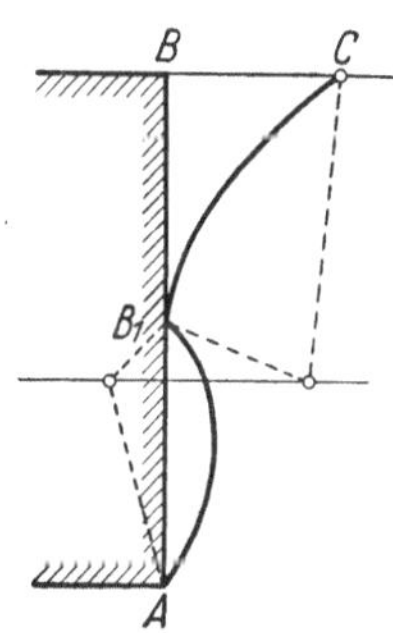

Abb. 8.36. Zusammengesetzte Gleitfläche, für die das Erddruckmoment um den Momentenpunkt *P* den kleinsten Wert annimmt

achse tiefer, dann kommt man in den Bereich der *gemischten* Fälle mit überwiegendem Erddruck. Bei einer Lage der Drehachse in *B* liegt der Angriffspunkt des Erddruckes am höchsten. Drehachsenlagen zwischen *B* und *D* ergeben die gemischten Fälle mit überwiegendem *Erdwider-*

stand. Bei einer Drehachsenlage in D liegt der Erddruck wieder im unteren Drittelpunkt und der Betrag des Erddruckes nimmt den Wert des COULOMBschen Erdwiderstandes an.

Bei der umgekehrten Drehrichtung (entgegengesetzt dem Uhrzeigersinn) können die Erddruckwerte gleichfalls berechnet werden. Befindet sich die Drehachse im Unendlichen, dann haben wir den COULOMBschen Erddruckwiderstand. Die Strecke $D'A''$ entspricht Drehachsenlagen zwischen ∞ und A; anschließend kommen wieder gemischte Erddruckfälle ($A'B'$) mit überwiegendem Erdwiderstand. B ist der tiefste Angriffspunkt des Erdwiderstandes. Bei Drehachsenlagen zwischen B und D ergeben sich gemischte Fälle mit überwiegendem Erddruck; bei D haben wir den reinen Fall des COULOMBschen aktiven Erddrucks.

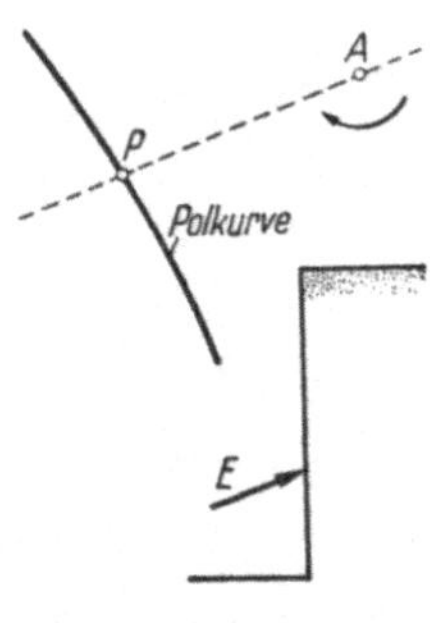

Abb. 8.37. Bestimmung der Gleitfläche zu einer gegebenen Drehachse

Zu einer gegebenen Drehachse A (Abb. 8.37) findet RENDULIĆ die Gleitfläche bei waagerechter Oberfläche und starrer, lotrechter Wand mit Hilfe der Annahme, daß sich Formänderungszustand und Grenzspannungszustand im Sande bei einer erzwungenen Formänderung so einstellen, daß die *verlorene* Arbeit einen *Größtwert* annimmt. Diese Bedingung wird nur dann erfüllt, wenn wir durch A eine Parallele zur gegebenen *Erddruckrichtung* ziehen; der Schnittpunkt mit der Polkurve ist der Pol der gesuchten Gleitfläche. Ist umgekehrt eine Spirale als maßgebende Gleitfläche erkannt, erhält man die Drehachse, indem man eine zur Erddruckrichtung parallele Gerade durch den Pol zeichnet, deren Schnittpunkt mit der Wandfläche die Drehachse ergibt.

Wie BRINCH HANSEN (1953) bemerkt, kann dieses Verfahren bei unzusammendrückbarem Boden nicht die richtige Lage der Drehachse liefern. Die kinematisch mögliche Gleitfläche ist dann nämlich ein Kreis (s. Kap. 4) und die Drehachse befindet sich in der Wandfläche im Schnittpunkt des vom Kreismittelpunkte auf die Wand gefällten Lotes (s. Abschn. 4.6).

Das besprochene Verfahren arbeitet grundsätzlich mit *Linienbrüchen*, also einzelnen Gleitlinien. Die Verteilung der Erddruckspannungen läßt sich daher nicht bestimmen; die Diagramme von RENDULIĆ sind infolgedessen Näherungen.

Literatur

KREY, H., u. J. EHRENBERG: Erddruck, Erdwiderstand und Tragfähigkeit des Baugrundes, 4. Aufl., Berlin: W. Ernst & Sohn 1932.
OHDE, J.: Grundbaumechanik, Hütte, 27. Aufl., Bd. III, Berlin: W. Ernst & Sohn 1951.

Fellenius: Erdstatische Berechnungen mit Reibung und Kohäsion und unter Annahme kreiszylindrischer Gleitflächen, Berlin: W. Ernst & Sohn 1940.
Rendulic, L.: Gleitflächen, Prüfflächen und Erddruck. Die Bautechnik 1940, H. 13/14.
Brinch Hansen, J.: Earth Pressure Calculation, Copenhagen 1953.
Verdeyen, J., u. V. Roisin: Stabilité des terres, Paris: Eyrolles 1955.
Huntington, W. C.: Earth Pressure and Retaining Walls, New York: J. Wiley 1957.
Terzaghi, K.: Theoretical Soil Mechanics, New York 1943.
Zitowitsch, N. A.: Mehanika gruntow, Moskau 1953.

9. Allgemeine Lösungen auf Grund der Plastizitätstheorie

In diesem Kapitel werden die wichtigsten Theorien der *Plastizitätslehre* behandelt (Boussinesq, Résal, Caquot, Sokolowski), die eine *allgemeine Lösung* des Erddruckes und des Erdwiderstandes geben können. Die Gültigkeit des Coulombschen Reibungsgesetzes wird in allen diesen Theorien vorausgesetzt. Da es Plastizitätstheorien sind, gehen die Deformationen nicht in die Berechnungen ein. Es handelt sich überwiegend um *Flächenbrüche*, und zwar wird das Gleichgewicht eines Erdkörpers untersucht, der durch eine freie Oberfläche und eine rauhe Wand begrenzt ist. Bei Flächenbrüchen ist es möglich, auch die *Spannungsverteilung* zu bestimmen. Wenn wir eine geradlinige Begrenzung des Bodens und das Eigengewicht als einzige Belastung annehmen, so kann man alle Spannungskomponenten proportional der Entfernung von der Krone der Stützmauer und sonst nur als Funktion des Polarwinkels ansetzen. Unter den Spannungszuständen, die diesem Ansatz entsprechen, befindet sich auch die Rankinesche Lösung (Kap. 7); im folgenden werden wir jedoch die allgemeineren Fälle des Gleichgewichtes in krummlinigen Koordinaten kennenlernen.

Alle diese Theorien haben hauptsächlich in Hinblick auf die Bestimmung des *Erdwiderstandes* praktische Bedeutung, da der Erddruck wie dies durch zahlreiche Versuche bestätigt wurde, mit Hilfe der vereinfachenden Annahme der ebenen Gleitfläche in der Mehrzahl der praktischen Fälle verläßlich bestimmt werden kann. Beim Erdwiderstand ist die Anwendung der ebenen Gleitfläche entweder gefährlich oder unwirtschaftlich.

9.1 Theorie von Boussinesq-Résal-Caquot

Es wird das Grenzgleichgewicht eines rolligen Bodens zwischen zwei ebenen Flächen — dem Wandrücken und der Erdoberfläche (Abb. 9.1) — untersucht. Die grundlegende Annahme besteht darin, daß wir den

Punkt A als ein Ähnlichkeitszentrum für die Spannungsellipsen auffassen, die den Spannungszustand auf von A ausgehenden Strahlen kennzeichnen. Folglich sind alle Spannungskomponenten in jedem Punkte eines Strahles proportional der Entfernung vom Punkte A; die resultierenden Spannungen haben alle dieselbe Richtung.

Wir wollen zuerst zwei *Hilfsgrößen* berechnen. Da sich der ganze Boden im plastischen Zustand befindet, ist die Bruchbedingung in jedem Punkte in zwei Ebenen erfüllt, d. h. es gibt zwei Gleitflächenrichtungen, in denen die resultierende Spannung den Winkel ϱ mit der Normalen einschließt. Der Spannungszustand eines beliebigen Punktes läßt sich also mit dem MOHRschen Kreis der Abb. 9.2 darstellen, wo der Hauptspannungskreis eingezeichnet ist. Zu einer gegebenen Richtung, die mit der Richtung der ersten Hauptspannung, d. h. mit der Ebene der dritten Hauptspannung den Winkel α einschließt, finden wir die resultierende Spannung (s. Abb. 1.16), indem wir im Mittelpunkte des MOHRschen Kreises den Winkel 2α eintragen; die Koordinaten des entsprechenden Kreispunktes geben die Normal- und die Schubspannung an. Die resultierende Spannung q ist durch die Strecke OE gegeben; sie schließt mit der Normalen den Winkel δ ein. Es gibt einen Wert von α, für den dieser Winkel denselben absoluten Wert, aber ein entgegengesetztes Vorzeichen besitzt; das ist die *konjugierte Richtung* in der Spannungsellipse. Diese korrespondierenden Spannungen sind q und q'; ihr Verhältnis beträgt [s. Abb. 9.2 und Abb. 7.2 bzw. 3.2 und Gl. (7.3)]:

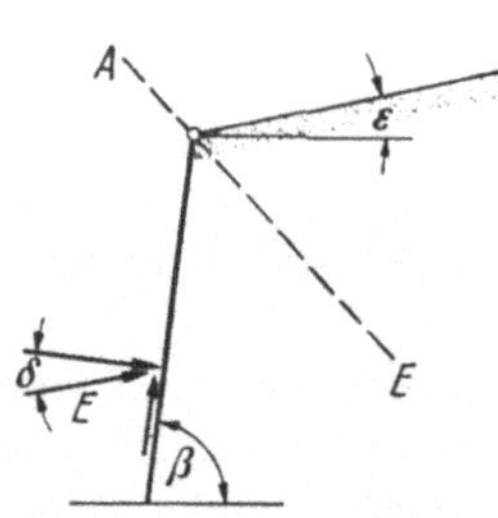

Abb. 9.1. Die Grundaufgabe der Erddruckberechnung

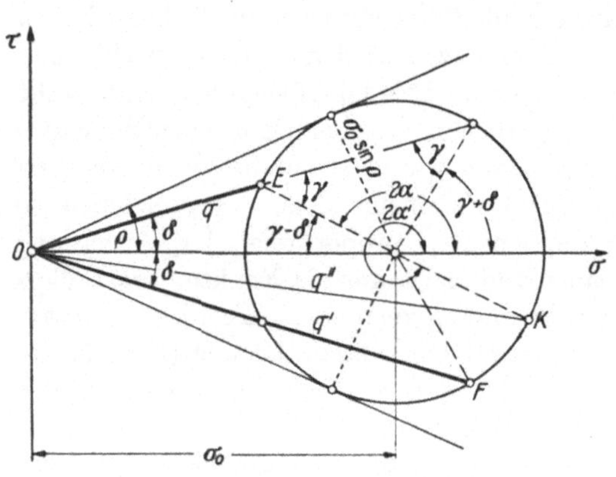

Abb. 9.2. MOHRsche Darstellung der Spannungen; Bestimmung der Hilfsgrößen

$$\frac{q}{q'} = \frac{\overline{OE}}{\overline{OF}} = \frac{\cos\delta - \sqrt{\cos^2\delta - \cos^2\varrho}}{\cos\delta + \sqrt{\cos^2\delta - \cos^2\varrho}} = \tan^2\left(45° - \frac{\nu}{2}\right) \qquad (7.3\,\text{a})$$

mit $\cos\nu = \cos\varrho/\cos\delta$.

Der Zusammenhang zwischen α und δ wird durch die Beziehung

$$\cos(2\alpha - \varrho + \delta) = \frac{\sin \delta}{\sin \varrho} \qquad (7.8\,\text{a})$$

angegeben. Ist $\alpha = 45° + \varrho/2$, dann ist $\delta = \varrho$ und $\cos \nu = 1$. Daraus folgt $\nu = 0$ und $q/q' = 1$.

Als zweite Hilfsgröße benutzen wir das Verhältnis der Normalspannungen auf orthogonalen Flächenelementen. Dann gehört in Abb. 9.2 $q\,(= \overline{OE})$ zu $q''(= \overline{OK})$. Da $\alpha' = \alpha + 90°$ und

$$\sigma = q\,\cos\delta = \sigma_0[1 - \sin\varrho\,\cos(\gamma - \delta)] = \sigma_0(1 + \sin\varrho\,\cos 2\alpha),$$

$$\sigma' = q'\cos\delta = \sigma_0[1 + \sin\varrho\,\cos(\gamma - \delta)] = \sigma_0(1 - \sin\varrho\,\cos 2\alpha)$$

ist, ergibt sich dieses Verhältnis zu

$$k = \frac{\sigma'}{\sigma} = \frac{1 - \sin\varrho\,\cos 2\alpha}{1 + \sin\varrho\,\cos 2\alpha} = 1 + 2\tan^2\varrho \pm \frac{2}{\cos\varrho}\sqrt{\tan^2\varrho - \tan^2\delta}. \qquad (9.1)$$

Jetzt kehren wir zu dem in Abb. 9.1 dargestellten Problem zurück. In der Nähe der freien Oberfläche mit der Neigung ε herrscht ein RANKINEscher Spannungszustand. Wir haben ja vorausgesetzt, daß sich der ganze Boden in plastischem Zustand befindet. Da es in diesem Gebiet keinen störenden Einfluß gibt, treten infolge der Auflockerung oder Verdichtung die Verhältnisse des unbegrenzten Halbraumes ein. Hier haben wir daher zwei Scharen von ebenen Gleitflächen; die Grenzlinie des Bereiches bildet die letzte Gleitfläche der zweiten Schar durch A, die

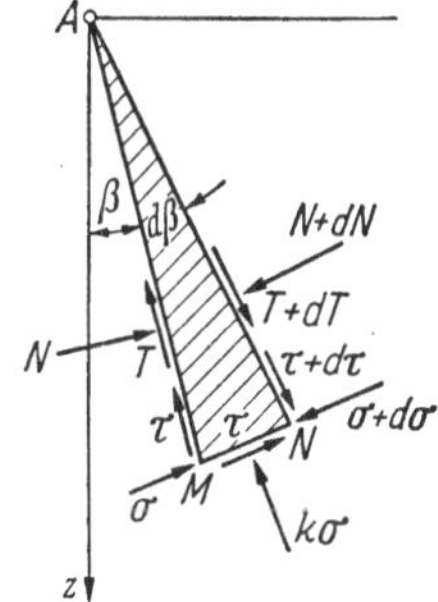

Abb. 9.3. Gleichgewicht des Volumenelementes

sich noch ungestört ausbilden kann. Der Neigungswinkel dieser Gleitfläche läßt sich mit Hilfe der Abb. 7.7 bestimmen. Es läßt sich beweisen (RAVIZÉ, 1945), daß das RANKINEsche Gleichgewicht auch mathematisch die einzig mögliche Lösung der Differentialgleichung in der Nähe der freien Oberfläche ist. Untersuchen wir das Gleichgewicht eines keilförmigen Elementes AMN im zweiten Gebiet, wo der störende Einfluß der Wandreibung schon zur Geltung kommt (Abb. 9.3). A ist ein Punkt der Stützmauerkrone, AM eine beliebige Fläche, die mit der lotrechten Richtung den Winkel β einschließt. Die Strecken AM und AN haben die Länge $Eins$. Im Punkte M sind die Normal- und Tangentialkomponenten der resultierenden Spannung σ und τ, in N $\sigma + d\sigma$ und $\tau + d\tau$. In der Fläche MN, die senkrecht zu AM liegt, sind die Spannungskomponenten $k\sigma$ und τ.

Das Raumgewicht sei *Eins*, das Gewicht des Elementes $(MN \cdot AM) \cdot$ $\frac{1}{2}\,\gamma = \frac{\overline{AM}^2\,d\beta}{2} = d\beta/2$. Wir haben — wie vorausgesetzt — einen *Flächenbruch*; alle Spannungen sind der Strecke AM bzw. AN proportional, die Kräfte N und T greifen also im unteren Drittelpunkt an und ihre Größe beträgt $AM \cdot \sigma/2$ bzw. $\tau/2$. Auf der Seite AN wirken die Kräfte $-(\sigma + d\sigma)/2$ und $(\tau + d\tau)/2$ und auf der Fläche MN die Resultierenden $k\sigma d\beta$ und $-\tau d\beta$. Schreiben wir die Momentengleichung um den Punkt A auf, dann ist

$$\frac{1}{3}\sigma - \frac{1}{3}(\sigma + d\sigma) + \tau d\beta = \frac{d\beta}{3}\sin\beta,$$

d. h.

$$\boxed{\frac{d\sigma}{d\beta} = 3\tau - \sin\beta.} \qquad (9.2\,\mathrm{a})$$

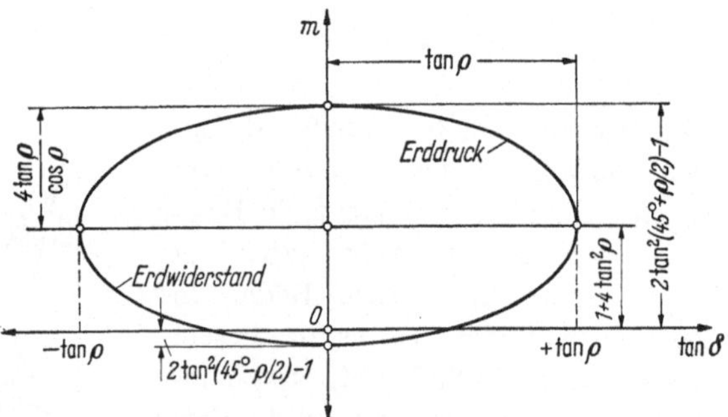

Abb. 9.4. Die Funktion $m = 2k - 1 = f(\delta)$

Die Projektion der Kräfte auf AN ergibt:

$$\frac{\sigma}{2}d\beta + \frac{d\tau}{2} - k\sigma d\beta + \frac{d\beta}{2}\cos\beta = 0$$

oder

$$\boxed{\frac{d\tau}{d\beta} = m\sigma - \cos\beta} \qquad (9.2\,\mathrm{b})$$

mit $m = 2k - 1$.

Die Gln. (9.2 a) und (9.2 b) bilden ein *System von inhomogenen Differentialgleichungen ersten Grades* mit veränderlichen Koeffizienten, da $m = 2k - 1$ eine Funktion von τ/σ ist. Sie sind im allgemeinen nicht geschlossen integrierbar; es stehen aber *Näherungslösungen* zur Verfügung.

Es soll zuerst die Funktion $m = 2k - 1 = f(\delta)$ untersucht werden. Wenn wir die Werte des Koeffizienten $2k - 1$ als Funktion von $\tan\delta$

auftragen, dann finden wir, daß sie durch *eine Ellipse* dargestellt werden (Abb. 9.4). Diese Ellipse ist also maßgebend für die Abweichung der resultierenden Spannung von der Flächennormale und gibt den möglichen Bereich der Wertepaare von m und $\tan\delta$ an. Die Punkte oberhalb der Achse EF entsprechen den Fällen des *Erddruckes*, unterhalb der Achse denen des *Erdwiderstandes*. Die Angaben über die Größe der Halbachsen und die Koordinaten des Mittelpunktes sind der Abb. 9.4 zu entnehmen. Die Gleichung der Ellipse lautet, nach Gl. (9.1):

$$m = 2k - 1 = 1 + 4\tan^2\varrho \pm$$
$$\pm \frac{4}{\cos\varrho} \sqrt{\tan^2\varrho - \tan^2\delta}. \quad (9.3)$$

Der Rankinesche Spannungszustand ist eine partikuläre Lösung der Differentialgleichungen (9.2a) und (9.2b). Man überzeugt sich leicht davon, indem man die Ausdrücke für σ und τ, abgeleitet im Rankineschen Halbraum, in die Gln. (9.2a) und (9.2b) einsetzt. Mit Hilfe der Mohrschen Darstellung sind diese Größen durch folgende Ausdrücke zu bestimmen (s. Kap. 7 und Abb. 9.5):

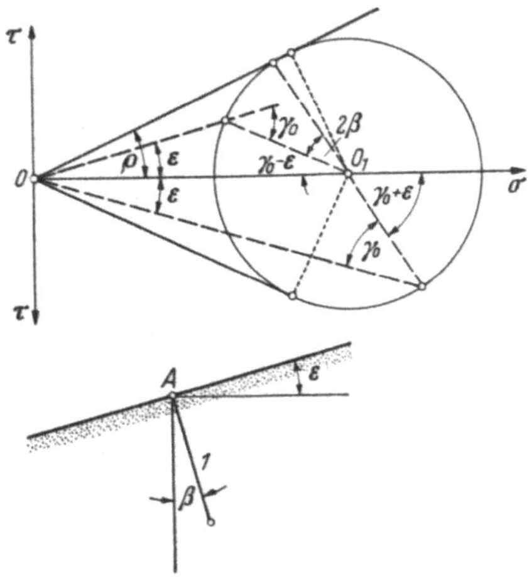

Abb. 9.5. Der Rankinesche Spannungszustand als partikuläre Lösung der Differentialgleichungen

$$\sigma = \cos(\varepsilon - \beta) \frac{\sin\gamma_0}{\sin(\gamma_0 + \varepsilon)} \left[1 - \sin\varrho \cos(2\beta + \gamma_0 - \varepsilon)\right],$$

$$\tau = \cos(\varepsilon - \beta) \frac{\sin\gamma_0}{\sin(\gamma_0 + \varepsilon)} \sin\varrho \sin(2\beta + \gamma_0 - \varepsilon), \qquad \left.\begin{matrix} \\ \\ \\ \\ \end{matrix}\right\} \quad (9.4)$$

$$m = \frac{1 + 3\sin\varrho \cos(2\beta + \gamma_0 - \varepsilon)}{1 - \sin\varrho \cos(2\beta + \gamma_0 - \varepsilon)}; \quad \sin\gamma_0 = \frac{\sin\varepsilon}{\sin\varrho}.$$

Wir suchen nun eine Lösung der Gln. (9.2a) und (9.2b), deren Variable τ/σ und m Punkte auf der Ellipse ergeben. Dazu wird eine willkürliche Funktion $F(\beta)$ in der Weise eingeführt, daß

$$\sigma = \cos\beta + 3F, \quad F = \frac{\sigma - \cos\beta}{3} \quad \left.\begin{matrix} \\ \\ \end{matrix}\right\}$$
$$\tau = \frac{dF}{d\beta} \qquad\qquad\qquad\qquad (9.5)$$

ist. Wenn wir diese Werte in Gl. (9.2a) einsetzen, können wir uns überzeugen, daß sie erfüllt ist. Setzen wir nun die obigen Werte σ, τ und

$d\tau/d\beta = d^2F/d\beta^2$ in Gl. (9.2 b) ein, dann erhalten wir:

$$\frac{d^2F}{d\beta^2} = m\sigma - \cos\beta. \tag{9.6}$$

Wenn die Randbedingungen bekannt sind, haben wir auf der ersten Gleitfläche die Werte β_0, σ_0, τ_0' und m_0 zur Verfügung. Entwickeln wir nun die unbekannten Funktionen in eine TAYLORsche Reihe, dann erhalten wir

$$\sigma - \cos\beta = \sigma_0 - \cos\beta_0 + 3\tau_0(\beta - \beta_0) + \frac{3}{2}(m_0\sigma_0 - \cos\beta_0)(\beta - \beta_0)^2 +$$

$$\left(\frac{d^3F}{d\beta^3}\right)_0 \frac{(\beta - \beta_0)^3}{2} + \varDelta\,\frac{(\beta - \beta_0)^2}{4} + \cdots$$

$$\tau = \tau_0 + (m_0\sigma_0 - \cos\beta_0)(\beta - \beta_0) + \left(\frac{d^3F}{d\beta^3}\right)_0 \frac{(\beta - \beta_0)^2}{2} + \varDelta\,\frac{\beta - \beta_0}{3}$$

$$m\sigma - \cos\beta = m_0\sigma_0 - \cos\beta_0 + \left(\frac{d^3F}{d\beta^3}\right)_0 (\beta - \beta_0) + \varDelta\,. \tag{9.7}$$

Für das Restglied ergibt sich:

$$\varDelta = \left(\frac{d^4F}{d\beta^4}\right) \frac{(\beta - \beta_0)^2}{2}\,. \tag{9.7a}$$

Die dritte Ableitung von F lautet nach Gl. (9.6) folgendermaßen:

$$\frac{d^3F}{d\beta^3} = \sin\beta + \frac{d(m\sigma)}{d\beta} = \sin\beta + m(3\tau - \sin\beta) + \sigma\,\frac{dm}{d\beta}\,.$$

Für die erste Gleitfläche erhalten wir den Wert von $d^3F/d\beta^3$, wenn wir für $dm/d\beta$ die Größe einsetzen, die sich aus der RANKINEschen Theorie ergibt.
Diese Werte sind

$$\frac{dm}{d\beta} = -\frac{8\sin\varrho\sin u}{(1 - \sin\varrho\cos u)^2} \quad \text{mit} \quad u = 2\beta + \gamma_0 - \varepsilon$$

und $\qquad\qquad \sigma = \sigma_0(1 - \sin\varrho\cos u), \quad \tau = \sigma_0\sin\varrho\sin u\,.$

Daraus folgt

$$\frac{dm}{d\beta} = -8\sigma_0\frac{\tau}{\sigma^2}$$

und

$$\sigma\frac{dm}{d\beta} = -8\sigma_0\tan\delta \quad (\tau/\sigma = \tan\delta)\,.$$

Auf der Gleitfläche ist

$$\left(\frac{d^3F}{d\beta^3}\right)_R = \sin\beta_R + m_R(3\tau_R - \sin\beta_R) - 8\sigma_{0R}\tan\varrho$$

und

$$\tau_R = \sigma_{0R}\sin\varrho\cos\varrho,$$

da dort die Bruchbedingung erfüllt ist. Wir können somit σ_{0R} eliminieren und erhalten

$$\left(\frac{d^3 F}{d\beta^3}\right)_0 = \sin\beta_R + m_R(3\tau_R - \sin\beta_R) - \frac{8\tau_R}{\cos^2\varrho}.$$

Nach einigen Vereinfachungen (COURTAIGNE, 1955) erhält man schließlich

$$\left(\frac{d^3 F}{d\beta^3}\right)_0 = -\tan\varrho \, \frac{(1 - \sin\varrho)(5 + 9\sin\varrho)}{2\cos\beta_R}.$$

Diese Ergebnisse erlauben es uns nun, mit der Lösung durch fortschreitende Annäherung zu beginnen. Als Ausgangsstrahl nehmen wir, wie erwähnt, die Fläche mit der Neigung β_R an, welche die letzte RANKINESCHE Gleitfläche durch den Punkt A (AE, s. Abb. 9.6) ist. Hier be-

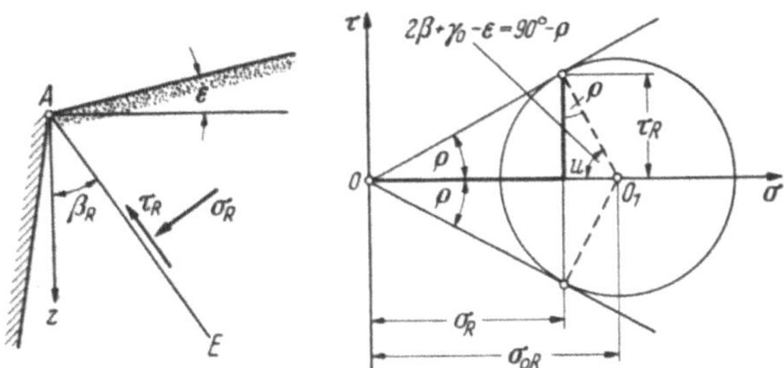

Abb. 9.6. Bezeichnungen und MOHRscher Spannungskreis in der RANKINEschen Gleitfläche

stimmen wir die Werte σ_R, τ_R und m_R; $\tau_R/\sigma_R - \tan\varrho$. Dann zeichnen wir die kennzeichnende Ellipse (m, $\tan\delta$), deren Gleichung unter (9.3) gegeben ist. Der obere Teil gilt für den *Erddruck*. Die Ordinate gibt gleichzeitig, mit einem entsprechenden Maßstab, die Werte $\sigma = f(\tau/\sigma)$ an. Aus den Randwerten können wir nun alle Beiwerte in Gl. (9.7) berechnen; nur die Größe Δ bleibt unbekannt. Wir setzen für Δ verschiedene Werte an und bestimmen für je einen Δ-Wert bei verschiedenen β-Neigungen die Spannungen σ und τ. Werden die so erhaltenen σ-Werte als Funktionen von (τ/σ) aufgetragen, erhalten wir eine Kurve. Der Grenzwert im Koordinatensystem $(\tau/\sigma; m)$ ergibt sich, indem man aus der dritten Gleichung unter (9.7) zum gegebenen Δ und zu den berechneten σ und τ den Wert m bestimmt. Die so erhaltenen Punkte sollen mit guter Annäherung auf der Ellipse liegen. Ein jeder dieser Punkte gehört zu einem bestimmten β-Winkel. Wir schreiben an die Punkte den β-Wert und verbinden sie mit demselben β-Werte auf den Kurven mit verschiedenen Δ. Dadurch entsteht eine Kurve, die bei gegebener Wandneigung die Normalspannung des Erddruckes liefert, und zwar als Funktion des Richtungswinkels $\tan\delta = \tau/\sigma$.

Die Ergebnisse eines Zahlenbeispiels sind teilweise in Abb. 9.7 dargestellt. Es wurde der einfache Fall $\varrho = 30°$, $\varepsilon = 0°$ untersucht; man erhält Kurven für verschiedene β-Werte, die dann die Erddruckspannungen angeben.

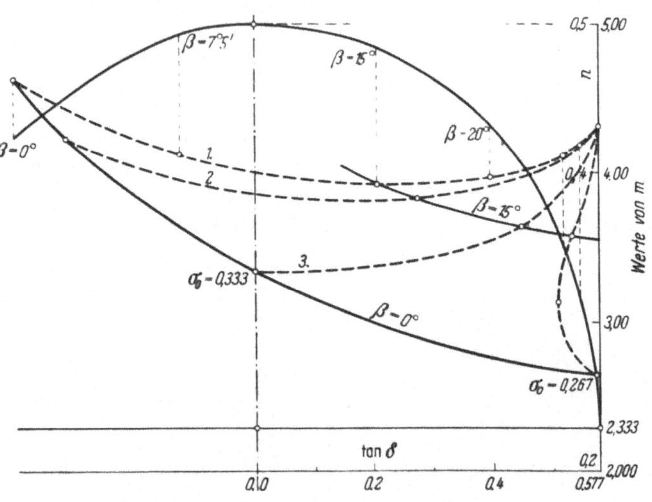

Abb. 9.7. Erddruckspannungen bei $\varrho = 30°$, $\varepsilon = 0°$

Da wir bei der Ableitung das Raumgewicht Eins angenommen und die Gleichgewichtsgleichungen für eine Strecke Eins (s. Abb. 9.3) aufgeschrieben haben, erhält man die Spannung in einer Tiefe l, gemessen von der Mauerkrone an der Rückseite entlang, zu $\sigma_l = \sigma l \gamma$; somit läßt sich die Normalkomponente des Erddruckes mit der Formel $E_n = \sigma l^2 \gamma / 2$ berechnen. Die Werte σ spielen also eigentlich die Rolle des Erddruckbeiwertes λ_a (Abb. 9.8).

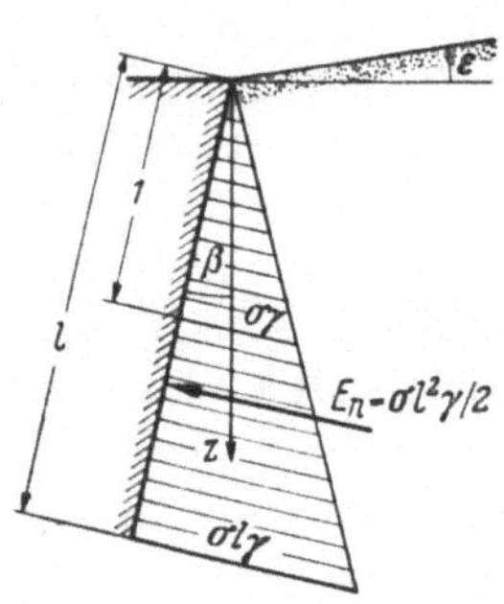

Abb. 9.8. Berechnung der Erddruckspannungen und des Erddruckes

Abb. 9.9 stellt nun die Ergebnisse des Spezialfalles $\varrho = 30°$, $\varepsilon = 0°$ vollständig dar; zu sechs verschiedenen β-Werten wurden die Kurven ($\sigma \tan \delta$) eingetragen. Dieselben Werte sind in Abb. 9.10 mit dem Parameter $\tan \delta$ dargestellt.

Mit dieser Methode haben CAQUOT-KÉRISEL (1948) ausführliche Tabellen aufgestellt, die die Erddruckbeiwerte als Funktion von vier Veränderlichen (ϱ, ε, β und δ) angeben. Die Verteilung der Erddruckspannungen ist hydrostatisch; der resultierende Erddruck greift also stets im unteren Drittelpunkt an.

Was nun die Berechnung des Erdwiderstandes betrifft, so sind hier die Grundgleichungen dieselben, nämlich die Gln. (9.2a) und (9.2b). Die Lösung von RANKINE für den Fall des oberen Grenzzustandes stellt eine *partikuläre Lösung* dar; die allgemeine Lösung wird in derselben Weise erhalten wie für den Erddruck, man braucht nur die *untere Hälfte der Ellipse* (Abb. 9.4) in die Rechnungen einzubeziehen. Den Ausgangs-

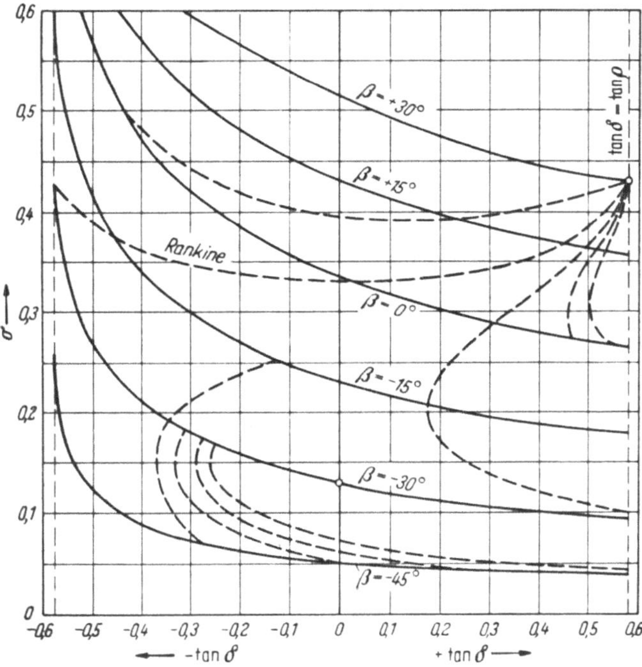

Abb. 9.9. Ergebnisse einer Erddruckuntersuchung ($\varrho = 30°$, $\varepsilon = 0°$) und die Werte von (σ, tan δ)

punkt bildet der linksgelegene Scheitelpunkt mit $\tan\delta = -\tan\varrho$. Die fortschreitende Annäherung wird dann am unteren Bogen entlang zu den aufeinander folgenden Werten von β mit den Punkten ($\tan\delta$, m) entwickelt. Es können wieder *Tabellen* aufgestellt werden, die die Erdwiderstandsbeiwerte zu verschiedenen (ϱ, ε, β, δ) Werten liefern (CAQUOT-KÉRISEL, 1948). Ein Beispiel ist in Abb. 9.11 gegeben; die Angaben entsprechen der Abb. 9.9. Die Normalkomponente des Erdwiderstandes ergibt sich zu $E_{pn} = \dfrac{1}{2}\,\gamma\,l^2\sigma$, der resultierende Erdwiderstand zu $E_{pn} = \dfrac{1}{2}\,l^2\,\sigma\sec\delta$.

Es bleibt noch die Theorie von CAQUOT-KÉRISEL zu bewerten und ihr Anwendungsbereich zu umgrenzen.

Die Theorie beseitigt den grundlegenden statischen Fehler der COULOMBschen Theorie, denn die Bedingung des Gleichgewichtes der Kräfte ist auch bei beliebiger Wandreibung erfüllt. Es handelt sich um eine *allgemeine Theorie*, die zur Bestimmung des Erddruckes wie auch des Erdwiderstandes verwendet werden kann. Durch die grundlegende Annahme einer hydrostatischen Spannungsverteilung wird ein *Flächenbruch* vorausgesetzt, wodurch die Anwendung auf Wände beschränkt

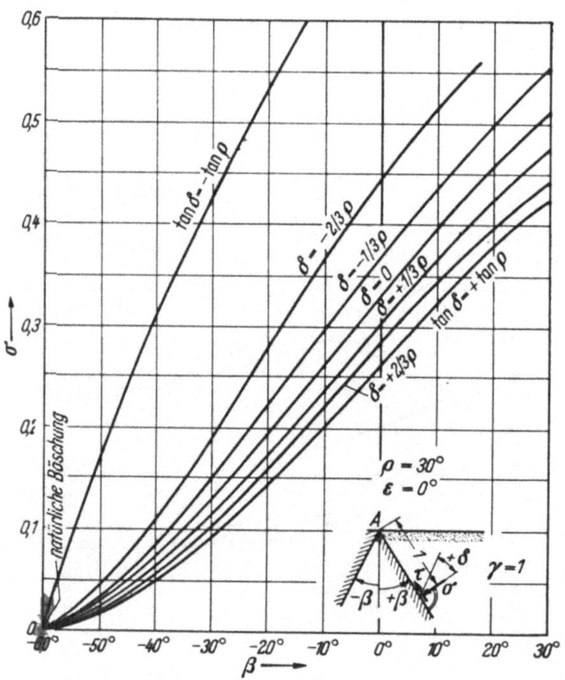

Abb. 9.10. Erddruckspannungen bei verschiedenen Wandreibungswerten

ist, die eine Drehung um den unteren Eckpunkt oder um eine Drehachse in einer gewissen Tiefe darunter ausführen; eine Gewölbewirkung darf nicht auftreten. Die Theorie liefert den Erddruckbeiwert zu verschiedenen Richtungswinkeln und ist somit *nicht eindeutig*. Man muß aber bedenken, daß die Größe der hervorgerufenen Reibung auf dem Wandrücken von der Größe der eingetretenen Bewegung abhängt. Durch die geeignete Wahl des Richtungswinkels ist es also möglich, der Bewegungsmöglichkeit der Wand Rechnung zu tragen.

Ein anderer Vorteil besteht darin, daß die Theorie auch dann statisch richtige und erfahrungsgemäß verläßliche Werte liefert, wenn die COULOMBsche oder RANKINEsche Theorie versagt. Das sind die Fälle, in denen die Wandneigung von der Lotrechten und die Oberfläche von der Waagerechten in stärkerem Maße abweicht — besonders, wenn die Oberfläche nach hinten abfällt. Tab. 9.1 (nach Caquot-Kérisel) gibt die Verhältniszahlen zwischen den Normalspannungen an, berechnet nach Coulomb und nach Caquot-Kérisel. Sie bestätigt diese Feststellung und zeigt, daß die Coulombsche Theorie in diesen Fällen *zu niedrige Werte* liefert. Für die Praxis kann also die Anwendung für jene

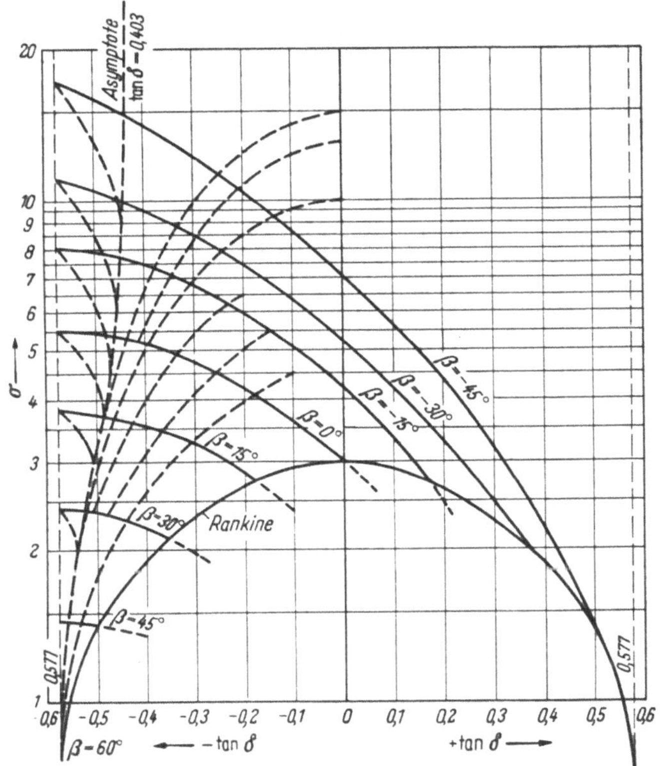

Abb. 9.11. Bestimmung des Erdwiderstandes

Wand- und Oberflächenneigungen empfohlen werden, bei denen die Abweichung vom Coulombschen Wert schon 10% übertrifft. Für diese Fälle haben wir die wichtigsten Beiwerte nach Caquot-Kérisel in der Tab. 9.2 zusammengestellt. Es müssen außerdem eine starre, glatte oder rauhe Wand und ein Flächenbruch sowie Angaben über die Bewegungsmöglichkeiten der Wand vorliegen, damit wir die Größe der Wandreibung richtig abschätzen können. Man muß sich immer vor Augen halten, daß die Voraussetzung einer *hydrostatischen Spannungsverteilung* erfüllt sein muß.

Tabelle 9.1. *Verhältnis der Normalspannungskoeffizienten des Erddruckes, berechnet nach Caquot und nach Coulomb*

$\beta°$	ε/ϱ		
	-1	0	$+1$
60	1,000	—	—
45	1,003	—	—
30	1,017	1,000	—
15	1,05	1,012	—
0	1,10	1,04	1,000
-15	1,18	1,12	1,01
-30	1,36	1,28	1,065
-45	2,04	1,84	1,35
-60	∞	∞	∞

Tabelle 9.2. *Erddruckbeiwerte nach Caquot-Kérisel*

$\varepsilon/\varrho = + 0,2, \quad \delta/\varrho = 1$ $\qquad\qquad$ $\varepsilon/\varrho = + 0,4, \quad \delta/\varrho = 1$

β	20°	25°	30°	35°	$\varrho = 20°$	25°	30°	35°
$+30°$	0,62							
$+25°$	0,61	0,57	0,53		0,67	0,63		
$+20°$	0,59	0,54	0,49	0,46	0,65	0,60	0,56	0,52
$+15°$	0,56	0,50	0,45	0,41	0,62	0,56	0,51	0,46
$+10°$	0,54	0,47	0,41	0,37	0,58	0,52	0,46	0,41
$+5°$	0,50	0,43	0,37	0,32	0,54	0,47	0,41	0,36
$0°$	0,47	0,39	0,33	0,28	0,50	0,43	0,36	0,31
$-5°$	0,43	0,35	0,29	0,24	0,46	0,38	0,32	0,26
$-10°$	0,39	0,31	0,25	0,20	0,42	0,34	0,27	0,22
$-15°$	0,35	0,27	0,22	0,17	0,37	0,29	0,23	0,18
$-20°$	0,31	0,24	0,18	0,13	0,33	0,25	0,19	0,14
$-25°$	0,27	0,20	0,14	0,10	0,28	0,21	0,15	0,11
$-30°$	0,22	0,16	0,11	0,08	0,24	0,17	0,12	0,08

$\beta \quad \varrho$	20°	25°	30°	35°	$\varrho = 20°$	25°	30°	35°
$+20°$	0,72	0,68						
$+15°$	0,68	0,63	0,58	0,54	0,80	0,75		
$+10°$	0,64	0,58	0,52	0,47	0,74	0,69	0,63	0,58
$+5°$	0,60	0,53	0,46	0,41	0,69	0,62	0,56	0,50
$0°$	0,55	0,48	0,41	0,35	0,63	0,56	0,49	0,42
$-5°$	0,50	0,42	0,36	0,30	0,58	0,49	0,42	0,35
$-10°$	0,46	0,37	0,30	0,24	0,52	0,43	0,36	0,29
$-15°$	0,40	0,32	0,26	0,20	0,46	0,37	0,30	0,23
$-20°$	0,36	0,27	0,21	0,16	0,40	0,32	0,24	0,18
$-25°$	0,30	0,23	0,17	0,12	0,34	0,26	0,19	0,14
$-30°$	0,26	0,18	0,13	0,09	0,29	0,21	0,15	0,10

$\varepsilon/\varrho = + 0,6, \quad \delta/\varrho = 1$ $\qquad\qquad$ $\varepsilon/\varrho = 0,8 \quad \delta/\varrho = 1$

Tabelle 9.3. *Erdwiderstandsbeiwerte nach Caquot-Kérisel (λ_p)*

$\beta°$	$\varrho°$	$\varepsilon°$ = 0	5	10	15	20	25	30	35	40	45
−30	10	1,17	1,41	1,53							
	15	1,39	1,70	1,92	2,06						
	20	1,71	2,06	2,42	2,71	2,92					
	25	2,14	2,61	2,96	3,66	4,22	4,43				
	30	2,78	3,42	4,16	5,01	5,96	6,94	7,40			
	35	3,75	4,73	5,87	7,21	8,76	10,6	12,5	13,6		
	40	5,31	6,87	8,77	11,0	13,7	17,2	24,6	25,4	28,4	
	45	8,05	10,7	14,2	18,4	23,8	30,5	38,9	49,1	60,7	69,1
−20	10	1,36	1,58	1,70							
	15	1,68	1,97	2,20	2,38						
	20	2,13	2,52	2,92	3,22	3,51					
	25	2,78	3,34	3,99	4,60	5,29	5,57				
	30	3,78	4,61	5,56	6,61	7,84	9,12	9,77			
	35	5,36	6,69	8,26	10,1	12,2	14,8	17,4	19,0		
	40	8,07	10,4	12,0	16,5	20,0	25,5	36,5	37,8	42,2	
	45	13,2	17,5	22,9	29,8	38,3	48,9	62,3	78,8	97,3	111
−10	10	1,52	1,72	1,83							
	15	1,95	2,23	2,57	2,66						
	20	2,57	2,98	3,42	3,75	4,09					
	25	3,50	4,14	4,90	5,62	6,45	6,81				
	30	4,98	6,01	7,19	8,51	10,1	11,7	12,6			
	35	7,47	9,24	11,3	13,8	16,7	20,1	23,7	26,0		
	40	12,0	15,4	19,4	24,1	29,8	37,1	53,2	55,1	61,6	
	45	21,2	27,9	36,5	47,2	60,6	77,3	98,2	124	153	176
0	10	1,64	1,81	1,93							
	15	2,19	2,46	2,73	2,91						
	20	3,01	3,44	3,91	4,42	4,66					
	25	4,29	5,02	5,81	6,72	7,71	8,16				
	30	6,42	7,69	9,13	10,8	12,7	14,8	15,9			
	35	10,2	12,6	15,3	18,6	22,3	26,9	31,7	34,9		
	40	17,5	22,3	28,0	34,8	42,9	53,3	76,4	79,1	88,7	
	45	33,5	44,1	57,4	74,1	94,7	120	153	174	240	275

Tabelle 9.3 (Fortsetzung)

$\beta°$	$\varrho°$	$\varepsilon°$									
		0	5	10	15	20	25	30	35	40	45
+10	10	1,73	1,87	1,98							
	15	2,40	2,65	2,93	3,12						
	20	3,45	3,90	4,40	4,96	5,23					
	25	5,17	5,99	6,90	7,95	9,11	9,67				
	30	8,17	9,69	11,4	13,50	15,9	18,5	19,9			
	35	13,8	16,9	20,5	24,8	29,8	35,8	42,3	46,6		
	40	25,5	32,2	40,4	49,9	61,7	76,4	110	113	127	
	45	52,9	69,4	90,0	116	148	188	239	303	375	431
+20	10	1,78	1,89	2,01							
	15	2,58	2,82	3,11	3,30						
	20	3,90	4,38	4,92	5,53	5,83					
	25	6,18	7,12	8,17	9,39	10,7	11,4				
	30	10,4	12,3	14,4	16,9	20,0	23,2	25,0			
	35	18,7	22,8	27,6	33,3	40,0	48,0	56,8	62,5		
	40	37,2	46,9	58,6	72,5	89,3	111	158	164	185	
	45	84,0	110	143	184	234	297	378	478	592	680
+30	10	1,78	1,89	2,00							
	15	2,72	2,96	3,26	3,45						
	20	4,35	4,88	5,46	6,14	6,47					
	25	7,33	8,43	9,65	11,1	12,7	13,5				
	30	13,10	15,5	18,2	21,4	25,2	29,3	31,6			
	35	25,5	31,0	37,5	45,2	54,2	65,2	77,0	84,8		
	40	54,6	68,8	86,0	107	131	162	232	241	271	
	45	135	176	228	293	374	475	604	763	945	1090

Bemerkungen: 1. Bezeichnungen nach Abb. 9.8. Größe des Erdwiderstandes: $E_p = \lambda_p \dfrac{l^2\gamma}{2}$, wo l die Wandlänge bedeutet.

2. Die Beiwerte gelten für einen Richtungswinkel $\delta = -\varrho$. Für $|\delta| < \varrho$ sind die Tafelwerte mit den Abminderungsbeiwerten der Tab. 9.3a (S. 229) zu multiplizieren.

Im Falle des *Erdwiderstandes* liefert die Coulombsche Theorie bekanntlich zu große und dadurch in der Praxis gefährliche Werte. Es ist also unbedingt nötig, die Erdwiderstandsbeiwerte auch im Falle eines Flächenbruches mit Hilfe einer Theorie zu bestimmen, die mit krummen Gleitflächen arbeitet.

Die wichtigsten Beiwerte des Erdwiderstandes — mit einer Genauigkeit von nur zwei Stellen — sind in Tab. 9.3 zu finden.

Tabelle 9.3 a. *Abminderungsbeiwerten für $\delta \leq \varrho$*

$\varrho°$	δ/ϱ					
	1,0	0,8	0,6	0,4	0,2	0
10	1,00	0,989	0,962	0,929	0,898	0,864
15	1,00	0,979	0,934	0,881	0,830	0,775
20	1,00	0,968	0,901	0,824	0,752	0,678
25	1,00	0,954	0,860	0,759	0,666	0,574
30	1,00	0,937	0,811	0,686	0,574	0,467
35	1,00	0,916	0,752	0,603	0,475	0,362
40	1,00	0,886	0,682	0,512	0,375	0,262
45	1,00	0,848	0,600	0,414	0,276	0,174

Was nun die Übereinstimmung der berechneten Werte mit den in Versuchen gemessenen Erddruckwerten betrifft, so kann festgestellt werden, daß die Theorie unter den erwähnten Einschränkungen die Kraftgrößen richtig darstellt. Dies bezieht sich auch auf den Erdwiderstand. Aus den — allerdings sehr wenigen — Versuchen, die zur Bestimmung des Erdwiderstandes angestellt wurden, ließe sich die Versuchsreihe von Tschebotarioff-Johnson anführen (Tschebotarioff-Johnson, 1953). Ein 3 m langer Kasten wurde 90 cm hoch mit reinem Sand gefüllt; die eine Längsseite konnte durch die Anwendung von waagerechten und lotrechten hydraulischen Pressen verschoben und die entsprechenden Kräfte

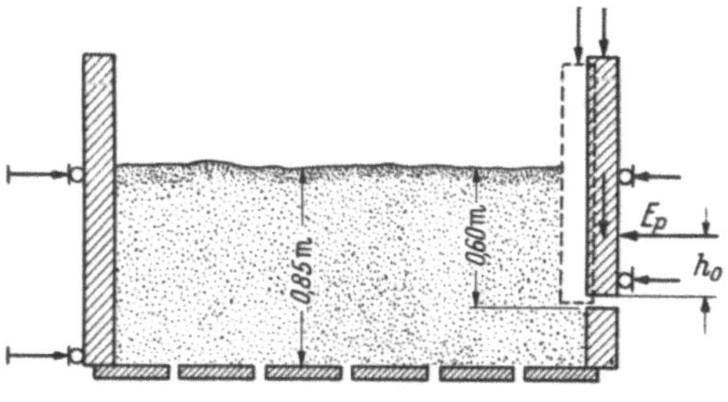

Abb. 9.12
Anordnung der Versuche von Tschebotarioff-Johnson

konnten gemessen werden (Abb. 9.12). Man konnte durch Änderung der ausgeübten lotrechten Kraft verschiedene Wandreibungen einstellen bzw. sich entwickeln lassen. Der trockene Versuchssand zeigte im Dreiaxialgerät bei den Raumgewichten $\gamma = 1{,}66 - 1{,}57 \ t/m^3$ einen Reibungswinkel von $43°08' - 40°20'$.

Bei $\delta = 0$, wo also die Coulombschen Annahmen streng erfüllt sind, ergab sich der Erdwiderstandsbeiwert zwischen *4,5* und *3,5*. Werden nun die Reibungswinkel mit Hilfe der Formel $\lambda_p = \tan^2(45° + \varrho/2)$ ausgerechnet, dann erhält man Werte zwischen 40° und 34°, die also wesentlich kleiner sind als die im Dreiaxialgerät gemessenen. Dieses Ergebnis läßt vermuten, daß der dreiaxiale Druckversuch, bei dem der

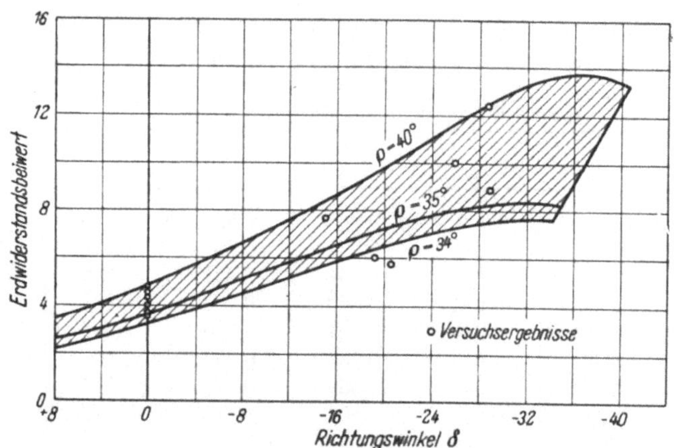

Abb. 9.13. Vergleich der Versuchsergebnisse mit den berechneten Werten des Erdwiderstandes

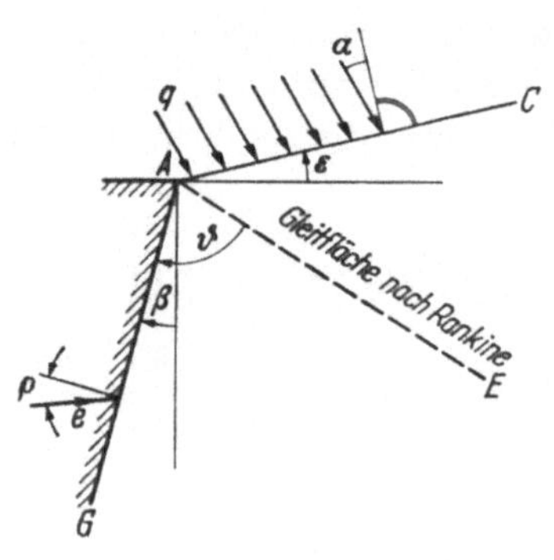

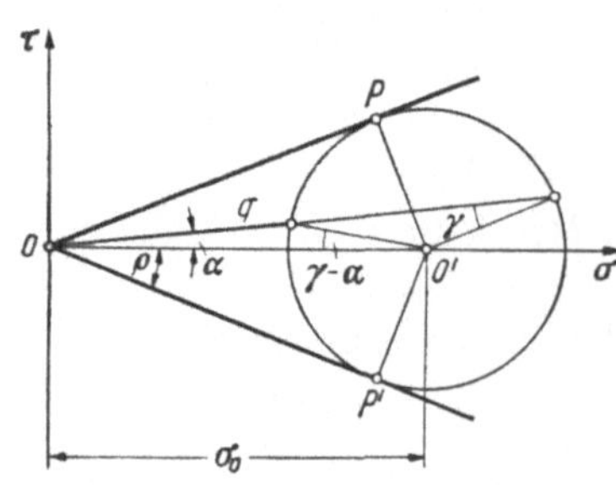

Abb. 9.14
Berücksichtigung einer Oberflächenbelastung

Scherwiderstand mit einer positiven Deviatorspannung gemessen wird, die Verhältnisse des Erdwiderstandes — die waagerechte Spannung ist dort erste Hauptspannung — nicht richtig darstellt (s. Kap. 3). Nehmen wir die auf Grund des Versuches mit $\delta = 0$ berechneten ϱ-Werte und ermitteln dazu die Beiwerte des Erdwiderstandes nach CAQUOT-KÉRISEL als Funktion der Wandreibung, dann erhalten wir die Kurven in Abb. 9.13. Sie umschließen einen Bereich; die Punkte, die die Versuchergebnisse darstellen, fallen ausnahmslos in diesen Bereich, so daß die Übereinstimmung befriedigend ist.

Es ist nun noch die Ausdehnung der Theorie von CAQUOT-KÉRISEL auf die *belastete Ober-*

fläche und auf *Böden mit Kohäsion* zu behandeln. Dies wird vorwiegend zu dem Zweck geschehen, um das *Prinzip der Ersatzspannung* von Caquot darlegen zu können. Sonst ist das Auftreten von Flächenbrüchen bei Anwesenheit von Kohäsion seltener, denn es kommen vorwiegend Linienbrüche zustande (s. Kap. 6, wo unter bestimmten Voraussetzungen auch Flächenbrüche auftreten können).

Zuerst wollen wir den Fall untersuchen, daß die Oberfläche eine *gleichmäßig verteilte Belastung q* trägt. Die Richtung dieser Belastung schließt mit der Normalen der freien Oberfläche den Winkel α ein. Im übrigen werden die Annahmen der Theorie aufrechterhalten mit der Ausnahme, daß das Material der Hinterfüllung als *gewichtslos* angesehen wird. Das ist wohl zulässig, da wir den durch die Belastung hervorgerufenen zusätzlichen Erddruck bestimmen wollen. Es ist aber nicht zu leugnen, daß die Gleitflächen in den beiden Fällen verschieden sind.

Wir untersuchen zuerst den *Erdwiderstand*. Die Rankinesche Pseudogleitfläche AE (Abb. 9.14) begrenzt auch jetzt das Gebiet, in dem wir einen einfachen Spannungszustand mit ebenen Gleitflächen haben. Der Winkel CAE hat den Wert $\frac{1}{2}(\pi/2 - \varrho + \gamma - \alpha)$, wobei $\sin\gamma = \sin\alpha/\sin\varrho$ ist. Der Mittelwert der Spannungen beträgt $(\overline{OO'})$:

$$\sigma_0 = \frac{q\sin\gamma}{\sin(\gamma - \alpha)}.$$

Daher ist die resultierende Spannung in der Gleitfläche:

$$\overline{OP'} = \frac{q\cos\varrho}{\cos\alpha - \sin\varrho\cos\gamma} = \frac{q\cos\varrho\sin\gamma}{\sin(\gamma - \alpha)}.$$

Da das Material gewichtslos ist, haben die Spannungen längs der Strahlen durch A einen unveränderlichen Wert. Die Gleitfläche ist mithin eine logarithmische Spirale (s. Kap. 5), und das Gesetz der Spannungen ist bekannt [Gl. (5.17)]. Dadurch können wir aus den bekannten Spannungen auf AE die Spannung auf AG berechnen. Der entsprechende Öffnungswinkel der Spirale beträgt ϑ, daher ist die resultierende Spannung auf dem Wandrücken:

$$e_p = \frac{q\cos\varrho}{\cos\alpha - \sin\varrho\cos\gamma}\, e^{2\vartheta\tan\varrho}, \tag{9.8}$$

und für den Öffnungswinkel ist hier der Wert

$$\vartheta = 45° + \varrho/2 + \varepsilon - \beta + \frac{\alpha - \gamma}{2} \tag{9.9}$$

einzusetzen.

Die Formeln des Erddruckes sind durch Vertauschen des Vorzeichens von ϱ zu erhalten. Gl. (9.8) gibt also die resultierende Spannung längs der Fläche AG an; da das Material als gewichtslos angenommen wurde, ist sie über die ganze Wandhöhe konstant. Der zusätzliche Erddruck, der infolge der Belastung auftritt, hat den Wert el, wobei l die Länge der Wand bedeutet; sein Richtungswinkel ist gleich dem Reibungswinkel. Ist $\beta = 0$, $\varepsilon = 0$ und $\alpha = 0$, dann vereinfacht sich die Formel des Erddruckes zu

$$e_a = q \tan(45° - \varrho/2)\, e^{-\left(\frac{\pi}{2} - \varrho\right)\tan\varrho}.$$

Eine Einschränkung bei der Anwendung dieser Formel besteht darin, daß der Wandrücken sich nur im Gebiet der logarithmischen Spirale befinden kann (also im zweiten Gebiet der Abb. 5.10), denn sonst schließen sich der Spirale wieder ebene Gleitflächen an.

Jetzt nehmen wir an, daß das Material auch eine *Kohäsion* besitzt, und die COULOMBsche Gerade also die allgemeine Gleichung $\tau = \sigma \tan\varrho + c$ hat. Nach CAQUOT befinden sich zwei Materialien, von denen das eine rollig und das andere bindig ist, in entsprechenden Grenzzuständen, wenn die vektorielle Differenz zwischen der Spannung q_1 im rolligen und der Spannung q_2 im bindigen Material (s. Abb. 9.15) einen konstanten Wert vom Betrage

$$H = c \cot \varrho$$

besitzt. Aus Abb. 9.15 liest man ab:

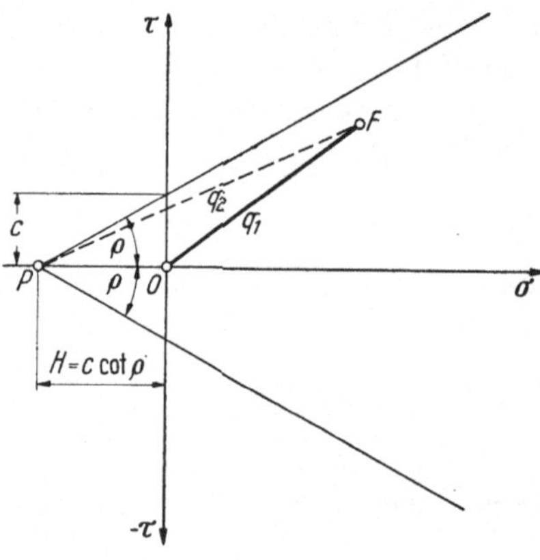

Abb. 9.15. Ersatz eines Materials mit Kohäsion durch ein rolliges. Begriff der Ersatzspannung H

$$\overline{PF} - \overline{OF} = H.$$

Daraus folgt, daß ein Boden mit Reibung und Kohäsion als eine Zusammensetzung zweier Systeme angesehen werden kann, von denen das eine körnig ist, während das andere unter einer hydrostatischen Spannung H steht. Die COULOMBsche Gerade ist also in der Form $\tau = [(\sigma - u) + H]\tan\varrho$ anzusetzen. CAQUOT faßt diese Methode in folgendem Satz zusammen:

Ein kohärentes Material befindet sich im Grenzgleichgewicht, wenn man ein Material von derselben geometrischen Form und mit demselben Werte der inneren Reibung findet, das unter der Einwirkung derselben äußeren Kräfte und einer konstanten hydrostatischen Spannung vom Betrag H, die in jedem Punkte — also auch an den freien und Wandflächen wirkt, im Grenzgleichgewicht ist.

Wollen wir nun auf Grund dieses Satzes den Erddruck und Erdwiderstand von bindigen Böden berechnen, dann wird er zuerst so ermittelt, als wenn das Material denselben Reibungswinkel, aber keine Kohäsion besitzen würde. Dann lassen wir die Belastung nach Abb. 9.16 wirken — und zwar eine Belastung $+H$ auf der freien Fläche und eine Belastung $-H$ auf dem Wandrücken. Im Falle des *Erddruckes* haben wir dann nach Gl. (9.8) an der Wand

$$e_a = H \tan(45° + \varrho/2)e^{-2\vartheta\tan\varrho}$$

mit

$$\vartheta = 45° - \varrho/2 + \varepsilon - \beta.$$

Zu dieser Spannung wird nun die hydrostatische Spannung $-H$ vektoriell addiert.

Im Falle des Erdwiderstandes ist analog

$$e_p = H \tan(45° + \varrho/2)e^{2\vartheta\tan\varrho}$$

mit

$$\vartheta = 45° + \varrho/2 + \varepsilon - \beta.$$

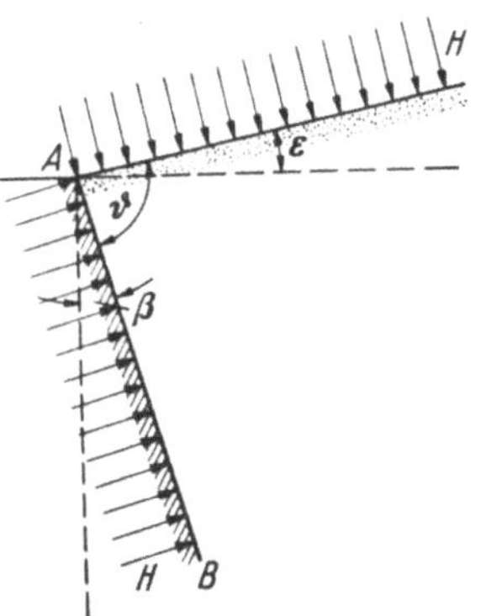

Abb. 9.16. Bestimmung des Erddruckes bei bindigem Boden

Die Kräfte erhält man wie zuvor durch Multiplikation mit der Wandlänge; sie greifen in halber Wandhöhe an. Die resultierende Erddruckkraft ergibt sich dann durch vektorielle Zusammensetzung.

Zusammenfassend kann gesagt werden, daß die Theorie von CAQUOT-KÉRISEL eine statisch strenge Lösung des Flächenbruches für eine gegebene Wandreibung bzw. Wandbewegung bei $\varrho \neq 0$, $\gamma \neq 0$ und $c = 0$ darstellt (Fall 6, s. Kap. 4). Der Einfluß einer äußeren Belastung und der Kohäsion kann aber nur gesondert mit der Annahme $\gamma = 0$ (Fall 5) berücksichtigt werden. Es werden also Teilkräfte kombiniert, die unter Zugrundelegung verschiedener Gleitflächen bestimmt wurden. Für diese Fälle stellt die Theorie eine gute Näherungslösung dar.

9.2 Die Theorie von Sokolowski

Auf Grund der Differentialgleichungen, die im Abschn. 7.6 für das plastische Grenzgleichgewicht eines Bodens abgeleitet wurden, soll nun im folgenden nach SOKOLOWSKI der Erddruck und Erdwiderstand eines rolligen Bodens auf eine Stützmauer bestimmt werden. Die Theorie setzt einen *Flächenbruch* voraus, bei dem unendlich viele Gleitflächen auftreten und ein *Gleitflächennetz* gebildet wird. Das Koordinatensystem wird nach Abb. 9.17 angesetzt; es wird vorausgesetzt, daß die Richtung der Spannungen auf

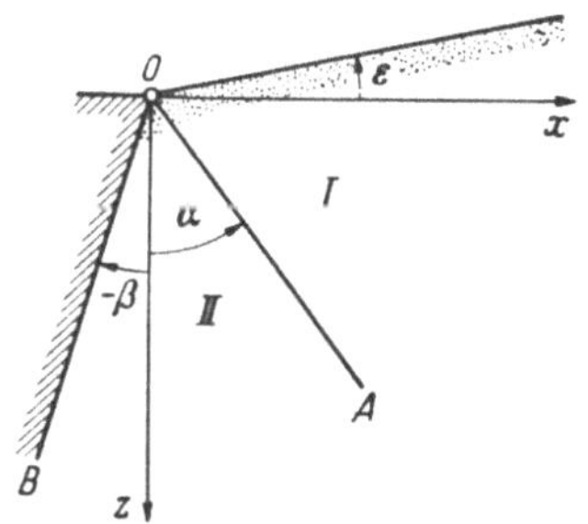

Abb. 9.17. Bestimmung des Erddruckes nach SOKOLOWSKI

dem Wandrücken bekannt ist; daß also

$$\tau_{r\beta} = \sigma_\beta \tan \delta$$

mit $\delta \leq \varrho$ ist.

Alle Spannungen wirken parallel; die Verteilung ist in diesem Falle — Erdoberfläche und Wandrücken sind eben — *hydrostatisch*. Es gibt zwei Grenzzustände, den des Erddruckes und des Erdwiderstandes. Wir wollen zuerst den *unteren Grenzzustand* — Erddruck — untersuchen. Bei einer Drehbewegung der Wand gerät die ganze Hinterfüllung in einen plastischen Zustand; es bilden sich aber mehrere Gebiete. In der Nähe der Oberfläche bildet sich ein Gebiet, das von der Stützmauer und von der Wandreibung nicht beeinflußt ist. Hier herrscht also der RANKINEsche Spannungszustand (Kap. 7), die Gleitflächen sind Ebenen, deren Anstieg durch die Neigung der Oberfläche und durch den Winkel der inneren Reibung bestimmt wird. Dieses erste Gebiet wird von der letzten Gleitfläche durch den Punkt O begrenzt.

Die Neigung dieser Gleitfläche wird durch Gl. (7.55) gegeben; und zwar ist

$$\left.\begin{aligned}
2\varphi &= \varepsilon - \arcsin \frac{\sin \varepsilon}{\sin \varrho}; \\[2mm]
s &= \frac{\cos(\theta - \varepsilon)}{\cos \varepsilon \cos^2 \varrho}\,(1 - \lambda), \\[2mm]
\lambda &= \sin^2 \varepsilon + \cos \varepsilon \sqrt{\sin^2 \varrho - \sin^2 \varepsilon}.
\end{aligned}\right\} \qquad (9.10)$$

Die Spannungen berechnen sich aus

$$\left.\begin{aligned}
\left.\begin{aligned}\sigma_z \\ \sigma_x\end{aligned}\right\} &= \frac{z'\gamma}{\cos^2 \varrho}\,(1 - \lambda)\,(1 \pm \lambda); \\[2mm]
\tau_{zx} &= -\frac{z'\gamma}{\cos^2 \varrho}\,\tan \varepsilon\,(1 - \lambda)^2.
\end{aligned}\right\} \qquad (9.11)$$

Drückt man die Neigung α der Gleitfläche OA mit Hilfe des Winkels ε aus, so erhält man

$$\left.\begin{aligned}
2\alpha &= 2\mu + \varepsilon - \arcsin \frac{\sin \varepsilon}{\sin \varrho}; \\[2mm]
\text{bzw.} \quad \tan \varepsilon &= \frac{\sin \varrho \cos(2\alpha + \varrho)}{1 - \sin \varrho \sin(2\alpha + \varrho)}.
\end{aligned}\right\} \qquad (9.12)$$

Der Spannungszustand im zweiten Gebiet $(\beta \leq \theta \leq \alpha)$ kann auf Grund der Differentialgleichungen (7.44—7.45) bestimmt werden.

Auf der Grenzgeraden OA müssen die Größen φ und s stetig sein, daher ist bei $\theta = \alpha$:

$$\psi = -\mu \quad \text{und} \quad s = \frac{\cos(\alpha + \varrho)}{\cos \varrho}.$$

Auf dem Wandrücken sind die Spannungskomponenten:

$$\tau_{r\theta} = -\sigma_\theta \tan \delta \quad \text{und} \quad \sigma_r > \sigma_\theta.$$

Außerdem ist

$$\sin \varrho \sin 2\psi = -(1 - \sin \varrho \cos 2\psi)\tan \delta,$$

so daß $\cos 2\psi > 0$ ist.

Bezeichnen wir den Wert von s an der Wand mit s_0, dann bekommt man aus der obigen Gleichung, wenn man $\theta = \beta$ einsetzt,

$$(2\psi)_{s=s_0} = \delta - \text{arc sin} \frac{\sin \delta}{\sin \varrho}. \tag{9.13}$$

Die Bodenspannungen an der Wand sind damit

$$\left.\begin{aligned}
\sigma_\theta &= \gamma r s_\theta = \gamma r s_0 \cos \delta \big(\cos \delta - \sqrt{\sin^2 \varrho - \sin^2 \delta}\big), \\
\tau_{r\theta} &= \gamma r t_{r\theta} = -\sigma_\theta \tan \delta.
\end{aligned}\right\} \tag{9.14}$$

Damit sind die Grundlagen zur Bestimmung der Erddruckspannungen gegeben; der Erdwiderstand wird erhalten, indem man das Vorzeichen von ϱ in den betreffenden Formeln ändert.

Die praktische Berechnung gestaltet sich folgendermaßen. Nach der Bestimmung der Neigung und der Spannungen auf OA werden die Differentialgleichungen numerisch integriert. Man nimmt für s_0 mehrere, willkürliche Werte an und bestimmt aus Gl. (7.44) für eine Reihe von θ-Werten den Differentialquotienten $d\psi/d\theta = f(s_0, \psi)$, da mit der Annahme von s_0, und bei gegebenem Wert von ϱ nur ψ und ψ' unbekannt sind. Genau so geht man mit Gl. (7.45) vor. Man bekommt auf diese Weise $ds/d\theta = f(s, \psi)$, und die beiden Gleichungen werden dann numerisch integriert. Man erhält eine Reihe von Integralkurven $\psi = f(\theta)$ und $s = s(\theta)$ je nach dem Ausgangswert s_0. Auf der Grenzgeraden OA ist $\psi = -\mu$. Im Schnittpunkt der Integralkurven mit der Abszisse ergibt sich dann der zu einem Parameter s_0 gehörige Neigungswinkel $\theta = \alpha$ dieser Grenzgeraden. Dieser Winkel hat aber einen ganz bestimmten Wert, der mit Hilfe der Gl. (9.12) berechnet werden kann; trägt man also die Funktion $\alpha = f(s_0)$ auf und schneidet die Kurve mit der Gerade des richtigen Wertes von α, dann erhält man den richtigen Wert von s_0. Somit können die richtigen Funktionen $s = s(\theta)$ und $\psi = \psi(\theta)$ bestimmt werden und damit ist der Spannungszustand im ganzen zweiten Gebiet bekannt. Wenn wir nur die Spannungsverteilung auf der Wandhinterfläche kennen wollen, dann genügt es, die Gl. (9.14) anzuwenden.

Bevor wir noch ein Beispiel zur praktischen Anwendung des Verfahrens zeigen, sei noch bemerkt, daß die Lösung nur dann möglich ist, wenn der aus Gl. (9.10) bestimmte φ-Wert größer ist als $\varphi = \psi + \beta$, wobei ψ aus (9.13) berechnet wird. Es läßt sich leicht beweisen, daß daher der Neigungswinkel des Wandrückens der Ungleichung

$$2\beta \leqq \varepsilon - \arcsin \frac{\sin \varepsilon}{\sin \varrho} - \delta + \arcsin \frac{\sin \delta}{\sin \varrho} \qquad (9.15)$$

genügen muß.

In den Spezialfällen $\delta = 0$ und $\delta = \varrho$ bekommen wir einfache, geschlossene Formeln zur Bestimmung des Erddruckes. Ist $\delta = 0$, dann tritt keine Wandreibung, also kein störender Einfluß im zweiten Gebiet auf. Dadurch befindet sich die ganze Hinterfüllung im RANKINEschen Zustande. Im Falle $\varepsilon = \beta = \delta = 0$ sind die Spannungskomponenten

$$\sigma_z = z\gamma,$$
$$\sigma_x = z\gamma \tan^2 (45° - \varrho/2),$$
$$\tau_{xz} = 0.$$

Ist $\delta = \varrho$, dann ist der Wandrücken eine Gleitfläche oder genauer eine *Einhüllende von Gleitflächen*, da hier der Differentialquotient unendlich wird. Dann folgt aus (7.44—7.45)

$$\frac{d\psi}{d\theta} = \frac{ds}{d\theta} \to \infty$$

und

$$\frac{ds}{d\psi} = 2s_0 \tan \varrho.$$

Nach der Lösung von KÁRMÁN (1926) ist:

$$(\psi + \mu)^2 = \frac{\cot \varrho}{2} \left[\frac{\cos (\beta + \varrho)}{s_0 \cos \varrho} - 1 \right] (\theta - \beta), \left. \right\}$$
$$s = s_0 [1 + 2\tan \varrho (\psi + \mu)]. \qquad (9.16)$$

Somit wird die Randbedingung $\psi = -\mu$, $s = s_0$ bei $\theta = \beta$ erfüllt. Die Spannungen im einfachen Falle $\varepsilon = \delta = \varrho$ und $\beta = 0$ ergeben sich zu

$$\sigma_z = z'\gamma(1 + \sin^2 \varrho),$$
mit
$$\tau_{zx} = -\gamma z' \sin \varrho \cos \varrho$$
$$z' = z + x \tan \varrho;$$

und auf dem Wandrücken:

$$\sigma_x = \gamma z \cos^2 \varrho,$$
$$\tau_{zx} = -\gamma z \sin \varrho \cos \varrho$$

der Gl. (7.49), also dem RANKINEschen Zustande entsprechend.

Als Beispiel wollen wir den Erddruck auf eine lotrechte Stützmauer $(\beta = 0)$ bei $\varrho = 30°$ für den Richtungswinkel $\delta = 20°$ bestimmen. Die Lösung wird durch das erwähnte numerische Näherungsverfahren erhalten; die Differentialgleichungen werden mit endlichen Differenzen numerisch integriert.

Es wird von den Randwerten

$$2\psi = \delta - \arcsin \frac{\sin \delta}{\sin \varrho},$$

$$s = s_0 \quad \text{und} \quad \theta = 0$$

ausgegangen; für s_0 wählen wir die Werte 0,45, 0,50, 0,60, 0,70 und 0,80. Für verschiedene θ-Werte bekommen wir dann folgende Werte von s und ψ:

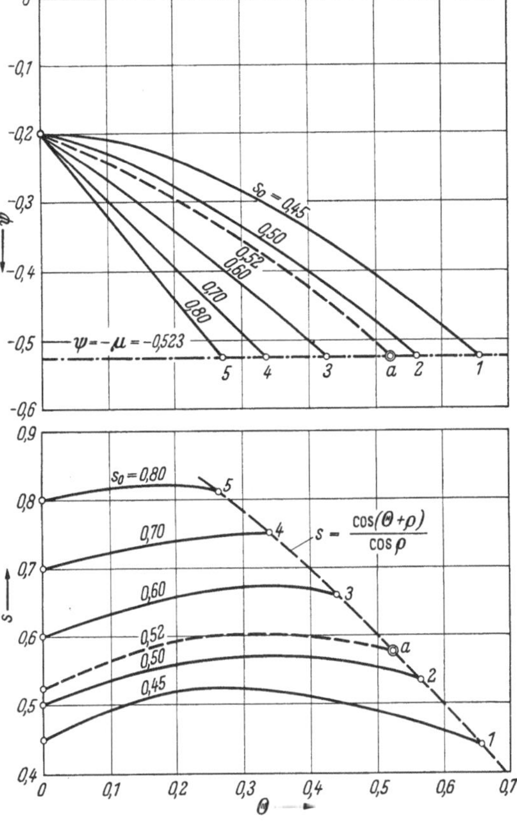

Abb. 9.18. Die Integralkurven $\psi = \psi(s_0, \theta)$ und $s = s(s_0, \theta)$

θ		0,0	0,1	0,2	0,3	0,4	0,5	0,6
$s_0 = 0,45$	$-\psi$	0,20	0,21	0,24	0,29	0,34	0,41	0,47
	s	0,45	0,49	0,52	0,52	0,51	0,49	0,47
$s_0 = 0,50$	$-\psi$	0,20	0,23	0,28	0,34	0,40	0,47	
	s	0,50	0,54	0,56	0,57	0,57	0,56	
$s_0 = 0,60$	$-\psi$	0,20	0,27	0,34	0,42	0,50		
	s	0,60	0,63	0,66	0,67	0,67		
$s_0 = 0,70$	$-\psi$	0,20	0,30	0,39	0,49			
	s	0,70	0,72	0,74	0,75			
$s_0 = 0,80$	$-\psi$	0,20	0,32	0,44				
	s	0,80	0,81	0,82				

Die Winkelwerte werden dabei alle im Bogenmaß ausgedrückt. Nun tragen wir die so erhaltenen Werte von ψ und s als Funktionen von θ auf; die sich damit ergebende Reihe von Integralkurven ist in Abb. 9.18

dargestellt. Auf der Grenzgeraden OA ist $\psi = -\mu$; in diesem Falle ist $\mu = 45° - \varrho/2 = 30° = 0{,}524$. Die Schnittpunkte der Integralkurven mit dieser Gerade liefern eine Reihe von Werten $\theta + \alpha$; diese

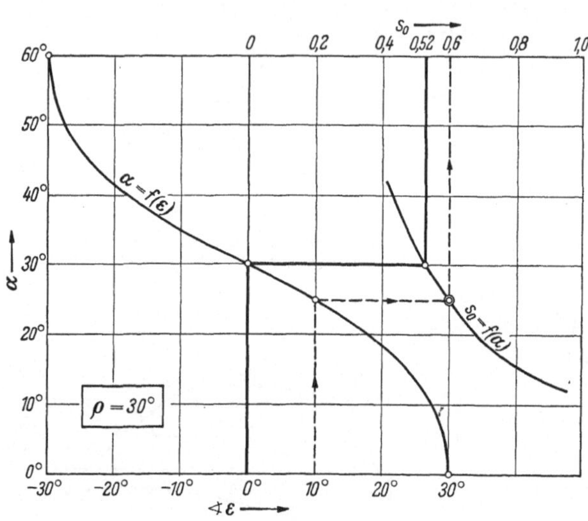

Abb. 9.19. Bestimmung des richtigen Wertes von s_0, als Funktion von α bzw. ε

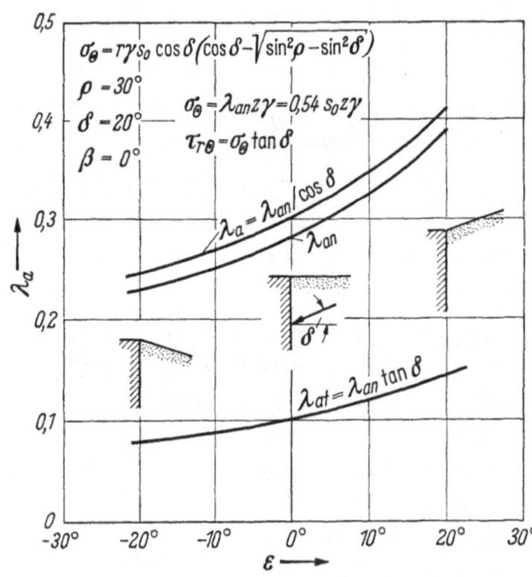

Abb. 9.20. Erddruckbeiwerte bei lotrechter Wand als Funktion der Neigung der Erdoberfläche

sind dann in Abb. 9.19 dargestellt. Der richtige Winkel α beträgt nach Gl. (9.12) (siehe auch Abb. 7.7) bei verschiedenen ε-Werten:

ε	$0°$	$10°$	$20°$	$30°$
α	$30°$	$35°$	$41°$	$60°$

Wird die Funktion $\alpha = f(\varepsilon)$ in Abb. 9.19 mit aufgetragen, dann ist es sehr leicht, zum gegebenen ε den richtigen Wert von s_0 zu finden. Ist s_0 schon bekannt, dann können wir die Erddruckspannungen nach Gl. (9.20) berechnen; Abb. 9.20 stellt die erhaltenen Erddruckbeiwerte als Funktion der Neigung der Erdoberfläche dar. Es wurden auch die nach der COULOMBschen Theorie berechneten Werte aufgetragen; die Abweichungen sind sehr gering.

Als ein weiteres Beispiel wollen wir den *Einfluß der Wandreibung* untersuchen. Wir bestimmen die Erddruckbeiwerte (bei $\varrho = 30°$ und $\varepsilon = 0$) für $\delta = 0°$, $\delta = \varrho/2 = 15°$ und $\delta = \varrho = 30$; der Wandrücken ist wieder lotrecht. Der Berechnungsgang ist derselbe; in Abb. 9.21 und 9.22 sind nur die Ergebnisse eingetragen, nachdem die richtigen s_0 Werte durch Interpolation bestimmt wurden. Bei $\delta = 0$ ist $\psi = \theta$ eine gerade Linie; der Schnittpunkt mit $\psi = -\mu$ entspricht der Geraden OA. In Abb. 9.22 stellt die Linie

$$s = \frac{\cos\theta}{1 + \sin\varrho}$$

wieder den Fall $\delta = 0$ dar, der Punkt bei $\theta = \mu$ entspricht der Linie OA und der betreffende Wert von s beträgt $s = 1/2\cos\mu$. Die Kurven $\delta = 30°$ sind nach der Lösung von KÁRMÁN, Gl. (9.16) aufgetragen. Die s_0-Werte sind aus Abb. 9.22 bei $\theta = 0$ zu entnehmen; d. h. es ist für

$$\delta = 15° \quad s_0 = 0{,}57$$
$$\delta = 30° \quad s_0 = 0{,}36$$

$$s_\theta = 0{,}30 \quad \tau = s_\theta \tan\delta = 0{,}08$$
$$s_\theta = 0{,}27 \quad \tau = \qquad\qquad 0{,}16$$

Die s_θ-Werte wurden mit der Gl. (9.14) berechnet.

Die entsprechenden Gleitflächen, die mit Hilfe der Gleichung

$$r = C \exp\left[\int_0^\theta \cot(\psi - \mu)\,d\theta\right]$$

$$(9.17)$$

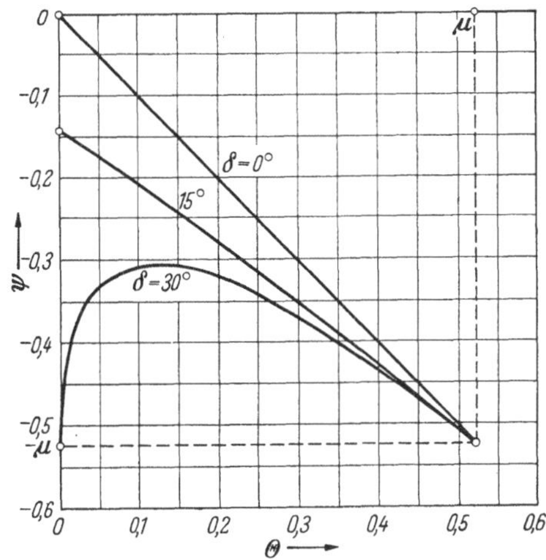

Abb. 9.21. Die Funktionen $\psi = \psi(\theta)$ bei verschiedenen Wandreibungen

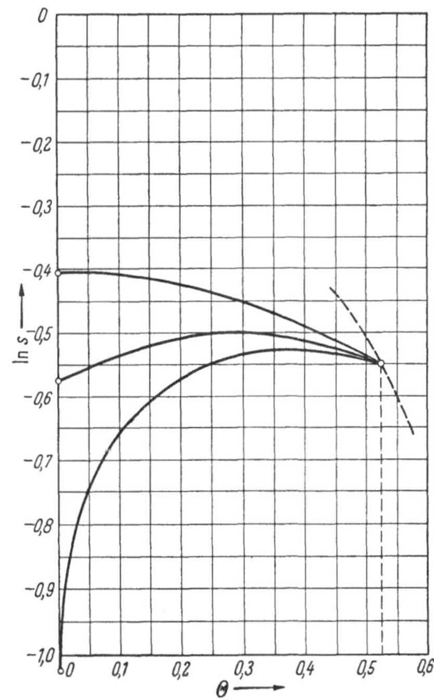

Abb. 9.22. Die Funktionen $s = s(\theta)$ bei verschiedenen Wandreibungen

(obere Kurve: $\delta = 30°$; untere Kurve: $\delta = 0°$)

auf Grund der schon bekannten ψ-Werte bestimmt wurden, sind in Abb. 9.23 dargestellt. Hier haben wir auch die COULOMBschen ebenen Gleitflächen eingezeichnet; bei $\delta = 0°$ fallen die Gleitflächen zusammen ($\alpha = 45° - \varrho/2$). In der Tab. 9.4 sind die Erddruckbeiwerte für verschiedene Werte ϱ und δ zusammengestellt. Die Abweichungen von den COULOMBschen Werten sind gering.

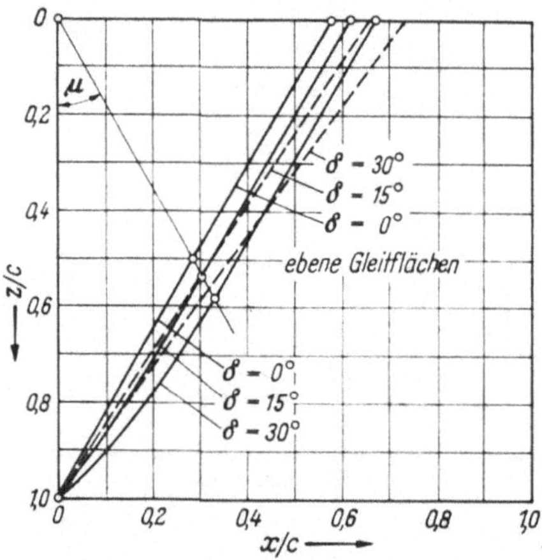

Abb. 9.23
Gleitflächen im unteren aktiven Grenzzustande

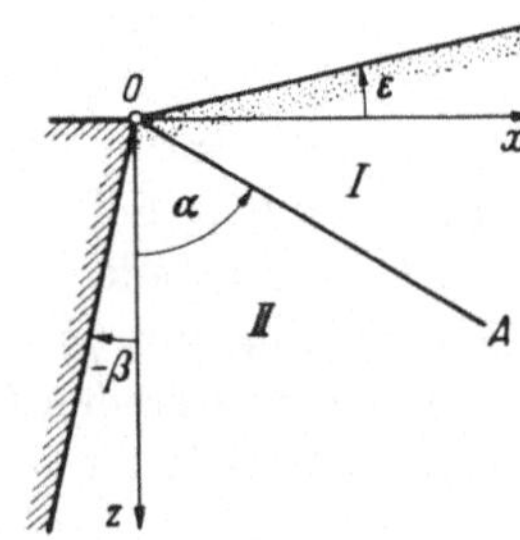

Abb. 9.24
Bestimmung des Erdwiderstandes

Untersuchen wir nun den *oberen Grenzzustand* und bestimmen den Erdwiderstand (Abb. 9.24). Im ersten Gebiet herrscht der RANKINEsche Spannungszustand; bei $\alpha \leqq \theta \leqq \varepsilon + \pi/2$ ist

$$\left. \begin{aligned} 2\psi &= \varepsilon + \arcsin \frac{\sin \varepsilon}{\sin \varrho} + \pi, \\ s &= \frac{\cos(\theta - \varepsilon)}{\cos^2 \varrho \cos \varepsilon}(1 - \lambda), \\ \lambda &= \sin^2 \varepsilon - \cos \varepsilon \sqrt{\sin^2 \varrho - \sin^2 \varepsilon}. \end{aligned} \right\} \qquad (9.18)$$

Der Neigungswinkel der Grenzgeraden läßt sich aus

$$2\alpha = \pi - 2\mu + \varepsilon + \arcsin \frac{\sin \varepsilon}{\sin \varrho}$$

bzw.

$$\tan \varepsilon = \frac{-\sin \varrho \cos(2\alpha - \varrho)}{1 + \sin \varrho \sin(2\alpha - \varrho)}$$

bestimmen. Der Grenzzustand im zweiten Gebiet ($\beta \leqq \theta \leqq \alpha$) kann durch die Lösung der Differentialgleichungen (7.44—7.45) erhalten werden. Auf der Grenzgeraden OA ($\theta = \alpha$) ist

$$\psi = \mu; \quad s = \frac{\cos(\alpha - \varrho)}{\cos \varrho}. \qquad (9.19)$$

Die Spannungskomponenten auf dem Wandrücken lauten

$$\sigma_\theta = \gamma r s_\theta = \gamma r s_0 \cos \delta \left(\cos \delta + \sqrt{\sin^2 \varrho - \sin^2 \delta}\right), \\ \tau_{r\theta} = \sigma_\theta \tan \delta. \quad\quad (9.20)$$

Im Sonderfall $\varepsilon = \beta = \delta = 0$ wird

$$\psi = \frac{\pi}{2} - \theta, \quad s = \frac{\cos \theta}{1 - \sin\theta},$$

und aus Gl. (9.20) folgt dann

$$\sigma_z = z\gamma;$$
$$\sigma_x = z\gamma \tan^2(45° + \varrho/2),$$
$$\tau_{xz} = 0.$$

Wenn in einem anderen Sonderfall $\varepsilon = -\varrho, \delta = \varrho$ und $\beta = 0$ ist, folgt

$$\left.\begin{array}{c}\sigma_z \\ \sigma_x\end{array}\right\} = z'\gamma(1 \pm \sin^2 \varrho);$$
$$\tau_{zx} = \gamma z' \sin \varrho \cos \varrho$$

mit

$$z' = z - x \tan \varrho;$$

und auf dem Wandrücken ist:

$$\sigma_x = \gamma z \cos^2 \varrho; \quad \tau_{zx} = z\gamma \sin \varrho \cos \varrho.$$

Als Beispiel wollen wir die Ergebnisse bei der Bestimmung des Erdwiderstandes zeigen, wenn die Angaben über die Stützwand und die Hinterfüllung dieselben sind wie bei der Erddruckberechnung. Es werden wieder verschiedene Werte s_0 angenommen und die Integralkurven $\psi = \psi(\theta, s_0)$ und $s = s(\theta, s_0)$ aufgezeichnet; der richtige s_0-Wert wird durch diejenige Integralkurve bezeichnet, die durch den Punkt $\theta = \mu$, $\psi = \mu$ geht. Abb. 9.25 gibt diese Integralkurven für die drei Fälle $\delta = 0$, 15° und 30° an; der Punkt $\theta = \mu$, $\psi = \mu$; bzw. $\theta = \pi/2 - \mu$, $s = 1/2 \sin \mu$ entspricht der Grenzgeraden OA.

Die mit Hilfe von Gl. (9.20) berechneten Spannungskomponenten stellt Abb. 9.26 dar. Werden sowohl die Gleitflächen wie die Beiwerte mit den Ergebnissen der Coulombschen Theorie verglichen, dann muß man feststellen, daß die Abweichungen *sehr wesentlich* sind und bei wachsenden Werten δ und ϱ stark zunehmen; die Anwendung der Coulombschen Theorie führt bei der Bestimmung des Erdwiderstandes also zu großen Fehlern, und zwar auf der unsicheren Seite.

Die Theorie von SOKOLOWSKI ist eine ausgezeichnete Methode zur Bestimmung des Erddruckes und des Erdwiderstandes die zur Untersuchung von *Flächenbrüchen* statisch einwandfrei ist und eine mathematisch *strenge Lösung* darstellt. Der Richtungswinkel muß — genau wie in der Theorie von CAQUOT-KÉRISEL — angesetzt werden; die Theorie liefert also *Erddruckwerte bei gegebener Wandreibung* oder aber für eine bestimmte *Wandbewegung*, durch die ein Teil der Wandreibung hervorgerufen

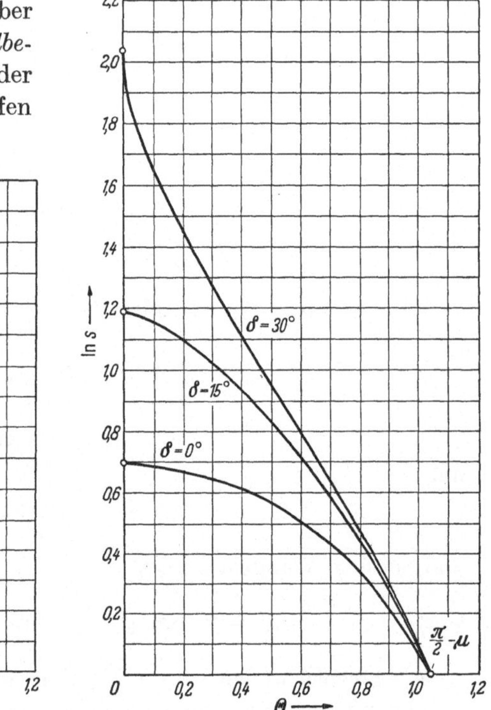

Abb. 9.25. Integralkurven $\psi = \psi(\theta, s_0)$ und $s = s(\theta, s_0)$ zur Bestimmung des Erdwiderstandes

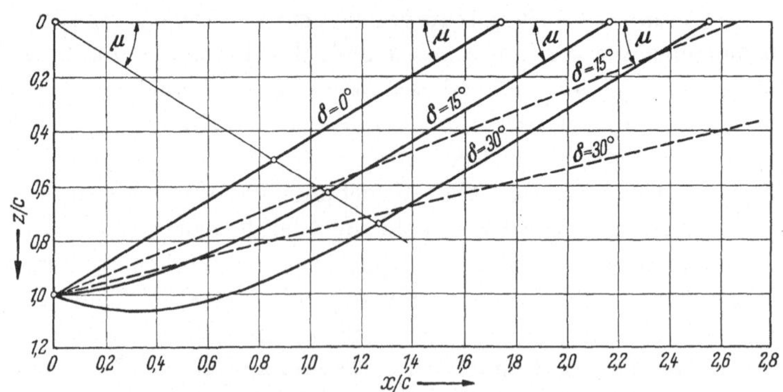

Abb. 9.26. Gleitflächen im oberen (passiven) Grenzzustande

wird. Der Vorteil der Methode ist — im Bereich der Flächenbrüche — ihre *Allgemeingültigkeit*; jeder Fall wird nach denselben Grundsätzen und Formeln behandelt. Die nötigen Berechnungen sind ziemlich langwierig, daher empfiehlt sich die Methode nur zur Untersuchung der wichtigsten Fälle des Erdwiderstandes. Ein großer Vorteil besteht noch darin, daß man durch die vollständige Durchrechnung eines Falles die Spannungen in der ganzen Hinterfüllung erhält und außerdem der Einfluß der maßgebenden Größen -ε, β- in übersichtlicher Form untersucht werden kann.

SOKOLOWSKI hat seine Theorie auch für bindige Böden ausgearbeitet; er bedient sich dabei der Ersatzspannung $H = c \cot \varrho$ und führt die Berechnungen mit der Annahme $\gamma = 0$ aus. Damit wird dieselbe Näherung wie in der Theorie von CAQUOT-KÉRISEL benutzt; Erddruckkräfte, die aus der Reibung und aus der Kohäsion gesondert berechnet werden, gehören dann nicht derselben Gleitfläche an. Daher soll diese Erweiterung der Theorie hier nicht wiedergegeben werden, wobei auch die Tatsache in Betracht gezogen wird, daß in bindigen Böden vorwiegend *Linienbrüche* auftreten, und zwar auch dann, wenn die Wand eine Drehung um den unteren Stützwandpunkt ausführt.

Literatur

CAQUOT, A., u. J. KÉRISEL: Traité de Mécanique des Sols, Paris: Gauthier-Villars 1956.
SOKOLOWSKI, V. V.: Statika süputschey sredu, Moskau 1954.
RAVIZÉ, H.: Poussée des terres, Paris: Dunod 1954.

10. Gleichgewichtsmethoden

(Theorie von BRINCH HANSEN)

10.1 Einführung

Im allgemeinen Falle des Erddruckproblems ($c \neq 0$, $\varrho \neq 0$, $\gamma \neq 0$) ist die strenge Lösung unbekannt und die Form der Gleitfläche noch unbestimmt. Zur strengen Behandlung fehlt ein *allgemeingültiges Deformationsgesetz* der Böden, durch das die statischen und kinematischen Zusammenhänge eindeutig beschrieben und die Wechselwirkungen im Innern und auf den Begrenzungsflächen des Bodens untersucht werden können. Zur Bestimmung der exakten Gleichung der Gleitfläche verfügen wir in statischer Hinsicht nur über die KÖTTERsche Gleichung (Kap. 4), die eine Beziehung zwischen Krümmungshalbmesser und Gleitflächenspannung darstellt; das Problem bleibt also *statisch unbestimmt* und könnte nur mit Hilfe des fehlenden Deformationsgesetzes gelöst werden. Solange es noch nicht gefunden ist, müssen wir bei der Untersuchung des Grenzgleichgewichtes von Erdkörpern die Form der Gleitfläche annehmen. BRINCH HANSEN (1951, 1953, 1958) wählt auf Grund von Erfahrungen und Erwägungen den *Kreiszylinder* als eine allgemein anwendbare Gleitfläche. Diese Fläche stellt einerseits eine *exakte Lösung* im Falle $\varrho = 0$ dar (s. Kap. 6), andererseits ist sie bei vielen Bewegungen der Wand im plastischen Zustand des unzusammendrückbaren Bodens aus kinematischen Gründen die einzig mögliche Lösung (s. Kap. 5). Die beobachteten Gleitflächen in der Natur lassen sich durch Kreiszylinderflächen gut ersetzen und die Ebene, die auch häufig vorkommt, kann als ein Kreiszylinder mit der Achse im Unendlichen aufgefaßt werden. Nicht zuletzt ermöglicht der Kreiszylinder einfache Rechnungen.

Mit dieser Annahme schafft BRINCH HANSEN die Grundlage zur Entwicklung einer allgemeinen Erddrucktheorie, die als *Gleichgewichtsmethode* die Gesetze der Statik nicht verletzt und imstande ist, fast alle Erddruckprobleme *auf einheitlicher Basis* zu behandeln.

Die Theorie baut auf der KÖTTERschen Gleichung auf. Diese Gleichung kann angewendet werden, wenn uns in einem Punkte der Gleitfläche die resultierende Spannung bekannt ist. Sie ist aber nur dann bekannt, wenn die Gleitfläche die Oberfläche *unter einem bestimmten* Winkel trifft oder aber der Boden *keine Kohäsion* besitzt und die Oberfläche *unbelastet* ist. In diesem Falle kann natürlich die Oberflächenspannung nur den Wert *Null* haben. Sind jedoch die Randbedingungen an beiden Enden einer Gleitlinie erfüllt, dann bietet die KÖTTERsche Gleichung die Möglichkeit, die Spannungen in der Gleitfläche zu bestimmen, so daß die Erddruckprobleme gelöst werden können. Diese Methode wurde von BRINCH HANSEN als *Randwertmethode* gekennzeichnet; auf den ersten Blick könnte man glauben, daß sie einwandfreie Lösungen liefert. Das ist aber nur in einigen Fällen so, nämlich dann, wenn das Material gewichtslos oder reibungslos ist. In beiden Fällen wird das Glied in der KÖTTERschen Gleichung (4.4) bzw. (4.4a), das die Form der Gleitfläche kennzeichnet, zu Null; daher ist es möglich, die Gleichung *ohne Kenntnis der tatsächlichen Gleitfläche* zu integrieren und die Spannungen bzw. Kräfte zu bestimmen. Im allgemeinen Fall (Fall 8) darf man die Form der Gleitfläche *nicht* annehmen, sondern müßte sie auf Grund des Gleichgewichtes, der Bruchbedingung, der aus dieser abgeleiteten KÖTTERschen Gleichung und der kinematischen Gesetzmäßigkeiten — unter Berücksichtigung der wahren Verformungsgesetze der Böden — eindeutig bestimmen. Wird dagegen die Form der Gleitfläche angenommen und die Erfüllung der Randbedingungen gefordert, dann ist die Aufgabe im allgemeinen *überbestimmt*, und es können z. B. die Bedingungen des Gleichgewichtes nicht befriedigt werden. Das war beispielsweise bei der Theorie von JÁKY (1936) der Fall, mit der er die Stabilität einer *freien Böschung* untersuchte: er nahm eine kreiszylindrische Gleitfläche an, die die freien Begrenzungsflächen unter den statisch richtigen Winkeln (s. Kap. 4) traf; das *Gleichgewicht* des Bodens oberhalb der Gleitfläche war aber *nicht erfüllt*.

Mit Hilfe der KÖTTERschen Gleichung kann man aber auch das *Gleichgewicht* dieses Teiles des Bodens untersuchen. Dadurch läßt sich eine Methode zur Erddruckbestimmung entwickeln, die *Gleichgewichtsmethode* genannt werden kann. Die Methode ist im wesentlichen folgende (OHDE, 1938).

Es sei der Erddruck auf die glatte Wand *AB* (Abb. 10.1) gesucht. Wir nehmen eine *Kreisgleitfläche* an; bei einer Drehbewegung der Wand um einen über *B* gelegenen Drehpunkt kann bei unzusammendrückbarem Boden nur ein *Kreis* in Frage kommen. Es kann daher nur ein *Linienbruch* auftreten.

Die Spannungen in der Gleitfläche oder zweckmäßigerweise auch die inneren Kräfte *N*, *T*, *M* können mit Hilfe der KÖTTERschen Gleichung durch mehrmalige Integration leicht bestimmt werden; alle diese Formeln werden aber die unbekannte Randspannung σ_0 enthalten, die aus einer *Randbedingung* bestimmt werden muß. Ist $p = 0$ und $c = 0$, dann ist $\sigma_0 = 0$ und die drei Gleichungen des Kräftegleichgewichtes können aufgestellt werden. Diese reichen zur Bestimmung der drei Unbekannten α, β und E aus und lauten:

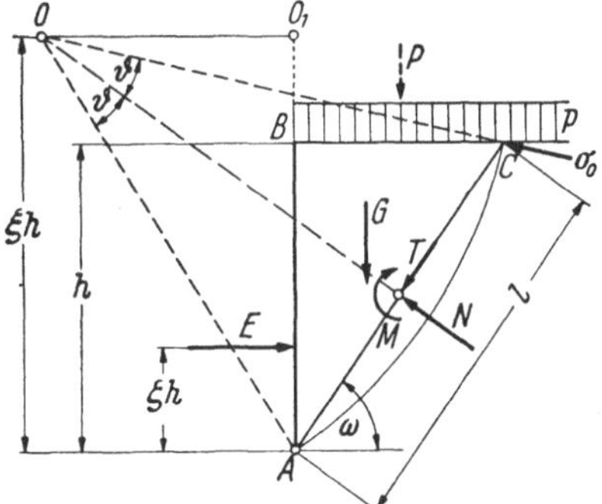

Abb. 10.1. Bestimmung des Erddruckes nach der Gleichgewichtsmethode

$$\left.\begin{array}{l} N \cos \omega - T \sin \omega - G = 0, \\[2mm] E = N \sin \omega + T \cos \omega, \\[2mm] E \zeta h = \dfrac{1}{2} N \dfrac{h}{\sin \omega} - G \dfrac{1}{2} h \cot \omega - M_R - M_G. \end{array}\right\} \quad (10.1)$$

Die Lösung wird durch fortschreitende Näherung erhalten: ein ϑ-Wert wird angenommen, damit werden ω, E und ξ berechnet. Dann wird ϑ so verbessert, daß für ξ der gegebene Wert herauskommt. Ist σ_0 nicht Null, dann hängt das Ergebnis von der gewählten Randbedingung ab, die im allgemeinen unbestimmt ist. Die *Erddruckverteilung* bleibt unbekannt; auch die Höhenlage des Angriffspunktes muß angenommen werden.

Wird das Gleichgewicht gewahrt, dann kann man wieder die Randbedingungen nicht befriedigen; eine einfache und brauchbare Kurve wird die Grenzflächen unter statisch unrichtigen Winkeln treffen, so daß die Randbedingungen unbestimmt werden. Man ist also gezwungen, zwischen *zwei Möglichkeiten* zu wählen: entweder die Gleichgewichts- oder die Randbedingungen zu befriedigen. Nach vielen neueren theoretischen Untersuchungen ist die Forderung nach Befriedigung der Gleichgewichtsbedingungen von übergeordneter Bedeutung; die strenge Erfüllung der Randbedingungen kann demgegenüber vernachläßigt werden. Dabei macht sich aber die erwähnte Schwierigkeit bemerkbar, daß die Spannungen in den Grenzflächen unbestimmt sind. BRINCH HANSEN löst dieses Problem dadurch, daß er eine *Verbindung zwischen der Extremwertmethode und der Gleichgewichtsmethode* herstellt. Die Extremwertmethode löst — wie wir gesehen haben (s. Kap. 8) — ein gegebenes Erddruckproblem in der Weise, daß diejenige Gleitfläche von angenommener Form herausgesucht wird, die einen *Kleinstwert*, bzw. *Größtwert* der Erddruckkraft liefert. Denken wir uns eine solche Aufgabe, die mit Hilfe dieser Extremwertmethode lösbar ist, beispielsweise unter der Annahme von logarithmischen Spiralen als Gleitflächen. Dieselbe Aufgabe könnte auch mit der erwähnten Gleichgewichtsmethode gelöst werden, wenn die Randspannung an einem Ende der Spirale bekannt wäre. Bei der Annahme einer bestimmten Randspannung liefern aber die beiden Methoden *dasselbe Ergebnis*. BRINCH HANSEN schlägt nun vor, diese Randbedingung anzuwenden und die kennzeichnenden Größen weiterhin mit Hilfe der Gleichgewichtsmethoden zu bestimmen. Durch diese Verbindung der beiden Methoden erreicht er erstens, daß die Gleichgewichtsmethode unabhängig von dem Winkel zwischen Gleitfläche und Erdoberfläche angewendet werden kann, wodurch eine klare Behandlung des Problems erzielt wird, und zweitens, daß die Ergebnisse mit den durch die Extremwertmethode bestimmten Werten übereinstimmen. Da diese letzteren erfahrungsgemäß ausreichend genau und verläßlich sind, ist man berechtigt anzunehmen, daß auch die neue Methode verläßliche Ergebnisse liefert. Diese Übereinstimmung ist also in jedem Fall, der mit der Extremwertmethode lösbar ist, gesichert; man kann mit Recht erwarten, daß die Lösung auch in solchen Fällen richtig sein wird, in denen nur die neue, fast allgemeingültige Theorie anwendbar ist.

Es soll noch bemerkt werden, daß die genaue Untersuchung der Extremwertmethoden (s. Kap. 8) die Erkenntnis brachte, daß der Extremwert — im Rahmen der übrigen Annahmen der betreffenden Theorie — die *mechanisch einzig richtige* Erddruckkraft ist; die Extremwertbedingung hat aufgehört, eine willkürliche Annahme zu sein, sondern ist eine *Folgerung aus dem Coulombschen Reibungsgesetz*. Dies wurde sowohl für die COULOMBsche Erddrucktheorie mit ebenen Gleitflächen als auch für die logarithmische Spirale RENDULIĆs bewiesen. Wenn also die Methode von BRINCH HANSEN diesen *Extremwert*, also die dem COULOMB-schen Reibungsgesetz *einzig* entsprechende Erddruckkraft ergibt, ist das ein Hinweis auf die Verläßlichkeit der Methode.

Als *Gleitfläche* benutzt BRINCH HANSEN — wie erwähnt — ausschließlich *Kreise* und *Ebenen*, bzw. solche Formen, die aus ihnen zusammengesetzt werden können. Die wahre Größe der Erddruckkraft, die auf Grund der bisher unbekannten Gleitfläche berechnet werden könnte, kann von dem mit Hilfe der Kreisgleitfläche bestimmten Werten nicht wesentlich abweichen; bei Anwendung einer Kreisfläche oder einer logarithmischen Spirale erhält man in der Extremwertmethode fast dieselben Kräfte.

Was den Boden anbelangt, so nimmt BRINCH HANSEN an, daß er *raumbeständig* und *unzusammendrückbar* ist und nicht einmal in der plastischen Zone Verdichtungen oder Auflockerungen auftreten. Diese Annahme wird in den meisten Plastizitätstheorien getroffen. Für gesättigte Tonböden ist sie zweifellos berechtigt und fast streng erfüllt; für Sande hat sie aber nur dann Gültigkeit, wenn die Scherverformung einen gewissen *Grenzwert* schon überschritten hat oder aber der Sand schon vor der Verformung die *kritische Dichte* besitzt. Dieser Grenzwert des Scherweges ist aber im allgemeinen gering genug, um die Berechnungen unter der Voraussetzung der Raumbeständigkeit ausführen zu dürfen. Dadurch treten die Verformungen selbst in den meisten Fällen nicht in die Berechnungen ein.

Die Methode von BRINCH HANSEN ist also eine *Gleichgewichtsmethode*, denn es wird das Gleichgewicht in einem plastischen Grenzzustand mit einer speziellen Randbedingung untersucht.

Als ersten Schritt der Erddruckberechnung müssen wir die *möglichen Bewegungen der Konstruktion* im Bruchzustand untersuchen. Dadurch können wir die mögliche Form des Bruchbildes festlegen: die Anordnung der Gleitflächen und Gleitflächenscharen wird bekannt. Dann berechnen wir die Spannungen auf der Gleitfläche; dazu wird die KÖTTERsche Gleichung und die erwähnte spezielle *Randbedingung* herangezogen. Sind die inneren Spannungen bekannt, dann stellen wir für jedes Bruchstück die Gleichgewichtsbedingungen auf. Sie ergeben nun so viele Gleichungen, wie bei bekannten inneren Spannungen in der Gleitfläche zur Bestimmung der Unbekannten nötig und ausreichend sind. Schließlich muß nach der Berechnung der Erddruckkräfte noch das Gleichgewicht der Konstruktion selbst untersucht werden.

Zur Veranschaulichung der Anwendung dieser Grundsätze diene das folgende Beispiel von BRINCH HANSEN (Abb. 10.2). Es sei eine *verankerte Spundwand* gegeben, die als *starr* angesehen werden darf. Nehmen wir an, daß die Wand selbst *reibungslos* ist. Die Lage der Ankerstange und die freie Höhe der Wand sind gegeben; es werden die erforderliche *Raumtiefe* und die Größe des *Ankerzuges* gesucht. Ist die Verankerung vollkommen fest, dann besteht die einzige Bewegungsmöglichkeit der starren Wand im Bruchzustand in einem *Drehen um den Verankerungspunkt*. Aus kinematischen Gründen bilden sich dann auf beiden Seiten der Wand *Kreisgleitflächen* aus, denn nur bei solchen Gleitflächen kann der raumbeständige Boden eine beträchtliche, den vollen Reibungswiderstand hervorrufende Bewegung ausführen. Die Mittelpunkte dieser Kreise müssen aus denselben Gründen in der Höhe der Ankerstange liegen; der Halbmesser ist zunächst unbekannt.

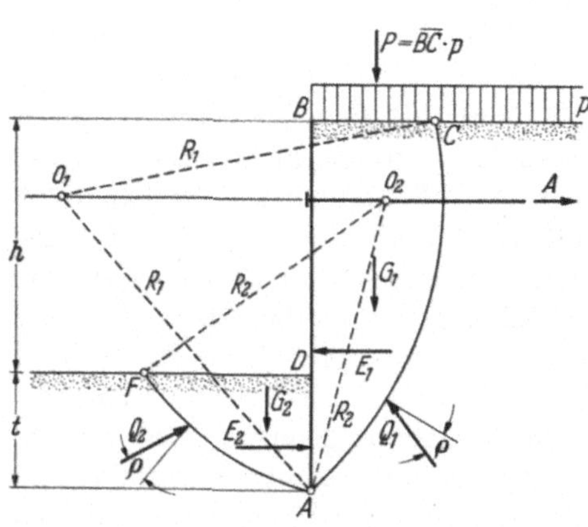

Abb. 10.2
Gleitflächen und Kräfte bei verankerter Spundwand

Zur vollständigen Lösung des Problems müssen wir folgende Größen bestimmen: A, t, R_1, R_2, E_1, E_2, z_1, z_2; wir haben also *acht* Unbekannte. Wir können acht Gleichungen aufstellen: je drei Gleichgewichtsbedingungen für die Erdkeile *ABC* und *ADF* und zwei Gleichungen für die Wand selbst. Die Gleichung aus der Projektion der lotrechten Kräfte sagt für die glatte Wand nichts aus; sie ist von vornherein erfüllt. Die Lösung ist also eindeutig und bereitet grundsätzlich keine Schwierigkeiten. Praktisch wird man zweckmäßig so vorgehen, daß die erforderliche Rammtiefe geschätzt und das Gleichgewicht der beiden Erdkeile untersucht wird; daraus erhält man die Größen R_1, E und z. Nachher wird überprüft, ob das Momentengleichgewicht um den Verankerungspunkt erfüllt ist; ist dies nicht der Fall, dann wird die Berechnung mit einem entsprechend abgeänderten t-Wert wiederholt. Der Ankerzug ergibt sich aus der Gleichung der projizierten waagerechten Kräfte.

10.2 Randbedingungen

Im folgenden wollen wir die erwähnte spezielle Randbedingung von BRINCH HANSEN näher untersuchen, um die Berechnungsmethode entwickeln zu können.

Es wird also eine Randbedingung gesucht, die bei der gleichzeitigen Erfüllung der Gleichgewichtsbedingungen solche Erddruckwerte liefert, die mit dem aus der Extremwertmethode erhaltenen Wert übereinstimmen.

Nehmen wir an, daß wir durch eine Gleichgewichtsberechnung mit Hilfe der Kötterschen Gleichung und eine gewisse Beziehung zwischen den Spannungen auf beiden Seiten des Randes die maßgebende Gleitfläche — die als logarithmische Spirale angesetzt wurde — gefunden haben. Dieses Ergebnis ist in Abb. 10.3 mit AC dargestellt. Die Resultierende der Reibungskräfte geht, da die Fläche AC eine Gleitfläche ist, durch den Pol der Spirale. Da die Gleichgewichtsbedingungen erfüllt sind, hat die Resultierende der Kohäsionskräfte und der beliebigen äußeren Belastungen dieselbe Wirkungsrichtung und Größe.

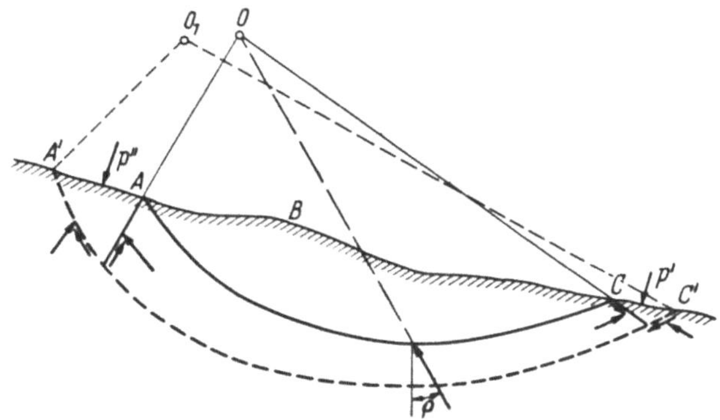

Abb. 10.3. Die kritische Spirale in der Gleichgewichtsberechnung

Wir untersuchen nun, unter welchen Bedingungen diese Spirale die kritische Gleitfläche der Extremwertmethode sein kann. Für eine kritische Spirale ist das Verhältnis des Moments der Kräfte, welche die Bewegung hervorrufen, zu dem Moment der widerstehenden Kräfte Eins. Somit ist das Moment der Resultierenden aller Kräfte Null. Dasselbe soll auch für eine differentiell benachbarte Gleitfläche, beispielsweise die Spirale AC' in Abb. 10.3 gelten. Untersuchen wir das Gleichgewicht des Erdkörpers $A'BC'$. Der Teil ABC befindet sich, wie wir angenommen haben, im Gleichgewicht; das Moment der Kräfte ist mit Bezug auf einen beliebigen Punkt — also auch auf O — Null. Das schmale Band $A'ACC'$ wird durch die letzten Strahlen der Spirale AC in drei Teile geteilt. Der mittlere Teil befindet sich im Gleichgewicht; wir können nämlich die Momentengleichung mit Bezug auf O' aufschreiben und erhalten dann — wie wir im Kap. 4 gesehen haben, — die Köttersche Gleichung, also den Ausgangspunkt der Überlegungen. Somit ergibt dieser mittlere Abschnitt kein Moment mit Bezug auf den Punkt O'.

Es bleiben nur noch zwei kleine dreieckförmige Elemente an beiden Enden des schmalen Bandes übrig. Die Extremwertbedingung wird nur

dann völlig befriedigt, wenn das Moment der Kräfte, die an diesen
Elementen angreifen, bezogen auf den Punkt O', ebenfalls Null ist. Um
das zu erreichen, müssen wir eine Randbedingung konstruieren, die
dieser Forderung gerecht wird. Das Gewicht des Dreieckes ist eine unendlich kleine Größe zweiter Ordnung und kann daher im Vergleich zu
den Kräften auf den Seitenflächen vernachlässigt werden. Diese Kräfte,
einschließlich der äußeren Kraft p, ergeben nur dann kein Moment um
O', wenn ihre Resultierende dem Radiusvektor O' parallelläuft und damit
die zum Radiusvektor senkrechte Komponente verschwindet. Da der Radiusvektor eine Pseudogleitfläche ist, lautet die allgemeine Regel zur Aufstellung der gesuchten Randbedingung folgendermaßen: *die Resultierende
der Kräfte auf den Seitenflächen eines Dreieckes, das durch die Oberfläche,
eine Gleitfläche und eine Pseudogleitfläche begrenzt ist, muß in der Richtung
senkrecht zur Pseudogleitfläche Null sein.* Wird also die Randbedingung
in dieser Weise definiert, dann ist die gesuchte *Verbindung zwischen der
Extremwertmethode und der Gleichgewichtsmethode* hergestellt und die
letztere liefert die gleiche maßgebende Gleitfläche und dadurch auch
die gleiche Erddruckkraft.

Die statisch streng richtigen Randbedingungen haben wir im Kap. 4
schon behandelt. Es gibt viele Probleme, die mit diesen statisch richtigen
Randbedingungen gelöst werden können; in den vorangehenden Kapiteln
wurden überwiegend solche Lösungen behandelt. In diesen Fällen können
wir mit Hilfe der Gl. (4.35) den statisch richtigen Winkel bestimmen.
Manchmal ist es aber nicht möglich, eine aus Kreisen und geraden
Linien zusammengesetzte einfache Bruchfigur so anzunehmen, daß
diese Gleitfläche die Oberfläche und die Rückseite der Wand unter dem
richtigen Winkel trifft. Dann müssen wir also zu einer gegebenen Bruchfigur, bzw. zu einem gegebenen Randwinkel die Randbedingung den
obigen Ausführungen entsprechend aufstellen. Das geschieht dadurch,
daß wir von den Gln. (4.33—4.34) nur die erste beibehalten; die zweite
würde nämlich zu unrichtigen Ergebnissen führen. Aus Gl. (4.33) bekommen wir

$$\tau_0 = p\,\frac{\sin\varrho\,\sin(\alpha+\varrho)}{\sin(\alpha-\beta)} + c\,\frac{\cos\varrho\,\sin(\alpha+\varrho-\beta)}{\sin(\alpha-\beta)}. \tag{10.2}$$

Dieser Wert der Schubspannung ist also auf der Oberfläche im Punkte
C der Gleitfläche die Randbedingung.

Trifft eine Gleitfläche den Wandrücken unter einem statisch falschen
Winkel, dann kann die Gl. (4.35) als Randbedingung wieder nicht angewendet werden. Zu dem gegebenen Winkel können wir dann die entsprechende Randspannung aus Gl. (4.33) bestimmen, die nun die richtige
Randbedingung ist. Mit σ_1 aus (4.33) bekommt man:

$$e = \frac{(\tau_1 - c)\cot\varrho\,\cot(\alpha_1+\varrho-\beta) + (\tau_1+a)}{\cot(\alpha+\varrho-\beta) - \tan\delta}. \tag{10.3}$$

10.3 Spannungen an einer Kreisgleitfläche; Hilfsgrößen der Erddruckberechnung

Wir haben im Kap. 4 gezeigt, wie die KÖTTERsche Gleichung für eine Kreisgleitfläche lautet und haben auch die allgemeine Lösung für diesen Fall aufgestellt. Sie liefert die Tangentialkomponente der resultierenden Spannung in jedem Punkte der Gleitfläche; die Normalkomponente läßt sich aus der Bruchbedingung $\tau = \sigma \tan \varrho + c$ mit $\sigma = (\tau - c) \cot \varrho$ bestimmen. Ist die Randbedingung bekannt, dann ist es möglich, die Spannungsverteilung längs einer gegebenen oder angenommenen Kreisgleitfläche aufzuzeichnen. Dadurch ist aber das Erddruckproblem gelöst: man muß nur die Resultierende dieser Gleitflächenspannungen ermitteln, denn die entsprechenden Gleichgewichtsbedingungen geben dann die Möglichkeit, alle unbekannten Größen zu bestimmen (siehe das Beispiel in Abschn. 10.1). Zur einfachen numerischen Behandlung der Erddruck-

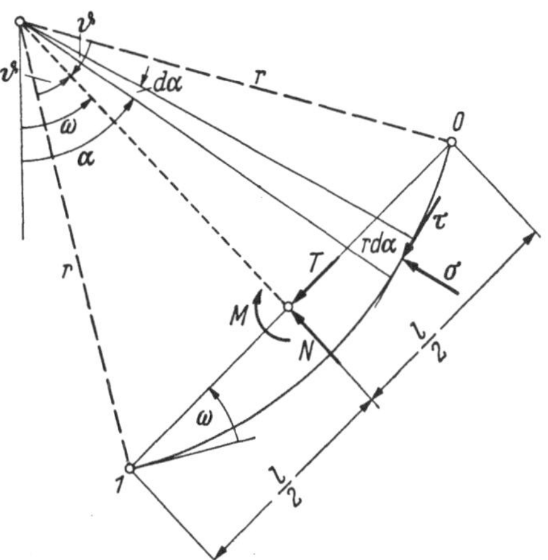

Abb. 10.4. Bestimmung der Komponenten der Gleitflächenreaktion

probleme hat nun BRINCH HANSEN Formeln abgeleitet, die die Komponenten der Resultierenden der Gleitflächenspannungen ausdrücken und somit das Aufschreiben dieser Gleichgewichtsgleichungen sehr erleichtern. Wir wollen nun diese Formeln im folgenden zusammenstellen.

Eine Kreisgleitfläche kann durch den Öffnungswinkel 2ϑ, die Sehnenlänge und den Winkel ω, den die Sehne mit der Waagerechten einschließt, eindeutig festgelegt werden. (Abb. 10.4). Die Resultierende der Gleitflächenspannungen — die Gleitflächenreaktionen Q — kann durch eine Komponente N senkrecht zur Sehne, eine Komponente T parallel zu Sehne und ein Moment M um den Mittelpunkt der Sehne ersetzt werden. Man erhält sie durch Integration:

$$N = \int\limits_{\omega-\vartheta}^{\omega+\vartheta} [\sigma \cos(\alpha - \omega) - \tau \sin(\alpha - \omega)]\, r\, d\alpha,$$

$$T = \int\limits_{\omega-\vartheta}^{\omega+} [\sigma \sin(\alpha - \omega) + \tau \cos(\alpha - \omega)]\, r\, d\alpha,$$

$$M = \int\limits_{\omega-\vartheta}^{\omega+\vartheta} [\tau - \tau \cos\vartheta \cos(\alpha - \omega) - \sigma \cos\alpha \sin(\alpha - \omega)]^2\, r^2\, d\alpha.$$

$$\left.\right\}(10.4)$$

Ist der Randwert von τ an einem Ende der Gleitfläche, etwa im Punkte O (Abb. 10.4), bekannt, d. h. ist $\tau = \tau_0$ für $\alpha_0 = \omega + \vartheta$, dann können wir die Integrationskonstante in Gl. (4.37) bestimmen. Die oben angeführten Integrationen sind damit geschlossen durchführbar, und τ_1, die Schubspannung am anderen Ende der Gleitfläche und N, T, M sind durch folgende Grundformeln gegeben:

$$\left.\begin{aligned}
\tau_1 &= \gamma l \left(\tau^{(x)} \sin \omega + \tau^{(y)} \cos \omega\right) + \tau_0 \tau^{(z)}, \\
N &= \gamma l^2 \left(N^{(x)} \sin \omega + N^{(y)} \cos \omega\right) + \tau_0 l N^{(z)} - c l \cot \varrho, \\
T &= \gamma l^2 \left(T^{(x)} \sin \omega + T^{(y)} \cos \omega\right) + \tau_0 l T^{(z)}, \\
M &= \gamma l^3 \left(M^{(x)} \sin \omega + M^{(y)} \cos \omega\right) + \tau_0 l^2 M^{(z)}.
\end{aligned}\right\} \quad (10.5)$$

Die Größen mit den hochgestellten Indices x, y und z sind dimensionslose Zahlen, die nur von ϱ und ϑ abhängen und aus folgenden Gleichungen berechnet werden können:

$$\tau^{(z)} = e^{4\vartheta \tan \varrho},$$

$$\tau^{(x)} = \frac{\sin \varrho \cos \psi}{2 \sin \vartheta} \left[- \tau^{(z)} \sin (\psi + \varrho + \vartheta) - \sin (\psi + \varrho - \vartheta) \right],$$

$$\tau^{(y)} = \frac{\sin \varrho \cos \psi}{2 \sin \vartheta} \left[- \tau^{(z)} \cos (\psi + \varrho + \vartheta) + \cos (\psi + \varrho - \vartheta) \right],$$

$$N^{(x)} = \frac{\cos^2 \psi}{8 \sin^2 \vartheta} \left\{ \cos 2\psi - \sec \psi \cos (\psi - 2\vartheta) \cos 2\varrho - 2\vartheta \tan \psi - \right.$$
$$\left. - \tau^{(z)} \left[\cos (2\psi + 2\vartheta) - \cos 2\varrho \right] \right\},$$

$$N^{(y)} = \frac{\cos^2 \psi}{8 \sin^2 \vartheta} \left\{ \sin 2\psi - \sec \psi \cos (\psi - 2\vartheta) \sin 2\varrho + 2\vartheta - \right.$$
$$\left. - \tau^{(z)} \left[\cos (2\psi + 2\vartheta) - \cos 2\varrho \right] \right\},$$

$$N^{(z)} = \frac{\cos \psi}{2 \sin \vartheta \sin \varrho} \left[\tau^{(z)} \sin (\psi - \varrho + \vartheta) - \sin (\psi - \varrho - \vartheta) \right],$$

$$T^{(x)} = \frac{\cos^2 \psi}{8 \sin^2 \vartheta} \left\{ - \sin 2\psi - \sec \psi \cos (\psi - 2\vartheta) \sin 2\varrho - 2\vartheta - \right.$$
$$\left. - \tau^{(z)} \left[\sin (2\psi + 2\vartheta) + \sin 2\varrho \right] \right\},$$

$$T^{(y)} = \frac{\cos^2 \psi}{8 \sin^2 \vartheta} \left\{ \cos 2\psi + \sec \psi \cos (\psi - 2\vartheta) \cos 2\varrho - 2\vartheta \tan \psi - \right.$$
$$\left. - \tau^{(z)} \left[\cos (2\psi + 2\vartheta) + \cos 2\varrho \right] \right\},$$

$$T^{(z)} = \frac{\cos \psi}{2 \sin \vartheta \sin \varrho} \left[\tau^{(z)} \cos (\psi - \varrho + \vartheta) - \cos (\psi - \varrho - \vartheta) \right],$$

$$M^{(x)} = \frac{\cos\psi\cot\vartheta}{16\sin^2\vartheta}\,\{2\vartheta\cos\psi + \sin 2\varrho\cos(\psi - 2\vartheta) + \cos\psi\sin 2\psi -$$

$$- 4\sin\varrho\sin(\psi + \varrho)\tan\varrho - \cos\varrho\sec\vartheta\sin(\psi + \varrho + \vartheta) -$$

$$- \tau^{(z)}[2\cos\psi\cos(\psi - \varrho + \vartheta) - \cos\varrho\sec\vartheta]\},$$

$$M^{(y)} = \frac{\cos\psi\cot\vartheta}{16\sin^2\vartheta}\,\{2\vartheta\sin\psi - \cos 2\psi\cos(\psi - 2\vartheta) - \cos\psi\cos 2\psi +$$

$$+ 4\sin\varrho\cos(\psi + \varrho)\tan\vartheta + \cos\varrho\sec\vartheta\cos(\psi + \varrho + \vartheta) +$$

$$+ \tau^{(z)}[2\cos\psi\cos(\psi - \varrho + \vartheta) - \cos\varrho\sec\vartheta\cos(\psi + \varrho + \vartheta)]\},$$

$$M^{(z)} = \frac{\cot\vartheta}{8\sin\vartheta\sin\varrho}\,\{2\cos\psi\cos(\psi - \varrho - \vartheta) - \cos\varrho\sec\alpha -$$

$$- \tau^{(z)}[2\cos\psi\cos(\psi - \varrho + \vartheta) - \cos\varrho\sec\vartheta]\}; \qquad (10.6)$$

wobei $\tan\psi = 2\tan\vartheta$ ist.

Die *Bezeichnungen* und die *Vorzeichenregeln* sind folgende:

a	Adhäsion zwischen Boden und Mauer	positiv nach unten gerichtet
c	Kohäsion des Bodens	positiv in Richtung *01* (Abb. 10.4)
e_n	Normalkomponente der Bodenspannung	positiv, wenn sie eine Zusammendrückung hervorruft
E_n	Normalkomponente des Erddruckes	
e_t	Tangentialkomponente der Bodenspannung	positiv nach unten gerichtet
E_t	Tangentialkomponente des Erddruckes	
G	Gewicht des Erdkörpers	positiv nach unten gerichtet
M_G	Moment von G, um den Mittelpunkt der Sehne	positiv, wenn es einer positiven Spannung im konkaven Kreise entspricht
M_P	Moment von P um den Mittelpunkt der Sehne	
M_R	Moment von R um den Mittelpunkt der Sehne	
N	Komponente von R senkrecht zur Sehne	positiv, wenn sie in der Gleitfläche Druck erzeugt
P	Resultierende der Belastung auf der Erdoberfläche	positiv nach unten gerichtet
r	Halbmesser einer Gleitfläche	positiv für einen nach oben konkaven Kreis
R	Resultierende der inneren Kräfte in der Gleitfläche	
z_p	Abstand zwischen Fußpunkt und Angriffspunkt des Erddruckes	positiv nach oben gerichtet
z_r	Abstand zwischen Fußpunkt und Drehmittelpunkt auf dem Wandrücken	
α	Winkel zwischen der Waagerechten und der Gleitflächentangente	positiv, wenn die Gleitfläche vom Punkt *0* nach *1* fällt

β	Winkel zwischen dem Wandrücken und der Lotrechten	positiv, wenn die Erde überhängt
γ	Raumgewicht	
δ	Wandreibungswinkel	positiv, wenn e_t nach unten wirkt
ε	Neigung der Oberfläche	positiv, wenn die Oberfläche vom *0* nach *1* fällt
ϑ	Halber Zentriwinkel des Gleitkreises	positiv für einen nach oben konkaven Kreis
ϱ	Reibungswinkel	positiv bei positiver Scherspannung
σ	Normalspannung in der Gleitfläche	positiv, wenn sie Druck erzeugt
τ	Schubspannung in der Gleitfläche	positiv, wenn sie in der Richtung von *0* nach *1* wirkt
ω	Winkel zwischen Waagerechter und Sehne	positiv, wenn die Sehne von *0* nach *1* fällt

Die Gln. (10.5) zur Berechnung der Gleitflächenreaktion sind sehr einfach; die der dimensionslosen Größen nach den Gln. (10.6) schon komplizierter. Die letzteren hängen aber nur von ϑ und ϱ ab und können deshalb im voraus berechnet und in Tabellen angegeben werden. Diese Berechnungen hat BRINCH HANSEN mit Hilfe einer elektronischen Rechenmaschine für die Werte $\varrho = 0 - 45°$ und $\vartheta = -90 - +90°$ durchgeführt und die Ergebnisse in einem ausführlichen Tabellenwerk herausgegeben.

Einen Auszug aus dieser Tabelle mit einer Genauigkeit bis auf zwei Dezimalen geben die Tab. 10.1—10.3; Tab. 10.1 bezieht sich auf den Fall $\varrho = 0$ für konkave und konvexe Kreise, entsprechend den angegebenen Vorzeichen. Tab. 10.2 ist anzuwenden, wenn die Vorzeichen von ϑ und ϱ identisch sind. Sind beide positiv, dann ist die obere Reihe im Tabellenkopf maßgebend; sind sie beide negativ, dann die untere Reihe. Tab. 10.3 ist gültig, wenn die Vorzeichen von ϑ und ϱ verschieden sin; ist ϑ positiv und ϱ negativ, dann sind die Vorzeichen der oberen Reihe maßgebend, ist aber ϑ negativ und ϱ positiv, dann die der unteren Reihe. Beim Gebrauch sind die *Vorzeichenregeln* sorgfältig zu beachten.

Für eine ebene Gleitfläche ($\vartheta = 0$) bekommt man folgende einfachen Formeln:

$$
\left.
\begin{aligned}
\tau_1 &= \gamma l \sin \varrho \sin (\omega + \varrho) + \tau_0, \\[2mm]
N &= \frac{1}{2}\gamma l^2 \cos \varrho \sin (\omega + \varrho) + (\tau_0 - c)\, l \cot \varrho, \\[2mm]
T &= \frac{1}{2}\gamma l^2 \sin \varrho \sin (\omega + \varrho) + \tau_0 l, \\[2mm]
M &= \frac{1}{2}\gamma l^3 \cos \varrho \sin (\omega + \varrho).
\end{aligned}
\right\} \tag{10.8}
$$

Für den Boden ohne Reibung ($\varrho = 0$) ist der Wert von τ keine Veränderliche sondern eine Konstante (Kap. 6); daher muß man dann die

Spannung σ als Veränderliche einführen. Mit Hilfe der Lösung der KÖTTERschen Gleichung bei $\varrho = 0$ (s. Kap. 6) hat man:

$$\left.\begin{aligned}
\sigma_1 &= \gamma l \sin \omega + c\,\sigma_0^{(z)} + \sigma_0, \\
N &= \gamma l^2 \left(\frac{1}{2} \sin \omega + N_0^{(y)} \cos \omega\right) + cl\,N_0^{(z)} + \sigma_0 l, \\
T &= \gamma l^2 T_0^{(x)} \sin \omega + cl\,T_0^{(z)}, \\
M &= \gamma l^3 M_0^{(x)} \sin \omega + cl^2 M_0^{(z)}
\end{aligned}\right\} \qquad (10.9)$$

mit den Koeffizienten

$$\left.\begin{aligned}
\sigma_z^0 &= 2 N_0^{(z)} = 4\vartheta, \\
T_0^{(z)} &= 2\vartheta \cot \vartheta - 1, \\
N_0^{(y)} &= -T_0^{(x)} = \frac{1}{4}\left(\vartheta + \vartheta \cot^2 \vartheta - \cot \vartheta\right), \\
M_0^{(x)} &= \frac{1}{2} N_0^{(y)} \cot \delta, \\
M_0^{(z)} &= 2 T_0^{(x)} + \vartheta.
\end{aligned}\right\} \qquad (10.10)$$

Wir müssen noch einige *Hilfsgrößen* berechnen (s. S. 262).

Tabelle 10.1. $\varrho = 0°$

Der Gleitkreis ist a) konkav, b) konvex.

ϑ	a) b)	$+\sigma^{(z)}$ $-\sigma^{(z)}$	$+N^{(y)}$ $-N^{(y)}$	$+N^{(z)}$ $-N^{(z)}$	$+T^{(x)}$ $-T^{(x)}$	$+T^{(z)}$ $+T^{(z)}$	$+M^{(x)}$ $+M^{(x)}$	$+M^{(z)}$ $-M^{(z)}$
0		0,00	0,00	0,00	0,00	1,00	0,08	0,00
5		0,35	0,01	0,17	$-0,01$	0,99	0,08	0,06
10		0,70	0,03	0,35	$-0,03$	0,98	0,08	0,12
15		1,05	0,04	0,52	$-0,04$	0,95	0,08	0,17
20		1,40	0,06	0,70	$-0,06$	0,92	0,08	0,23
25		1,75	0,07	0,87	$-0,07$	0,87	0,08	0,29
30		2,09	0,09	1,05	$-0,09$	0,81	0,08	0,34
35		2,44	0,11	1,22	$-0,11$	0,74	0,08	0,40
40		2,79	0,12	1,40	$-0,12$	0,66	0,07	0,45
45		3,14	0,14	1,57	$-0,14$	0,57	0,07	0,50
50		3,49	0,16	1,75	$-0,16$	0,46	0,07	0,55
55		3,84	0,18	1,92	$-0,18$	0,34	0,06	0,59
60		4,19	0,20	2,09	$-0,20$	0,21	0,06	0,64
65		4,54	0,23	2,27	$-0,23$	0,06	0,05	0,68
70		4,89	0,25	2,44	$-0,25$	$-0,11$	0,05	0,71
75		5,24	0,28	2,62	$-0,28$	$-0,30$	0,04	0,74
80		5,59	0,32	2,79	$-0,32$	$-0,51$	0,03	0,76
85		5,93	0,35	2,97	$-0,35$	$-0,74$	0,02	0,78
90		6,28	0,39	3,14	$-0,39$	$-1,00$	0,00	0,79

Tabelle 10.2

ϑ	$\varrho°$	$+\tau^{(x)}$ / $-\tau^{(x)}$	$+\tau^{(y)}$ / $+\tau^{(y)}$	$+\tau^{(z)}$ / $+\tau^{(z)}$	$+N^{(x)}$ / $+N^{(x)}$	$+N^{(y)}$ / $-N^{(y)}$	$+N^{(z)}$ / $-N^{(z)}$	$+T^{(x)}$ / $-T^{(x)}$	$+T^{(y)}$ / $+T^{(y)}$	$+T^{(z)}$ / $+T^{(z)}$	$+M^{(x)}$ / $+M^{(x)}$	$+M^{(y)}$ / $-M^{(y)}$	$+M^{(z}$ / $-M^{(z)}$
0	25	0,38	0,18	1,00	0,41	0,19	2,15	0,19	0,09	1,00	0,07	0,02	0,00
	30	0,43	0,25	1,00	0,38	0,22	1,73	0,22	0,13	1,00	0,06	0,04	0,00
	35	0,47	0,33	1,00	0,34	0,23	1,43	0,23	0,16	1,00	0,06	0,04	0,00
	40	0,49	0,41	1,00	0,29	0,25	1,19	0,25	0,21	1,00	0,05	0,04	0,00
5	25	0,42	0,19	1,18	0,43	0,22	2,33	0,19	0,09	1,08	0,08	0,04	0,06
	30	0,48	0,28	1,22	0,40	0,25	1,92	0,22	0,13	1,10	0,08	0,04	0,06
	35	0,53	0,37	1,28	0,36	0,27	1,62	0,24	0,18	1,13	0,07	0,05	0,07
	40	0,57	0,48	1,34	0,32	0,29	1,39	0,26	0,23	1,16	0,06	0,05	0,07
10	25	0,45	0,22	1,39	0,46	0,25	2,55	0,18	0,10	1,16	0,09	0,04	0,14
	30	0,53	0,31	1,50	0,43	0,28	2,15	0,21	0,14	1,21	0,09	0,05	0,14
	35	0,60	0,43	1,63	0,40	0,32	1,86	0,24	0,19	1,26	0,09	0,06	0,15
	40	0,66	0,57	1,80	0,36	0,34	1,64	0,26	0,25	1,33	0,08	0,07	0,16
15	25	0,49	0,24	1,63	0,49	0,28	2,79	0,17	0,10	1,23	0,10	0,05	0,22
	30	0,59	0,36	1,83	0,46	0,33	2,42	0,21	0,15	1,31	0,11	0,07	0,24
	35	0,68	0,51	2,08	0,43	0,37	2,15	0,24	0,21	1,41	0,10	0,08	0,26
	40	0,76	0,69	2,41	0,40	0,41	1,97	0,27	0,28	1,53	0,10	0,10	0,28
20	25	0,53	0,27	1,92	0,51	0,32	3,08	0,16	0,11	1,29	0,12	0,06	0,32
	30	0,65	0,42	2,24	0,50	0,38	2,73	0,20	0,16	1,41	0,12	0,08	0,35
	35	0,76	0,60	2,66	0,47	0,43	2,52	0,24	0,23	1,56	0,12	0,10	0,39
	40	0,88	0,85	3,23	0,45	0,49	2,39	0,27	0,31	1,75	0,12	0,13	0,44
25	25	0,57	0,31	2,26	0,55	0,37	3,40	0,14	0,11	1,35	0,13	0,08	0,44
	30	0,72	0,49	2,74	0,54	0,44	3,11	0,19	0,17	1,51	0,14	0,10	0,49
	35	0,86	0,72	3,39	0,52	0,51	2,97	0,23	0,25	1,71	0,14	0,13	0,56
	40	1,02	1,05	4,33	0,50	0,60	2,94	0,27	0,34	1,98	0,15	0,16	0,65

30	25	0,62	0,36	2,66	0,58	0,43	3,78	0,13	0,11	1,38	0,15	0,09	0,58
	30	0,79	0,57	3,35	0,58	0,51	3,56	0,17	0,18	1,59	0,16	0,13	0,66
	35	0,97	0,88	4,33	0,57	0,61	3,52	0,22	0,26	1,86	0,17	0,16	0,77
	40	1,17	1,32	5,80	0,55	0,73	3,65	0,26	0,38	2,23	0,18	0,21	0,92
35	25	0,67	0,42	3,13	0,61	0,49	4,21	0,10	0,11	1,39	0,16	0,11	0,74
	30	0,87	0,68	4,10	0,62	0,60	4,10	0,15	0,18	1,65	0,18	0,15	0,86
	35	1,09	1,08	5,53	0,62	0,73	4,21	0,20	0,28	1,99	0,19	0,21	1,04
	40	1,34	1,68	7,77	0,61	0,90	4,56	0,25	0,41	2,49	0,20	0,28	1,29
40	25	0,73	0,49	3,68	0,65	0,56	4,70	0,08	0,11	1,36	0,18	0,13	0,92
	30	0,95	0,82	5,01	0,66	0,70	4,75	0,13	0,18	1,67	0,20	0,19	1,11
	35	1,22	1,33	7,07	0,67	0,88	5,07	0,18	0,29	2,09	0,22	0,26	1,38
	40	1,52	2,15	10,41	0,68	1,11	5,76	0,23	0,44	2,72	0,23	0,36	1,77
45	25	0,79	0,57	4,33	0,68	0,65	5,27	0,04	0,10	1,31	0,19	0,16	1,13
	30	1,05	0,99	6,13	0,71	0,83	5,51	0,09	0,17	1,65	0,22	0,23	1,40
	35	1,35	1,66	9,02	0,73	1,06	6,14	0,15	0,29	2,14	0,24	0,33	1,80
	40	1,71	2,77	13,96	0,74	1,39	7,32	0,20	0,46	2,91	0,26	0,47	2,41
50	25	0,84	0,67	5,09	0,72	0,75	5,93	0,01	0,08	1,20	0,21	0,19	1,37
	30	1,14	1,20	7,50	0,75	0,98	6,43	0,05	0,16	1,55	0,24	0,28	1,75
	35	1,49	2,07	11,52	0,78	1,29	7,47	0,10	0,27	2,10	0,27	0,42	2,32
	40	1,89	3,59	18,71	0,80	1,74	9,36	0,15	0,46	3,01	0,29	0,61	3,24
55	25	0,91	0,80	5,99	0,75	0,87	6,69	−0,04	0,05	1,01	0,22	0,23	1,64
	30	1,24	1,46	9,18	0,79	1,16	7,52	0,00	0,12	1,36	0,26	0,35	2,16
	35	1,62	2,60	14,71	0,83	1,57	9,13	0,05	0,23	1,93	0,29	0,52	2,97
	40	2,05	4,68	25,08	0,83	2,20	12,01	0,09	0,43	2,92	0,31	0,80	4,32
60	25	0,97	0,95	7,05	0,78	1,01	7,56	−0,09	0,01	0,72	0,23	0,27	1,96
	30	1,33	1,78	11,23	0,83	1,38	8,83	−0,05	0,06	1,03	0,27	0,42	2,65
	35	1,74	3,28	18,78	0,86	1,92	11,18	−0,01	0,16	1,56	0,31	0,66	3,78
	40	2,15	6,12	33,61	0,84	2,79	15,48	0,02	0,35	2,55	0,32	1,03	5,74

Tabelle 10.2 (Fortsetzung)

ϑ	$\varrho°$	$+\tau^{(x)}$ / $-\tau^{(x)}$	$+\tau^{(y)}$ / $+\tau^{(y)}$	$+\tau^{(z)}$ / $+\tau^{(z)}$	$+N^{(x)}$ / $+N^{(x)}$	$+N^{(y)}$ / $-N^{(y)}$	$+N^{(z)}$ / $-N^{(z)}$	$+T^{(x)}$ / $\cdot$ $^{(x)}$	$+T^{(y)}$ / $+T^{(y)}$	$+T^{(z)}$ / $+T^{(z)}$	$+M^{(x)}$ / $+M^{(x)}$	$+M^{(y)}$ / $-M^{(y)}$	$+M^{(z)}$ / $-M^{(z)}$
65	25	1,03	1,14	8,30	0,81	1,18	8,56	−0,15	−0,05	0,31	0,24	0,32	2,31
	30	1,41	2,18	13,73	0,86	1,64	10,39	−0,12	−0,02	0,52	0,29	0,52	3,24
	35	1,83	4,15	23,99	0,87	2,36	13,74	−0,08	0,04	0,90	0,31	0,82	4,79
	40	2,12	8,02	45,05	0,80	3,54	20,01	−0,05	0,18	1,69	0,31	1,34	7,59
70	25	1,08	1,36	9,77	0,83	1,37	9,71	−0,22	−0,14	− 0,25	0,25	0,38	2,71
	30	1,48	2,68	16,80	0,87	1,96	12,24	−0,19	−0,15	− 0,26	0,29	0,62	3,92
	35	1,85	5,25	30,63	0,85	2,90	16,93	−0,16	−0,15	− 0,19	0,31	1,02	6,02
	40	1,89	10,45	60,38	0,67	4,51	25,91	−0,12	−0,11	0,08	0,26	1,73	10,00
75	25	1,13	1,63	11,49	0,84	1,59	11,03	−0,29	−0,26	− 1,03	0,25	0,45	3,15
	30	1,51	3,30	20,55	0,85	2,34	14,46	−0,27	−0,34	− 1,38	0,29	0,75	4,72
	35	1,76	6,67	39,11	0,77	3,57	20,88	−0,23	−0,45	− 1,90	0,28	1,27	7,55
	40	1,32	13,87	80,92	0,40	5,76	33,61	−0,16	−0,59	− 2,68	0,15	2,23	13,12
80	25	1,16	1,95	13,52	0,83	1,86	12,54	−0,37	−0,42	− 2,07	0,25	0,53	3,64
	30	1,49	4,07	25,14	0,81	2,80	17,08	−0,34	−0,61	− 2,97	0,27	0,91	5,65
	35	1,52	8,48	49,93	0,61	4,40	25,78	−0,27	−0,89	− 4,48	0,22	1,58	9,40
	40	0,19	18,28	108,50	−0,07	7,37	43,64	−0,13	−1,35	− 7,22	−0,03	2,86	17,14
85	25	1,17	2,35	15,91	0,80	2,17	14,27	−0,44	−0,65	− 3,45	0,23	0,61	4,18
	30	1,40	5,02	30,76	0,71	3,35	20,20	−0,40	−0,99	− 5,19	0,23	1,09	6,72
	35	1,02	10,78	63,76	0,33	5,42	31,86	−0,27	−1,55	− 8,31	0,11	1,95	11,65
	40	−1,80	24,10	145,4	−0,86	9,43	56,69	0,07	−2,53	− 14,43	−0,35	3,67	22,30
90	25	1,14	2,83	18,73	0,74	2,54	16,23	−0,52	−0,95	− 5,28	0,20	0,71	4,75
	30	1,20	6,21	37,62	0,54	4,01	23,89	−0,42	−1,52	− 8,28	0,16	1,29	7,93
	35	0,13	13,73	81,41	−0,13	6,69	39,36	−0,15	−2,51	− 13,92	−0,06	2,39	14,36
	40	−5,16	31,81	194,8	−2,11	12,06	73,64	0,57	− 4,34	− 25,66	−0,84	4,68	28,88

Tabelle 10.3

ϑ	$\varrho°$	$-\tau^{(x)}$ / $+\tau^{(x)}$	$+\tau^{(y)}$ / $+\tau^{(y)}$	$+\tau^{(z)}$ / $+\tau^{(z)}$	$+N^{(x)}$ / $+N^{(x)}$	$-N^{(y)}$ / $+N^{(y)}$	$-N^{(z)}$ / $+N^{(z)}$	$-T^{(x)}$ / $+T^{(x)}$	$+T^{(y)}$ / $+T^{(y)}$	$+T^{(z)}$ / $+T^{(z)}$	$-M^{(x)}$ / $-M^{(x)}$	$-M^{(y)}$ / $+M^{(y)}$	$+M^{(z)}$ / $-M^{(z)}$
0	25	0,38	0,18	1,00	0,41	0,19	2,15	0,19	0,09	1,00	$-0,07$	0,03	0,00
	30	0,43	0,25	1,00	0,38	0,22	1,73	0,22	0,13	1,00	$-0,06$	0,04	0,00
	35	0,47	0,33	1,00	0,34	0,23	1,43	0,23	0,16	1,00	$-0,06$	0,04	0,00
	40	0,49	0,41	1,00	0,29	0,25	1,19	0,25	0,21	1,00	$-0,05$	0,04	0,00
5	25	0,35	0,17	0,85	0,39	0,17	1,98	0,20	0,08	0,92	$-0,06$	0,03	0,05
	30	0,39	0,23	0,82	0,35	0,19	1,57	0,22	0,12	0,90	$-0,05$	0,03	0,05
	35	0,42	0,29	0,78	0,31	0,20	1,27	0,23	0,15	0,88	$-0,04$	0,03	0,05
	40	0,43	0,36	0,75	0,27	0,21	1,04	0,24	0,19	0,86	$-0,04$	0,03	0,05
10	25	0,33	0,16	0,72	0,37	0,15	1,84	0,20	0,08	0,84	$-0,05$	0,02	0,10
	30	0,35	0,21	0,67	0,33	0,17	1,44	0,21	0,11	0,81	$-0,04$	0,02	0,10
	35	0,37	0,27	0,61	0,29	0,18	1,14	0,22	0,14	0,77	$-0,03$	0,02	0,09
	40	0,37	0,32	0,56	0,24	0,18	0,91	0,23	0,17	0,74	$-0,02$	0,02	0,09
15	25	0,30	0,15	0,61	0,35	0,13	1,71	0,20	0,08	0,75	$-0,04$	0,02	0,14
	30	0,32	0,20	0,55	0,31	0,15	1,32	0,21	0,10	0,72	$-0,03$	0,02	0,13
	35	0,33	0,24	0,48	0,27	0,16	1,03	0,22	0,13	0,68	$-0,02$	0,02	0,12
	40	0,32	0,29	0,42	0,22	0,16	0,82	0,22	0,16	0,64	$-0,01$	0,02	0,12
20	25	0,28	0,14	0,52	0,34	0,11	1,60	0,20	0,07	0,68	$-0,03$	0,02	0,17
	30	0,29	0,19	0,45	0,29	0,13	1,22	0,21	0,10	0,63	$-0,02$	0,02	0,16
	35	0,29	0,23	0,38	0,25	0,14	0,95	0,21	0,12	0,59	$-0,01$	0,01	0,15
	40	0,27	0,26	0,31	0,21	0,14	0,74	0,21	0,15	0,54	$-0,00$	0,01	0,14
25	25	0,25	0,14	0,44	0,32	0,10	1,51	0,20	0,07	0,60	$-0,02$	0,02	0,20
	30	0,26	0,18	0,37	0,28	0,11	1,14	0,20	0,10	0,55	$-0,01$	0,01	0,18
	35	0,25	0,21	0,29	0,23	0,12	0,87	0,20	0,12	0,50	$-0,00$	0,01	0,16
	40	0,24	0,24	0,23	0,19	0,12	0,68	0,20	0,14	0,46	0,00	0,01	0,15

Tabelle 10.3 (Fortsetzung)

ϑ	$\varrho°$	$-\tau^{(z)}$ / $+\tau^{(z)}$	$+\tau^{(y)}$ / $+\tau^{(y)}$	$+\tau^{(z)}$ / $+\tau^{(z)}$	$+N^{(x)}$ / $+N^{(x)}$	$-N^{(y)}$ / $+N^{(y)}$	$-N^{(z)}$ / $+N^{(z)}$	$-T^{(x)}$ / $+T^{(x)}$	$+T^{(y)}$ / $+T^{(y)}$	$+T^{(z)}$ / $+T^{(z)}$	$-M^{(x)}$ / $-M^{(x)}$	$-M^{(y)}$ / $+M^{(y)}$	$+M^{(z)}$ / $-M^{(z)}$
30	25	0,23	0,13	0,38	0,31	0,08	1,42	0,20	0,07	0,52	—0,01	0,02	0,22
	30	0,24	0,17	0,30	0,26	0,10	1,06	0,20	0,09	0,47	0,00	0,01	0,20
	35	0,22	0,20	0,23	0,22	0,10	0,81	0,20	0,11	0,43	0,01	0,01	0,18
	40	0,20	0,23	0,17	0,18	0,10	0,63	0,19	0,13	0,39	0,01	0,00	0,16
35	25	0,22	0,13	0,32	0,29	0,07	1,35	0,20	0,07	0,45	0,00	0,01	0,24
	30	0,21	0,17	0,24	0,25	0,08	1,00	0,20	0,09	0,40	0,01	0,01	0,21
	35	0,20	0,20	0,18	0,21	0,09	0,76	0,19	0,11	0,36	0,01	0,01	0,19
	40	0,17	0,22	0,13	0,17	0,09	0,59	0,18	0,12	0,32	0,02	0,00	0,17
40	25	0,20	0,13	0,27	0,28	0,06	1,28	0,20	0,07	0,37	0,00	0,01	0,25
	30	0,19	0,16	0,20	0,24	0,07	0,95	0,19	0,09	0,33	0,01	0,01	0,22
	35	0,17	0,19	0,14	0,20	0,08	0,72	0,18	0,11	0,30	0,02	0,00	0,19
	40	0,15	0,21	0,10	0,16	0,08	0,55	0,17	0,12	0,26	0,02	0,00	0,17
45	25	0,18	0,13	0,23	0,27	0,04	1,22	0,19	0,07	0,30	0,01	0,01	0,26
	30	0,17	0,16	0,16	0,23	0,06	0,90	0,19	0,09	0,27	0,02	0,01	0,23
	35	0,15	0,18	0,11	0,19	0,06	0,68	0,18	0,11	0,24	0,03	0,00	0,20
	40	0,12	0,20	0,07	0,16	0,07	0,52	0,16	0,12	0,21	0,03	—0,01	0,17
50	25	0,17	0,13	0,20	0,27	0,03	1,17	0,19	0,08	0,23	0,02	0,01	0,27
	30	0,15	0,16	0,13	0,22	0,05	0,86	0,18	0,09	0,21	0,03	0,01	0,23
	35	0,13	0,18	0,09	0,19	0,05	0,65	0,17	0,11	0,18	0,03	0,00	0,20
	40	0,10	0,19	0,05	0,15	0,05	0,50	0,15	0,12	0,16	0,04	—0,01	0,17
55	25	0,15	0,13	0,17	0,26	0,02	1,12	0,19	0,08	0,17	0,03	0,01	0,27
	30	0,13	0,16	0,11	0,22	0,03	0,82	0,18	0,10	0,15	0,03	0,00	0,24
	35	0,11	0,18	0,07	0,18	0,04	0,62	0,16	0,11	0,13	0,04	0,00	0,20
	40	0,08	0,19	0,04	0,15	0,04	0,48	0,15	0,12	0,12	0,04	—0,01	0,17

60	25	0,14	0,13	0,14	0,25	0,01	1,07	0,19	0,09	0,10	0,03	0,01	0,28
	30	0,12	0,16	0,09	0,21	0,02	0,79	0,17	0,10	0,09	0,04	0,00	0,24
	35	0,09	0,17	0,05	0,18	0,03	0,60	0,16	0,11	0,08	0,04	−0,01	0,20
	40	0,06	0,18	0,03	0,15	0,03	0,46	0,14	0,12	0,08	0,05	−0,01	0,17
65	25	0,12	0,14	0,12	0,25	0,00	1,03	0,19	0,09	0,04	0,04	0,01	0,28
	30	0,10	0,16	0,07	0,21	0,01	0,76	0,17	0,11	0,04	0,05	0,00	0,24
	35	0,08	0,17	0,04	0,18	0,02	0,57	0,15	0,11	0,04	0,05	−0,01	0,20
	40	0,05	0,18	0,02	0,15	0,02	0,44	0,13	0,12	0,04	0,05	−0,02	0,17
70	25	0,11	0,14	0,10	0,24	−0,02	0,99	0,19	0,10	−0,03	0,05	0,01	0,28
	30	0,09	0,16	0,06	0,21	0,00	0,73	0,17	0,11	−0,02	0,05	0,00	0,23
	35	0,06	0,17	0,03	0,17	0,01	0,55	0,15	0,12	−0,01	0,06	−0,01	0,20
	40	0,03	0,17	0,02	0,15	0,01	0,43	0,13	0,12	0,00	0,05	−0,02	0,17
75	25	0,10	0,14	0,09	0,24	−0,03	0,96	0,19	0,11	−0,09	0,06	0,00	0,27
	30	0,07	0,16	0,05	0,21	−0,02	0,70	0,17	0,12	−0,07	0,06	0,00	0,23
	35	0,05	0,17	0,03	0,17	−0,01	0,53	0,14	0,13	−0,05	0,06	−0,01	0,19
	40	0,02	0,17	0,01	0,15	0,00	0,42	0,12	0,13	−0,03	0,06	−0,02	0,16
80	25	0,09	0,14	0,07	0,24	−0,05	0,93	0,19	0,12	−0,15	0,07	0,00	0,27
	30	0,06	0,16	0,04	0,21	−0,03	0,68	0,16	0,13	−0,12	0,07	−0,01	0,22
	35	0,03	0,17	0,02	0,18	−0,02	0,52	0,14	0,13	−0,09	0,07	−0,02	0,19
	40	0,00	0,17	0,01	0,15	−0,01	0,40	0,12	0,13	−0,07	0,07	−0,03	0,16
85	25	0,07	0,15	0,06	0,24	−0,07	0,90	0,19	0,14	−0,22	0,08	0,00	0,26
	30	0,05	0,16	0,03	0,21	−0,05	0,66	0,16	0,14	−0,17	0,08	−0,01	0,22
	35	0,02	0,17	0,02	0,18	−0,04	0,50	0,14	0,14	−0,13	0,08	−0,02	0,18
	40	−0,01	0,17	0,01	0,16	−0,03	0,39	0,11	0,14	−0,10	0,07	−0,03	0,15
90	25	0,06	0,15	0,05	0,25	−0,09	0,87	0,19	0,16	−0,28	0,09	−0,01	0,25
	30	0,03	0,17	0,03	0,21	−0,07	0,64	0,16	0,16	−0,22	0,09	−0,02	0,21
	35	0,00	0,17	0,01	0,19	−0,05	0,48	0,13	0,16	−0,17	0,08	−0,03	0,18
	40	−0,03	0,16	0,01	0,16	−0,04	0,38	0,11	0,15	−0,13	0,08	−0,04	0,15

Das *Gewicht* des gleitenden Erdkeils ist G, sein Moment, bezogen auf den Mittelpunkt der Sehne, läßt sich mit diesen Größen (10.6) folgendermaßen ausdrücken (Abb. 10.5):

$$G = \gamma l^2 \left[N_0^{(y)} + \frac{1}{2} \frac{\sin(\omega - \varepsilon) \cos(\omega - \beta)}{\cos(\beta - \varepsilon)} \right],$$

$$M_G = \gamma l^3 \left[\left(\frac{1}{12} - M_0^{(x)} \right) \sin\omega - \frac{\sin(\omega - \varepsilon)\cos(\omega - \beta)}{12\cos(\beta - \varepsilon)} \left(\cos\omega + \right. \right.$$
$$\left. \left. + \frac{2\sin\beta\sin(\omega - \varepsilon)}{\cos(\beta - \varepsilon)} \right) \right]. \tag{10.11}$$

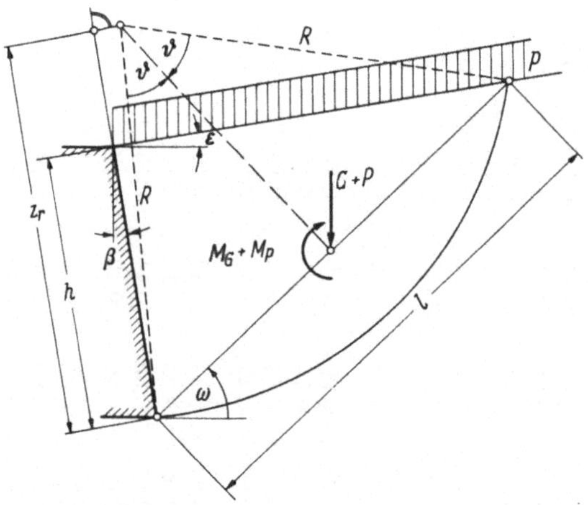

Abb. 10.5. Gewicht des gleitenden Erdkeiles und die äußere Belastung

$N_0^{(y)}$ und $M_0^{(x)}$ sind die Werte der Koeffizienten $N^{(y)}$ und $M^{(x)}$ bei $\varrho = 0$.

Für eine gleichmäßig auf der Oberfläche verteilte Belastung bekommt man:

$$\left. \begin{array}{l} P = pl \dfrac{\cos(\omega - \beta)}{\cos(\beta - \varepsilon)}, \\[2ex] M_P = \dfrac{1}{2} pl^2 \dfrac{\sin(\omega - \varepsilon)\cos(\omega - \beta)\sin\beta}{\cos^2(\beta - \varepsilon)}. \end{array} \right\} \tag{10.12}$$

Beträgt die Länge des Wandrückens h, dann bestehen noch folgende geometrischen Zusammenhänge (Abb. 10.5):

$$l = h \frac{\cos(\beta - \varepsilon)}{\sin(\omega - \varepsilon)};$$
$$z_R = l \frac{\cos(\omega - \vartheta - \beta)}{2\sin\vartheta} = h \frac{\cos(\varepsilon - \beta)\cos(\omega - \vartheta - \beta)}{2\sin\vartheta\sin(\omega - \varepsilon)}. \tag{10.13}$$

z_R gibt die Höhe der Projektion des Drehmittelpunktes auf den Wandrücken an.

Bei waagerechter Erdoberfläche und senkrechter Wand ($\varepsilon = 0$, $\beta = 0$) erhalten wir die einfachen Formeln:

$$\left.\begin{aligned}
G &= \gamma l^2 \left(N_0^{(y)} + \frac{1}{4} \sin 2\omega \right), \\
M_G &= \gamma l^3 \left(\frac{1}{12} \sin^3 \omega - M_0^{(x)} \sin \omega \right), \\
P &= pl \cos \omega, \\
M_P &= 0, \\
l &= \frac{h}{\sin \omega}, \\
z_r &= l \, \frac{\cos(\omega - \vartheta)}{2 \sin \vartheta}.
\end{aligned}\right\} \qquad (10.14)$$

Der Erddruck setzt sich aus drei Komponenten zusammen: eine normale E_n und eine tangentiale Komponente E_t, außerdem die Adhäsion $A = ah$ auf dem Wandrücken (s. Kap. 8).

10.4 Untersuchung eines Linienbruches

Der einfachste Fall eines Linienbruches entsteht bei der Drehung einer steifen Wand um einen Drehmittelpunkt, der oberhalb des Stützwandkopfes liegt. Die Gleitfläche besteht aus einem einzigen Kreis und die Aufgabe läßt sich ohne weitere Annahmen eindeutig lösen. Der Richtungswinkel muß allerdings gegeben oder angenommen werden.

Im allgemeinen nimmt man an, daß die Bewegungen groß genug sind, um auf den Wandrücken den vollen Reibungswiderstand hervorrufen zu können; dadurch ist die Richtung des Erddruckes und die Größe der Adhäsion schon gegeben. Der Berechnungsgang gestaltet sich folgendermaßen.

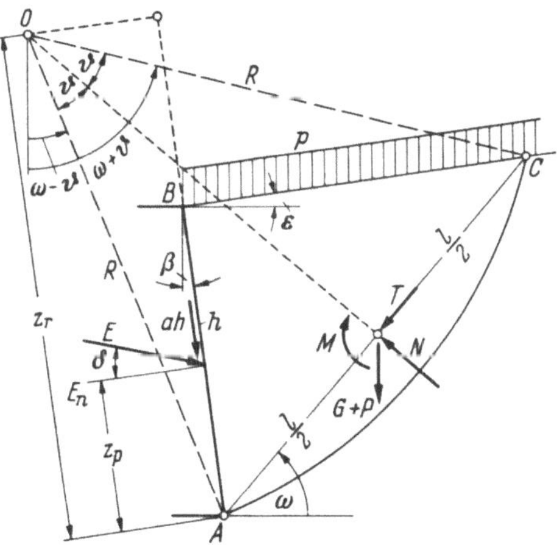

Abb. 10.6. Bestimmung des Erddruckes auf eine Wand, die sich um den oberen Eckpunkt dreht (Linienbruch)

Das Gleichgewicht der wirkenden Kräfte kann durch folgende Gleichungen ausgedrückt werden (Abb. 10.6):

1. Projektion auf die Normale zur Erddruckrichtung:

$$N \cos (\omega - \beta + \delta) - T \sin (\omega - \beta + \delta) -$$
$$- (G + P) \cos (\beta - \delta) - ah \cos \delta = 0 . \qquad (10.15)$$

2. Projektion auf die Erddruckrichtung:

$$E_n = N \sin (\omega - \beta) + T \cos (\omega - \beta) + (G + P) \sin \beta . \qquad (10.16)$$

3. Momentengleichung, bezogen auf den unteren Fußpunkt A der Wand:

$$E_n z_P = N \frac{1}{2} l - (G + P) \frac{1}{2} l \cos \omega - M_R - M_G - M_P . \qquad (10.17)$$

In der Praxis ist meistens der Drehmittelpunkt der Wand gegeben; es ist also $\varrho = z_r/h$ bekannt, und wir haben vier unbekannte Größen: ϑ, ω, E_n und z_p. Es stehen vier Gleichungen zur Verfügung: (10.15—10.17) und (10.13). Man geht am einfachsten so vor, daß ein Wert für ϑ angesetzt und ω aus Gl. (10.13) berechnet wird. Dieser Wert wird in Gl. (10.15) eingesetzt, die Sehnenlänge l durch h ersetzt und überprüft, ob Gl. (10.15) befriedigt wird. Ist das nicht der Fall, dann wird ϑ abgeändert, bis die Übereinstimmung erreicht ist. Endlich berechnet man mit den richtigen Werten von ϑ und ω aus Gl. (10.16) E_n und aus (10.17) die Lage des Angriffspunktes. Die Normalkomponente des Erddruckes beträgt dann E_n, die Tangentialkomponente $E_n \tan \delta$ und die Adhäsionskraft $A = ah$.

Nach Berechnung der richtigen Werte von ϑ und ω müssen wir noch überprüfen, ob die Bedingung $\omega - \beta > 0$ erfüllt ist. Ist sie nicht erfüllt, dann können wir Gl. (10.15) nicht gebrauchen, da in diesem Fall keine Verschiebung zwischen Wand und Hinterfüllung stattfindet. Daher bekommt man dann unmittelbar:

$$\cos (2\vartheta + \beta - \varepsilon) = \frac{\xi - 1}{\xi} \cos (\beta - \varepsilon) \qquad (10.18)$$

mit $\omega = \vartheta + \beta$.

Bei einem Linienbruch kann man die Spannungsverteilung nicht berechnen; nur ein einziger Spannungswert läßt sich im Punkt, wo die Gleitfläche die Wand trifft, also im Fußpunkte der Wand, aus der ersten Gl. (10.5) ermitteln.

10.5 Untersuchung eines Flächenbruches

Bei einem Linienbruch können wir im Rahmen der Annahmen eine exakte Berechnung durchführen; die Gleitlinie ist aus kinematischen Gründen ein einziger Kreis. Bei einem Flächenbruch ist die tatsächliche

Form der Gleitfläche unbekannt, und wir können daher nur eine *Nä-herungslösung* erhalten. Die Gleitfläche wird aus mehreren Kreisen und Geraden zusammengesetzt; die Berechnung ist um so genauer, je mehr Strecken aneinander gereiht werden. In den einfachen Fällen sollen die einzelnen Strecken aus kinematischen Gründen *ohne Knickpunkt* aneinanderschließen. Jeder Punkt der Wandhinterfläche ist der Ausgangspunkt einer Gleitfläche; die Oberfläche wird meistens durch einen ebenen Teil der Gleitfläche unter dem statisch richtigen Winkel getroffen. Die Spannungsverteilung wird längs des Wandrückens *linear* angenommen, da die Neigung der Gleitfläche in jedem Punkte der Rückseite der

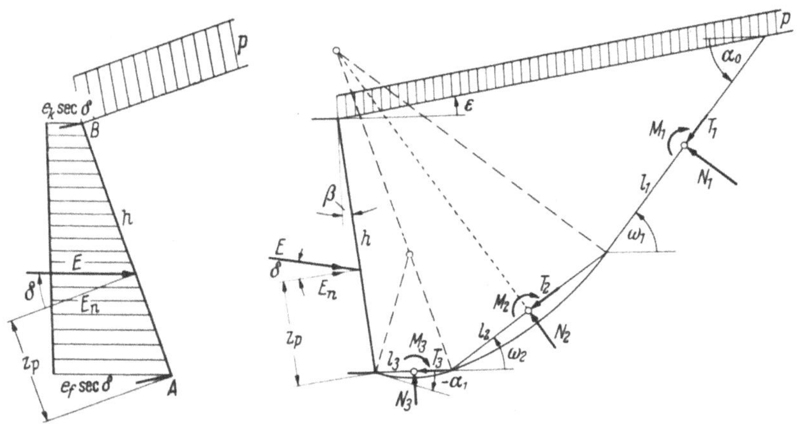

Abb. 10.7. Erddruckspannungen im Falle eines Flächenbruches

Abb. 10.8. Aus Kreisen und Geraden zusammengesetzte Gleitfläche

Wand dieselbe ist. Es genügt also, nur *die unterste Gleitfläche* zu untersuchen; die Erddruckspannungen und demzufolge auch der Erddruck und die Lage des Angriffspunktes hängen nur von den Parametern dieser untersten Gleitfläche ab. Aus der Spannungsverteilung (Abb. 10.7) folgt

$$E_n = \frac{1}{2} h \left(e_k + e_f\right); \quad E_n z_P = \frac{1}{6} h^2 (e_k + e_f). \tag{10.19}$$

Die Unbekannten des Problems sind die erwähnten Parameter der Gleitflächenstrecken.

Wir wollen nun sehen, wieviele Gleichungen zur Bestimmung dieser Unbekannten zur Verfügung stehen. Wir untersuchen die Gleitfläche in Abb. 10.8. Zuerst soll die Gleitfläche *geometrisch möglich* sein, d. h. es sollen sich die einzelnen Strecken lückenlos aneinander schließen und vom Fußpunkt der Wand ausgehend die Oberfläche erreichen, so daß sie mit der Wand und der Erdoberfläche ein geschlossenes Viereck bilden. Dies läßt sich folgendermaßen ausdrücken:

$$\left.\begin{aligned} \varSigma\, l \sin (\omega - \varepsilon) &= h \cos (\beta - \varepsilon) \\ \text{bzw.}\ \ \varSigma\, l \cos (\omega - \varepsilon) &= h \sin (\beta - \varepsilon) \\ \text{und Winkelsumme}\ &= 6\pi. \end{aligned}\right\} \qquad (10.20\,\text{a})$$

Die auftretenden Kräfte sind: der Erddruck, die Adhäsionskraft, das Eigengewicht des Keiles, die äußere Belastung und die Gleitflächenreaktionen. Die letzteren werden wieder durch die in den Sehnenmittelpunkten angreifenden Kräfte $N\,T$ und das auf diesen Punkt bezogene Moment ersetzt. Wir können *drei Gleichgewichtsbedingungen* aufstellen.

1. Projektion sämtlicher Kräfte auf eine Linie, die senkrecht zur Erddruckrichtung steht:

$$\varSigma N \cos (\omega - \beta + \delta) - \varSigma T \sin (\omega - \beta + \delta) +$$
$$+ \varSigma (G + P) \cos (\beta - \delta) - ah \cos \delta = 0. \qquad (10.21)$$

2. Projektion sämtlicher Kräfte auf die Erddruckrichtung:

$$\varSigma N \sin (\omega - \beta) + \varSigma T \cos (\omega - \beta) + \varSigma (G + P) \sin \beta - E = 0. \qquad (10.22)$$

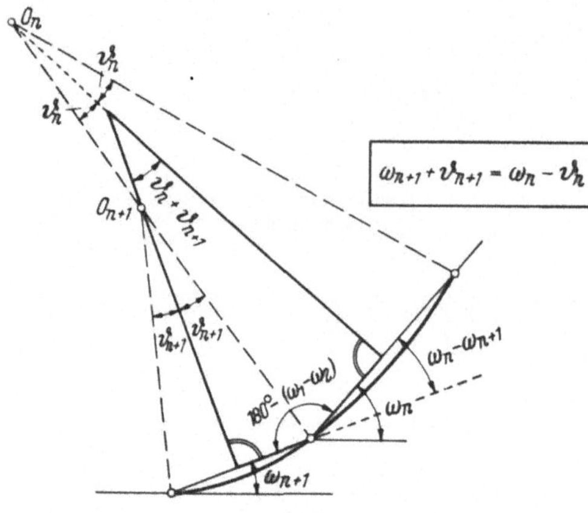

Abb. 10.9. Kinematische Bedingung: die einzelnen Strecken haben im Berührungspunkte eine gemeinsame Tangente

3. Moment, bezogen auf den unteren Eckpunkt der Wand:

$$\varSigma M_R^A + \varSigma M_G^A + E_n z_P = 0. \qquad (10.23)$$

Wir haben also insgesamt vier Gl. (10.20a, 10.21, 10,22, 10.23), die zur Bestimmung von vier Unbekannten reichen. Es sind aber noch weitere Bedingungen zu erfüllen. Wir verlangen, daß die Gleitfläche die Oberfläche und die Wand unter den statisch richtigen Winkeln trifft; diese Winkel α_0 und α_1 sind aber bekannt, denn sie können aus den Gln. (4.29) bzw. (4.35) ermittelt werden. Dadurch bekommt man folgende Beziehungen:

$$\omega_1 + \vartheta_1 = \alpha_0; \quad \omega_w - \vartheta_w = \alpha_1. \qquad (10.24\text{—}25)$$

Die Gleitflächen sollen sich aus *kinematischen* Gründen *mit einer gemeinsamen Tangente* aneinanderschließen; d. h. die Winkel müssen die Bedingung (s. Abb. 10.9)

$$\omega_{n+1} + \vartheta_{n+1} = \omega_n - \vartheta_n \qquad (10.26)$$

erfüllen.

Jetzt nehmen wir an, daß wir die Gleitfläche aus drei Kreisstücken und einer Geraden zusammengesetzt haben. Die Unbekannten sind: acht Winkelwerte und die vier Sehnen; insgesamt 12. Die Erddruckspannungen und dadurch der Erddruck selbst und die Lage des Angriffspunktes sind schon Funktionen dieser Parameter. Es stehen folgende Gleichungen zur Verfügung:

bei der ebenen Gleitfläche	1
aus der Forderung nach geometrischer Möglichkeit (10.20)	3
aus den Gleichgewichtsbedingungen (10.21—10.23)	3
aus der Forderung nach kinematischer Möglichkeit in den Anschluß-punkten der Kreisstrecken	3
aus den Randbedingungen	2

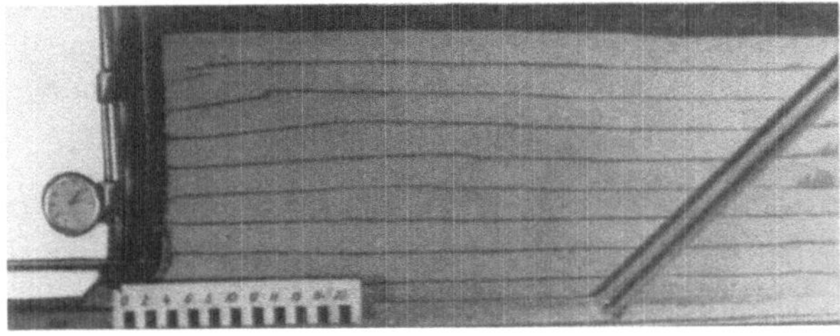

Abb. 10.10. Verformungen im Sande bei einer Drehung der Wand um den unteren Eckpunkt

Wir haben also die gleiche Anzahl von Gleichungen wie von Unbekannten, die damit grundsätzlich bestimmt werden können. Es ist aber meistens nicht nötig, die Gleitfläche aus 4 Strecken zusammenzusetzen; wir können zwei oder drei Kreise bzw. Geraden nehmen. Mit *zwei* Strecken — Kreisen oder Geraden — sind alle Winkel von vornherein bekannt; man braucht nur die Sehnenlängen aus (10.20a) und (10.21) zu berechnen. Bei einer dreiteiligen Gleitfläche müssen wir auch die zweite Gleichgewichtsbedingung (10.22) in Anspruch nehmen, bei einer vierteiligen dann auch die dritte, (10.23).

Hat die Wand eine *vollkommen rauhe* Rückseite, — ist also $\delta = \varrho$ — dann schließt sich an sie eine *Kreisgleitfläche* an; bei $\delta < \varrho$ müssen wir zwischen der ersten Kreislinie und der Wand eine *gerade Strecke* einschalten. Die *letzte* Gleitfläche soll wieder eben sein, denn hier wird, wie wir in Kap. 9 gesehen haben, der Spannungszustand durch die Wandreibung nicht beeinflußt, und es kann ein RANKINEscher Zustand entstehen. Auch die Erfahrung lehrt uns, daß die letzte Strecke eine *Gerade* ist (s. Abb. 10.10; die die Verformungen im Sande bei einer

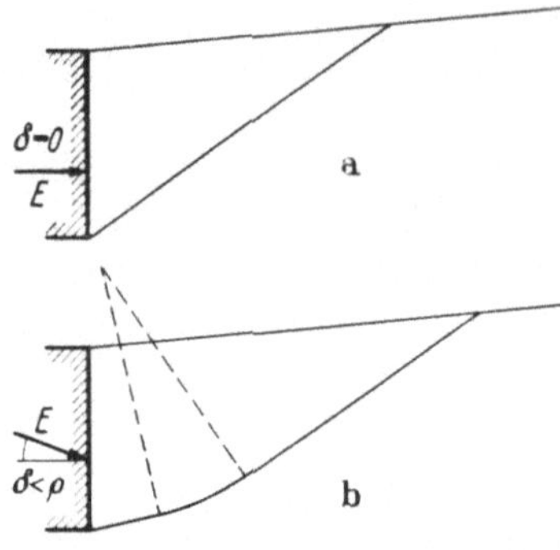

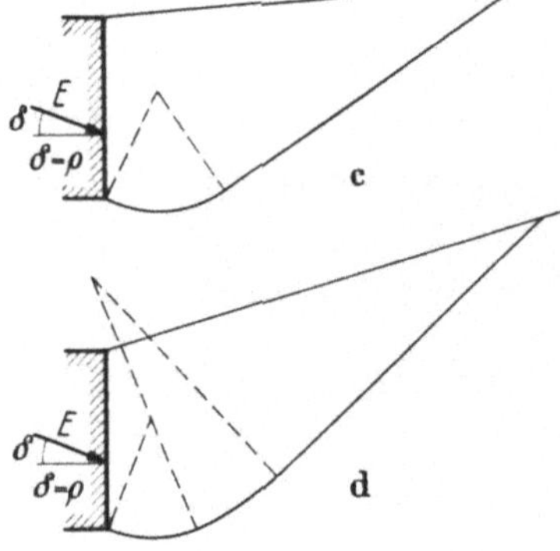

Abb. 10.11 a—d. Beispiele zur Annahme der Gleitfläche

a) vollkommen glatte Wand $\delta = 0$; b) der Fall $0 < \delta < \varrho$; c), d) vollkommen rauhe Wand

Drehung der Wand um den unteren Eckpunkt im Uhrzeigersinn darstellt); somit können wir mit dieser Annahme genauere Ergebnisse erzielen. Abb. 10.11a—d gibt einige Beispiele für die Form der Gleitfläche bei glatter und rauher Wand.

Sind die geometrischen Parameter schon bestimmmt, dann berechnen wir die Ordinaten der Spannungsverteilungslinie folgendermaßen.

Um den Kopfpunkt B der Wand nimmt man eine unendlich kurze Gleitlinie an; wir haben dort gewissermaßen einen Flächenbruch mit der Sehnenlänge $l = 0$. Auf der Oberfläche und dem Wandrücken kennen wir die statisch richtigen Winkel und damit die Schubspannung im Endpunkt der Gleitfläche:

$$\tau_0 = \frac{p \sin \varrho \sin (\alpha_0 + \varrho) + c \cos \varrho \sin (\alpha_0 + \varrho - \varepsilon)}{\sin (\alpha_0 - \beta)} \tag{10.27}$$

mit α_0 nach Gl. 4.29 und an der Rückseite der Wand:

$$\tau_1 = \gamma l (\tau^{(x)} \sin \omega + \tau^{(y)} \cos \omega) + \tau_0 \tau^{(z)}.$$

$\tau^{(z)}$ wird mit $2\vartheta = \alpha_0 - \alpha_1$ berechnet, und die Erddruckspannung am Stützwandkopf lautet dann

$$e_k = \tau_1 \frac{\cos \delta \cos (\alpha_1 - \beta)}{\sin \varrho \cos (\alpha_1 + \varrho + \delta - \beta)} - c \cot \varrho. \tag{10.28}$$

Für den Fußpunkt, also für die unterste Gleitfläche, kennen wir wieder die statisch richtigen Winkel α_0 und α_1; ersteren aus (10.24), den letzteren aus:

$$\Sigma 2\vartheta = \alpha_0 - \alpha_1,$$

so daß wir damit für die Schubspannung im Ausgangspunkt an der Wand den Wert

$$\tau_1 = \gamma l (\tau^{(x)} \sin \omega + \tau^{(y)} \cos \omega) + \tau_0 \tau^{(z)} \tag{10.29}$$

erhalten. Damit folgt weiter die Erddruckspannung

$$e_f = \frac{(\tau_1 - c)\cot \varrho \cot(\alpha_1 + \varrho - \beta) + (\tau_1 + a)}{\cot(\alpha_1 + \varrho - \beta) - \tan \delta}; \tag{10.30}$$

der Erddruck und die Lage des Angriffspunktes ergeben sich endlich aus Gl. (10.19).

Es muß noch bemerkt werden, daß die *Vorzeichen* von δ und a einerseits und ϱ und c andererseits immer *übereinstimmen* müssen, denn sonst ist es nicht möglich, die Gleichgewichtsbedingungen und die Randbedingungen gleichzeitig zu erfüllen. Bei Linienbrüchen haben wir wohl gesehen, daß dies nicht unbedingt nötig ist, bei Flächenbrüchen aber bekommt man erst verläßliche Erddruckwerte, wenn die Randbedingungen beachtet werden. Wahrscheinlich kann in den Fällen, in denen die Vorzeichen von δ und a, bzw. ϱ und c verschieden sind, *kein Flächenbruch* auftreten.

Es sollen noch die Formeln für den häufig vorkommenden einfachen Fall $\beta = 0$, $\varepsilon = 0$ aufgestellt werden.

Die statisch richtigen Randwinkel sind hier

$$\alpha_0 = 45° - \varrho/2; \quad \alpha_1 = 45° - \varrho/2 \quad \text{für eine glatte} \tag{10.31}$$

und $\qquad\qquad\qquad\quad \alpha_1 = -\varrho \qquad\qquad$ für eine rauhe Wand.

Mit $\qquad\qquad\qquad\quad \tau_0 = p \tan(45° + \varrho/2) + c \tag{10.32}$

folgt für die Erddruckspannungen

$$e = (\tau_1 + c)\tan(45° + \varrho/2) \quad \text{bei glatter,} \tag{10.33}$$

$$e = \tau_1 \cos \varrho \qquad\qquad\qquad \text{bei rauher Wand.} \tag{10.34}$$

τ_1 ergibt sich aus (10.29) durch schrittweise Berechnung.

Die Gln. (10.20—10.22) vereinfachen sich zu:

$$\Sigma l \sin \omega = h, \tag{10.35}$$

$$\Sigma N \cos(\omega + \delta) - \Sigma T \sin(\omega + \delta) + \Sigma(G + P)\cos \vartheta - ah \cos \delta = 0, \tag{10.36}$$

$$\Sigma N \sin \omega + \Sigma T \cos \omega + \Sigma(G + P) - E = 0. \tag{10.37}$$

Gl. (10.23) bleibt unverändert.

10.6 Bestimmung des Erddruckes bei beliebigem Drehmittelpunkt

Besonders bei der Untersuchung von Spundwänden kann es vorkommen, daß der Drehmittelpunkt sich nicht oberhalb oder unterhalb der Wand befindet. In diesen Fällen treten *Erddruck und Erdwiderstand* an der Wand *gleichzeitig* auf (vgl. Kap. 0, Abb. 0.5).

Die Drehbewegung kann in zwei Richtungen vor sich gehen und wir haben bei Flächenbrüchen Spannungsverteilungen, die in Abb. 10.12a u. b angedeutet werden. Die Spannungsfigur besteht aus zwei Teilen, einem „aktiven" und einem „passiven". Der Geltungsbereich ist durch die Höhe z_j abgegrenzt. Für den Fall, daß die Wand *steif* ist oder aus steifen Teilen besteht, die durch *Gelenke* gekoppelt sind, hat BRINCH HANSEN (1953) die auftretenden Bruchfiguren ausführlich behandelt und die Erddruckkräfte bestimmt. Die Bruchfiguren sollen wieder *geometrisch, kinematisch* und *statisch* möglich sein; aus den Rand- und Gleichgewichtsbedingungen können wir jedoch immer eine genügende

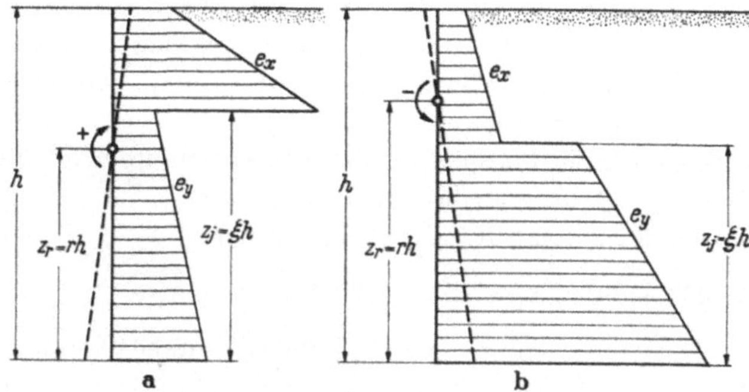

Abb. 10.12 a u. b. Erddruckspannungen bei einem Flächenbruch; bei beliebiger Lage des Drehmittelpunktes in der Wandebene.
a) Drehsinn positiv, b) Drehsinn negativ

Anzahl von Gleichungen aufstellen, die dann die Bestimmung der unbekannten Größen ermöglichen. In jedem Falle lassen sich folgende Formeln zur Berechnung der Komponenten des Erddruckes angeben.

Normalkomponente:

$$E_n = \frac{1}{2}\gamma h^2 \lambda_\gamma + ph\lambda_p + ch\lambda_c, \qquad (10.38)$$

Tangentialkomponente:

$$E_t = \frac{1}{2}\gamma h^2 \lambda_\gamma \tan \delta_\gamma + (ph\lambda_p + ch\lambda_c)\tan\delta_p + ah, \qquad (10.39)$$

und die Höhe des Angriffspunktes:

$$z_p = \frac{1}{E_n}\left[\frac{1}{2}\gamma h^3 \lambda_\gamma \zeta_\gamma + ph^2\lambda_p\zeta_p + ch^2\lambda_c\zeta_c\right]. \qquad (10.40)$$

Die Verteilung des Erddruckes ist beim Flächenbruch *hydrostatisch*, also linear; für die Glieder, die γ enthalten, ist die Spannungsverteilung dreieckförmig, für die beiden anderen Glieder gleichmäßig.

Die dimensionslosen Konstanten sind Funktionen von ε, β, ϱ, δ, a, c und den geometrischen Parametern. c ist immer positiv.

Die Spannungsordinaten in einer Entfernung z vom Stützwandkopf A sind folgende (s. Abb. 10.12):

Normalspannung:

$$e_n^{(x)} = \gamma z \lambda_\gamma^{(x)} + p \lambda_p^{(x)} + c \lambda_c^{(x)}, \quad \Bigg\}$$
$$e_n^{(y)} = \gamma z \lambda^{(y)} + p \lambda_p^{(y)} + c \lambda_c^{(y)}; \quad \Bigg\} \qquad (10.41)$$

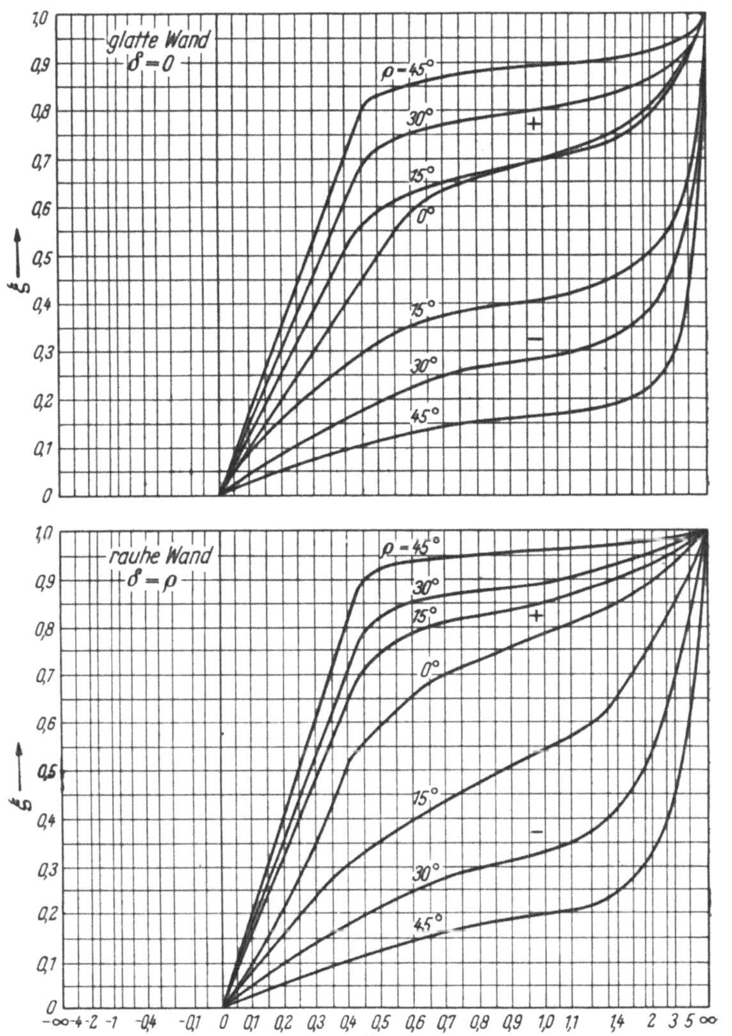

Abb. 10.13. Diagramm zur Bestimmung von ξ (r)

Tangentialspannung:

$$e_t^{(x)} = \gamma z \lambda_\gamma^{(x)} \tan \delta_\gamma + (p \lambda_p^{(x)} + c \lambda_c^{(x)}) \tan \delta_p + a ,$$
$$e_t^{(y)} = \gamma z \lambda_\gamma^{(y)} \tan \delta_\gamma + (p \lambda_p^{(y)} + c \lambda_c^{(y)}) \tan \delta_p + a . \qquad (10.42)$$

$e^{(x)}$ bedeutet die Ordinate *oberhalb*, $e^{(y)}$ die *unterhalb* des Drehmittelpunktes.

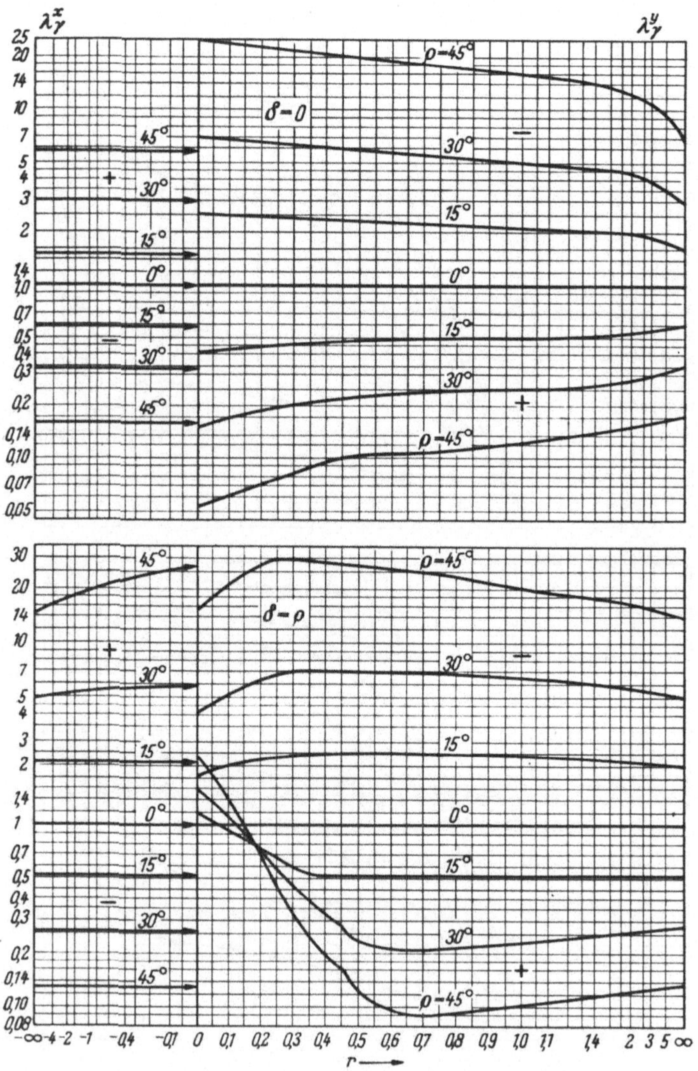

Abb. 10.14. Diagramm zur Bestimmung der Erddruckbeiwerte

Die Lage des Drehmittelpunktes, des Angriffspunktes der Resultierenden und des Geltungsbereiches der aktiven bzw. passiven Spannungsverteilungslinie sind durch folgende Formeln gegeben:

$$r = \frac{z_r}{h}; \quad \zeta = \frac{z_p}{h}; \quad \xi = \frac{z_j}{h}. \tag{10.43}$$

Für eine lotrechte Wand und waagerechte Erdoberfläche sind nach BRINCH HANSEN (1958) die dimensionslosen Konstanten ξ, $\lambda_\gamma^{(x)}$, $\lambda_\gamma^{(y)}$ δ_γ für drei verschiedene Reibungswinkel und für glatte und rauhe Wände in den Abb. 10.13—10.15 angegeben. Alle Kurven sind als *Funktionen*

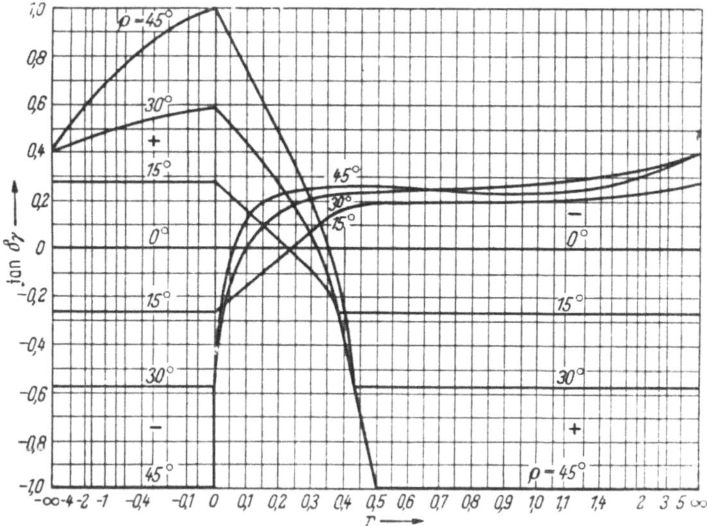

Abb. 10.15. Diagramm zur Bestimmung von $\tan \delta_\gamma$

der Lage des Drehmittelpunktes aufgetragen. Mit Hilfe dieser Kurven können wir die Erddrücke von *Reibungsböden* mit *unbelasteter Oberfläche* bei beliebiger Lage des Drehmittelpunktes bestimmen. Den Angriffspunkt der Resultierenden können wir auf Grund der *Spannungsverteilungsdiagrammes* ermitteln.

Literatur

BRINCH HANSEN, J.: Earth Pressure Calculation, Copenhagen 1953.
BRINCH HANSEN, J.: The Internal Forces in a Circle of Rupture. Geoteknisk Institut, Bulletin Nr. 2, Copenhagen 1957.
LUNDGREN, H., u. J. BRINCH HANSEN: Geoteknik, København: Teknisk Forlag 1958.

11. Einige Sonderfälle des Erddruckes

11.1 Erddruck auf parallele lotrechte Wände

Befindet sich ein rolliges Material zwischen zwei lotrechten und praktisch unendlich langen parallelen Flächen und treten zwischen Wand und Boden relative Verschiebungen auf, dann hat die vertikale Spannung in einer Tiefe z unter der Oberfläche einen von $\sigma_z = z\gamma$ abweichenden Wert. Der Unterschied wird dadurch verursacht, daß auf der rauhen Wandfläche ein Reibungswiderstand auftritt, durch den der senkrechte Druck, der Richtung der Bewegung entsprechend, vermindert oder aber

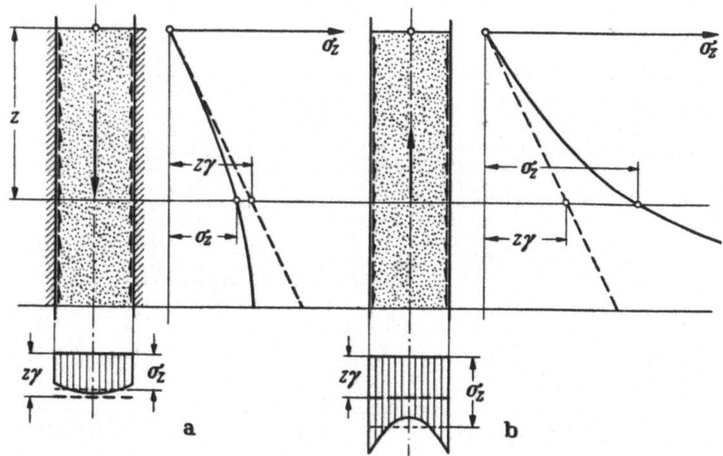

Abb. 11.1 a u. b. Spannungsverteilung in einem rolligen Material, das sich zwischen parallelen, lotrechten Wänden befindet.   a) aktiver; b) passiver Zustand

vergrößert wird (Abb. 11.1 a u. b). Wenn wir annehmen, daß die relativen Bewegungen groß genug sind, um den ganzen Reibungswiderstand auf den Seitenflächen hervorrufen zu können, dann sind diese Flächen *Gleitflächen* und die Verteilung der senkrechten und waagerechten Spannungen kann — nach weiteren vereinfachenden Annahmen — näherungsweise bestimmt werden. Dieses Problem hat bei der Bemessung von Behälterwänden, Silos usw. praktische Bedeutung; außerdem kann man die Ergebnisse auch bei der Berechnung des Gebirgsdruckes verwerten. Im folgenden werden wir einige Theorien darlegen, die sich die Bestimmung dieser Spannungsverteilung zum Ziele gesetzt haben.

Die einfachste Theorie, die aber in der Praxis gut brauchbare Resultate liefert und diese in übersichtlicher und einfacher Form ausdrückt, ist wohl die von TERZAGHI (1943). Die Annahmen sind folgende. Es handelt sich um einen ebenen Verformungszustand, und das Material zwischen den senkrechten, rauhen Flächen bewegt sich so weit nach unten, wie das zur Entwicklung des vollen Reibungswiderstandes nötig ist. In einer Tiefe z (Abb. 11.2) verteilen sich die senkrechten Spannungen σ_z auf der waagerechten Schnittfläche *gleichmäßig*, und die waagerechten Spannungen auf der Seitenfläche eines Raumelementes sind der senkrechten Spannung *proportional*. Es soll schon jetzt betont werden, daß beide Annahmen eine ziemlich grobe Vereinfachung der wirklichen Verhältnisse bedeuten.

Die tatsächliche Spannungsverteilung auf einem waagerechten Schnitt wird wohl etwa so aussehen, wie es in Abb. 11.1 angedeutet ist; aber in die Rechnungen geht nur die mittlere Spannung ein.

In der Gleitfläche wirkt eine — senkrechte — Schubspannung, die allgemein durch die COULOMBsche

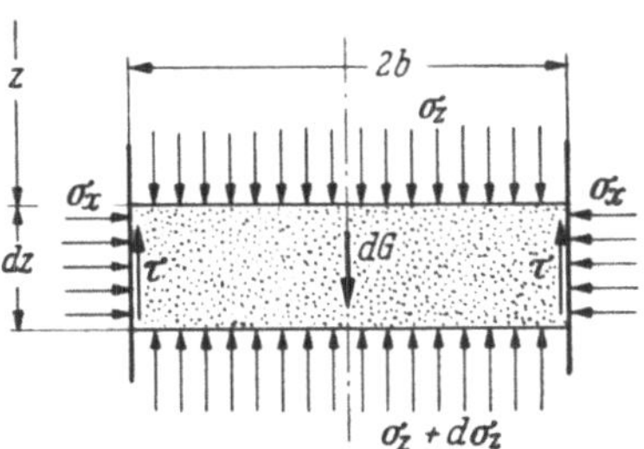

Abb. 11.2
Gleichgewicht des Volumenelementes

Gleichung ausgedrückt werden kann. Es bestehen also folgende Beziehungen:

$$\sigma_x = \lambda \sigma_z, \tag{11.1}$$

$$\tau = \sigma_x \tan \varrho + c. \tag{11.2}$$

Das Gleichgewicht des Raumelementes in Abb. 11.2 wird durch folgende Differentialgleichung ausgedrückt:

$$dG = 2b\gamma\,dz = 2b(\sigma_z + d\sigma_z) - 2b\sigma_z + 2c\,dz + 2\lambda\sigma_z\,dz \tan \varrho$$

und daraus folgt

$$\frac{d\sigma_z}{dz} + \frac{\lambda}{b} \tan \varrho\, \sigma_z = \gamma - \frac{c}{b}. \tag{11.3}$$

Bei der Aufstellung der Randbedingung wollen wir berücksichtigen, daß die Oberfläche mit einer gleichmäßig verteilten Spannung q belastet ist, d. h. es soll $\sigma_z(0) = q$ sein. Die Lösung von (11.3) lautet dann:

$$\sigma_z = \frac{b(\gamma - c/b)}{\lambda \tan \varrho} \left(1 - e^{-\lambda \tan \varrho\, z/b}\right) + q\,e^{-\lambda \tan \varrho\, z/b}. \tag{11.4}$$

In kohäsionslosem Boden ist speziell

$$\sigma_z = \frac{b\gamma}{\lambda \tan \varrho} \left(1 - e^{-\lambda \tan \varrho\, z/b}\right) + q\,e^{-\lambda \tan \varrho\, z/b}. \tag{11.4a}$$

Ist $c = 0$ und $\varrho = 0$, dann ist

$$\sigma_z = \frac{b\gamma}{\lambda \tan \varrho} \left(1 - e^{-\lambda \tan \varrho\, z/b}\right); \tag{11.4b}$$

18*

oder mit $z = nb$,

$$\sigma_z = ab\gamma;$$

wo

$$a = \frac{1}{\lambda \tan \varrho} \left(1 - e^{-\lambda \tan \varrho\, n}\right) \qquad (11.4\,\text{c})$$

ist. Für eine nach oben gerichtete Bewegung lautet Gl. (11.4):

$$\sigma_z = -\frac{b(\gamma + c/b)}{\lambda \tan \varrho} \left(1 - e^{\lambda \tan \varrho\, z/b}\right) + q\, e^{\lambda \tan \varrho\, z/b} \qquad (11.5)$$

und bei $c = 0$, $q = 0$ mit $z = nb$

$$\sigma_z = a'b\gamma, \quad \text{und} \quad a' = -\frac{1}{\lambda \tan \varrho}\left(1 - e^{\lambda \tan \varrho\, n}\right). \qquad (11.5\,\text{a})$$

Werden die Größen a und a' als Funktion von n aufgetragen, dann erhalten wir die Kurven in Abb. 11.3. Die Kurve $a = f(n)$ besitzt eine senkrechte Asymptote bei

$$a = 1/\lambda \tan \varrho. \qquad (11.6)$$

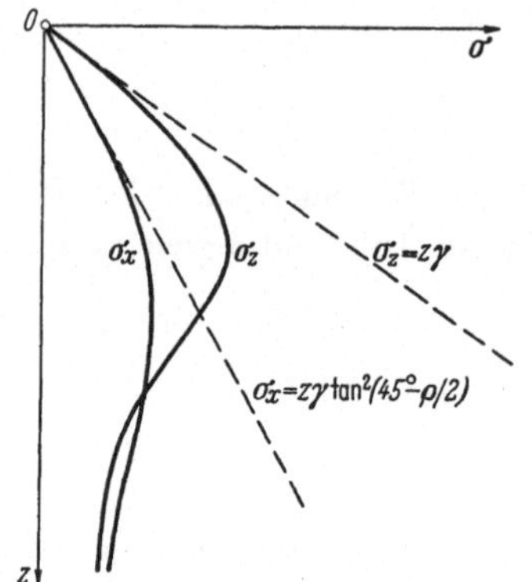

Abb. 11.3. Beiwert des Silodruckes im aktiven (a) und passiven (a') Zustand als Funktion der Tiefe   Abb. 11.4. Ergebnisse von Spannungsmessungen

Über den Wert der Konstanten λ kann die Theorie nichts aussagen; es stehen nur *Versuchsergebnisse* zur Verfügung. Nach TERZAGHI (1936) entwickeln sich die senkrechten und waagerechten Spannungen nach einer genügend großen Verschiebung entsprechend den Kurven in Abb. 11.4. Die Anfangstangente der senkrechten Spannungen hat die Gleichung $\sigma_z = z\gamma$, die der waagerechten Spannungen

$$\sigma_x = z\gamma \tan^2 (45° - \varrho/2).$$

In einer gewissen Tiefe ist der Unterschied zwischen den beiden Werten schon so gering, daß man für λ den Wert $\lambda = 1$ annehmen kann.

Die Bewegungen im Falle des aktiven Druckes (Auflockerung, Bewegung des rolligen Materials nach unten, Druckverminderung auf den Seiten- und Sohlflächen) kommen praktisch dadurch zustande, daß die untere Öffnung des Behälters geöffnet wird. Es kann aber *nicht* der ganze Inhalt des Behälters in Bewegung kommen, und die Auflockerung wird sich nur auf einen unteren Teil beschränken; daher können die geschilderten Vorgänge und die Spannungsumlagerung nur in diesem unteren Teil auftreten. Der obere Teil wirkt als *tote Belastung q*. Die waagerechten und senkrechten Spannungen können dann mit Hilfe der allgemeinen Gleichung $q \neq 0$ berechnet werden. Die Höhe der Schicht, in der noch auf den Seitenflächen Reibungswiderstände entwickelt werden, beträgt ungefähr $5b$, die Belastung ist also $q = (H - 5b)\gamma$.

Abb. 11.5 zeigt ein numerisches Beispiel. Die ganze Höhe über der beweglichen Bodenfläche ist $H = 10$ m, die Breite des Behälters $2b = 2$ m. Die Höhe der Schicht, in der keine Reibungswiderstände mobilisiert werden, beträgt also $H - 5b = 5$ m. Bis zu dieser Tiefe nehmen die senkrechten Spannungen mit der Tiefe linear zu. Unter dieser Tiefe berechnen wir die Spannungen nach der Gl. (11.4) mit $c = 0$. Die senk-

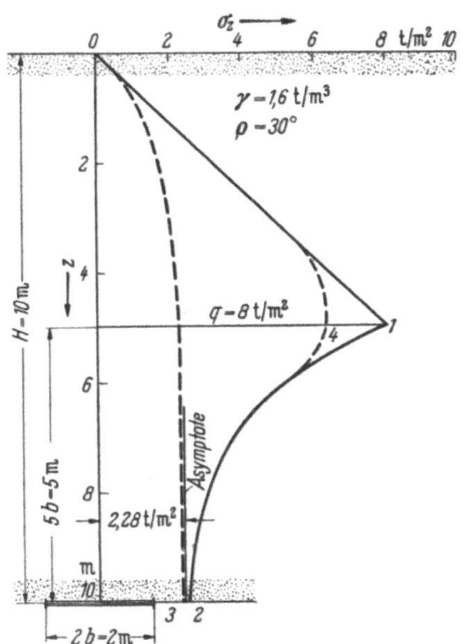

Abb. 11.5. Zahlenbeispiel zur Bestimmung der vertikalen Spannungen zwischen parallelen Wänden. Linie 03: die Reibungswiderstände sind über die ganze Höhe mobilisiert; Linie *012*: die Schicht $H - 5b$ wirkt nur als tote Belastung

rechten Spannungen nehmen ab, ihre Verteilung stellt die Linie *12* dar. Wird der Umstand, daß die Reibungswiderstände nur in einem begrenzten Gebiet hervorgerufen werden, außer acht gelassen, dann erhält man die Linie *03*. Die Kurven *12* und *03* haben eine gemeinsame Asymptote. Unter der Tiefe $z \sim 8b$ ist es schon fast gleichgültig, ob in den oberen Schichten Reibungswiderstände auftreten oder nicht. In Wirklichkeit werden die Spannungen wahrscheinlich nicht in der Form *012* auftreten, sondern es gibt gewiß eine Übergangszone, in der die Scherwiderstände nur zum Teil mobilisiert werden. Dann hat die Spannungs-

verteilung die Form der Kurve *042*, deren Charakter den Versuchsergebnissen gut entspricht.

Für den hier betrachteten Fall des aktiven Druckes eines rolligen
Materials, das sich zwischen zwei parallelen, senkrechten, rauhen
Wänden befindet, wurde von KÖTTER (1899) eine *exakte Lösung* ausgearbeitet, deren Grundsätze und Ergebnisse hier nach REISSNER (1932)
kurz wiedergegeben werden sollen.

Die Theorie liefert den Grenzwert der Spannungen im Querschnitt
eines Spaltes, der sich so tief unter der Oberfläche befindet, daß *der Grenzzustand schon überall erreicht ist.* Den Ausgangs-
punkt der Theorie bildet das KÖTTERsche Varia-
tionsprinzip, über das wir in Kap. 4 berichteten.
Dieses Prinzip führt das Problem des Erddruckes
auf eine Aufgabe der *Variationsrechnung* zurück.
Für den hier vorliegenden Fall des Parallelspaltes
wird zunächst bewiesen, daß in einer Tiefe, in
der der Bodendruck nach unten nicht mehr zunimmt, überall der Grenzzustand des Gleichgewichtes angenommen werden kann. Die Normalspannung in vertikalen Ebenen, die senkrecht zu
den Wänden stehen, ohne den Bodendruck zu
ändern, kann beliebig angesetzt werden; auch sind

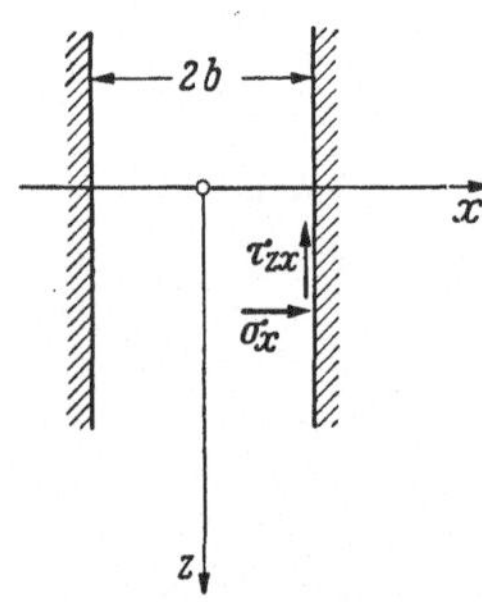

Abb. 11.6. Bezeichnungen
in der KÖTTERschen Unter-
suchung

diese Flächen frei von Schubspannungen. Die Aufgabe ist also ein *ebenes
Problem*, bei dem überall der Grenzzustand herrscht. Die Gleichgewichtsbedingungen lauten (Abb. 11.6):

$$\frac{\partial \sigma_x}{\partial x} + \frac{\partial \tau_{xz}}{\partial z} = 0, \quad \left.\begin{array}{c}\\\\\end{array}\right\}$$

$$\frac{\partial \sigma_z}{\partial z} + \frac{\partial \tau_{zx}}{\partial x} = \gamma. \quad \left.\begin{array}{c}\\\\\end{array}\right\} \tag{11.7}$$

Da voraussetzungsgemäß $\frac{\partial \sigma_z}{\partial z} = 0$ ist und außerdem $\tau_{rz}(x=0;z) =$
$= 0$ sein muß — unabhängig davon, welchen Wert z annimmt, muß

$$\frac{\partial \tau}{\partial x} = \gamma \quad \text{und} \quad \frac{\partial \sigma_x}{\partial x} = 0 \tag{11.8}$$

sein. Daraus folgt weiter

$$\sigma_x = \text{const} = H \tag{11.9}$$

und

$$\tau = \gamma (x + a), \tag{11.10}$$

wo a eine Integrationskonstante bedeutet. Aus den Gleichgewichtsbedingungen folgt also *ein konstanter Horizontalschub*, und für die senk-

rechte Schubspannung in vertikalen Schichten ein von der Mitte nach den Wänden hin linear wachsender Wert.

Die Grenzbedingung für die Wände lautet:

$$\tan \varrho_1 \gtreqless \sigma_x / \tau_{zx} \gtreqless - \tan \varrho_1.$$

Sie ist erfüllt, wenn

$$\tan \varrho_1 \geqq \frac{\gamma}{H} \left(b + |a|\right) \tag{11.11}$$

ist. Jetzt müssen wir die *Bruchbedingung* hinzuziehen. Auf Grund des Mohrschen Kreises (Abb. 11.7) gilt

$$\sigma_z = \frac{1}{\cos^2 \varrho} \left[\sigma_x (1 + \sin^2 \varrho) - 2 \sqrt{\sigma_x^2 \sin^2 \varrho - \tau_{xz}^2 \cos^2 \varrho}\right] \tag{11.12}$$

und mit (11.9) und (11.10) ergibt sich

$$\sigma_z = \frac{1}{\cos^2 \varrho} \left[H (1 + \sin^2 \varrho) - 2 \sqrt{H^2 \sin^2 \varrho - \gamma^2 (x + a)^2 \cos^2 \varrho}\right]. \tag{11.12a}$$

σ_z ist in dem ganzen Gebiet nur dann reell, wenn das Maximum von $\gamma (x + a)$ kleiner als $H \tan \varrho$, das Minimum aber größer als $- H \tan \varrho$ ist. Diese Bedingung wird erfüllt, wenn $\gamma (b + |a|) < H \tan \varrho$ ist. Da aber $\tan \varrho_1$ höchstens gleich $\tan \varrho$ ist, ist die Bedingung durch die Grenzbedingung (11.11) erfüllt. Berechnen wir nun den Bodendruck. Für die Längeneinheit des Spaltes ist

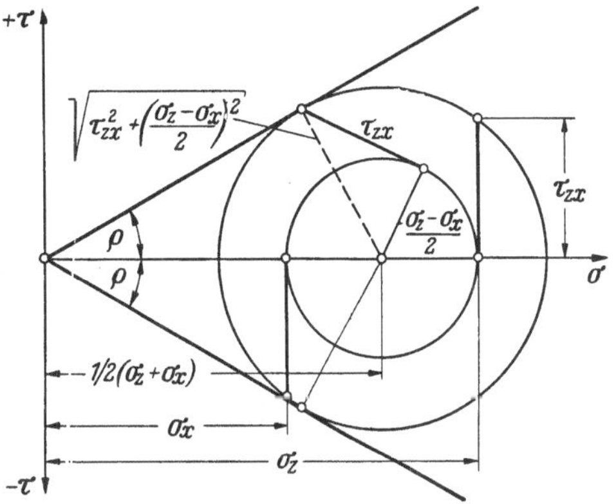

Abb. 11.7. Die Bedingung des Grenzzustandes

$$V = \frac{1}{\cos^2 \varrho} \int\limits_{-b}^{+b} \left[H (1 + \sin^2 \varrho) - 2 \sqrt{H^2 \sin \varrho - \gamma^2 (x + a)^2 \cos^2 \varrho}\right] dx$$

oder, mit der Abszissenverschiebung $x + a = u$,

$$V = \frac{1}{\cos^2 \varrho} \int\limits_{-b+a}^{+b+a} \left[H (1 + \sin^2 \varrho) - 2 \sqrt{H^2 \sin^2 \varrho - \gamma^2 u^2 \cos^2 \varrho}\right] du.$$

Nach der Integration erhält man für die Ableitung nach a

$$\frac{dV}{da} = \frac{2}{\cos^2 \varrho} \left[\sqrt{H^2 \sin^2 \varrho - \gamma^2 (b - a)^2 \cos^2 \varrho} - \right.$$
$$\left. - \sqrt{H^2 \sin^2 \varrho - \gamma^2 (b + a)^2 \cos^2 \varrho}\right].$$

Der Bodendruck erreicht also bei $a = 0$ den Kleinstwert. Dann muß $H \tan \varrho \geqq \gamma b$ sein. Wir setzen zur Bestimmung von H deshalb

$$H = \frac{\gamma\, b \cot \varrho}{\sin \varkappa},\tag{11.13}$$

wo $\varkappa$ einen Winkel zwischen 0 und 90° bedeuten soll. Damit auch die Bedingung (11.11) erfüllt ist, muß

$$\sin x \leqq \frac{\tan \varrho_1}{\tan \varrho}\tag{11.14}$$

sein. Zu jedem Werte $-b < x < +b$ können wir einen Winkel $-\varkappa < \omega < +\varkappa$ finden, für den

$$\sin \omega = \frac{x}{b}\, \sin \varkappa\tag{11.15}$$

ist. Mit diesen Größen ergibt sich (11.12a) zu

$$\sigma_z = \frac{b\gamma}{\sin \varrho \cos \varrho \sin \varkappa}\,[1 + \sin^2 \varrho - 2 \sin \varrho \cos \omega]\tag{11.16}$$

und

$$V = \int\limits_{-b}^{+b} \sigma_z\, dx = \frac{2b^2\gamma}{\cos \varrho \sin \varrho \sin^2 \varkappa}\,[(1 + \sin^2 \varrho) \sin \varkappa - \sin \varrho\,(\varkappa + \sin \varkappa \cos \varkappa)].\tag{11.17}$$

Jetzt ist $0 < \varkappa < 90°$ so zu wählen, daß V möglichst klein wird und dabei der Bedingung (11.14) genügt. Wird der Ausdruck $\tan \varrho_1/\tan \varrho$ mit $\sin \varkappa_1$ bezeichnet, so kann diese Beschränkung wie folgt geschrieben werden:

$$0 < \varkappa \leqq \varkappa_1 \leqq 90°.\tag{11.18}$$

Differenzieren wir V nach $\varkappa$, dann erhalten wir

$$\frac{dV}{d\varkappa} = -\frac{2\gamma\, b^2}{\cos \varrho \sin \varrho}\left[1 + \sin^2 \varrho - 2 \sin \varrho\, \frac{\varkappa}{\sin \varkappa}\right]\frac{\cos \varkappa}{\sin^2 \varkappa}.\tag{11.19}$$

Es gibt zwischen 0 und 2π sicher einen Wert $\varkappa_0$, für den

$$1 + \sin^2 \varrho - 2 \sin \varrho\, \frac{\varkappa_0}{\sin \varkappa_0} = 0\tag{11.20}$$

ist. Ist $\varkappa_0 \geqq \varkappa_1$, dann hat V den *Kleinstwert*, den wir suchen, wenn nach Gl. (11.17) $\varkappa = \varkappa_1$ ist. Wenn aber $\varkappa_0 < \varkappa_1$ ist, dann erhalten wir das Minimum von V für den Wert $\varkappa = \varkappa_0$.

Im Grenzzustand lauten also die Gleichungen für die Spannungskomponenten folgendermaßen:

$$\left.\begin{aligned}
\sigma_x &= \frac{b\gamma \cot \varrho}{\sin \varkappa}, \\
\tau_{xz} &= \frac{b\gamma \sin \omega}{\sin \varkappa} = x\gamma, \\
\sigma_z &= \frac{b\gamma}{\sin \varrho \cos \varrho \sin \varkappa} (1 + \sin^2 \varrho - 2 \sin \varrho \cos \omega),
\end{aligned}\right\} \quad (11.21)$$

wo ω der Gleichung $x = b \dfrac{\sin \omega}{\sin \varkappa}$ genügt. In den Formeln ist für $\varkappa$ der kleinere der beiden Werte $\varkappa_0$ und $\varkappa_1$ zu setzen, von denen der erstere die zwischen 0 und 180° liegende Wurzel der Gleichung

$$1 + \sin^2 \varrho - 2 \sin \varrho \frac{\varkappa_0}{\sin \varkappa_0} = 0$$

sein soll, während $\varkappa_1$ aus der Bedingung

$$\sin \varkappa_1 = \tan \varrho_1 / \tan \varrho, \quad 0 < \varkappa_1 \leqq 90°$$

bestimmt wird. Der ganze Bodendruck beträgt:

$$V = \frac{2 b^2 \gamma}{\cos \varrho \sin \varrho \sin^2 \varkappa} [(1 + \sin^2 \varrho) \sin \varkappa - \sin \varrho (\varkappa + \sin \varkappa \cos \varkappa)].$$

$$(11.22)$$

Dieser Ausdruck läßt sich auch in der Form $V = \gamma F h$ darstellen, wo h als *Druckhöhe* bezeichnet werden darf. Da die Reibung um so stärker zur Geltung kommt, je größer der Umfang U des Querschnittes ist, und das Eigengewicht um so stärkeren Einfluß hat, je größer der Flächeninhalt F ist, so ist es gerechtfertigt,

$$h = \frac{F}{U} C$$

zu setzen, wo C von der Form des Querschnittes abhängt. Für den Spalt hat C den Wert von $C = V/2\gamma b^2$.

Abb. 11.8 stellt die Größe $C = V/2\gamma b^2$ als Funktion des Reibungswinkels ϱ dar, wenn die Wand genügend rauh ist, also $\varrho_1 = \varrho$ gesetzt werden darf.

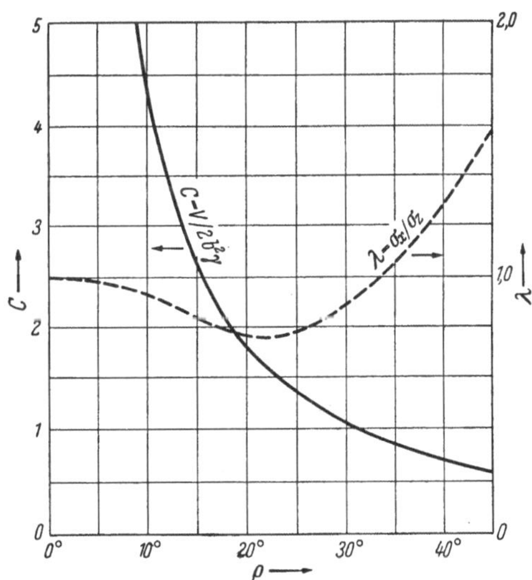

Abb. 11.8. Druckbeiwert C als Funktion des Reibungswinkels im Falle des vertikalen Spaltes und des zylindrischen Silos. Werte des Verhältnisses der waagerechten zu den lotrechten Spannungen an der Wand

Es ist von Interesse, die Ergebnisse mit der einfachen Theorie zu vergleichen. Die Asymptote der Spannungsverteilungslinie wurde dort mit $\sigma_z^{\max}/b\gamma = 1/\lambda \tan\varrho$ angegeben; für λ haben wir auf Grund der Versuchsergebnisse den Wert $\lambda = 1$ gebraucht. In Abb. 11.9 wurde dieser Wert $\sigma_z^{\max}/b\gamma = a = \cot\varrho$ als Funktion von ϱ aufgetragen und außerdem $\sigma_z/b\gamma$ nach Gl. (11.21) mit dargestellt. Der Vergleich zeigt, daß die genaue Methode *größere Werte* liefert.

Die KÖTTERsche Theorie ermöglicht auch, das Verhältnis der waagerechten und lotrechten Spannungen zu berechnen. Aus Gl. (11.21) folgt

$$\lambda = \frac{\sigma_x}{\sigma_z} = \frac{\cos^2\varrho}{1 + \sin^2\varrho - 2\sin\varrho\,\cos\varkappa}.$$

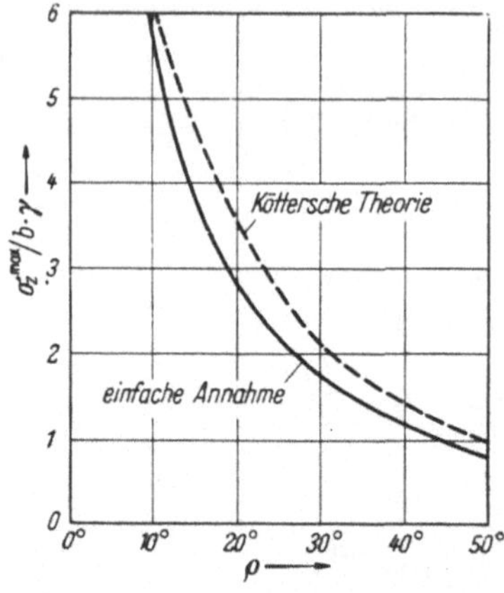

Abb. 11.9. Vergleich der einfachen und der KÖTTERschen Theorie

Diese Werte zeigt für $\varrho_1 = \varrho$ Abb. 11.8; man sieht, daß die Annahme $\lambda = 1$ keine allzu schlechte Annäherung — besonders bei $\varrho = 30°-35°$ — bedeutet.

11.2 Erddruck auf Rohrleitungen

Wird eine Rohrleitung in den Boden eingebettet, dann übt er einen vertikalen Druck aus, der bei der Bemessung größerer Rohre berücksichtigt werden muß. In diesem Abschnitt wollen wir die Bestimmung dieses Druckes behandeln. Das Problem ist mit dem im vorigen Abschnitt behandelten verwandt.

Liegt ein waagerechtes Rohr in einer Tiefe t unter der waagerechten Erdoberfläche, dann müssen wir in Hinblick auf die sich ausbildenden

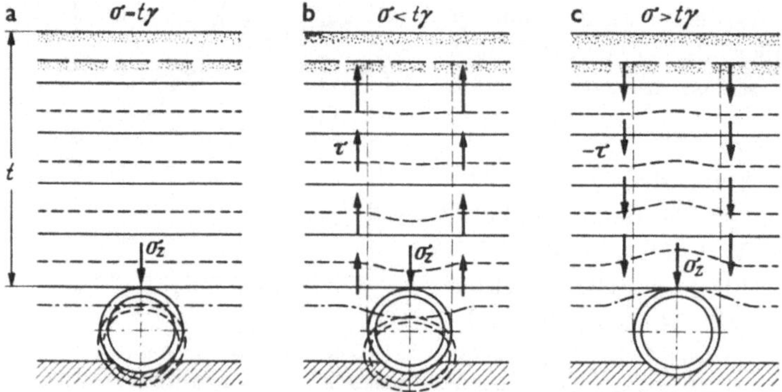

Abb. 11.10 a – c. Die drei Grundfälle der Belastung eines eingebetteten Rohres

Drücke *drei Fälle* unterscheiden (Abb. 11.10). Im ersten Fall sind die Verformungen des Rohres im unendlichen Halbraum den Verformungen des Bodens vollkommen *gleich*; dann stimmen die Spannungen auf dem Mantel des Rohres mit denen des unendlichen Halbraumes überein. Diese Spannungen können entweder unter Annahme eines *Ruhezustandes* mit Hilfe der Formeln des Ruhedruckes berechnet werden, oder aber man nimmt an, daß sich die umgebende Erdmasse im plastischen Zustande befindet. Dieser Fall ist bei jeder Annahme nur von *theoretischer Bedeutung*, denn die Verformungen des Bodens können mit denen des aus anderem Material bestehenden Rohres nie übereinstimmen, und außerdem wird der Spannungs- und Verformungszustand durch die Methode der Rohrlegung wesentlich beeinflußt.

Im zweiten Fall setzen sich die Rohrleitung und der Boden unmittelbar darüber *mehr* als die Umgebung. Das kann vorkommen, wenn das Rohr in einen *engen Graben* gelegt wird, dessen Seitenwände lotrecht oder mit geringer Neigung ausgehoben wurden, und der Graben mit losem oder mitteldichtem Material wieder verfüllt wird. Durch die Zusammendrückung des Rohres einerseits und die Verdichtung der Hinterfüllung

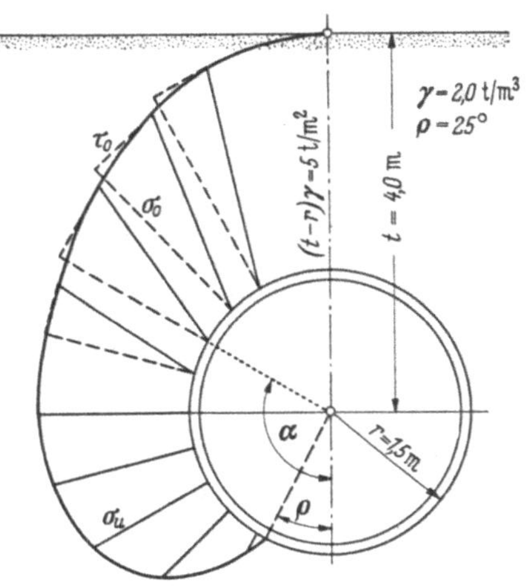

Abb. 11.11
Erddruckspannungen am Rohrmantel im 1. Falle

andererseits werden an den Seitenflächen des Grabens *Schubspannungen* hervorrufen, genauso wie im Falle des in Abschn. 11.1 behandelten Problems. Die vertikale Belastung des Rohres ist nun *kleiner als das Eigengewicht der Hinterfüllung*. Dieser Fall wird dann auftreten, wenn das Rohr äußerst biegsam oder die Hinterfüllung sehr locker ist (Abb. 11.10b).

Praktisch gesehen ist vielleicht *der dritte Fall* am wichtigsten. Hier ist das Rohr steif, seine Bettung unnachgiebig, das Erdmaterial darüber und daneben hingegen setzt oder verdichtet sich. Das Rohr ist also steifer als seine Umgebung und erhält *eine Zusatzbelastung*, so daß die vertikale Belastung größer ist als das Eigengewicht der Hinterfüllung (Abb. 11.10c). Dieser Fall wird vorkommen, wenn ein Rohr in einen breiten Graben gelegt und locker hinterfüllt wird oder aber bei Durchlässen und Rohren unter höheren Dämmen, die auf gewachsenem Boden gelegt werden.

Untersuchen wir im folgenden diese drei Fälle.

1. Dieser Fall ist, wie erwähnt, mehr von theoretischer Bedeutung. Praktisch wird er vielleicht dann zur Anwendung kommen können, wenn die Schütthöhe den Durchmesser des Rohres nicht übersteigt. Auf Grund der RANKINEschen Formeln (s. Kap. 7) leitet VOELLMY (1937) folgende Ausdrücke zur Bestimmung der Erddruckspannungen ab (Abb. 11.11). Auf der oberen Hälfte des Rohrmantels wirken

$$\left.\begin{aligned}
\sigma_o &= \frac{\gamma}{1 + \sin \varrho}\,(z + r \cos \alpha)\,(1 + \sin \varrho \cos 2\alpha), \\[2mm]
\tau_o &= \frac{\gamma}{1 + \sin \varrho}\,(z + r \cos \alpha)\,\sin \varrho \cos 2\alpha,
\end{aligned}\right\} \tag{11.23}$$

auf der unteren Hälfte:

$$\left.\begin{aligned}
\sigma_u &= \sigma_o\left(1 - \frac{\tan \varrho}{\tan \alpha}\right)^2, \\[2mm]
\tau_u &\cong 0.
\end{aligned}\right\} \tag{11.24}$$

Die Bezeichnungen sind der Abb. 11.11 zu entnehmen. Hier werden auch die Ergebnisse eines Zahlenbeispiels dargestellt.

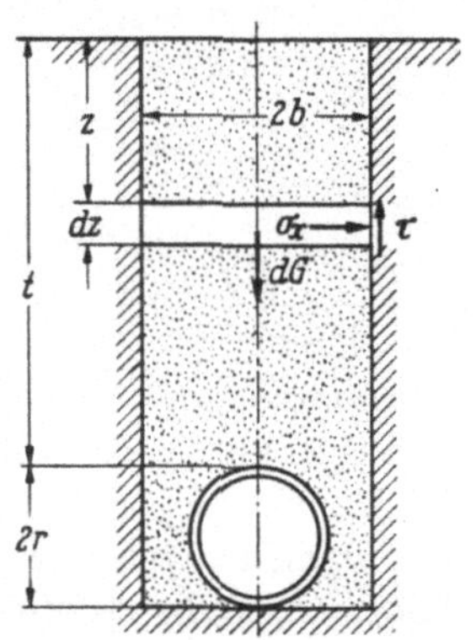

Abb. 11.12. Bestimmung der Belastung einer in einen schmalen Graben gelegten Rohrleitung

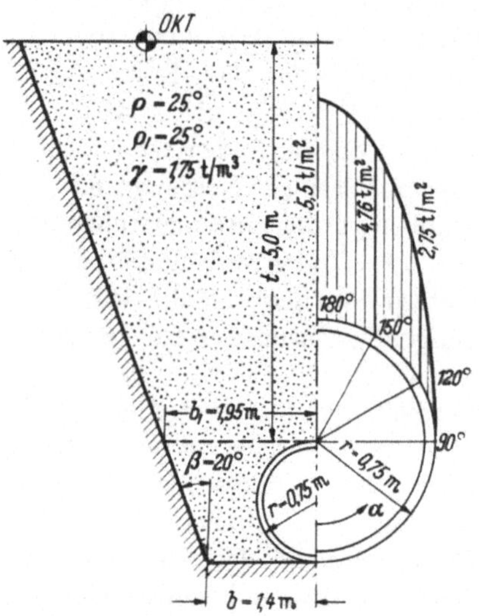

Abb. 11.13. Spannungen am Rohrmantel, wenn die Seitenflächen des Grabens geneigt sind

2. In diesem Fall sind die Ergebnisse der Ableitung in Abschn. 11.1 anwendbar; der einzige Unterschied besteht darin, daß der Reibungsbeiwert an den Seitenflächen kleiner als der Beiwert der inneren Reibung sein kann. Die vertikale Spnanung beträgt also, wenn dieser Beiwert mit $\tan \varrho_1$ bezeichnet wird (Abb. 11.12):

$$\sigma_z = \frac{b\gamma}{\lambda_a \tan \varrho_1}\,(1 - e^{-\lambda_a \tan \varrho_1\, t/b}). \tag{11.25}$$

Für Grabenseitenflächen, die unter dem Winkel β zur Lotrechten ansteigen (Abb. 11.13), hat VOELLMY (1937) auf Grund derselben Annahmen die Gl. (11.25) verallgemeinert. Danach beträgt die vertikale Scheitelspannung:

$$\sigma_z = \frac{b\gamma}{\psi}\left(1 - e^{-\psi\, t/b}\right). \qquad (11.26)$$

Die Rolle der Größe $\lambda_a \tan \varrho_1$ wird also vom Ausdruck

$$\psi = \frac{(1 - \sin\varrho\,\cos 2\beta)\,\sin(\beta + \varrho_1)}{(1 + \sin\varrho)\,\cos\beta\,\cos\varrho_1} \qquad (11.27)$$

übernommen. In der Gleichung bedeutet ϱ_1 den Wandreibungswinkel; in den meisten Fällen dürfen wir mit $\varrho_1 = \varrho$ arbeiten.

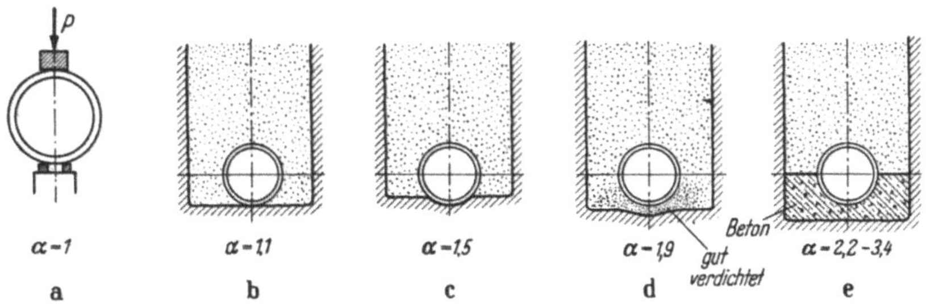

Abb. 11.14 a—e

a) Versuchsanordnung bei der Bestimmung der Bruchkraft eines Rohres; b) —e): Arten der Bettung; Beiwert, der die Bettungsart zum Ausdruck bringt.

Abb. 11.13 stellt dazu die Ergebnisse eines Zahlenbeispiels dar. Ein Rohr mit dem Durchmesser $D = 1{,}50$ m wird in einen Graben gelegt, dessen Seitenwände mit einer Neigung $\beta = 20°$ ausgehoben wurden. Zur Überschüttung steht ein Schluffsand ($\varrho = 25°$) zur Verfügung. Der maximale Druck im Scheitel, berechnet nach Gl. (11.27), beträgt $\sigma_{z\,max} = 5{,}5$ t/m²; der geostatische Druck würde $t\gamma = 8{,}75$ t/m² ausmachen; die Reibung an den Seitenwänden hat also den Druck um 37% vermindert. In den anderen Punkten des Rohrmantels können wir die vertikalen Spannungen mit $\sigma_z = \sigma_{z\,max} \cos\alpha$ berechnen.

Die ungünstigsten Verhältnisse ergeben sich, wenn das Rohr seitlich nicht gestützt ist. Je besser ein Rohr gebettet wird und je sorgfältiger die Seitenschüttung verdichtet wird, um so kleiner werden die Biegemomente im Rohrmantel. SPANGLER (1948) unterscheidet vier Arten der Bettung (Abb. 11.14 b—e). Ist die Bruchlast eines Rohres, gemessen in einer Versuchsanordnung nach Abb. 11.14a, P, dann kann dieses Rohr eine Belastung

$$G = \frac{\alpha P}{\nu}$$

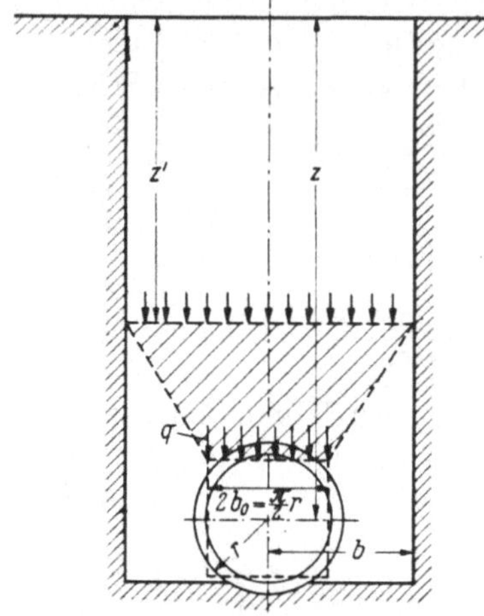

Abb. 11.15
Zusatzbelastung eines steifen Rohres

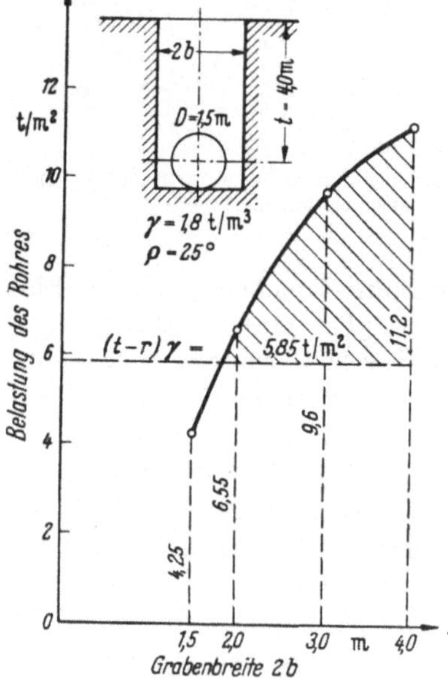

Abb. 11.16. Größe der Zusatzbelastung als
Funktion der Grabenbreite

aufnehmen. In der Formel bedeuten $G = 2b\sigma_z$ [σ_z nach (11.25)], ν den Sicherheitsbeiwert und α den Koeffizienten, der von der Art der Bettung gemäß Abb. 11.14 abhängt.

3. Rohre kleineren Durchmessers, die aus Beton oder Stahlbeton gefertigt werden, sind immer viel steifer, als der umgebende Boden. In solchen Fällen bekommt das Rohr eine gewisse *Zusatzbelastung*, die infolge des Nachsackens der Hinterfüllung auftritt. Die genaue Berücksichtigung der bestimmenden Faktoren würde zu äußerst verwickelten Formeln führen; eine übertriebene Genauigkeit würde hier auch nicht am Platze sein. Nach VOELLMY (1937) kann man folgende Näherungsformeln anwenden (Abb. 11.15):

$$\sigma_z = \gamma$$
$$\frac{b^2 - b_0^2}{2r} \cot \varrho + \frac{b^2 \gamma}{r} \frac{1 - e^{-\lambda_a \tan \varrho \, z'/b}}{\lambda_a \tan \varrho}, \tag{11.28}$$

wo $\qquad b_0 = r\pi/4$

$$z' = z - b_0 - (b - b_0) \cot \varrho. \tag{11.29}$$

Ergibt sich aus Gl. (11.29) ein negativer Wert für z', dann wird an Stelle der Gl. (11.28) die Formel

$$\sigma_z = \gamma \frac{z - b_0}{2r} [2b_0 - (z - b_0) \tan \varrho] \tag{11.30}$$

verwendet.

Abb. 11.16 zeigt die vertikale Spannung im Scheitel eines Rohres, das in einen Graben mit lotrechten Seitenflächen gelegt wurde. Die Hinterfüllung ist Schluffsand ($\varrho = 25°$). Es wurde der maximale Wert der vertikalen Spannung als Funktion der Grabenbreite aufgetragen. Je breiter der Graben, um so größer ist die Belastung.

11.3 Silo-Aufgaben

Der Bodendruck und Seitendruck, der auf die unnachgiebigen lotrechten Wände von Silos wirkt, die zur Lagerung von trockenen, körnigen Stoffen gebaut werden, werden auch heute noch nach der alten einfachen Theorie von JANSSEN (1895) und KOENEN (1896) berechnet. Diese Theorie nimmt an, daß die Verteilung der lotrechten Spannungen auf der Querschnittsfläche gleichmäßig ist; an den Seitenflächen wirkt die volle Reibung, und das Verhältnis der waagerechten und senkrechten Spannung an der Wand wird dem Verhältnis der Hauptspannungen im Bruchzustande gleichgesetzt. Diese letzte Annahme ist eine sehr grobe Näherung, da die Spannungen σ_z und σ_x keineswegs Hauptspannungen sind. Dieses Verhältnis wird somit als eine von der Tiefe unabhängige Größe betrachtet. Auf Grund der Gleichgewichtsbedingung

$$F\sigma_z + F\gamma\,dz - (\sigma_z + d\sigma_z)\,F - \tau U\,dz = 0, \quad (11.31)$$

wo F die Querschnittsfläche, U deren Umfang bedeutet, und mit

$$\tau/\sigma_x = \tan\varrho_1$$

und

$$\sigma_x/\sigma_z = \tan^2(45° - \varrho/2) = \lambda_a$$

bekommt man

$$\frac{d\sigma_z}{dz} + \lambda_a \tan\varrho_1\,\sigma_z = \gamma. \quad (11.32)$$

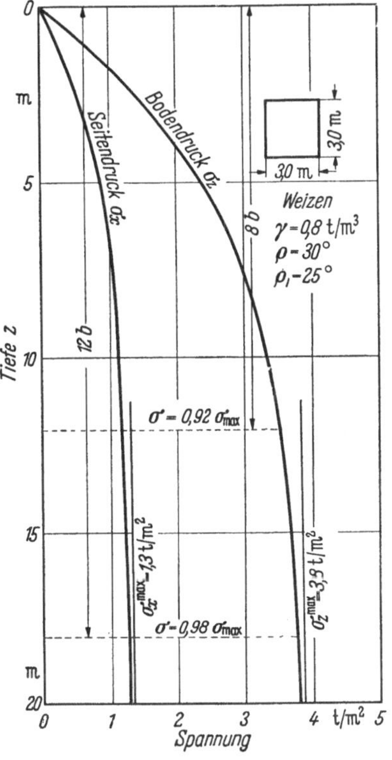

Abb. 11.17. Spannungsverteilungskurven in einem Silo mit rechteckigem Querschnitt

Die Lösung dieser Differentialgleichung lautet

$$\left.\begin{aligned}
\sigma_z &= \frac{F}{U}\,\frac{\gamma}{\lambda_a \tan\varrho_1}\left(1 - e^{-\frac{U}{F}\lambda_a \tan\varrho_1 z}\right) \\[2mm]
\text{und}\qquad \sigma_x &= \frac{F}{U}\,\frac{\gamma}{\tan\varrho_1}\left(1 - e^{-\frac{U}{F}\lambda_a \tan\varrho_1 z}\right).
\end{aligned}\right\} \quad (11.33)$$

Spannungsverteilungskurven, die nach (11.33) berechnet wurden, sind für ein Silo mit quadratischem Querschnitt in Abb. 11.17 dargestellt.

Die Spannungen können von einer gewissen Tiefe ($z/b \approx 8 \div 10$) an als konstant angesehen werden.

Die Werte ϱ und ϱ_1, die in Gl. (11.33) vorkommen, können am besten durch *direkte Scherversuche* bestimmt werden. Eine Reihe solcher Versuchsergebnisse (SZILVÁGYI, 1944) sind in der Tab. 11.1 zusammengestellt.

Tabelle 11.1. *Raumgewichte und Reibungswinkel von körnigen Materialien*

Material, lose geschüttet	Raumgewicht γ t/m³	Reibungs- winkel $\varrho°$	Wandreibungswinkel auf			
			Stahl- blech	Beton	Mauer- werk	Holz
Weizen	0,75 — 0,85	30,5	—	28°	26,5°	25°
Roggen	0,72 — 0,82	29°	—	25°	26,5°	25°
Gerste	0,69 — 0,74	32,5°	—	29°	26,5°	26°
Hafer	0,48 — 0,56	33°	—	28°	28°	26°
Mais	0,70 — 0,78	36°	—	28°	28°	25°
Bohnen	0,83 — 0,88	33°	—	28°	26,5°	25°
Erbsen	0,70 — 0,80	34°	—	27°	27°	24°
Steinkohle	0,80 — 0,95	27,5°	16°	27°	—	25°
Braunkohle	0,70 — 0,80	35° — 50°	—	—	—	—
Schlacke	0,64 — 1,40	32° — 48°	—	30 — 40°	—	30 — 40°
Zement	1,00 — 1,40	40°	—	25°	—	—
Eisenerz	4,20 — 5,20	45°	—	—	—	—

Die erwähnte grobe Näherung der obigen Ableitung wurde von JAKOBSON (1958) korrigiert, als er für das Spannungsverhältnis σ_x/σ_z anstatt λ_a den wahren Wert (s. Abb. 11.18a u. b)

$$\frac{\sigma_x}{\sigma_z} = \frac{1 + \sin^2 \varrho - 2 \sqrt{\sin^2 \varrho - \tan^2 \varrho_1 \cos^2 \varrho}}{\cos^2 \varrho + 4\tan^2 \varrho_1} = a \qquad (11.34)$$

einführte. Der Beiwert $\lambda_a \tan \varrho_1$ soll daher durch $a \tan \varrho_1$ ersetzt werden. a ist größer als λ_a; zum Vergleich zeigt Abb. 11.19 die Kurven a/λ_a für $\varrho_1 = \varrho$ und $\varrho_1 = 3/4\varrho$.

Die oben angeführte einfache Theorie hat sich, trotz ihrer Fehler, in der Praxis eingebürgert und auch die späteren Siloversuche haben die Er-

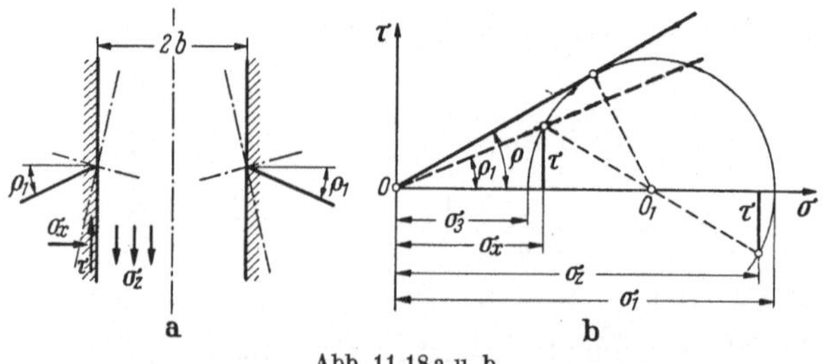

Abb. 11.18 a u. b

a) Hauptspannungsrichtungen an der Silowand;   b) MOHRscher Spannungskreis

gebnisse bestätigt. Diese Übereinstimmung bezieht sich aber nur auf die Phase, wenn das Silo allmählich *gefüllt* wird und keine dynamische Erscheinungen auftreten. Die Beobachtung, daß Beschädigungen von Silos immer nur bei *Ausleerung* stattgefunden haben, lenkte die Aufmerksamkeit auf die Vorgänge, die sich dabei abspielen (LUFFT, 1904; REIMBERT, 1954; CAQUOT, 1957; DESPEYROUX, 1958; BERGAU, 1959). Es stellte sich heraus, daß diese Vorgänge äußerst launenhaft sind und daß die Streuung der Meßergebnisse bei ein und demselben Silo sehr groß ist. Als ein Beispiel seien die Erddruckspannungen in Abb. 11.20 angegeben, die von BERGAU (1959) im Schwedischen Geotechnischen Institut in einem Stahlbetonsilo gemessen wurden. Die bei der Leerung auftretenden Spannungen sind oft zweimal so groß wie jene, die bei der Füllung gemessen wurden und auch der theoretischen Kurve sehr naheliegen. Die theoretische Untersuchung der Vorgänge bei der Leerung ist sehr schwierig, da die Ausbildung des unteren Teiles des Silos, die Öffnung, die geometrischen Angaben und viele unerforschte Erscheinungen eine Rolle spielen. Eine Lösung wurde von CAQUOT (1957) versucht, der den Seitendruck bei der Leerung mit der folgenden Formel angibt:

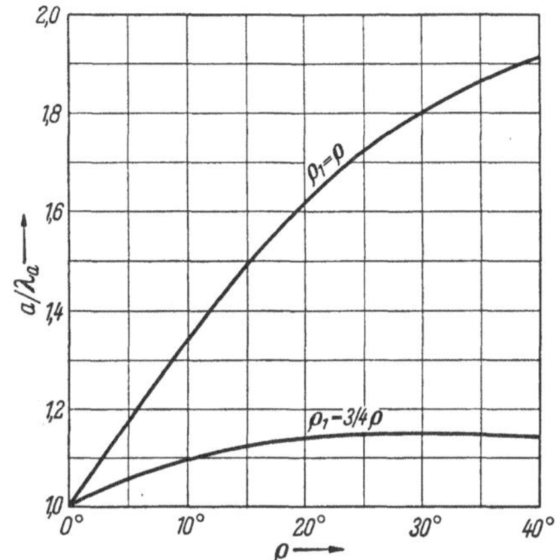

Abb. 11.19. Verhältniszahl a zu λ_a nach JAKOBSEN

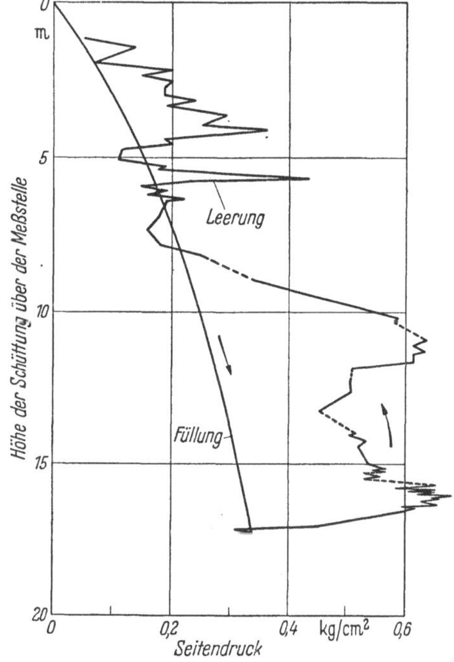

Abb. 11.20. Ergebnisse von Spannungsmessungen in einem Stahlbetonsilo bei Füllung und Leerung

$$\sigma_x = \left\{ \gamma \, (h_1 - h) + \gamma \, \frac{R}{2\lambda_p - 2} \left[1 - \left(\frac{R}{h_0}\right)^{2\lambda_p - 2} \right] \right\} \frac{1 - \cos^2 \lambda \sin \varrho}{1 - \sin \varrho}. \qquad (11.35)$$

19 Kézdi, Erddrucktheorien

Darin bedeutet (s. Abb. 11.21) h_0 die Höhe der Oberfläche des Schüttgutes über der unteren Öffnung, $h_1 - h$ die Pfeilhöhe eines Kreisbogens, der um den Mittelpunkt O mit einem Halbdurchmesser R durch den untersuchten Punkt der Wand gezeichnet wird; λ ist der Winkel, den der Kreisradius durch den untersuchten Punkt mit der Lotrechten einschließt und λ_p der Erdwiderstandsbeiwert.

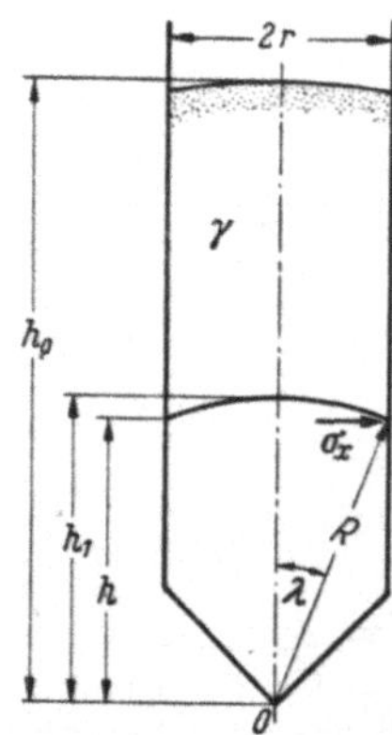

Abb. 11.21. Bezeichnungen in der Silotheorie von CAQUOT

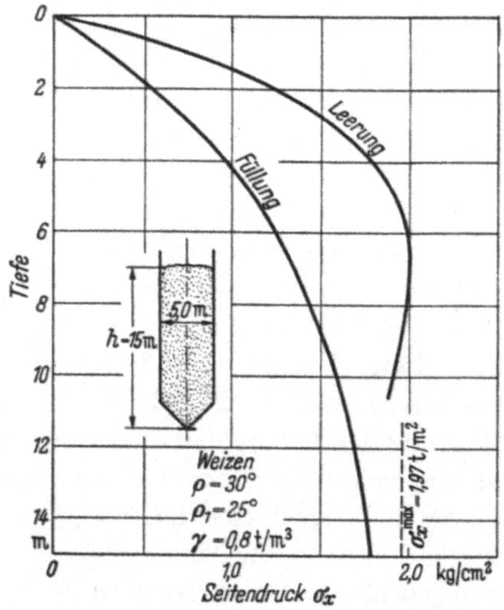

Abb. 11.22. Seitendrücke in einem Silo; Zahlenbeispiel zur Anwendung der Silotheorie von CAQUOT

Für den Fall der *Füllung* gibt CAQUOT folgende Formel zur Bestimmung des Asymptote der Druckverteilungslinie an:

$$\sigma_x{}^{\max} = \frac{\gamma r}{2} \cot \delta \left(1 - e^{-h/b_1}\right) \tag{11.36}$$

mit $b_1 = r\lambda_{p(\delta)} \sin 2\varrho_1$.

Der Beiwert $\lambda_{p(\delta)}$ kann mit der Formel

$$\lambda_{p(\delta)} = \frac{1 + \mu \sin \varrho}{1 - \mu \sin \varrho}; \qquad \mu = \sqrt{\left(1 - \frac{\tan^2 \varrho_1}{\tan^2 \varrho}\right)}$$

berechnet werden; ϱ_1 ist der Wandreibungswinkel. Die Spannungen in den Zwischenhöhen ergeben sich mit $\sigma_x = K\sigma_x^{\max}$, wo K der folgenden Tabelle zu entnehmen ist:

h/b_1	0	0,2	0,5	1	2	3	4	5
K	0	0,1813	0,3935	0,6321	0,8647	0,9502	0,9817	0,9933

In Abb. 11.22 sind die Ergebnisse eines Zahlenbeispiels dargestellt; die Seitendrücke bei der Leerung sind besonders im oberen Teil sehr beträchtlich, sie sind fast zweimal so groß, wie die Spannungen bei der Füllung. Die berechneten Werte stehen mit vielen Versuchsergebnissen in gutem Einklang.

11.4 Erddruck und Erdwiderstand auf eine kreiszylindrische Fläche

Die achsensymmetrische Aufgabe des Erddruckes kommt in der Praxis oft vor, etwa bei der statischen Untersuchung der *Schacht-* und *Brunnenwandungen, Wasserbehälter* usw. Die Verfahren, die wir bisher behandelt haben, sind dann nicht mehr anwendbar; es wurde immer ein *ebener Zustand* vorausgesetzt. Ist die kreiszylindrische Wand, die

vom Erddruck in Anspruch genommen wird, sehr *steif*, und können Bewegungen und Durchbiegungen nicht stattfinden, dann können wir den Zustand des *Ruhe-druckes* voraussetzen. Die Spannungen aus dem Ruhe-druck sind dann mit Hilfe der Gln. (2.12) oder (2.14) zu bestimmen. Dieser Fall wird aber in der Praxis nur sehr selten vorkommen, denn durch die Bauvor-gänge, durch die Abteufung des Schachtes oder des Brunnens werden im um-gebenden Boden Verschie-bungen und Verformungen

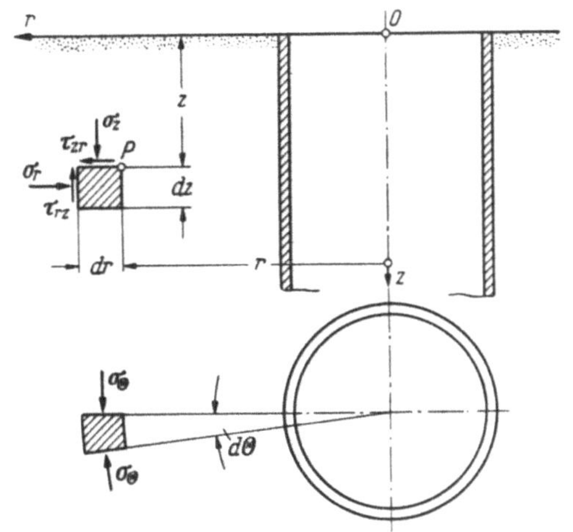

Abb. 11.23. Spannungen am Volumenelement in Zylinder-koordinaten

auftreten, die die Reibungswiderstände hervorrufen; es kann auch der *plastische Zustand* eintreten. Wird die Abteufung durch Baggerung ausgeführt, dann zeigen gewöhnlich die großen Absenkungstrichter, daß erhebliche Verformungen und Verschiebungen zustande kommen. Mit der Annahme, daß das Material in der Umgebung der kreis-zylindrischen Fläche in den plastischen Zustand gerät, hat BERE-SANZEW (1952 und 1958) die *achsensymmetrische Aufgabe* gelöst. Die Lösung entspricht für den räumlichen, achsensymmetrischen Fall der Theorie von RANKINE für das ebene Problem.

Es werden *Zylinderkoordinaten* nach Abb. 11.23 eingeführt. Die Gleichgewichtsbedingungen lauten:

$$\left.\begin{array}{c} \dfrac{\partial \sigma_r}{\partial r} + \dfrac{\partial \tau_{rz}}{\partial z} + \dfrac{\sigma_r - \sigma_\theta}{r} = 0\,, \\[2mm] \dfrac{\partial \tau_{rz}}{\partial r} + \dfrac{\partial \sigma_z}{\partial z} + \dfrac{\tau_{zr}}{r} = \gamma\,. \end{array}\right\} \tag{11.37}$$

Hinsichtlich der Bruchbedingung müssen wir besondere Erwägungen anstellen, da hier ein räumlicher Spannungszustand vorliegt. Die

19*

CoULOMBsche Bedingung wird beibehalten, d. h. es wird gefordert, daß der Ausdruck

$$(\tau - \sigma \tan \varrho) \tag{11.38}$$

einen Grenzwert erreiche (dieser kann entweder Null oder c sein). Wir stellen unsere Betrachtung in einem Koordinatensystem an, das von den drei Hauptspannungen $\sigma_1 \geqq \sigma_2 \geqq \sigma_3$ gebildet wird (Abb. 11.24). Wir wollen Gl. (11.38) in diesem System ausdrücken. Wenn wir die Vektorkomponenten des untersuchten Flächenelementes, in dem die Normalspannung σ und die Schubspannung τ wirkt, mit l, m und n bezeichnen, wobei

$$l = \cos (N, 1), \quad m = \cos (N, 2),$$
$$n = \cos (N, 3)$$

und

$$l^2 + m^2 + n^2 = 1$$

ist, dann ist

$$\sigma = \sigma_1 l^2 + \sigma_2 m^2 + \sigma_3 n^2$$

und

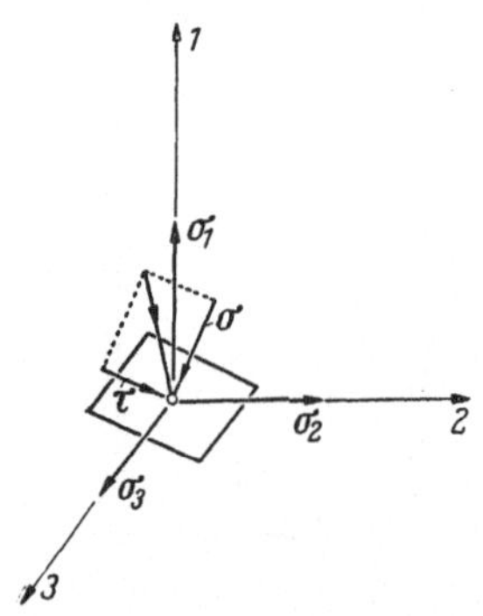

Abb. 11.24. Normale und tangentiale Spannung an einem Flächenelement

$$\tau = \sqrt{\sigma_1^2 l^2 + \sigma_2^2 m^2 + \sigma_3^2 n^2 - (\sigma_1 l^2 + \sigma_2 m^2 + \sigma_3 n^2)^2}.$$

Setzen wir diese Werte in den Ausdruck (11.38) ein, so folgt

$$\sqrt{\sigma_1^2 l^2 + \sigma_2^2 m^2 + \sigma_3^2 n^2 - (\sigma_1 l^2 + \sigma_2 m^2 + \sigma_3 n^2)^2} -$$
$$- (\sigma_1 l^2 + \sigma_2 m^2 + \sigma_3 n^2) \tan \varrho \tag{11.39}$$

Wenn wir einen Richtungskosinus mittels $l^2 + m^2 + n^2 = 1$ eliminieren und die partiellen Ableitungen des obigen Ausdruckes gleich Null setzen, dann können wir je drei Werte l, m, n aufschreiben, für die der Ausdruck $(\tau - \sigma \tan \varrho)$ einen Größtwert erreicht. Diese Werte sind in der Tabelle auf S. 293 zusammengestellt.

Setzen wir je drei dieser Werte in (11.39) ein, dann bekommen wir drei Ausdrücke:

$$\left.\begin{aligned}
\frac{1}{\cos \varrho} \frac{\sigma_1 - \sigma_2}{2} - \tan \varrho \frac{\sigma_1 + \sigma_2}{2} \\[2mm]
\frac{1}{\cos \varrho} \frac{\sigma_1 - \sigma_3}{2} - \tan \varrho \frac{\sigma_1 + \sigma_3}{2} \\[2mm]
\frac{1}{\cos \varrho} \frac{\sigma_2 - \sigma_3}{2} - \tan \varrho \frac{\sigma_2 + \sigma_3}{2}
\end{aligned}\right\} \tag{11.40}$$

Da $\sigma_1 \geqq \sigma_2 \geqq \sigma_3$ vorausgesetzt war, wird der Größtwert vom zweiten Ausdruck geliefert, d. h. es ist

$$\max (|\tau| - \sigma \tan \varrho) = \frac{1}{\cos \varrho} \frac{\sigma_1 - \sigma_3}{2} - \tan \varrho \frac{\sigma_1 + \sigma_3}{2}.$$

l	m	n
$\pm\sqrt{\dfrac{1-\sin\varrho}{2}}$	$\pm\sqrt{\dfrac{1+\sin\varrho}{2}}$	0
$\pm\sqrt{\dfrac{1-\sin\varrho}{2}}$	0	$\pm\sqrt{\dfrac{1+\sin\varrho}{2}}$
0	$\pm\sqrt{\dfrac{1-\sin\varrho}{2}}$	$\pm\sqrt{\dfrac{1+\sin\varrho}{2}}$

Die Bruchbedingung lautet also, genau wie im ebenen Zustande,

$$\frac{1}{\cos\varrho}\,\frac{\sigma_1-\sigma_3}{2}-\tan\varrho\,\frac{\sigma_1+\sigma_3}{2}=c \qquad (11.41)$$

oder, in der bekannten Form geschrieben,

$$\frac{\sigma_1-\sigma_3}{\sigma_1+\sigma_3+2c\cot\varrho}=\sin\varrho\,.$$

Im Falle einer ebenen Aufgabe ist diese Bedingung vollkommen hinreichend, um den Grenzzustand des Gleichgewichtes zu bestimmen. Im räumlichen Zustand ist diese eine Bedingung zwar *notwendig*, aber *nicht hinreichend*; es muß noch eine der folgenden Bedingungen erfüllt sein:

$$\frac{1}{\cos\varrho}\,\frac{\sigma_1-\sigma_2}{2}-\tan\varrho\,\frac{\sigma_1+\sigma_2}{2}=c \qquad (11.42)$$

oder

$$\frac{1}{\cos\varrho}\,\frac{\sigma_2-\sigma_3}{2}-\tan\varrho\,\frac{\sigma_2+\sigma_3}{2}=c\,. \qquad (11.43)$$

Die Tatsache, daß eine von diesen Bedingungen erfüllt wird, bringt es mit sich, daß die mittlere Hauptspannung σ_2 mit einer der beiden anderen Hauptspannungen gleich ist. Sind (11.41) und (11.42) gleichzeitig erfüllt, dann ist $\sigma_2=\sigma_3$, und sind (11.41) und (11.43) gleichzeitig erfüllt, dann ist $\sigma_1=\sigma_2$. Der Fall, daß alle drei Bedingungen erfüllt sind, kann außer acht gelassen werden, da dann $\sigma_1=\sigma_2=\sigma_3$ ist, was einen hydrostatischen Spannungszustand bedeutet, in dem kein Bruch auftreten kann.

Kehren wir nun zu den Differentialgleichungen des Gleichgewichtes (11.37) zurück. Der Spannungs- und der Verformungszustand sind achsensymmetrisch, daher ist $\tau_{\theta z} = \tau_{r\theta} = 0$. Die Spannung σ_θ ist also eine Hauptspannung, und zwar die mittlere Hauptspannung ($\sigma_\theta = \sigma_z$). σ_r und σ_z wirken in den Meridianschnitten (Abb. 11.23). Nach den vorangegangenen Ausführungen können *zwei Gleichgewichtszustände* auftreten; bei dem einen ist $\sigma_2 = \sigma_3$, bei dem anderen $\sigma_2 = \sigma_1$. Im ersten Fall ist die Spannung σ_r immer kleiner als die lotrechte Spannung σ_z; infolgedessen treten Verschiebungen *nach außen* auf. Im zweiten Fall ist die Spannung σ_r die erste Hauptspannung und die Verschiebung erfolgt *nach innen*, also der Achse zu. Der Charakter des Spannungszustandes wird also von der Richtung der Verschiebungen bestimmt. Der erste Fall ($\sigma_2 = \sigma_3$) wird wohl dem *Erdwiderstand*, der zweite ($\sigma_2 = \sigma_1$) dem *Erddruck* entsprechen.

Zur Bestimmung der unbekannten Spannungen σ_z, σ_r, σ_θ und τ_{rz} stehen die beiden Gleichgewichtsbedingungen (11.37) und die beiden Bruchbedingungen (11.41) und (11.42) oder (11.41) und (11.43) zur Verfügung.

In Abb. 11.25 haben wir einen Meridianschnitt des Körpers mit dem Koordinatensystem dargestellt. Im Punkte P seien die Hauptrichtungen gegeben, die Spurlinien der Gleitflächen in diesem Schnitte

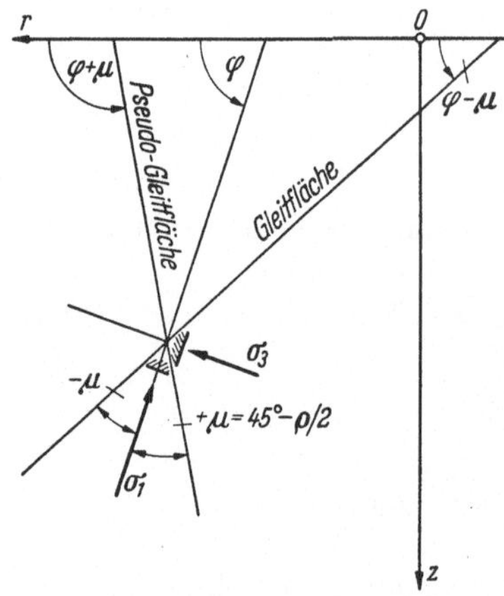

Abb. 11.25
Hauptspannungen und Gleitflächenrichtungen

schließen mit diesen Richtungen den Winkel $45° \pm \varrho/2$ ein. Bezeichnen wir den Winkel, den die Richtung der ersten Hauptspannung mit der Achse r einschließt, mit φ (s Abb. 7.31), und führen wir die Abkürzung

$$\sigma = \frac{\sigma_1 - \sigma_3}{2\sin\varrho} \tag{11.44}$$

ein, dann lassen sich die Spannungskomponenten mit Hilfe der Hauptspannungen ausdrücken in der Form

$$\sigma_r = \frac{\sigma_1 + \sigma_3}{2} + \frac{\sigma_1 - \sigma_3}{2}\cos 2\varphi,$$

$$\sigma_z = \frac{\sigma_1 + \sigma_3}{2} - \frac{\sigma_1 - \sigma_3}{2}\cos 2\varphi,$$

$$\tau_{rz} = \frac{\sigma_1 - \sigma_3}{2}\sin 2\varphi.$$

Das sind Formeln, die wir schon öfter verwendet haben [s. Gl. (1.5)]. Außerdem ist entweder $\sigma_\theta = \sigma_2 = \sigma_3$ oder $\sigma_\theta = \sigma_2 = \sigma_1$. Mit Hilfe der Gl. (11.41) und mit Hilfe der Ausdrücke

$$\sigma_1 = \sigma\,(1 + \sin\varrho) - c\cot\varrho,$$

$$\sigma_3 = \sigma\,(1 - \sin\varrho) - c\cot\varrho$$

(s. Abb. 11.26) können wir schreiben:

$$
\left.
\begin{aligned}
\sigma_r &= \sigma\,(1 + \sin\varrho\cos 2\varphi) - c\cot\varrho,\\
\sigma_z &= \sigma\,(1 - \sin\varrho\cos 2\varphi) - c\cot\varrho,\\
\tau_{rz} &= \sigma\sin\varrho\sin 2\varphi,\\
\sigma_\theta &= \sigma\,(1 \pm \sin\varrho) - c\cot\varrho.
\end{aligned}
\right\}
\qquad (11.45)
$$

Das positive Vorzeichen entspricht dem Erddruck, das negative dem Erdwiderstand.

Werden nun die Ausdrücke (11.45) in die Gleichgewichtsbedingungen (11.37) eingesetzt, dann ergeben sich nach einigen Umformungen folgende Grundgleichungen:

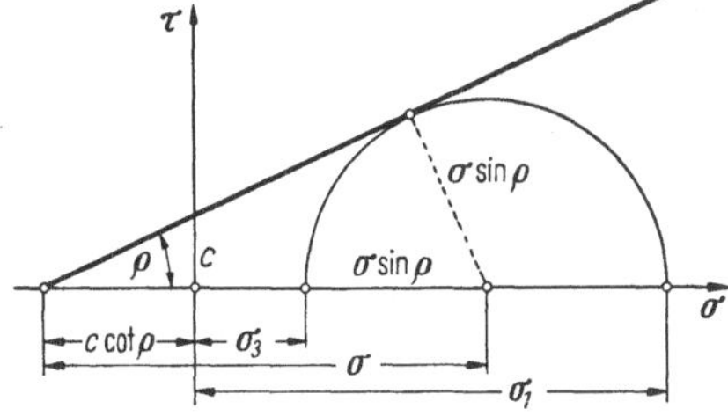

Abb. 11.26. Beziehungen zwischen den Spannungskomponenten

$$
\left.
\begin{aligned}
&\left[\frac{\partial\sigma}{\partial r}\cos(\varphi+\mu) + \frac{\partial\sigma}{\partial z}\sin(\varphi+\mu)\right] + 2\sigma\tan\varrho\left[\frac{\partial\varphi}{\partial r}\cos(\varphi+\mu) + \right.\\
&\left. + \frac{\partial\varphi}{\partial z}\sin(\varphi+\mu)\right] + \frac{\sigma}{r}\left[\sin(\varphi+\mu+\varrho) \pm \right.\\
&\left. \pm \cos(\varphi+\mu)\right]\tan\varrho\,\frac{1 \mp \sin\varrho}{\cos\varrho} = \gamma\,\frac{\sin(\varphi+\mu+\varrho)}{\cos\varrho},\\[4pt]
&\left[-\frac{\partial\sigma}{\partial r}\cos(\varphi-\mu) - \frac{\partial\sigma}{\partial z}\sin(\varphi-\mu)\right] - 2\sigma\tan\varrho\left[\frac{\partial\varphi}{\partial r}\sin(\varphi-\mu) - \right.\\
&\left. - \frac{\partial\psi}{\partial z}\cos(\varphi-\mu)\right] + \frac{o}{r}\left[\cos(\varphi-\mu) \pm \right.\\
&\left. \pm \sin(\varphi-\mu)\right]\tan\varrho\,\frac{1 \mp \sin\varrho}{\cos\varrho} = -\gamma\,\frac{\cos(\varphi+\mu)}{\cos\varrho}.
\end{aligned}
\right\}
\quad (11.46)
$$

Da $\mu = 45^\circ - \varrho/2$ ist, bedeutet der Winkel $\varphi + \mu = \varphi + 45^\circ - \varrho/2$ den Neigungswinkel der Tangente der Hauptgleitlinie mit der r-Achse und der Winkel $\varphi - \mu = \varphi - (45^\circ - \varrho/2)$ den der Tangente der Pseudogleitfläche; die in Klammern stehenden ersten Glieder der Gln. (11.46) stellen die Ableitungen von σ nach den Bogenelementen der Gleitfläche bzw. der Pseudogleitfläche dar. Die Bogenlänge der Hauptgleitfläche sei mit s_1, die der Pseudogleitfläche mit s_2 bezeichnet. Dann können wir schreiben:

$$\left.\begin{aligned}
&\frac{\partial\sigma}{\partial s_1} + 2\sigma\tan\varrho\,\frac{\partial\varphi}{\partial s_1} + \frac{\sigma}{r}\,[\cos(\varphi-\mu)\pm \\
&\quad\pm\cos(\mu+\varphi)]\tan\varrho\,\frac{1\mp\sin\varrho}{\cos\varrho} = \gamma\,\frac{\cos(\varphi-\mu)}{\cos\varrho}\,, \\[2ex]
&\frac{\partial\sigma}{\partial s_2} - 2\sigma\tan\varrho\,\frac{\partial\varphi}{\partial s_2} \pm \frac{\sigma}{r}\,[\cos(\varphi-\mu)\pm \\
&\quad\pm\cos(\varphi+\mu)]\tan\varrho\,\frac{1\mp\sin\varrho}{\cos\varrho} = \gamma\,\frac{\cos(\varphi+\mu)}{\cos\varrho}\,.
\end{aligned}\right\}\qquad(11.47)$$

Die oberen Vorzeichen entsprechen dem Erdwiderstand, die unteren dem Erddruck. Dadurch haben wir die *Differentialgleichungen der Gleitflächenscharen* erhalten.

Wir können aber noch weitere Zusammenhänge ableiten, die für die praktischen Berechnungen besser geeignet sind. Dazu werden die neuen Veränderlichen

$$\left.\begin{aligned}
&\xi = \frac{1}{2}\cot\varrho\,\ln\frac{\sigma}{\sigma_0} + \varphi;\qquad \sigma = \sigma_0 e^{(\xi+\eta)\tan\varrho} \\
&\text{bzw.} \\
&\eta = \frac{1}{2}\cot\varrho\,\ln\frac{\sigma}{\sigma_0} - \varphi;\qquad \varphi = \frac{\xi-\eta}{2}
\end{aligned}\right\}\qquad(11.48)$$

eingeführt; σ_0 bedeutet eine beliebige Größe, die die Dimension einer Spannung besitzt.

Dann folgt aus den Gln. (11.37) und (11.45) nach verschiedenen Umformungen:

$$\left.\begin{aligned}
\frac{\partial\xi}{\partial r} + \tan(\varphi+\mu)\,\frac{\partial\xi}{\partial z} = A\,, \\
\frac{\partial\eta}{\partial r} + \tan(\varphi-\mu)\,\frac{\partial\eta}{\partial z} = B\,,
\end{aligned}\right\}\qquad(11.49)$$

worin

$$A = -\frac{1}{2r}\,\frac{\sin(\varphi+\mu)\mp\sin(\varphi-\mu)}{\cos(\varphi+\mu)} + \gamma\,\frac{\cos(\varphi-\mu)}{2\sigma\sin\varrho\cos(\varphi+\mu)}$$

und

$$B = \frac{1}{2r}\,\frac{\sin(\varphi-\mu)\mp\sin(\varphi+\mu)}{\cos(\varphi-\mu)} - \gamma\,\frac{\cos(\varphi+\mu)}{2\sigma\sin\varrho\cos(\varphi-\mu)}$$

$$(11.49\,\mathrm{a})$$

Abkürzungen sind. Dieses System (11.49) besitzt zwei Scharen von Charakteristiken, bestimmt durch folgende Differentialgleichungen:

$$\left.\begin{aligned}
&1.\ \ \frac{dz}{dr} = \tan(\varphi+\mu);\qquad \frac{d\xi}{dr} = A \\
&2.\ \ \frac{dz}{dr} = \tan(\varphi-\mu);\qquad \frac{d\eta}{dr} = B
\end{aligned}\right\}\qquad(11.50)$$

Die linken und die rechten Gleichungen in (11.50) bedingen sich gegenseitig: beispielsweise muß wegen

$$\frac{d\xi}{dr} = \frac{d\xi}{dr} + \frac{\partial\xi}{\partial z}\frac{dz}{dr}$$

auf Grund der ersten Gl. (11.49) $\frac{dz}{dr} = \tan(\varphi + \mu)$ sein. Diese Charakteristiken sind die Gleitflächen, wie das aus den ersten der Gl. (11.50) hervorgeht (s. Abb. 11.25). Die Lösungen seien mit

$$\left.\begin{array}{l} \alpha\,(r,z) = \mathrm{const}, \\[2mm] \beta\,(r,z) = \mathrm{const} \end{array}\right\} \tag{11.51}$$

für die erste und zweite Schar gegeben. Wir führen α und β als neue Veränderliche ein und berechnen ihre partiellen Ableitungen durch Differentiation von (11.51) unter Beachtung der linken Gleichungen von (11.50):

$$\frac{\partial\alpha}{\partial r} + \frac{\partial\alpha}{\partial z}\tan(\varphi + \mu) = 0,$$

$$\frac{\partial\beta}{\partial r} + \frac{\partial\beta}{\partial z}\tan(\varphi - \mu) = 0.$$

Das kanonische System der Differentialgleichungen des Grenzgleichgewichtes lautet also:

$$\left.\begin{array}{ll} \dfrac{\partial\xi}{\partial\beta} = A\,\dfrac{\partial r}{\partial\beta}; & \dfrac{\partial\eta}{\partial\alpha} = B\,\dfrac{\partial r}{\partial\alpha}, \\[4mm] \dfrac{\partial z}{\partial\beta} = \tan(\varphi + \mu)\,\dfrac{\partial r}{\partial\beta}; & \dfrac{\partial z}{\partial\alpha} = \tan(\varphi - \mu)\,\dfrac{\partial r}{\partial\alpha}. \end{array}\right\} \tag{11.52}$$

Die Koeffizienten A und B wurden unter (11.49) angegeben.

Dieses System von Differentialgleichungen kann durch ein Näherungsverfahren gelöst werden, das die Bestimmung der Werte von r, z, ξ und η, von den Randbedingungen ausgehend, schrittweise ermöglicht. In gewissen Punkten — in den Randpunkten — mit gegebenen Koordinaten, sind die Werte von σ und φ bekannt, ξ und η können berechnet werden. Mit Hilfe der Gl. (11.52) können wir dann den annähernden Wert der betreffenden Funktionen in den Punkten bestimmen, in denen sich die Kurvenstrecken der Gleitflächenscharen schneiden. Wenn die erste Reihe dieser Schnittpunkte und die Spannungswerte berechnet sind, dann können wir eine neue Punktreihe als die Schnittpunkte der Gleitflächenrichtungen durch die schon berechneten Punkte bestimmen. Dieses Verfahren wird bis zur anderen Randkurve fortgesetzt.

Zu diesen Berechnungen werden die Differentialquotienten in Gl. (11.52) durch Differenzenquotienten ersetzt. Die Werte r, z, ξ und η

sind also in zwei Punkten bekannt; diese seien mit den Indizes $(k,\ l-1)$ und $(k-1,\ l)$ bezeichnet. Wir suchen $\xi,\ \eta,\ r$ und z im Punkte $(k,\ l)$.

Die bekannten Größen sind also

$$r_{k-1,\,l}; \quad z_{k-1,\,l}; \quad \xi_{k-1,\,l}; \quad \eta_{k-1,\,l}$$
$$r_{k,\,l-1}; \quad z_{k,\,l-1}; \quad \xi_{k,\,l-1}; \quad \eta_{k,\,l-1}.$$

Die Ableitungen in Gl. (11.52) lassen sich durch endliche Differenzen folgendermaßen ausdrücken:

$$\frac{\partial r}{\partial \alpha} \approx \frac{\Delta r}{\Delta \alpha} = \frac{r_{k,\,l} - r_{k-1,\,l}}{\Delta \alpha}; \quad \frac{\partial z}{\partial \alpha} \approx \frac{\Delta z}{\Delta \alpha} = \frac{z_{k,\,l} - z_{k-1,\,l}}{\Delta \alpha}$$

$$\frac{\partial \xi}{\partial \alpha} \approx \frac{\Delta \xi}{\Delta \alpha} = \frac{\xi_{k,\,l} - \xi_{k-1,\,l}}{\Delta \alpha}; \quad \frac{\partial \eta}{\partial \alpha} \approx \frac{\Delta \eta}{\Delta \alpha} = \frac{\eta_{k,\,l} - \eta_{k-1,\,l}}{\Delta \alpha}$$

$$\frac{\partial r}{\partial \beta} \approx \frac{\Delta r}{\Delta \beta} = \frac{r_{k,\,l} - r_{k,\,l-1}}{\Delta \beta}; \quad \frac{\partial z}{\partial \beta} \approx \frac{\Delta z}{\Delta \beta} = \frac{z_{k,\,l} - z_{k,\,l-1}}{\Delta \beta}$$

$$\frac{\partial \xi}{\partial \beta} \approx \frac{\Delta \xi}{\Delta \beta} = \frac{\xi_{k,\,l} - \xi_{k,\,l-1}}{\Delta \beta}; \quad \frac{\partial \eta}{\partial \beta} \approx \frac{\Delta \eta}{\Delta \beta} = \frac{\eta_{k,\,l} - \eta_{k,\,l-1}}{\Delta \beta}.$$

An Stelle der Gl. (11.52) tritt dann folgendes Gleichungssystem:

$$\left.\begin{aligned}
z_{k,\,l} - z_{k,\,l-1} - (r_{k,\,l} - r_{k,\,l-1}) \tan(\varphi_{k,\,l-1} + \mu) &= 0, \\
z_{k,\,l} - z_{k-1,\,l} - (r_{k,\,l} - r_{k-1,\,l}) \tan(\varphi_{k-1,\,l} - \mu) &= 0, \\
\xi_{k,\,l} - \xi_{k,\,l-1} - A_{k,\,l-1}\,\Delta r_l &= 0, \\
\eta_{k,\,l} - \eta_{k-1,\,l} - B_{k-1,\,l}\,\Delta r_k &= 0,
\end{aligned}\right\} \tag{11.53}$$

worin

$$A_{k,\,l-1} = -\frac{1}{2r_{k,\,l-1}} \cdot \frac{\sin(\varphi_{k,\,l-1} + \mu) \mp \sin(\varphi_{k,\,l-1} - \mu)}{\cos(\varphi_{k,\,l-1} + \mu)} +$$
$$+ \gamma \frac{\cos(\varphi_{k,\,l-1} - \mu)}{2\,\sigma_{k,\,l-1} \sin\varrho \cos(\varphi_{k,\,l-1} + \mu)},$$

$$B_{k-1,\,l} = +\frac{1}{2r_{k-1,\,l}} \cdot \frac{\sin(\varphi_{k-1,\,l} - \mu) \mp \sin(\varphi_{k-1,\,l} + \mu)}{\cos(\varphi_{k-1,\,l} - \mu)} -$$
$$- \gamma \frac{\cos(\varphi_{k-1,\,l} + \mu)}{2\,\sigma_{k-1,\,l} \sin\varrho \cos(\varphi_{k-1,\,l} - \mu)}$$

bedeuten. Die Lösung dieser Gleichungen lautet

$$\left.\begin{aligned}
r_{k,\,l} &= \frac{z_{k-1,\,l} - z_{k,\,l-1} + r_{k,\,l-1} \tan(\varphi_{k,\,l-1} + \mu) - r_{k-1,\,l} \tan(\varphi_{k-1,\,l} - \mu)}{\tan(\varphi_{k,\,l-1} + \mu) + \tan(\varphi_{k-1,\,l} - \mu)}, \\
z_{k,\,l} &= z_{k-1,\,l} + (r_{k,\,l} - r_{k-1,\,l}) \tan(\varphi_{k-1,\,l} - \mu), \\
\xi_{k,\,l} &= \xi_{k,\,l-1} + A_{k,\,l-1} (r_{k,\,l} - r_{k,\,l-1}), \\
\eta_{k,\,l} &= \eta_{k-1,\,l} + B_{k-1,\,l} (r_{k,\,l} - r_{k-1,\,l}).
\end{aligned}\right\} \tag{11.54}$$

Damit stehen alle Formeln zur Verfügung, um den Erddruck und Erdwiderstand auf eine lotrechte kreiszylindrische Fläche und auch das Gleitflächennetz bestimmen zu können. In dieser Weise wurde in Abb. 11.27 der Erddruck untersucht. Die Oberfläche ist waagerecht und mit einer gleichmäßig verteilten Spannung belastet. Die Ausgangspunkte der Konstruktion werden in gleichen Abständen auf der Oberfläche angenommen. In diesen Punkten sind also r und z bekannt ($z = 0$). Da q hier Hauptspannung ist, muß $\varphi = 0$ und $\sigma_z = q$ sein und damit folgt aus der zweiten Gl. (11.45) $\sigma = q/(1 - \sin\varrho)$. Die Anfangstangenten sind auch bekannt; wir können also mit den Berechnungen anfangen und

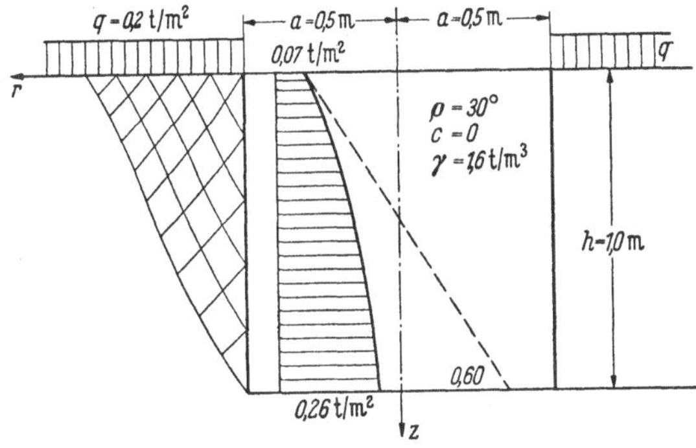

Abb. 11.27. Bestimmung des Erddruckes auf eine lotrechte, kreiszylindrische Fläche

sie schrittweise von Punkt zu Punkt weiterführen. Wenn wir die Zylinderfläche erreicht haben und die σ-Werte dort schon bekannt sind, erhalten wir die waagerechten Erddruckspannungen mit

$$e_a = \sigma(1 - \sin\varrho) - c\cot\varrho.$$

Abb. 11.27 zeigt das Gleitliniennetz in einem Meridianschnitt und die Verteilung der waagerechten Spannungen auf der Mantelfläche. Mit demselben Verfahren kann man auch den Erdwiderstand bestimmen.

BERESANZEW (1952) hat auch eine *Näherungslösung* abgeleitet. Die Gleitlinien im Netz der Abb. 11.27 weichen nicht sehr viel von Geraden ab. Daher können wir sie durch solche Geraden ersetzen, die mit der Waagerechten — im Falle des Erddruckes — den Winkel $45° + \varrho/2$ einschließen. Die Differentialgleichung des Gleichgewichtes [zweite Gleichung unter (11.17)] geht dann mit $\varphi + \mu = -(45° + \varrho/2) = \text{const}$ über in

$$\frac{d\sigma}{ds_1} - 2\frac{\sigma}{r}\sin(45° - \varrho/2)\tan\varrho\tan(45° + \varrho/2) = -\gamma\frac{\sin(45° - \varrho/2)}{\cos\varrho}.$$

$$(11.55)$$

ds_1 ist das Flächenelement der Gleitfläche. Aus Abb. 11.28 liest man ab

$$ds_1 = \frac{dr}{\sin\,(45° - \varrho/2)}\,;$$

σ ist die schon verwendete Größe aus Gl. (11.44). Führen wir jetzt die Abkürzung $\lambda = 2\tan\varrho\tan(45° + \varrho/2)$ ein, dann nimmt die Gl. (11.55) folgende Form an:

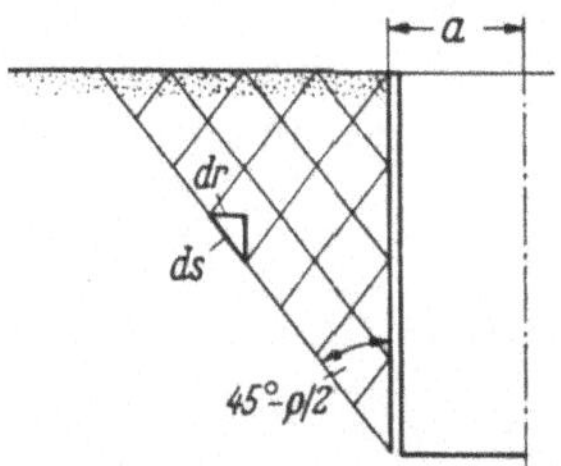

$$\frac{d\sigma}{dr} - \lambda\,\frac{\sigma}{r} + \frac{\gamma}{\cos\varrho} = 0.$$

Die Lösung dieser Differentialgleichung ist

$$\sigma = C r^\lambda + \frac{r\gamma}{(\lambda - 1)\cos\varrho}. \qquad (11.56)$$

Abb. 11.28. Meridianschnitt der stumpfkegelförmigen Gleitfläche

Die Spannungskomponenten haben damit die Form

$$\sigma_r = C(1 - \sin\varrho)\,r^\lambda + r\gamma\,\frac{1 - \sin\varrho}{(\lambda - 1)\cos\varrho} - c\cot\varrho,$$

$$\sigma_z = \sigma_\theta = C(1 - \sin\varrho)\,r^\lambda + r\gamma\,\frac{1 + \sin\varrho}{(\lambda - 1)\cos\varrho} - c\cot\varrho,$$

$$\tau_{rz} = 0.$$

Die Integrationskonstante kann mit Hilfe folgender Randbedingung bestimmt werden: auf der Oberfläche, bei $r_b = a + z\tan(45° - \varrho/2)$, ist die vertikale Spannung $\sigma_z = q$. Die endgültigen Formeln der Spannungskomponenten lauten also:

$$\left.\begin{aligned}
\sigma_r &= r\gamma\,\frac{\tan(45° - \varrho/2)}{\lambda - 1}\left[1 - \left(\frac{r}{r_b}\right)^{\lambda - 1}\right] + q\left(\frac{r}{r_b}\right)^\lambda \tan^2(45° - \varrho/2) + \\
&\quad + c\cot\varrho\left[\left(\frac{r}{r_b}\right)^\lambda \tan^2(45° - \varrho/2) - 1\right], \\
\sigma_z &= \sigma_\theta = r\gamma\,\frac{\tan(45° - \varrho/2)}{\lambda - 1}\left[1 - \left(\frac{r}{r_b}\right)^{\lambda - 1}\right] + q\left(\frac{r}{r_b}\right)^\lambda + \\
&\quad + c\cot\varrho\left[\left(\frac{r}{r_b}\right)^\lambda - 1\right].
\end{aligned}\right\} \quad (11.57)$$

Die waagerechte Erddruckspannung auf der Zylinderfläche ist

$$\sigma_r = a\gamma\,\frac{\tan(45° - \varrho/2)}{\lambda - 1}\left[1 - \left(\frac{a}{r_b}\right)^{\lambda - 1}\right] + q\left(\frac{a}{r_b}\right)^\lambda + $$
$$+ c\cot\varrho\left[\left(\frac{a}{r_b}\right)^\lambda \tan^2(45° - \varrho/2) - 1\right]. \qquad (11.58)$$

Abb. 11.29 gibt die waagerechten Spannungen in dimensionloser Form mit den Koordinaten ($\sigma/a\gamma$, z/a) bei $c = 0$ und $q = 0$ für verschiedene Werte des Reibungswinkels an.

Ein ähnlicher Zusammenhang läßt sich für den Erdwiderstand ableiten:

$$\sigma_r = a\gamma \frac{\tan(45° - \varrho/2)}{\omega + 1}\left[\left(\frac{r_b}{a}\right)^{\omega+1} - 1\right] + q\left(\frac{r_b}{a}\right)^{\omega}\tan^2\left(45° + \frac{\varrho}{2}\right) +$$

$$+ c\cot\varrho\left[\left(\frac{r_b}{a}\right)^{\omega}\tan^2(45° + \varrho/2) - 1\right] \tag{11.59}$$

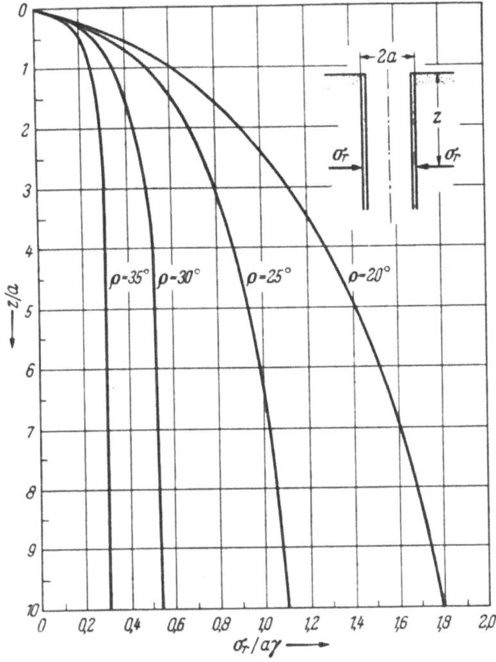

Abb. 11.29. Waagerechte Spannungen an der Wandung eines Kreiszylinders im Sande im aktiven Grenzzustande nach der vereinfachten Theorie von BERESANZEW (1952)

mit

$$r_b = a + z\tan(45° + \varrho/2)$$

und

$$\omega = 2\tan\varrho\tan(45° - \varrho/2).$$

Die entsprechenden Kurven sind in Abb. 11.30 angegeben.

Das Problem des Erddruckes und des Erdwiderstandes auf eine kreiszylindrische Fläche kann auch mit anderen Methoden untersucht werden. WESTERGAARD (1940) hat durch eine Näherungsrechnung nachgewiesen, daß die Scherspannungen in koaxialen Zylinderflächen um die untersuchte Fläche und in waagerechten Schnitten vernachlässigt werden können. Dadurch ist die radiale Spannung die kleinste Hauptspannung; da die Scherspannungen aus Symmetriegründen auch in lotrechten Schnitten durch die Achse gleich Null sind, ist auch die Ringspannung σ_θ eine Hauptspannung. Zwischen der Ringspannung und der radialen Spannung besteht nun die COULOMBsche Plastizitätsbedingung. Der Bruch tritt durch plastisches Fließen in waagerechten Ebenen ein. Mit Hilfe einer geeigneten Spannungsfunktion leitet WESTERGAARD die Glei-

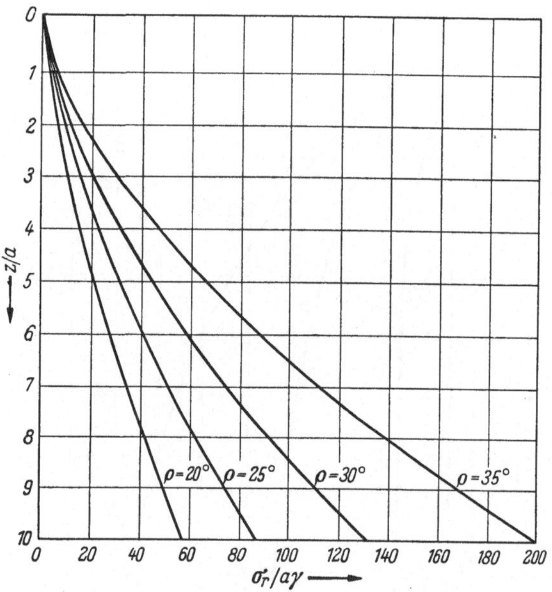

Abb. 11.30. Waagerechte Spannungen an der Wandung eines Kreiszylinders im Sande im passiven Grenzzustande nach der vereinfachten Theorie von BERESANZEW (1952)

chungen für den Spannungszustand in der Umgebung des zylindrischen Loches ab, der dann allerdings die Normalspannung σ_{r0} in der Wandung des Loches enthält. Es kann auch die Grenze der plastisch gewordenen Zone bestimmt werden (s. TERZAGHI-JELINEK, 1954). KARAFIÁTH (1953) und STEINFELD (1952, 1953, 1959) haben das Problem mit der *klassischen Theorie* behandelt. Es wurden die für den RANKINEschen Sonderfall (Kap. 7) gültigen geometrischen Verhältnisse vorausgesetzt: waagerechte Oberfläche, senkrechte Wand, Vernachlässigung der Wandreibung und eine in der Gleitrichtung *ebene Gleitfläche*. Der Gleitkörper hat die Form eines *Kreiskegelstumpfes* (Abb. 11.31). Bewegt sich der Gleitkörper gegen die zylindrische Fläche — diese Bewegung entsteht wohl durch die Baggerung, die zur Absenkung der Wandung nötig ist, — dann wird die Ringspannung in waagerechten Schnitten größer, da der Gleitkörper der Bewegung nicht verformungsfrei folgen kann. Im Ruhezustand herrscht auf diesen lotrechten Flächen der Ruhedruck. Es wird nun angenommen, daß das Verhältnis zwischen der bekannten lotrechten Spannung σ_z und der waagerechten Ringspannung σ_θ auch nach der Verformung eine *Konstante* ist und daß nur ihr Wert durch diese, der Achse zu gerichtete Bewegung vergrößert wird. Die Größe dieser Verhältniszahl, die im folgenden mit λ_s bezeichnet werden soll, hängt von der Lagerungsdichte und der Zusammendrückbarkeit des Bodens ab. Im Falle des Erddruckes wird sie sich in den Grenzen $\lambda_0 < \lambda_s \leq 1$ bewegen. Wird die Schachtwandung gegen den Boden gedrückt, dann entsteht eine *Verdichtung* im Boden, bis der Bruchzustand erreicht wird; es tritt dann der Erdwiderstand auf. Die Verdichtung stellt sich aber

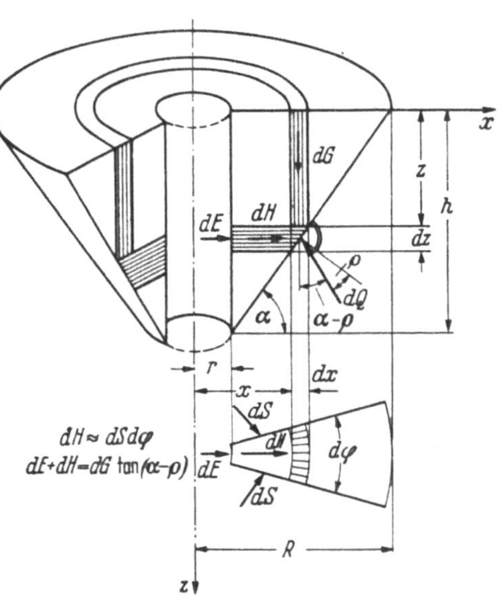

Abb. 11.31. Gleitkörper an Schachtwänden; Spannungen am Volumenelement

nur in radialer Richtung ein, während in den waagerechten Schnitten durch die Bewegung eine Entlastung erfolgen muß, die dann eine *Verringerung der Ringspannung* bewirkt. In diesem Falle wird sich der Beiwert λ_s in den Grenzen $0 \leq \lambda_s \leq \lambda_0$ bewegen.

Aus den Gleichgewichtsbedingungen und den geometrischen Zusammenhängen (Abb. 11.31) leitet STEINFELD folgende Gleichung für die Erddruckspannungen ab:

$$e = \frac{\gamma}{\tan \alpha}\left[\left(\frac{h}{r}z + z\tan\alpha - \frac{1}{r}z^2\right)\frac{\tan(\alpha-\varrho)}{\tan\alpha} - \lambda_s\left(\frac{h}{r}z - \frac{1}{r}z^2\right)\right]$$

(11.60)

und für den Erddruck auf einen Streifen der Mantelfläche mit der Breite Eins:

$$E_s = \int_{z=0}^{h} e\,dz = \frac{h^2\gamma}{2}\frac{1}{\tan\alpha}\left[\left(\frac{1}{3}\frac{h}{r}+\tan\alpha\right)\frac{\tan(\alpha-\varrho)}{\tan\alpha} - \lambda_s\frac{h}{3r}\right].$$

(11.61)

Der Gleitflächenwinkel α wird, den Grundsätzen der Extremwertmethoden gemäß, aus einer Extremalbedingung ermittelt. Aus der Forderung $dE_a/d\alpha = 0$ bekommt man die kubische Gleichung:

$$\tan^3 \alpha \left(\lambda_s \frac{h}{r} \tan \varrho - 3\right) + \tan^2 \alpha \left(2\lambda_s \frac{h}{r} + 6 \tan \varrho - 2 \frac{h}{3}\right) +$$

$$+ \tan \alpha \left(3 \frac{h}{r} \tan \varrho + 3 + \frac{\lambda_s - 1}{\tan \varrho} \frac{h}{r}\right) + 2 \frac{h}{r} = 0. \qquad (11.62)$$

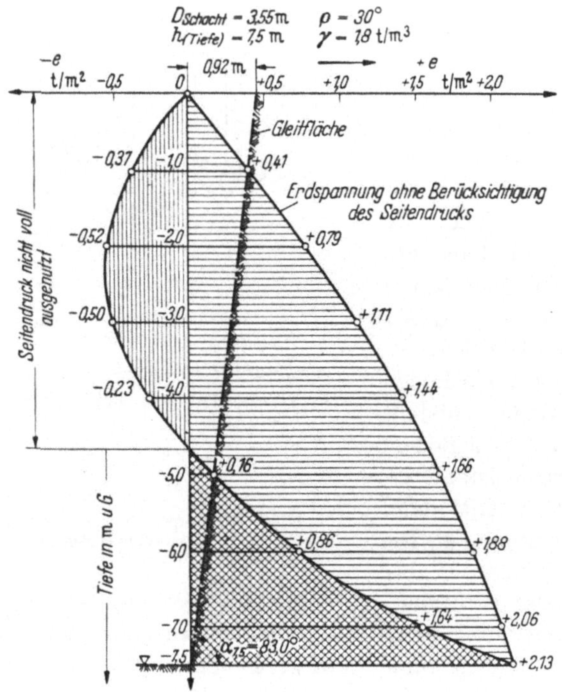

Abb. 11.32. Bestimmung der Erddruckspannungen e auf eine Schachtwand, für $\lambda_s = 1$

Die Richtung der maßgebenden Gleitfläche hängt also nicht nur vom Reibungsbeiwert sondern auch vom Verhältnis des Brunnenhalbmessers zur Brunnentiefe und vom Werte λ_s ab. Der Winkel nimmt bei wachsenden Werten von h stark zu; der Durchmesser des in Mitleidenschaft gezogenen Bereiches des umgebenden Bodens wird also relativ immer kleiner.

Ein Beispiel zur Erddruckberechnung wurde für $\lambda_s = 1$ und $\varrho = 30°$, $\gamma = 1,8 \text{ t/m}^3$ in Abb. 11.32 dargestellt (STEINFELD). Für einen Schachtdurchmesser $D = 3,55$ m und eine Schachttiefe $h = 7,5$ m ergibt Gl. (11.62) eine Gleitflächenneigung von $\alpha = 83°$. Da die Gln.

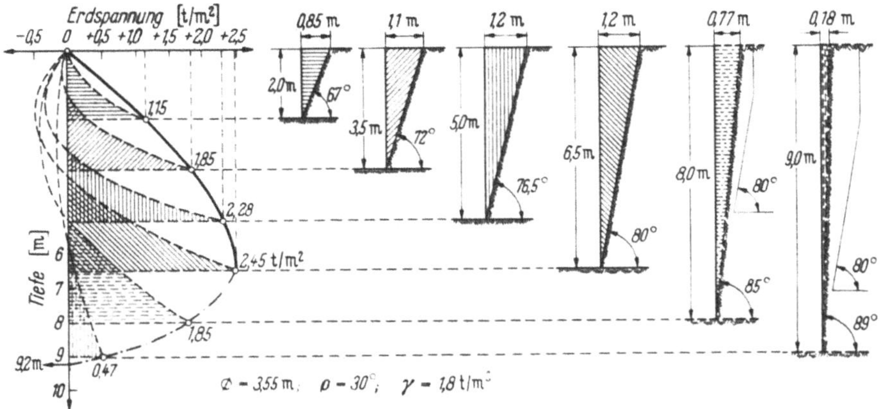

Abb. 11.33. Erddruck und Gleitflächenneigung in verschiedenen Schachttiefen für $\lambda_s = 1$

(11.60—11.61) jeweils aus einem positiven und aus einem negativen Teil bestehen, sind die beiden Glieder gesondert aufgetragen. Das negative Glied stellt den verkleinernden Einfluß der Ringspannung dar. Die resultierende Linie — in Abb. 11.32 stark ausgezogen — zeigt, daß der Erddruck durch den Einfluß der Ringspannung erst in größerer Tiefe auf der Schachtwand wirksam wird. Bis zu einer bestimmten Tiefe — in unserem Falle bis zu ~4,40 m — ist die Erddruckspannung negativ, d. h. die entlastete Wirkung des Seitendruckes wird nicht voll ausgenutzt.

Werden der Erddruck und die Gleit-flächenneigungen für verschiedene Schachttiefen ermittelt und die Erddrucklinien aufgetragen (Abb. 11.33), dann zeigt sich deutlich, daß die Schachtwand, die allmählich in die Solltiefe abgeteuft wird, während des Absenkens immer am Fuße des Gleitkörpers den Größtwert der Erddruckspannung erleidet, sie ist also nicht nach dem Erddruck aus nur einem der Solltiefe entsprechenden Gleitkörper, sondern nach der Einhüllenden aller Erddrucklinien zu bemessen. Diese Einhüllende erreicht in einer gewissen Tiefe — im vorliegenden Falle bei ~6,5 m — einen Größtwert.

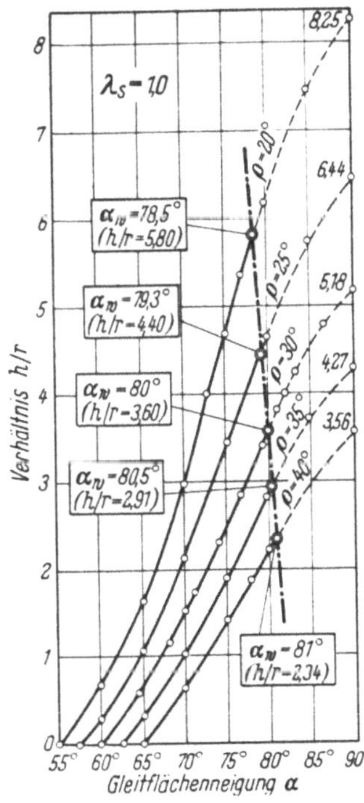

Abb. 11.34. Gleitflächenneigung α in Abhängigkeit von h/r und ρ für $\lambda_s = 1$

Mit zunehmender Tiefe treten, nach der Auffassung von STEINFELD, *gebrochene Gleitflächen* (s. Abb. 11.33 rechts) auf, deren Fußneigung ebenfalls 80° ist; der Erddruck überschreitet also auch in größerer Tiefe nicht den Größtwert.

Für die Bestimmung der Gleitflächenneigung α dient Abb. 11.34, wo sie für den Seitendruckbeiwert $\lambda_s = 1$ und für verschiedene ϱ-Werte in Abhängigkeit von h/r aufgetragen ist. Die Linien haben dort, wo sich rechnerisch der Größtwert der Einhüllenden der Erddrücke am Schachtfuß ergibt, einen *Wendepunkt*. Für h/r-Werte, die über diesem Wendepunkt liegen, kann der Erddruck aus

$$e = h\gamma \, \frac{\tan(\alpha - \varrho)}{\tan \alpha}$$

ermittelt werden, wobei für α die Gleitflächenneigung im Wendepunkt und für h der dem Winkel α_w entsprechende Wert eingesetzt wird.

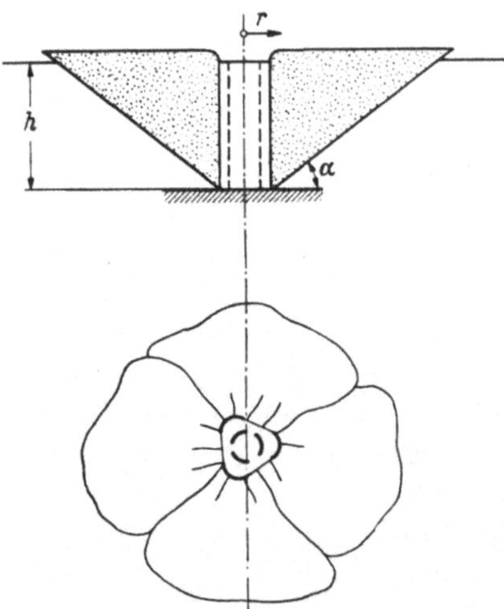

Abb. 11.35. Räumlicher Erdwiderstand am Kreiszylinder; Ausbildung von Gleitkörpern

Für den Erdwiderstand wird es wohl am ungünstigsten sein, wenn wir mit $\lambda_s = 0$ rechnen, also auch die Ausbildung von senkrechten Rissen — die in den Versuchen und auch in der Praxis tatsächlich auftreten (s. Abb. 11.35) zulassen. Die Größe des Erdwiderstandes beträgt dann (STEINFELD, 1952)

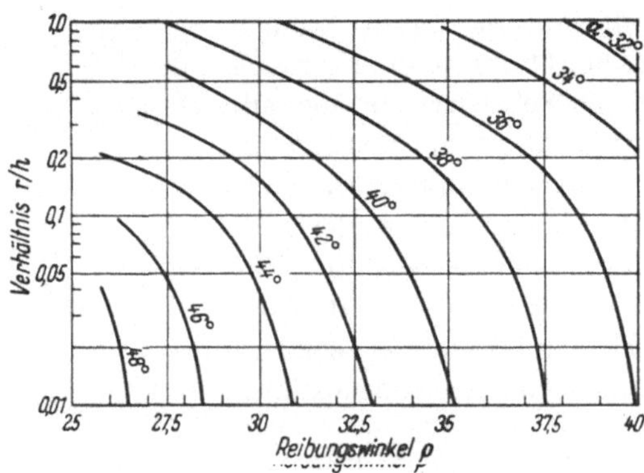

Abb. 11.36. Diagramm zur Bestimmung des Gleitflächenwinkels

für die Fläche mit der Breite Eins:

$$E_p = \frac{h^2\gamma}{2}\left(1 + \frac{h}{3r\tan\alpha}\right)\frac{\tan(\alpha-\varrho)}{\tan\alpha}. \qquad (11.63)$$

Der Gleitflächenwinkel wird wieder auf Grund einer Extremalbedingung aus einer *kubischen Gleichung* bestimmt; die Auswertung dieser Gleichung wird durch das Diagramm in Abb. 11.36 erleichtert. Gl. (11.63) wurde durch die Versuche von STEINFELD bestätigt.

Es soll betont werden, daß diese Formeln — wie jedes Ergebnis von Extremwertmethoden — nur dann anwendbar sind, wenn die Bewegungen groß genug sind, um den vollen Reibungswiderstand auf den Gleitflächen hervorrufen zu können.

11.5 Verankerungen

Zur Aufnahme waagerechter Kräfte wendet man oft *Ankerwände* oder *Ankerplatten* an, die bei der Krafteinwirkung Erdwiderstand hervorrufen und so imstande sind, die waagerechte Kraft nach gewissen Verschiebungen in den Boden abzuleiten. Durch Verankerungen können wir die Beanspruchung von Spundwänden wesentlich herabmindern bzw. die Konstruktion wirtschaftlicher gestalten und besonders an der nötigen Einspanntiefe sparen.

Wird eine Ankerwand in den Boden eingebettet, dann ist auf beiden Seiten der *Ruhedruck* wirksam. Lassen wir jetzt die Ankerkraft A einwirken, dann verschiebt sich die Platte in der Kraftrichtung: vor der Platte tritt *Verdichtung*, also *Erdwiderstand*, hinter der Platte hingegen *Auflockerung*, also *Erddruck* auf (Abbildung 11.37a u. b). Die aufnehmbare Kraft wird durch

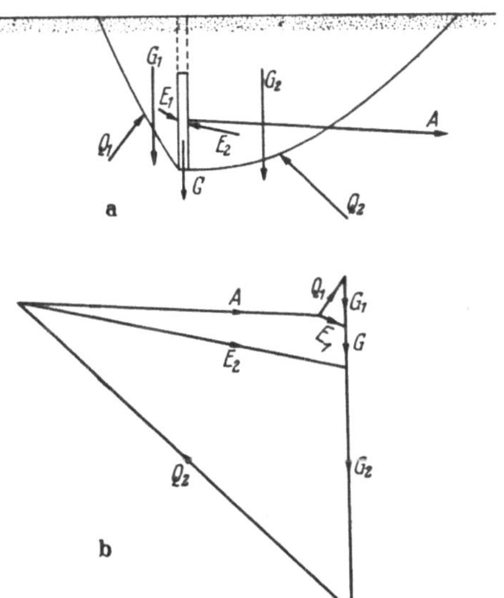

Abb. 11.37 a u. b

a) Gleitflächen und Kräfte an einer Verankerung;
b) Krafteck

den Unterschied dieser Kräfte bestimmt; dieser nimmt bei fortschreitender Bewegung zu. Nach einer gewissen Verschiebung entwickeln sich Gleitflächen, und es erfolgt der Bruch. Wir werden das Gleichgewicht der Kräfte in diesem Bruchzustand untersuchen und die Größe der Ankerkraft bestimmen, die zur Entwicklung dieses Bruchzustandes nötig ist; die zulässige Ankerkraft läßt sich dann mit Hilfe eines Sicherheitsbeiwertes ermitteln.

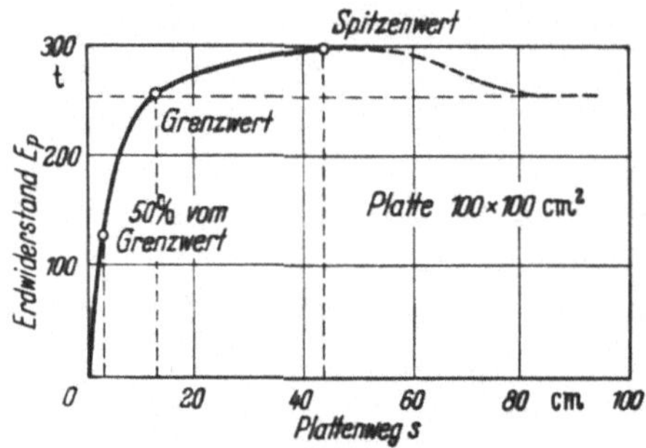

Abb. 11.38
Kraftwegkurve für eine Verankerung

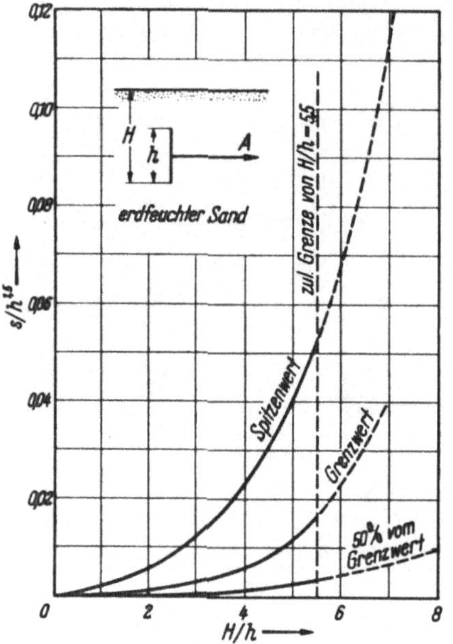

Abb. 11.39. Kraftweggesetz für eingebettete Ankerplatten nach PETERMANN

Bevor wir auf die statische Untersuchung eingehen, wollen wir uns nun auf Grund von Versuchen ein Bild über die *Größe der Bewegungen* machen, die zur Weckung des Erdwiderstandes erforderlich sind. Wir haben in Kap. 4 schon gesehen, daß sie ein *Vielfaches* des entsprechenden Wertes für Erddruck sind. Die Frage nach der Größe dieser Verschiebungen ist sehr wichtig, da das Kräftespiel von verankerten Spundwänden und anderen Bauwerken wesentlich von diesen Bewegungen abhängt. Versuche zur Klärung dieser Frage wurden zuerst von FRANZIUS (1924) angestellt. Er hat für dicht gelagerten Sand und Erdwiderstand vor ebenen Wänden ein *Maßstabweggesetz* entwickelt. Für eine Druckwandhöhe $h\,[m]$ beträgt danach die Grenzverschiebung (mm):

$$s = k h^x. \qquad (11.64)$$

Bei feuchtem Sand schwankt der k-Wert je nach Wandreibung und Sandfeuchtigkeit zwischen 30 und 50, x zwischen 1,5 und 2.

Dieselbe Formel wurde für Ankerplatten auch von PETERMANN (1933, 1939) gefunden; er stellte fest, daß der Wert k von der *Einbettungsziffer* abhängt. Die Kraftwegkurven haben die Form eines Scherdiagrammes, das in dichtem Sand einen Spitzenwert und einen Grenzwert besitzt (Abb. 11.38); für diese Werte und für den halben Grenzwert gibt PETERMANN die Größe k als Funktion des Einbettungsverhältnisses H/h durch das Diagramm der Abb. 11.39 an. Der Exponent x hängt von der Feuchtigkeit des Sandes ab: für trockenen Sand ist $x = 2{,}0$, für feuchten $x = 1,5$. Für eine, bis zur Oberfläche reichende Ankerplatte ($H/h = 1$) lautet also das Kraftweggesetz bei 50% des Grenzwertes nach PETERMANN $s = 0,0002\,h^{1,5}$. Die aufnehmbare Kraft — Spitzenwert und Grenzwert — läßt sich, wieder als Funktion der Einbettungsziffer, aus Abb. 11.40 bestimmen.

Auch nach den Versuchen von ZWECK nehmen die Wandverschiebungen, die eine Gleitflächenbildung hervorrufen, mit der Höhe der Wand und dem Winkel der inneren Reibung zu. Weitere Ankerplattenversuche stammen von RATHJE (1930), BUCHHOLZ (1930) und STRECK (1926). ZWECK (1953) hat die Verschiebungen im Sande in Modellversuchen mit Ankerplatten gründlich untersucht und für die Bewegungsrichtung der Sandkörner und den Bereich der Bewegung bei verschiedenen Weglängen die Figur in Abb. 11.41 gefunden. Für die Erdwiderstandsgrößen in Abhängigkeit von der Wandhöhe hat er ein quadratisches Gesetz gefunden:

$$E_p = a\,H^2, \quad (11.65)$$

wobei der Beiwert von der Wandbreite, dem Reibungswinkel des Sandes und der Wandreibung abhängt. Er hat für die Berechnung des räumlichen Erdwiderstandes unter Berücksichtigung der *Randkörper* Vorschläge gemacht.

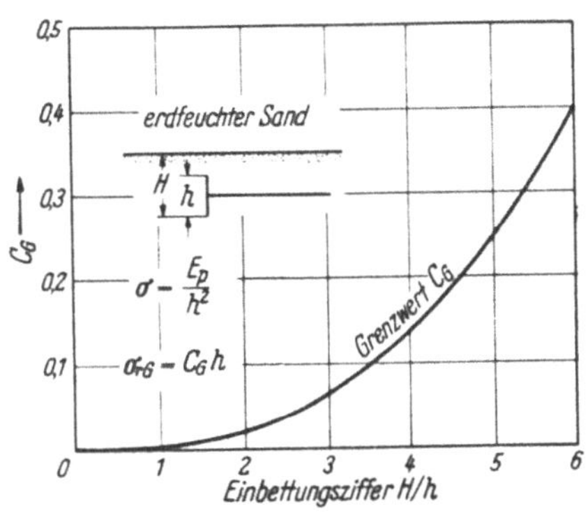

Abb. 11.40. Diagramm zur Bestimmung des Erdwiderstandes auf Ankerplatten nach PETERMANN

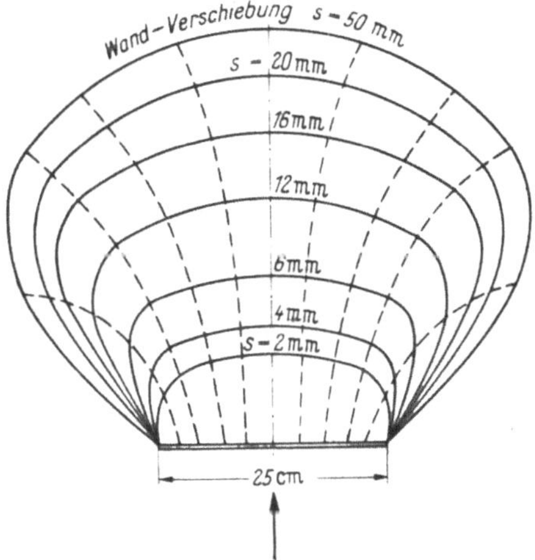

Abb. 11.41. Bewegungsrichtung der Sandkörner an der Oberfläche und Bereich der Bewegung bei verschiedenen Weglängen in lockerem Sand nach den Versuchen von ZWECK

Neuerdings hat HUECKEL (1957) unfangreiche Versuche zur Ergänzung der Ergebnisse von BUCHHOLZ (1930—31) angestellt. Er hat gefunden, daß die *Rauhigkeit* der Ankerplatte den Erdwiderstand nur unwesentlich beeinflußt. Der größte Widerstand wurde bei *lotrechten* Platten gemessen. Bei schiefen Platten erhielt er unabhängig von der

Richtung der Neigung immer *kleinere Werte*. Es wurden noch die Form des Gleitkörpers und der Einfluß des Plattenabstandes bei mehreren Platten untersucht.

Im folgenden wollen wir nach Brinch Hansen (1953) den Extremwert des Erdwiderstandes bei Ankerwänden und Ankerplatten rechnerisch bestimmen. Die Gleitflächen, die sich beim Bruch ausbilden, sind im allgemeinen leicht *gekrümmt*, doch kann die statische Untersuchung mit genügender Genauigkeit mit Hilfe *ebener Gleitflächen* angestellt werden. Außerdem wird ein *Flächenbruch* vorausgesetzt, der in diesem Fall praktisch dieselben Werte liefert wie ein Linienbruch. Es wird angenommen, daß die

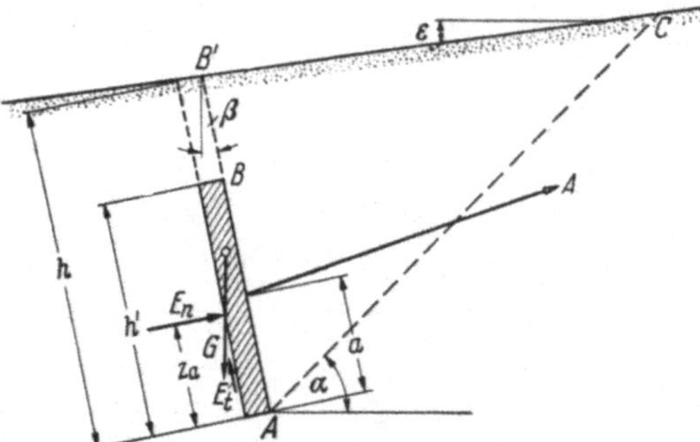

Abb. 11.42. Kräfte an einer Ankerplatte. Allgemeiner Fall

Platte eine *Parallelverschiebung* erleidet. Wir wollen uns mit Platten befassen, bei denen die Einbettungsziffer den Wert Eins nur wenig übertrifft. In diesem Falle können wir die Ankerkraft mit der Annahme berechnen, daß die Wand *bis zur Oberfläche* reicht, der dadurch begangene Fehler ist — wie theoretisch und auch versuchsmäßig festgestellt wurde — klein. Die Lage des Verankerungspunktes wird nicht als bekannt vorausgesetzt; sie hängt vom Angriffspunkt der Erddruckkräfte ab.

Abb. 11.42 stellt die Verankerung dar. Hinter der Platte entwickelt sich ein aktiver Zustand, genau so wie bei einer Stützmauer; der entsprechende Erddruck und sein Angriffspunkt können also berechnet werden.

Zur Bestimmung des Erdwiderstandes projizieren wir die Kräfte auf das Lot zur *Ankerkraftrichtung*. Das Eigengewicht G der Ankerplatte wird berücksichtigt. Wir erhalten (Abb. 11.42):

$$Q_2 - (G_2 + G) \cos \omega + E_n \sin (\varepsilon + \omega) + E_t \cos (\varepsilon + \omega) = 0. \qquad (11.66)$$

Das Gewicht des Gleitkeiles beträgt

$$G_2 = l^2 \gamma \left[\frac{1}{2} \sin (\alpha - \varepsilon) \cos (\alpha - \beta) \sec (\beta - \varepsilon) \right],$$

wo l die Länge der Gleitfläche, γ das Raumgewicht und ω die Neigung der Ankerkraftrichtung zur Waagerechten bedeuten.

Eingesetzt in Gl. (11.66) folgt

$$\cot (\alpha - \varepsilon) = \tan (\varrho + \omega + \varepsilon) + \sec (\varrho + \omega + \varepsilon) \sqrt{1 + \frac{K_3}{K_4} \cos (\varrho + \omega + \varepsilon)},$$

wo

$$\left.\begin{aligned}
K_3 &= K_1 \sin (\omega + \beta - \varepsilon) + [G \cos \omega - E_n \sin (\omega + \beta) - \\
&\quad - E_t \cos (\omega + \beta)] \sec (\beta - \varepsilon), \\
K_4 &= K_1 \cos (\beta - \varepsilon) \sin (\varrho + \varepsilon) + K_2 \cos \varrho, \\
K_1 &= \frac{1}{2} \gamma h^2, \quad K_2 = c h
\end{aligned}\right\} \qquad (11.67)$$

sind. Aus diesen Gleichungen können wir den Neigungswinkel der Gleitfläche bestimmen, projizieren dann die Kräfte auf die Normale der Ankerplatte und erhalten folgenden Ausdruck zur Bestimmung des Erdwiderstandes:

$$E_{pn} = K_1 K_{1p} + K_2 K_{2p}; \qquad (11.68)$$

mit

$$\left.\begin{aligned}
K_{1p} &= \frac{\cos (\beta - \varepsilon)}{\sin^2 (\alpha - \varepsilon)} \left[\cos (\beta - \varepsilon) \sin (\alpha + \varrho) \sin (\alpha + \varrho - \varepsilon) + \right. \\
&\quad \left. + \sin \varepsilon \sin (\alpha - \varepsilon) \cos (\alpha - \beta), \right. \\
K_{2p} &= \frac{\cos (\beta - \varepsilon)}{\sin^2 (\alpha - \varepsilon)} \cos \varrho \sin (2\alpha + \varrho - \varepsilon - \beta).
\end{aligned}\right\} \qquad (11.69)$$

Die Normalkomponente des Ankerzuges berechnet man aus dem
Gleichgewicht der an der Platte angreifenden Kräfte:

$$A_n = E_{pn} - E_n - G \sin \varepsilon.$$

Aus der Momentengleichung, bezogen auf den Punkt A, folgt

$$A_n a = \frac{1}{3} h K_1 K_{1p} + \frac{1}{2} h K_2 K_{2p} - E_n z_a + G z_g \sin \varepsilon,$$

somit haben wir die richtige Lage des Ankerpunktes erhalten.

Für eine *lotrechte Ankerwand* und *waagerechte Erdoberfläche* erhalten
wir einfachere Formeln:

$$\cot \alpha = \tan (\varrho + \omega) + \sec (\varrho + \omega) \sqrt{1 + \frac{K_3}{K_4} \cos (\varrho + \omega)},$$

$$K_3 = (K_1 - E_n) \sin \omega + (G - E_t) \cos \omega,$$

$$K_4 = K_1 \sin \varrho + K_2 \cos \varrho,$$

$$K_{1p} = \frac{\sin^2 (\alpha + \varrho)}{\sin^2 \alpha}, \qquad K_{2p} = \frac{\cos \varrho \sin (2\alpha + \varrho)}{\sin^2 \alpha},$$

$$A_n = E_p - E_n, \qquad A_n a = \frac{1}{3} h K_1 K_{1p} + \frac{1}{2} h K_2 K_{2p} - E_n Z_a.$$

Literatur

JANNSEN, H. A.: Versuche über Getreidedruck in Silozellen. Z. VDI 39 (1895).

KOENEN, M.: Berechnung des Seiten- und Bodendruckes in Silozellen. Zentralblatt d. Bauverwaltung 16 (1896).

KÖTTER, F.: Der Bodendruck von Sand in verticalen cylindrischen Gefäßen. Journal für Mathematik CXX (1899) H. 3.

VOELLMY, A.: Eingebettete Rohre. Mitt. Inst. Baustatik, Eidgen. Techn. Hochschule Zürich, Nr. 9, 1937.

TERZAGHI, K.: Theoretical Soil Mechanics, New York: J. Wiley & Sons 1943.

BERESANZEW, V. G.: Osesimmetritschnaya zadatscha teorii predelnogo rawnowesiya syputschey sredi, Moskau 1952.

STEINFELD, K.: Über den räumlichen Erdwiderstand. Mitt. Hann. Versuchsanstalt f. Wasserbau u. Grundbau. Franzius-Institut 1953, H. 3.

BRINCH HANSEN, J.: Earth Pressure Calculation, Copenhagen 1953.

CAQUOT, A.: La Pression dans les Silos. Proc. IVth Int. Conf. Soil Mech. Found. Engg. London 1957, II.

Referenzen

Balla, Á.: A Rankine-feszültségállapot általánositása. Épités- és Közlekedéstudományi Közlemények, Budapest 1957, Nr. 1—2.

Beresanzew, V. G.: Earth Pressure on Cylindrical Retaining Walls. Proc. Brussels Conf. 58 on Earth Pressure Problems II (Bruxelles 1958) p. 21.

— Achsensymmetrische Aufgabe des Grenzgleichgewichtes von körnigen Materialien (russisch). Moskau 1952.

Bergau, W.: Measurements in Grain Silos during Filling and Emptying. R. Swedish Geotechnical Institute, Proc. No. 17, Stockholm 1959.

Bernatzik, W.: Baugrund und Physik, Zürich: Schweizer Druck- und Verlagshaus 1947.

Bishop, A. W.: Test Requirements for Measuring the Coefficient of Earth Pressure at Rest. Proc. Brussels Conf. 58 on Earth Pressure Problems I (Bruxelles 1958).

— u. D. J. Henkel: The Measurement of Soil Properties in the Triaxial Test, London: Edward Arnold 1957.

— u. Gamal Eldin: Geotechnique 2 (1950).

Bobrikow, B. B.: Aktiver Druck von körnigen Materialen auf Stützmauern mit begrenzter Länge (russisch). Moskau, Trudii V. 77 (1956).

Boussinesq: Essai théorique sur l'équilibre de l'elasticité des masses pulvérulentes et sur la poussée des terres sans cohésion. Mém. Couronn. 40 (Bruxelles 1876) No. 4.

Brinch Hansen, J.: Earth Pressure Calculation, Kopenhagen: Teknisk Forlag1953.

— The Internal Forces In a Circle of Rupture. The Danish Geot. Inst. Bull. No. 2, Kopenhagen 1957.

— u. H. Lundgren: Geoteknik, Kopenhagen: Teknisk Forlag 1958.

— Discussion, Proc. Brussels Conf. 58 on Earth Pressure Problems III (Bruxelles 1959) p. 190.

Buchholz: Erdwiderstand auf Ankerplatten. Jahrbuch der Hafenbautechnischen Gesellschaft Bd. 12, 1930/31.

Caquot, A.: La pression dans les silos. Proc. 4th Int Conf. Soil Mech. Found. Engg. II (London 1957) p. 191.

— u. J. Kérisel: Traité de Mécanique des sols, Paris: Gauthier Villars 1956.

Casagrande, A.: Characteristics of cohesionless soils affecting the stability of slopes and earth fills. J. Boston Soc. Civ. Engrs. 23 (1936) S. 13—32.

Coulomb: Essai sur une application des règles des maximis et minimis à quelques problèmes de statique relatifs à l'architecture. Mém. Acad. R. prés. p. div. sav. T. VII. 1773, Paris 1776.

Culmann, C.: Die graphische Statik, Abschn. XIII, Zürich 1866.

Despeyroux, J.: Efforts exercés sur les parois par la matière ensilée. Ann. Inst. Techn. Bat. et Trav. Publ. No. 131, Paris 1958.

Drucker, D. C., u. W. Prager: Soil Mechanics and Plastic Analysis or Limit Design. Quarterly of Applied Mathematics 10 (1952) No. 2.

Engesser: Geometrische Erddrucktheorie. Zeitschrift für Bauwesen XXX (1880) S. 189.

FELD, J.: History of the Development of Lateral Earth Pressure Theories. Brooklyn Engrs. Club Proc. (Jan. 1928).

FELLENIUS, W.: Erdstatische Berechnungen mit Reibung und Kohäsion, Berlin: Ernst & Sohn 1927 (2. Aufl. 1940, 3. Aufl. 1948).

FRONTARD, J.: Cycloides de glissement des terres. Comptes Rendus, Hebdom. Acad. Sci. Paris 174 (1922) p. 526.

GEIRINGER, H., in: Handbuch d. Physik Bd. IX, Berlin/Göttingen/Heidelberg: Springer 1959.

GERSEWANOFF, N.: Improved methods of consolidation test and of the determination of capillary pressure in soils. Proc. Int. Conf. Soil Mech. Found. Engg. 1, Cambridge 1936.

GIBSON, R. E.: Experimental Determination of the True Cohesion and True Angle of Internal Friction in Clays. Proc. 3rd. Int. Conf. Soil Mech. Found. Engg. 1 (Zürich 1953) p. 126.

GOLUSKEWITSCH, S. S.: Die ebene Aufgabe des Grenzgleichgewichtes von körnigen Materialen (russisch). Gosstechnisdat, Moskau 1948.

GRADOR, J.: Etude expérimentale de la pression exercée par un massif pulvérulent sur un mur de soutènement. Travaux (Juin 1948).

HEISENBERG, W.: Das Naturbild der heutigen Physik, Hamburg: Rowohlt 1955.

HUECKEL, S.: Model Tests on Anchoring Capacity of Vertical and Inclined Plates. Proc. 4th. Int. Conf. Soil Mech. Found. Engg., London 1957.

HVORSLEV, J.: Über die Festigkeitseigenschaften gestörter bindiger Böden. Ingeniørvidenskabelige Skrift Nr. 45, Kopenhagen 1937.

JAKOBSON, B.: On Pressure in Silos. Brussels Conf. 58 on Earth Pressure Problems 1 (Bruxelles 1958) p. 41.

— On the Influence of Wall Movement on Earth Pressure. Brussels Conf. 58 on Earth Pressure Problems I (1958) p. 105.

JÁKY, J.: Stability of Earth Slopes. Proc. 1st. Int. Conf. Soil Mech. Found. Engg., Cambridge 1936.

— Die klassische Erddrucktheorie mit besonderer Rücksicht auf die Stützwandbewegung. Abh. Int. Ver. Brückenbau u. Hochbau I (1938) p. 187—220.

— Talajmechanika Budapest 1944.

— A nyugalmi nyomás tényezöje. Magyar Mérn. Ép. Egyl. Közl. No. 22, Budapest 1944.

— Összetett nyomófeszültségi állapotok. Technika, T. 246, Budapest 1945.

— Minimum Value of Earth Pressure. Proc. 2nd. Int. Conf. Soil Mech. Found. Engg. I, Rotterdam 1948.

— Sur la stabilité des masses de terre complètement plastiques. I, II, III. Müegyetemi Közlemények, Budapest 1947—48.

JANNSEN, H. A.: Versuche über Getreidedruck in Silozellen. Z. d. Vereines deutscher Ingenieure 39 (1895) S. 1045.

JAROPOLSKI, I. V.: Gründungen und Fundamente (russisch). Retschisdat, Moskau 1938.

JELINEK, R.: Gleitlinienfelder und Spannungsverteilung der Grenzzustände im Coloumbschen Halbraum. Diss. TH. Wien 1943.

— Die Spannungsverteilung im Coulombschen Halbraum. Bauwissenschaft 1 (Wien 1947) H. 4.

JENNE, G.: Lastbildermittlung bei Bohlwerken, Hüttenwerk Rheinhausen 1957.

JOSSELIN DE JONG, G. DE: Statics and Kinematics in the Failable Zone of a Granular Material, Delft 1959.

KARAFIÁTH, L.: Erddruck auf Wände mit kreisförmigem Querschnitt. Bauplanung und Bautechnik No. 7 (1953).
— On some problems of earth pressure. Acta Technica, Ac. Sc. Hung. 7 (Budapest 1953) H. 3—4.
KÁRMÁN, T.: Über elastische Grenzzustände. Verh. 2. Int. Kongr. techn. Mech., Zürich 1926.
KÉZDI, Á.: Bearing Capacity of Piles and Pile Groups. Proc. 4th Conf. on Soil Mech. and Found. Engg. II, London 1957.
— Einige Probleme der Spannungsverteilung im Boden. Der Bauingenieur 1958, H. 3.
— Earth Pressure on Retaining Wall Tilting About the Toe. Brussels Conference 58 on Earth Pressure Problems. I (Bruxelles 1958) p. 116.
— Talajmechanika I, Budapest: Tankönyvkiadó 1960.
— Talajmechanikai praktikum, Budapest: Tankönyvkiadó 1961.
KOENEN, M.: Berechnung des Seiten- und Bodendrucks in Silozellen. Zentralblatt der Bauverwaltung 16 (1896) S. 446—447.
KOLBUSZEWSKI, J.: Fundamental Factors Affecting Experimental Procedures Dealing with Pressure Distribution in Sands. Proc. Brussels Conf. 58 on Earth Pressure Problems I, Bruxelles 1959.
KÖTTER, F.: Der Bodendruck von Sand in verticalen cylindrischen Gefäßen. Journal f. Mathematik CXX (1899) H. 3.
— Die Bestimmung des Druckes an gekrümmten Gleitflächen. Sitzungsbericht Kön. Preuß. Ak. d. Wissenschaften, Berlin 1903.
— Über das Problem der Erddruckbestimmung. Verhandl. Phys. Ges. Berlin 7 (1888).
— Die Entwicklung der Lehre vom Erddruck. Jahresber. Dt. Math. Ver. 2 (1892) S. 75—150.
KREY, H., u. EHRENBERG: Erddruck, Erdwiderstand und Tragfähigkeit des Baugrundes, 4. Aufl., Berlin: Ernst & Sohn 1932.
KRISTIANOWITSCH, S. P.: Die ebene Aufgabe der mathematischen Plastizitätslehre bei gegebenen äußeren Kräften auf einer geschlossenen Kontur (russisch). Mat. sbornik nov. serija, T. 1. Vis. 4. Moskau 1938.
LADANYI, B.: The Mobilization of Shear Strength in the Active Rankine Case of Earth Pressure. Proc. Brussels Conference 58 on Earth Pressure Problems I (Bruxelles 1958) p. 133.
LEE, E. H.: On stress discontinuities in plane plastic flow. Proc. 3rd Symposium on Appl. Math. New York: McGraw-Hill 1950.
LMG — Mededelingen, Delft 1960.
LUFFT, E.: Druckverhältnisse in Silozellen, Berlin 1920.
MOHR, O.: Zivilingenieur 1882, S. 113.
MÜLLER-BRESLAU, H.: Erddruck auf Stützmauern, Stuttgart: Kröner 1906.
MUHS, H.: Die Prüfung des Baugrundes und der Böden. Hdb. d. Werkstoffprüfung, 2. Aufl., Bd. III, Kap. XXIII. Berlin/Göttingen/Heidelberg: Springer 1957.
NADAI, A.: Plastizität und Erddruck. Hdb. d. Phys. Bd. VI, Berlin: Springer 1928.
NEUMEUER, H.: Erddruck und Erdwiderstand, Hamburg 1960.
OHDE, J.: Zur Theorie des Erddruckes unter besonderer Berücksichtigung der Erddruckverteilung. Die Bautechnik 1938, H. 10/11. 13, 19, 25, 37, 42, 53/54.
PELTIER, M. R.: Recherches Expérimentales sur la courbe intrinsèque de Rupture des sols pulvérulents. Proc. 4th. Int. Conf. Soil Mech. Found. Engg. I (London 1957) p. 179.
PETERMANN, H.: Bewegung und Kraft bei Ankerplatten. Der Bauingenieur 1933, H. 43/44.

PETERSEN, R.: Erddruck auf Stützmauern, Berlin: Springer 1924.

PRAGER, W., u. P. G. HODGE: Theory of perfectly plastic solids, New York: Wiley 1951.

— Discontinuous solutions in the theory of plasticity. Courant Anniversary Volume, New York: Interscience Publishers 1948.

RANKINE, W. J. M.: On the stability of Loose Earth. Trans. Royal Soc. London, 147 (1857).

RATHJE, J.: Über den Schnittvorgang im Sande. Diss. TH. Hannover 1930.

REBHANN, G.: Theorie des Erddruckes und der Futtermauern mit besonderer Rücksicht auf das Bauwesen. Wien 1871.

REIMBERT, M.: Surpression dans les silos lors de vidange. Travaux 38 (1954) p. 780.

REISSNER, H.: Zum Erddruckproblem. Sitz.-Ber. d. Berliner Math. Ges. XXIII (30. 4. 1924).

— Theorie des Erddruckes. In: Enzyklopädie der Math. Wissenschaften. Bd. IV, 1932.

RENDULIČ, L.: Der Erddruck im Straßenbau und Brückenbau, Berlin 1938.

— Gleitflächen, Prüfflächen und Erddruck. Die Bautechnik 1940, H. 13/14.

RÉSAL, J.: La poussée des terres, Paris: Béranger 1910.

RITTER, M.: Klassische Erddrucktheorie. Erdbaukurs der ETH, Zürich 1938.

RJABUCHO, N. I.: Entwurf von Stahlbeton-Winkelstützmauern und Gewichtsmauern (russisch). Moskau 1953.

ROWE, P. W.: A Stress-Strain Theory for Cohesionless Soil with Applications to Earth Pressures at Rest and Moving Walls. Géotechnique IV (1954) No. 2.

— Discussion. Proc. Brussels Conf. 58 on Earth Pressure Problems III, Bruxelles 1958.

SCHMID, W. E., et al.: Lateral Earth Pressures at Rest. Progress Report to the Office of Naval Research. Princeton University 1957.

— Discussion. Proc. 4th. Int. Conf. Soil Mech. Found. Engg. III (London 1958) pp. 241, 242.

SCHULTZE, E.: Zusammensetzung und Zerlegung von Gleitlinien. Abh. Bodenmechanik 1948.

— Strenge Lösungen von Erddruckaufgaben und ihre Bedeutung für die Praxis. Bauplanung u. Bautechnik 1950, H. 3.

— u. H. MUHS: Bodenuntersuchungen für Ingenieurbauten, Berlin/Göttingen/ Heidelberg: Springer 1950.

SIMONS, N.: Discussion, Proc. Brussels Conf. 58 on Earth Pressure Problems III (Bruxelles 1958) p. 50.

SKEMPTON, A. W.: The Pore Pressure Coefficients A and B. Géotechnique IV (1954) Nr. 4.

— u. A. W. BISHOP: Soils. In: Building Materials, their Elasticity and Inelasticity. Edited by M. Reiner. Amsterdam: North Holland Publishing Co. 1954.

SOKOLOWSKI, V. V.: Some Problems of Soil Pressure. Proc. 4th. Int. Conf. Soil Mech. Found. Engg. 2, London 1957.

— Statik körniger Materialen (russisch). Isd. Akad. Nauk SSSR, Moskau 1942.

— Über die Gleichungen der Plastizitätslehre (russisch). Prikladnaja Matematika i Mechanika. T. XIX. V. 1. Moskau 1955.

SOOS, P.: Erddruckmessungen (Manuskript, 1960).

SPANGLER, M. G.: Soil Engineering, Scranton: International Textbook Co. 1951.

STEINFELD, K.: Über den räumlichen Erdwiderstand. Mitt. Hann. Versuchsanst. f. Grundbau u. Wasserbau, Hannover 1953, H. 3.

— Über den Erddruck auf Schacht- und Brunnenwandungen. Vorträge d. Baugrundtagung 1958, Hamburg 1959.

STRECK, A.: Beitrag zur Frage des Erdwiderstandes. Der Bauingenieur 1926, H.1 u. 2.

SZILVÁGYI, I.: Mezőgazdasági termények nyíróvizsgálata. Magyar Mérnök és Épitész Egylet Közlönye, Budapest 1944.

TAYLOR, D. W.: Reports on Cooperative Research on Stress, Deformation and Strength Characteristic sof Soils. M. I. T., 1944.

TERZAGHI, K. v.: Erdbaumechanik auf bodenphysikalischer Grundlage, Leipzig u. Wien: F. Deuticke 1925.

— Large Retaining Wall Tests. Engg. News Record No. 112 (1934).

— Stress Distrubution in Dry and in Saturated Sand above a Yielding Trap-Door. Proc. Int. Conf. Soil Mech. I, Cambridge 1936.

— A Fundamental Fallacy in Earth Pressure Computations. Journal of the Boston Soc. of Civ. Engrs. (April 1936).

— Theoretical Soil Mechanics, New York: J. Wiley & Sons 1943.

— u. O. K. PECK: Soil Mechanics in Engineering Practice, New York: J. Wiley & Sons 1948.

— Mechanism of landslides. The Geol. Soc. of America, Berkey-Volume 1951.

— u. R. JELINEK: Theoretische Bodenmechanik, Berlin/Göttingen/Heidelberg: Springer 1954.

TIEDEMANN: Über die Schubfestigkeit bindiger Böden. Die Bautechnik 15 (1937) S. 400.

TSCHEBOTARIOFF, G. P., u. PH. P. BROWN: Lateral Earth Pressure as a Problem of Deformation or of Rupture. Proc. 2nd Int. Conf. Soil Mech. Found. Engg. 2, Rotterdam 1948.

— u. PH. P. BROWN: Large Scale Earth Pressure Tests with Model Flexible Bulkheads, Ann Arbor: Edward Bros. Inc. 1949.

— Soil Mechanics, foundations and earth structures, New York: McGraw Hill 1951.

— u. E. G. JOHNSON: Effects of restraining boundaries on the passive resistance of sand. Princeton University 1953.

VOELLMY, A.: Eingebettete Rohre. Mitt. Inst. Baustatik, Eidg. Techn. Hochschule Zürich, No. 9 (1937).

WELCH, J. D.: The results of tets in the lateral earth pressure meter. Princeton Univ. 1949.

WESTERGAARD, H. M.: Plastic State of Stress around a Deep Well. J. Boston Soc. Civ. Engrs. 27 (1940) pp. 1—5.

WINKLER: Neue Theorie des Erddruckes, Wien 1872.

ZITOWITSCH, N. A.: Erdbaumechanik (russisch). Gossudarstwennoe Isd. Lit. po Stroitelstwu i Architekture. Moskau–Leningrad 1951.

ZWECK, H.: Erdwiderstand als räumliches Problem. Die Bautechnik 1953, H. 7.

Namenverzeichnis